도시정책사례연구

- 재생과 안전 그리고 갈등을 말하다 -

도서출판 윤성사 048

도시정책사례연구
재생과 안전 그리고 갈등을 말하다

초판 1쇄 2019년 10월 18일

지 은 이 한동효
펴 낸 이 정재훈
디 자 인 (주)디자인뜰
편   집 전이서

펴 낸 곳 도서출판 윤성사
주   소 서울특별시 서대문구 서소문로27, 충정리시온 409호
전   화 편집부_02)313-3814 / 영업부_02)313-3813 / 팩스_02)313-3812
전자우편 yspublish@daum.net
등   록 2017. 1. 23

ISBN 979-11-88836-38-3 (93350)
값 22,000원

ⓒ 한동효, 2019

저자와의 협의에 따라 인지를 생략합니다.

이 책의 전부 또는 일부 내용을 재사용하려면 반드시 사전에 저작권자와
도서출판 윤성사의 동의를 받아야 합니다.

잘못 만들어진 책은 구입하신 서점에서 교환 가능합니다.

재생과 안전 —— 그리고 갈등을 말하다

도시정책 사례연구

한동효

URBAN POLICY CASE STUDY

머리말

세계적으로 도시화의 진행속도는 빨라졌고 세계 인구의 절반이 도시에 살고 있다. 많은 사람들이 도시로 몰리면서 2018년 기준으로 55%였던 지구촌 도시인구의 비율이 2050년에는 68%에 이른 것으로 전망된다. 2050년에는 세계인구 10명 중 7명은 도시에 살게 되는 셈이다. 유엔 경제사회국(DESA)은 '2018 세계 도시화 전망' 보고서에서 앞으로 약 30년 사이에 25억 명이 도시 지역에 새로 정착할 것으로 전망했다. 인구가 도시로 몰리면서 1천만 명 이상이 거주하는 이른바 '메가 시티'가 2018년 기준 31곳에서 43곳까지 늘어날 것으로 보고 있다. 우리나라의 도시화 비율은 2017년 말 기준 91.8%로 세계 최고 수준이다. 이러한 측면에서 볼 때 도시화는 20세기 중요한 트렌드 중의 하나이며 도시는 거대한 삶의 터전이 되었다.

영국의 시인이었던 윌리엄 쿠퍼(William Cowper)는 "신은 시골을 만들었고 인간은 도시를 만들었다"고 말했다. 도시는 인간 의지의 산물인 동시에 도시화와 산업화의 상징물이기도 하다. 산업화 이후 우리나라의 도시는 노동력과 자본의 유입으로 일자리와 혁신역량이 창출되는 긍정적인 효과를 경험했다. 하지만 2012년 말 기준으로 도시지역의 인구비율은 1960년 통계 조사 이후 처음으로 감소했고 현재도 진행 중이다. 최근에는 인구 고령화와 저출산 등으로 도심의 인구 감소는 거의 모든 대도시에서 관찰되고 있으며, 2018년을 기점으로 인구절벽 징후까지 보이고 있다.

도시쇠퇴는 역도시화와 관련이 있으며, 도심의 인구감소가 교외지역의 인구증가를 상회하여 도시권 전체의 인구가 감소하는 것을 말한다. 이러한 현상이 심화되면 도심뿐만 아니라 부도심지역 및 주거지역에서도 인구가 감소한다. 그 결과 도시권 전체의

도시정책 사례연구

재생과 안전 ──── 그리고 갈등을 말하다

인구감소가 가속화되면서 도시의 다양한 기능이 약해져 도시는 경쟁력을 상실하게 된다. 산업화와 도시화 과정에서 도시들이 인구감소나 지역의 전통산업의 이탈 등으로 쇠퇴국면에 진입하면서 이를 극복하기 위해 등장한 도시정책의 새로운 패러다임이 도시재생이다. 우리나라는 2013년 도시재생 활성화 및 지원에 관한 특별법이 제정된 이후 법제도적으로 도시재생이 공식화되었다.

한편으로 우리의 도시는 안전한지 살펴볼 필요가 있다. 통계청의 2016년 사회조사 결과 범죄가 가장 큰 불안요인인 것으로 조사되었고 그 다음으로 국가안보, 경제적 위험 순이다. 그 만큼 국민들이 체감하는 불안 수준도 높다는 얘기다. 도시의 패러다임도 과거 경제발전과 성장에서 자연적, 인위적 사고나 범죄로부터 안전에 기반 한 사회의 지속가능성으로 이동하고 있다. 특히 안전은 도시민의 삶의 질을 향상키고 도시의 성장도 견인할 수 있는 도시발전의 주요 요소로 인식되고 있다. 최근에 안전은 자연재해에 대한 대응과 복구에서 방범·방재 등 사회적 재난에 대한 사전적 예방의 개념으로 진화하고 있다. 따라서 안전도시라는 하나의 공통목표 안에서 세부 분야의 역할을 함께 논의해야 할 때이며, 중앙과 지방, 지방과 지방이 서로 협력해 안전한 도시를 위한 구체적인 계획과 전략을 디자인해야 할 시점이다.

공공갈등의 심각성도 어제오늘의 일이 아니다. 1991년 지방자치의 재실시를 기점으로 과거에 억제되었던 다양한 집단이익과 욕구가 분출하고 있다 아울러 지역 시민사회의 역할이 증대하고 지역주민들의 참여욕구 등이 증가하면서 많은 갈등이 발생하고 있다. 지방자치의 정착과 지방분권을 강화하기 위한 많은 노력에도 불구하고 중

머리말

앙과 지방의 관계도 갈등의 양상을 보이고 있다. 국책사업 등 공공정책 사업을 두고 지방정부와 인근 자치단체 간의 갈등도 심각하다. 그렇다면 중앙이든 지방이든 상생의 발전을 위한 해결방법은 없을까? 이 책은 이러한 문제에 대한 해답을 찾아보고자 했다.

이 책의 부제는 '재생과 안전 그리고 갈등을 말하다'이다. 책의 전체적인 구성은 도시재생, 안전도시, 공공갈등을 축으로 전개하였다. 부분적으로 제1편 제1장에서는 정책사례연구가 무엇인지부터 출발하여 제2장에서는 도시정책의 패러다임 전환과 과제 등을 담았다. 제2편 제3장에서는 지역쇠퇴와 도시쇠퇴를 구분하여 정리한 후 우리나라 쇠퇴도시의 현황과 과제를 다루었다. 제4장에서는 도시재생의 출현배경과 추진체계, 도시재생특별법의 주요 내용과 도시재생사업의 현황 등을 살펴보았다. 제5장에서는 최근 화두가 되고 있는 도시재생 뉴딜사업을 구체적으로 다루었으며, 제6장에서는 스마트시티와 스마트시티형 도시재생 뉴딜사업의 추진과정과 사례를 중점적으로 다루었다. 제3편 제7장에서는 안전도시의 패러다임 변화와 국제안전도시의 현황 및 과제 등을 다루었고, 8장에서는 안전도시 시범사업 등 국내 안전도시 사례와 정책방향을 제시했다. 9장에서는 여성친화도시에 있어서 안전부문을 중점적으로 다루면서 여성친화적 안전도시의 국내외 사례를 살펴보았다. 제4편 10장에서는 지방정부간 갈등을 중심으로 갈등의 요인과 영역을 중심으로 전개했으며, 11장에서는 지방정부의 갈등현황을 고찰한 후 갈등관리제도에 관한 국내외 현황과 시사점을 제시하면서 끝을 맺었다.

도시정책 사례연구

재생과 안전 ──── 그리고 갈등을 말하다

마지막으로 저자가 이 책을 집필한 이유는 도시재생과 안전도시, 그리고 갈등관리제도 등에 대한 개인적인 관심보다는 실무를 담당하는 공무원들이 이 책을 통해 정부가 추진하는 사업과 정책사례에 많은 관심을 가졌으면 하는 바램 때문이었다. 끝으로 정책을 공부하는 행정학도들과 현장에서 전문성을 발휘하여 정부사업을 직접 선도하고자 하는 공무원들에게 실질적이고 유용한 교재가 되었으면 한다. 무엇보다 책이 완성되기까지 시간이 많지 않음에도 불구하고 많은 배려와 노력을 해 주신 윤성사 정재훈 대표님께 깊은 감사를 드린다.

2019년 9월
저자 씀

목차

머리말   4

Chapter 1
정책사례연구와 도시정책의 패러다임 변화
12

제1장 정책사례연구의 이해   15

제1절 사례연구의 의의와 절차   15
    1. 사례연구와 정책사례연구   15
    2. 정책사례연구의 특징과 장단점   18

제2절 사례연구의 유형과 절차   23
    1. 사례연구의 비교와 유형   23
    2. 사례연구 설계의 유형과 평가기준   27
    3. 정책사례연구의 절차   33

제2장 도시정책과 미래의 과제   40

제1절 도시정책의 개념과 의의   40
    1. 도시와 도시정책   40
    2. 도시정책의 필요성과 순환과정   43

제2절 도시정책의 변천과 패러다임의 전환   46
    1. 도시정책의 변천과 전개과정   46
    2. 도시정책의 패러다임 전환과 과제   48

Chapter 2
도시의 쇠퇴와 스마트 도시재생
52

제3장 지역과 도시의 쇠퇴   55

제1절 도시쇠퇴의 개념과 의의   55
    1. 지역쇠퇴의 개념 정의   55
    2. 도시쇠퇴의 개념과 유형   57

제2절 도시쇠퇴의 현황분석   60
    1. 우리나라 쇠퇴도시   60

제4장 도시재생과 법제 현황   67

제1절 도시재생의 출현과 의의   67
    1. 도시재생의 출현과 변천과정   67
    2. 도시재생의 개념과 필요성   70

도시정책 사례연구

재생과 안전 ——— 그리고 갈등을 말하다

  3. 도시재생의 유형과 추진체계   76
제2절 도시재생 관련 법제의 현황과 변천   82
  1. 도시재생 관련 법제의 연혁   82
  2. 도시재생특별법의 제정과 주요 내용   87
제3절 도시재생사업의 현황   96
  1. 도시재생 선도사업 현황   96
  2. 도시재생 일반지역 현황   100

제5장 도시재생 뉴딜사업의 추진과 현황   106

제1절 도시재생 뉴딜정책의 개요   106
  1. 도시재생 뉴딜의 도입과 추진방향   106
  2. 도시재생 뉴딜의 지원체계와 평가방법   112
제2절 도시재생 뉴딜사업의 실태와 현황분석   129
  1. 도시재생 뉴딜사업의 추진실태   129
  2. 경남지역 도시재생사업의 실태분석   133

제6장 스마트시티와 스마트시티형 도시재생   137

제1절 U-City와 스마트시티의 등장   137
  1. U-City 이후 스마트시티의 출현   137
  2. 스마트시티(Smart City)의 개념과 구성요소   141
제2절 스마트시티의 국내외 추진 현황   149
  1. 스마트시티 국외 추진현황   149
  2. 스마트시티 국내 추진과정과 현황   153
제3절 스마트시티 정책사례   156
  1. 스마트시티 정책사례 : 세종 5-1 생활권   157
  2. 스마트시티 정책사례 : 부산 에코델타시티   160
제4절 스마트시티형 도시재생 뉴딜사업   163
  1. 스마트 도시재생의 개념과 필요성   163
  2. 스마트시티형 도시재생 뉴딜사업   165

목차

Chapter 3
안전도시와
여성친화적 안전도시
170

제7장 안전도시와 국제안전도시 현황   173

제1절 안전도시의 의의와 패러다임 변화   173
    1. 안전도시의 의의와 기대효과   173
    2. 안전도시의 패러다임 변화와 비전   177
    3. 안전도시의 구성요소와 유형분류   180

제2절 국제안전도시의 공인기준과 절차   183
    1. 국제안전도시사업의 필요성과 성공요인   183
    2. 국제안전도시의 기준과 절차   185

제3절 국제안전도시 현황과 활성화 방안   190
    1. 국제안전도시 공인 현황   190
    2. 국제안전도시 활성화 방안과 과제   199

제8장 국내 안전도시 정책사례와 방향   201

제1절 안전도시 정책사례   201
    1. 안전도시 시범사업   201
    2. 안심마을 시범사업   205
    3. 살고 싶은 도시 만들기 시범사업   208
    4. 방재마을 만들기 사업   216
    5. 범죄예방 환경개선사업   218

제2절 안전도시를 위한 정책방향   228
    1. 지역안전지수   229
    2. 안전도시를 위한 정책의 방향과 과제   234

제9장 안전도시 관점의 여성친화도시   241

제1절 여성친화도시와 여성친화적 안전도시   241
    1. 여성친화도시의 출현과 안전   242
    2. 여성친화적 안전도시   244

제2절 여성친화도시의 조성과 현황   246
    1. 여성친화도시의 목표와 조성과정   246
    2. 여성친화도시의 추진현황   249

제3절 여성친화적 안전도시정책의 국내외 사례   252
    1. 여성친화적 안전도시의 국외 사례   252
    2. 여성친화적 안전도시의 국내 사례   260

3. 경남지역 여성친화도시 현황과 시사점 265

Chapter 4 지역갈등과 상생발전 274

제10장 지방정부간 갈등에 관한 논의 277

제1절 공공갈등의 의미와 원인 277
    1. 공공갈등의 개념과 유형 278
    2. 갈등의 원인과 특성 283
    3. 갈등의 변화과정과 인과구조 286

제2절 지방정부간 갈등의 요인과 영역 292
    1. 지방정부간 갈등의 요인 292
    2. 지방정부간 갈등의 유형과 영역 296

제11장 지방정부의 갈등현황 및 사례분석 300

제1절 우리나라의 갈등현황과 주요 사례 300
    1. 갈등현황과 실태분석 300
    2. 우리나라의 주요 갈등사례 304

제2절 지방정부의 갈등현황 및 주요 사례 308
    1. 경기도 갈등현황 및 주요 사례 308
    2. 경상남도 갈등현황 및 주요 사례 312

제3절 갈등관리제도와 국내외 현황 330
    1. 갈등관리제도의 접근방법 330
    2. 국내 갈등관리제도의 현황 및 해결사례 334
    3. 해외 주요국의 갈등조정제도와 시사점 341

참고 문헌 346
찾아보기 359

도시정책사례연구
재생과 안전 그리고 갈등을 말하다

Urban Policy Case Study

Chapter 1

정책사례연구와
도시정책의 패러다임 변화

|제1장| 정책사례연구의 이해
|제2장| 도시정책과 미래의 과제

도시정책사례연구
재생과 안전 그리고 감동을 말하다

정책사례연구의 이해

업데이트 자료 확인

제1절 사례연구의 의의와 절차

1. 사례연구와 정책사례연구

사례연구가 무엇인지를 구체적으로 논의하기 이전에 사례가 무엇을 말하는지를 분명히 할 필요가 있다. Ragin(1992)은 "사례란 무엇인가"라는 물음에 답하기 위해 사례의 개념지도를 작성하고 사례를 경험적 정도와 일반성의 정도라는 두 가지 기준에 따라 네 가지 유형의 사례개념을 도출하였다. 이러한 네 가지 유형을 발견단위로서의 사례, 객관적 대상으로서의 사례, 구성단위로서의 사례, 관습적 단위로서의 사례로 구분하여 제시하였다. 먼저 발견단위로서의 사례는 경험적으로 실제 존재하는 사례를 말하며, 이러한 사례는 연구의 진행과정에서 확인되고 확정되어야 한다. 이 방법으로 사례에 접근하는 연구자는 사례의 경험적 한계를 평가하는 것을 연구과정의 중요한 부분으로 다룬다(강은숙·이달곤, 2005). 객관적 단위로서의 사례는 연구자가 사례가 경험적으로 실제 존재한다고 믿지만 연구과정에서 그 존재를 증명할 필요를 느끼지 않는데, 그 이유는 사례 자체가 일반적으로 존재하는 객관적인 대상이라고 믿기 때문이다. 연구자는 사례를 기존의 연구문헌에서 정의된 바에 따라 지정한다.

사례의 의미에 관한 개념지도				
사례에 대한 이해		일반성 정도	
^		구체적	일반적
경험성 정도	경험적 단위 (empirical units)	발견단위로서의 사례 (예: 세계체제, 지역사회, 개별정책, 권위적 성향 등)	객관적 단위로서의 사례 (예: 개인, 조직, 가족, 회사, 도시 등)
^	이론적 구성개념 (theoretical constructs)	구성단위로서의 사례 (예: 전제정치체제, 테러리즘 등)	관습적 단위로서의 사례 (예: 산업사회)

자료: Ragin, Charles C. 1992: 9

 다음으로 구성단위로서의 사례는 연구과정에서 만들어지는 구체적인 이론적 구성개념으로 본다. 이 관점에서는 사례가 경험적으로 주어진 것은 아니며, 연구과정에서 점차적으로 모습이 갖추어지는 것으로 간주한다. 여기에서는 이론적 구성개념으로 이해되는 사례의 개념이 아이디어와 증거의 상호작용을 통하여 점진적으로 세련된다. 마지막으로 관습적 단위로서의 사례는 일반적인 구성개념인 동시에 관련 학자들의 집합적인 공동의 노력과 상호작용의 산물로 보는 입장이다. 여기서 이론적 범주는 주로 공동의 학술적 관심 때문에 존재하며, 각 연구자들은 이론적 범주에 속하는 경험적 사례들을 연구할 수 있다. 이러한 관점에서 볼 때 사례는 사회과학의 집합적 노력의 산물이며, 사회과학연구를 수행하는데 있어서 지침이 되는 동시에 제약을 가하는 것이라 할 수 있다(Ragin, 1992).[1]

 사례연구(case study)는 질적 연구방법 중의 하나이다. 사례연구는 특수한 상황, 사건, 사업(프로그램), 현상 등의 구체적인 문제에 초점을 두고 연구결과를 자세히 기술하는 것으로 새로운 해석과 의미를 얻는 조사방법이다. 그리고 독특한 특성을 가진 개인이나 집단, 그리고 정책결정 등 소수의 사례에 대한 심층적인 연구를 의미한다(Yin, 1993; 남궁근, 2014). 사례연구는 '어떻게(how)' 또는 '왜(why)'라는 질문이 제기되었을 때 연구자가 사건을 거의 통제할 수 없을 때, 연구의 초점이 실제 생활의 맥락 내에서 제기되는 현상일 때 선호되는 전략이다(김광웅 외, 2006).

---

[1] Ragin, Charles C. (1992). Introduction: Case of What is s Case? in Ragin, Charles C. & Becker, Howard S.(etd.), What is a Case?: Exploring the Foundations of Social Inquiry: 9-11. NY: Cambridge University Press.

Goode와 Hatt(1981)에 의하면, 사례연구란 연구하려는 사회적 대상의 독특한 성격을 밝히기 위해 관계 자료를 조직화하는 연구방법으로 개인, 가족, 사회집단, 사회적 관계와 과정, 문화 등 특정한 사회적 단위를 하나의 전체로 파악하는 연구방법으로 정의하였다(Goode & Hatt, 1981).[2] 또한, 사례연구는 기존의 가설을 검증하기보다는 새로운 관계를 귀납적 추론을 통해 찾아내고자 할 때 사용되고 구체적이고 기술적인 특성을 가진다(김기원, 2016). 이밖에 촌락, 가족, 또는 비행청소년 집단 등과 같은 소수 사례현상의 하나 또는 몇 개 안 되는 예에 초점을 맞추는 연구를 말한다(Earl Babbie, 고성호 외 역, 2014).

Yin(1993)은 사례연구를 실험, 서베이(survey), 기존 자료의 분석, 역사적 방법과 구분되는 연구전략의 하나로 파악하였다.[3] 그는 사례연구를 연구대상인 현상과 맥락 사이에 경계가 분명히 구분되지 않는 가운데 동시대의 현상을 실생활의 맥락에서 다양한 원천에서 나오는 증거를 사용해 연구하는 경험적 연구라고 보았다. 또한, 설명적 사례연구는 탐색적 및 기술적 사례연구라는 두 가지 유형에 의해 보완될 수 있다는 것이다. 이러한 사례연구는 사례 자체가 희귀해야 하며, 극적인 동시에 독특해야 한다는 세 가지 요건을 갖추어야 한다. 이러한 요건을 갖추고 있어야 분석에서의 의미가 있고 다른 사례에 적용하여 일반화시킬 수 있다(이선우 외, 2004). 사례연구는 소수의 사례를 대상으로 심층적·종합적으로 연구한다는 점에서 다수의 사례를 분석대상으로 하는 연구와 구분된다. 다시 말해 사례연구는 실험적 연구, 설문자료 분석, 기존 자료의 분석, 역사적 방법 등과 구분되는 연구방법이다. 사례연구는 특정한 사례 또는 다중 사례연구에서의 여러 사례에 초점을 두고, 양적인 조사방법을 사용하여 수집한 증거까지 포함한 다양한 증거들을 이용한다(Rubin & Babbie, 2001). 여기서 증거의 출처는 기존의 문서, 면접, 관찰 등이 될 수 있으며, 증거는 그 사례에 대해 사람들에게 설문조사를 하거나 또는 일부 변수를 조작하여 얻을 수 있다. 따라서 사례는 개인, 프로그램, 조직, 사건 또는 다른 것이 될 수도 있다.

이러한 내용을 종합해 볼 때 정책사례연구(policy case study)는 어떤 정책이나 현상이 "왜" 발생하고 "어떻게" 진행되는 가에 답하기 위해 다양한 자료를 사용하여 독특한 특성을 가

---

2) Goode, W. J. & Hatt, P. K. (1981). Methods in Social Research, Singapore: MaGraw Hill International Editions.
3) Yin, Robert k. (1993). Applications of Case Study Research, Sage Publications, p.3.

진 정책, 프로그램, 정책과정, 제도 등 소수의 실제 현상에 대해 심층적·종합적으로 연구하는 것을 말한다(Goode & Hatt, 1981; Yin, 1989; 강은숙 외, 2005; 남궁근, 2104). 또한 정책사례는 "공공 및 민간 관료들이 특정한 결정을 내려야 하는 실제의 상황"으로서 정책경험을 널리 공유하고 전파하는 데 활용된다. 사실상 정책사례는 사례에 대한 지식이나 정보를 전달할 목적으로 개발되는 것은 아니다. 학술적 목적을 위한 사례연구는 사회과학 분야에서 오랫동안 진행되어 왔다(Yin 1984, Cronbach 1975, Schwandt, 1997, Cresswell 1997, Gerring 2004). 예를 들어 하버드의 케네디 스쿨이나 조지 워싱턴 대학의 에반스 스쿨과 같이 교육 목적을 위해 문제정의, 문제해결, 토론 등에 초점을 맞춘 사례들도 개발되어 왔다.

Study Plus+ 하버드 케네디 스쿨(Harvard Kennedy School)

1978년 구축된 하버드 케네디 스쿨의 사례 데이터베이스에는 현재 33개 분야별 2,000여 사례, 멀티미디어 사례(6), 비디오(3), 시뮬레이션(2)이 온라인에 업로드 되어 있다. 사이트의 소개에 따르면, 하버드 케네디 스쿨은 현재 세계 최대의 사례연구 생산자이자 데이터베이스이며 하버드 케네디스쿨 사례 프로그램(Harvard Kennedy School Case Program: HKS)을 통해 생산된 사례들이 전 세계 100여 개 이상 국가에서 활용되고 있다. 해당 데이터베이스는 정부의 운영과 정책이 만들어지는 과정을 학생들에게 이해시키기 위한 목적의 사례를 생산하기 위해 구축되었다.

자료: 고길곤. (2017). 해외 모범 정책사례 연구, 서울대학교 행정대학원 보고서

---

2. 정책사례연구의 특징과 장단점

정책사례연구는 하나 혹은 소수의 정책사례를 대상으로 심층적이고 종합적으로 연구한다는 점에서 다수의 사례나 현상을 분석대상으로 하는 연구와 구분된다. 사례연구는 실험, 서베이(survey), 기존자료의 분석, 역사적 방법과 구분되는 방법으로 다음과 같은 특징을 가지고 있다.

1) 소수사례의 연구

정책사례연구는 소수의 정책사례를 대상으로 종합적으로 깊이 있게 접근한다. 이러한 특징은 다수의 사례를 분석대상으로 하는 연구와 구분되며, 사례연구의 분석대상이 되는 사례의 수는 하나 또는 소수로 제한된다. 이는 다수의 사례를 대상으로 모든 사례를 심층적으로 분석하는 것이 실질적으로 불가능하다는 인식에 기반을 두고 있다. 아울러 개별사례를 하나의 독립된 실체로 취급하여 이해하는 경우 또한 많은 시간과 노력이 필요하다. 다수 사례의 연구에서 모든 사례를 연구하는 경우에 많은 비용이 소요될 뿐만 아니라 이들 사례 간에 나타나는 유사점과 차이점을 분석하는 것도 어렵다(남궁근, 2014). 특히 다수 사례를 분석하는 연구에서는 개별사례의 깊이 있는 통합적 관찰보다는 현상이나 어떤 변수와 다른 변수간의 상관관계를 토대로 하는 계량적·양적 연구방법을 사용하는 경향이 있다(강은숙 외, 2005).

대부분의 정책사례연구는 특별한 정책, 법령, 또는 제도에 초점을 두고 있으며, 단일 정책사례연구는 일반화의 한계로 인해 어떤 추론을 하는 경우 비판의 대상이 되기도 한다. 이러한 문제를 해결하기 위해 사례의 수를 늘리거나 사례를 비교·분석함으로써 일반화의 문제를 어느 정도 해결하려고 한다. 사례를 비교분석하는 경우 최소한 둘 이상의 사례를 분석함으로서 일반화의 수준을 높이려고 한다. 그러나 하나의 사례만을 연구대상으로 하는 경우에도 암묵적인 이상형을 설정하는 경우도 많다. 또한, 단일사례를 시기별로 분석하는 경우에도 각 시기를 비교하여 분석하기 때문에 단일사례연구도 사례비교연구의 범위에 포함시켜 접근할 필요도 있다.

2) 심층적·다차원적·집중적 연구

사례연구는 분석대상이 되는 사례에 대해 심층적(in-depth), 다차원적(multifaceted), 집중적(intensive)인 연구전략을 추구하는 특징을 가진다. 사례연구자는 하나 또는 소수의 관찰사례를 상세하고 종합적인 방식으로 연구함으로써 정확한 답변을 찾으려고 노력한다. 소수 사례연구는 연구하고자 하는 현상에 대한 종합적인 이해나 사회구조, 과정에 내재되어 있는 규칙성을 발견하는데도 유용하다(고경훈, 2004). 또한, 사례연구자는 연구결과의 정확성과 완전성을 그 사례가 갖는 여러 가지 측면과 관련지어 증명하려고 하며, 때로는 문제의 총체성(totality)에 도전하고 싶어 한다(김광웅 외, 2006). 이와는 대조적으로 다수사례를 분석대상으로 하는 계량적 연구자들은 외연적인 연구전략을 채택하는데, 다시 말해서 이들은 매우 직접적이고 관찰 가능한 방식으로 일반화를 주장함으로써 연구결과를 정당화시키려 한다(남궁근, 2014).[4]

3) 질적 연구방법의 활용

연구방법을 질적 방법과 양적 방법으로 구분할 경우에 사례연구는 일반적으로 질적 방법을 활용한다. 다수 사례를 분석대상으로 할 경우에는 주로 양적 방법을 활용하지만, 사례연구에서 양적 분석방법을 활용하는 경우도 있다. 예를 들어 시계열분석과 같은 양적인 방법을 통해 개별 국가에 대한 지식을 넓히기 위해 사용할 수 있으며, 다수 국가에 대한 독립적인 시계열분석을 통해 얻은 지식을 활용함으로써 이들 국가에 대한 사례 비교분석을 수행할 수도 있다(남궁근, 2014). 그러나 사례연구는 대체로 질적 방법을 많이 사용한다. 여기서 유의할 점은 사례연구도 양적 자료를 포함할 수 있으며, 소수의 실험이나 서베이(survey)도 질적 자료에만 의존할 수도 있다. 따라서 사례연구를 '질적 연구'와 혼돈해서는 안 되며, 질적 연구라고 해서 반드시 사례연구가 되는 것도 아니다(Schwartz & Jacobs, 1979; Van Maanen, Dabbs & Faulkner, 1982; Yin, 1989; 강은숙·이달곤, 2005).

4) 사회과학 및 형태과학

사례연구는 세 가지 방식으로 사회과학 및 형태과학의 발전에 기여하는데, 먼저 현재 잘 이해되지 않는 질문이나 상황에 대해 지적인 경직성을 견지할 수 있게 해준다. 따라서 사회과학에 대해 입체적 접근을 가능하게 하며, 이용 가능한 이론이 부분적으로 적절하다는 것을 보여준다. 다음으로 사례연구는 사회과학의 개방성을 유지하는데 도움을 준다. 다시 말해서 새로운 상황이 전개될 수 있다는 점을 제시함으로서 이론화의 작업이 열려있다는 점을 암시한다. 마지막으로 독자들로 하여금 대리학습의 경험(vicarious experience)을 허용함으로써 정책이나 행정의 생생한 모습을 포착할 수 있도록 해 학문연구의 실용성에 대한 욕구를 충족시켜 준다. 이를 통해 사례연구는 구체적인 현실을 기초로 형태과학 지식 및 이론과 함께 행정

---

4) Swanborn, P. (2010). Case Study Research: What, Why, and How. Thousand Oaks, CA: Sage.

및 정책현실을 풍부하게 분석할 수 있도록 한다(Golembiewski & White, 1980).[5]

> **Study Plus+ 행태과학(行態科學)**
>
> 행태과학(behavioral science theory)은 조직의 인간적 요소 그리고 조직의 심리적 체제에 주의를 집중하고 경험적인 조사연구의 방법을 중요시하는 접근방법이다. 한마디로 인간의 행동을 과학적으로 연구하기 위한 학문으로 사회적 현상을 연구함에 있어서 개인이나 집단의 행동에 초점을 두는 연구방법을 말한다. 행태과학은 이제까지의 경험주의, 상식위주, 설명위주에서 탈피하여 조직 속에서 사람들이 어떻게 행동하는가(the way people behave in the organization)를 적절하게, 신중하게, 쓸모 있게 연구하여 조직 내 인간 행위를 분석적, 체계적으로 기술하려는 이론화 운동으로 전개 되었다. 따라서 경험적이고 계획적이며 과학적인 방법을 활용한 응용과학의 성격을 가진다.
>
> 출처: https://ko.wikipedia.org/wiki/%EC%A1%B0%EC%A7%81%EC%9D%B4%EB%A1%A0

한편, 사례연구는 사실의 발견과 문제의 해결 측면에서 몇 가지 장점이 있다. 먼저 사례연구는 단일 혹은 소수의 사례를 집중적이고 심층적으로 검토하기 때문에 연구대상에 대해 깊이 있고 종합적인 이해를 가능하게 한다. 그리고 향후 본 조사를 위한 예비조사(pilot research)로 사용할 수도 있다. 다시 말해 사례연구는 잘 알려져 있지 않은 미개척 분야를 시작하려는 연구자를 위한 하나의 자연적 출발점이 된다. 연구자에게 연구의 방법과 가설을 세울 수 있도록 돕는 동시에 후속 연구를 위한 정보를 제공하는데 유용하게 활용된다. 또한, 연구대상의 독특한 성질을 구체적이고 상세하게 연구할 수 있어 어떤 사회현상의 특징을 파악하는데 적합한 연구방법이다. 이밖에도 연구대상이 되는 사례에 관하여 처음부터 끝까지 동태적인 변화나 흐름에 대한 파악을 가능하게 하며, 특히 인간의 심리적·사회적·행태적 연구에 적합한 연구방법이라 할 수 있다(김렬, 2013). 끝으로 어떤 사건들은 자연 상황에서 매우 드물게 나타나므로 이러한 사건들은 단일사례를 통해 집중적으로 연구될 수 있다.

이러한 장점이 있는 반면에 사례연구는 자료의 수집 및 분석이나 연구결과의 활용 등에 있

---

5) Golembiewski, Robert T., & White, Michael. (1980). Cases in Public Management(3rd). Rand McNally College Publishing Company.

어 몇 가지 단점을 가진다. 먼저 연구대상을 선정함에 있어서 대표성의 문제가 제기된다. 하나 혹은 소수의 사례가 연구주제와 관련된 전체 사례를 대표할 수 있느냐에 대한 의문이 제기될 수 있다. 그리고 사례연구는 사례를 통해 얻은 결론을 기초로 인과적 결론을 내리기 어렵다. 다시 말해 개별사례의 행동결과가 관찰된 특정 사건에 의해 직접적으로 유발되었는지를 파악하기 어렵다. 사례연구에서는 대부분 외생변수들의 효과를 사용하지 않기 때문에 보통 현상을 설명하는데 사용된다(양병화 외, 2000). 다음으로 연구자의 주관이나 편견이 개입되어 연구결과와 결론에 영향을 미칠 수 있다. 관찰자 편향(bias)의 문제들이 발생하는 다른 형태의 관찰연구들과 마찬가지로 사례연구의 맥락 속에서도 이러한 연구자의 편향이 발생할 수 있다. 이는 관찰 가능한 측정치들이 없기 때문에 사례연구의 결과는 관찰자의 주관적인 판단에 의해서 해석되기 때문이다.[6] 또한, 시간과 비용이 많이 소요되기 때문에 비경제적인 측면이 있으며, 일반적으로 통제집단과 비교집단을 사용하지 않기 때문에 비교나 상황변화에 대한 분석이 어렵다. 이밖에도 수집된 자료의 신뢰성을 확인할 방법이 없으며, 자료의 출처에 대한 공개를 기피하는 경향이 있고 연구의 반복이 곤란하여 연구결과를 일반화하는데 문제가 있다.

단일사례를 통한 사례연구 예시

러시아의 심리학자인 루리아(Luria, 1968)는 사례연구를 통해 기억능력과 신체기능에 대한 통제력을 발휘하는 매우 특이한 남자를 발견하였다. 루리아(Luria)는 피험자의 능력의 원인과 그의 행동과 성격에 미치는 영향을 기술했는데, 30년 이상의 관찰과 비공식적인 실험을 통해 몇 가지 사실을 발견하기에 이른다.

이 피험자는 시각적인 심상을 사용하여 기억을 높이는 방략(方略, 어떤 일을 꾀하고 행하여 이루기 위한 방법과 계략)을 적극적으로 사용하였으며, 상상력을 기초로 신체기능을 통제하고 있었다. 예를 들어 자신의 심장박동을 기차시간에 맞추기 위해 달려가고 있다고 상상함으로써 안정적일 때는 분당 70-72회의 박동 수를 분당 약 100회의 박동 수까지 증가시킬 수 있다고 보고하였다.

자료: 양병화·강경원 공저(2000), 『조사방법론』, p.440 인용.

---

[6] Hersen, M. and Barlow, D. H. (1976). Single-case Experimental: Strategies for Studying Behavior Change. New York: Pergamon Press.

제2절 사례연구의 유형과 절차

1. 사례연구의 비교와 유형

경험적 조사연구의 방법에는 소수 사례에 대한 심층적 분석을 추구하는 사례 지향적 연구(case-oriented methods)와 다수 사례를 대상으로 변수들 간의 계량적 관계의 분석을 추구하는 변수 지향적 연구(variable-oriented case)로 구분된다(Ragin, 1987). 이러한 두 가지 방법은 사례에 대한 관점, 인과관계에 대한 이해, 설명을 보는 입장, 연구의 목적에 따라 뚜렷하게 대비된다. 다음은 두 가지 연구방법을 이념형으로서의 방법론적 전략이라는 측면에서 비교한 것이다. 일반적으로 대부분의 연구자들은 연구과정상 이 두 전략의 일부를 혼합하여 사용한다.

사례 지향적 연구와 변수 지향적 연구의 비교

구분	사례 지향적 연구	변수 지향적 연구
사례에 대한 관점	• 독특한 실체 • 소수의 사례 • 집중적·종합적 검토	• 변수들의 관찰단위 • 다수의 사례 • 변량의 외연적 분석
인과관계에 대한 이해	• 다원적·결합적 인과관계 • 역사적·발생론적 인과관계 • 시간적 순서를 직접 검토 • 불변의 관계	• 일률적 인과관계 • 구조적 인과관계 • 정적분석 / 시간적 순서 추론 • 확률적 관계
설명에 대한 입장	• 종합적 설명 • 해석적 설명 • 역사적으로 구체적	• 근본적으로 분석적 • 간단명료한 설명 • 보편적·법칙적
연구의 목적	• 사례에 관한 지식 • 유형화된 다양성의 이해 • 이론의 사용·적용·진척	• 이론적으로 관련된 지식 • 변량의 설명 • 이론의 검증·판결

자료: Ragin, Charles C. (1994). introduction to Qualitative Comparative Analysis in Thomas Janoski & Alexander M. Hicks(eds.), The Comparative Political Economy of the Welfare State, Cambridge: Cambridge University Press: 320.

1) 사례의 수에 따른 분류

사례연구는 사례의 수, 연구목적, 용도, 이론화 정도 등을 기준으로 몇 가지 유형으로 분류된다. 먼저 동일 연구에 포함되는 사례의 수를 기준으로 단일 사례연구와 복수 사례연구로 구분된다. 단일 사례연구는 한 가지 사례를 가지고 연구를 수행하는 경우이며, 복수 사례연구는 하나의 연구에서 둘 이상의 사례를 분석에 포함하는 연구를 말한다. 단일 사례연구는 하나의 사례가 나타내는 형상(configuration)에 초점을 맞추는 연구로 사례를 선정하는데 정당성이 인정되는 경우로 잘 공식화된 이론을 검증하는데 있어서 중요한 사례일 경우, 극단적이거나 독특한 사례일 경우, 그리고 연구자가 이전에는 과학적 조사절차로써 접근할 수 없는 현시적 사례(revelatory case)로써 그 현상을 관찰하고 분석할 수 있는 특별한 기회가 주어질 경우에 정당성이 인정된다(Yin, 1984; 남궁근, 2014). 복수 사례연구는 여러 분석대상들에 나타나는 독특한 특징까지도 상호 비교 분석함으로써 그 의미를 찾아내는 방법을 말한다.

2) 용도에 따른 분류

사례연구는 다양한 용도로 사용되는데, 용도에 따라서는 크게 연구방법으로서의 사례연구(research case study)와 교육목적으로 사용되는 교육용 사례연구(pedagogical case)로 구분된다. 연구방법론으로써의 연구용 사례는 사회현상에 대한 심층적·다측면적 분석 등의 순수한 연구를 위해 사례를 사용하는 방법이다. 교육목적으로 사용되는 경우에 사례연구는 행정실무자, 법률가, 경영자, 의사, 사회사업가(social worker) 등과 같이 구체적인 문제를 직접 분석하고 그 해결책을 제시하는 전문가들에 대한 능력개발이나 교육훈련 등의 목적을 위해 사용된다. 이러한 사례분석은 실무에서 다루는 유사한 사례들을 강의실이나 교육장에서 미리 논의해 봄으로써 다양한 실무 문제에 대한 분석이나 처리경험을 연마할 수 있도록 해 준다.

3) 연구목적에 따른 분류

사례연구는 기술뿐만 아니라 탐색, 설명 등 사회과학연구의 다른 목적을 달성하기 위해 사용될 수 있다. 일반적으로 연구의 목적에 따라 탐색적 연구, 기술적 연구, 설명적 연구로 구분된다. 여기서 탐색적 연구는 구체적이고 인과관계를 찾는 연구 질문으로 특정 사례를 찾는 방법이다. 기술적 연구는 있는 사실을 그대로 진술하고 기술하는 방법을 말하며, 설명적 연구는 사실과 사실관계를 연결하고 그러한 사실을 설명하면서 그와 관련한 주변의 이야기를 풀어가는 방법이다(이선우 외, 2004; 남궁근, 2014).

4) 이론화의 정도에 따른 분류

Lijphart(1971)는 이론화의 정도에 따라 무이론적 사례연구, 해석적 사례연구, 가설 창출적 사례연구, 이론 확증적 사례연구, 이론 논박적 사례연구, 일탈 사례연구 등 여섯 가지 유형으로 구분하였다.[7] 이러한 유형들은 각각 이념형을 나타내며 하나의 특정한 연구는 이러한 분류기준 중 하나 이상의 범주에 포함될 수도 있다(남궁근, 2014).

❶ 무이론적 사례연구

무이론적 사례연구(atheoretical case studies)는 전적으로 기술적이고 이론적인 진공상태에서 이루어진다. 다시 말해서 이미 정립되어 있거나 가정된 일반 명제에 의해 이루어지는 것이 아니며, 일반 가설을 설정하기 위한 목적을 가지고 있지도 않다. 이러한 유형의 사례연구는 이론적 가치를 가지고 있지는 않다. 그러나 순수한 기술적 연구의 경우 기본적인 자료 및 정보수집 작업으로서 큰 효용성을 가지고 있으며, 이론의 정립에 간접적으로 기여할 수 있다. Lijphart(1971)는 무이론적 사례연구가 이념형으로만 존재하고 실제로는 존재하지 않는 것으로 보았다. 왜냐하면 단일사례를 연구하는 모든 연구는 모호하지만 적어도 몇 가지 이론적 관점과 더불어 다른 사례에 관한 어느 정도의 기초 지식을 토대로 수행되며, 보다 광범위한 적용성을 지니는 몇 가지 가정 및 결론을 도출할 수 있기 때문이다. 끝으로 무이론적 사례연구는 Eckstein(1973)의 개별 기술적 사례연구(configurative-idiographic case study)로서 사례에 대한 전체적인 윤곽을 파악하거나 사례의 내용을 상세하게 기술함으로서 사례에 대한 이해를 증진시키는데 연구의 초점을 두고 있다(강은숙·이달곤, 2005).

❷ 해석적 사례연구

해석적 사례연구(interpretative case studies)는 일반 이론의 확립보다는 사례 자체에 관한 관심을 충족하기 위해서 채택된다는 점에서 무이론적 사례연구와 유사하다. 하지만 해석적 사례연구는 이미 체계화된 이론적 명제들에 기초하여 진행된다는 점에서 차이가 있다. 다시

---

7) Lijphart, A. (1971). Comparative Politics and the Comparative Methods, The American Political Science Review, 65(3): 691-693.

말해서 이미 도출된 일반이론들이 그 자체의 개선을 목적으로 하는 것이 아니라 특정 사례의 내용을 보다 구체적으로 규명하기 위해 해석하고 설명하는 것이다. 또한, 분석목적이 경험적 일반이론을 구축하는 것이 아니기 때문에 이론적 가치는 크지 않지만 경험적 이론의 목적이 이러한 개별 사례연구를 가능하도록 한다는 점에서 간과해서는 안 된다(남궁근, 2014).

❸ 가설 창출적 사례연구

가설 창출적 사례연구(hypothesis-generating case studies)는 다소 모호한 잠정적인 가설에서 출발하여 보다 분명한 가설을 정립한 이후에 이를 다수의 사례에 적용하여 검증하는 형식의 연구이다. 이러한 유형의 사례연구의 목적은 기존 이론이 존재하지 않은 분야에서 새로운 일반이론을 구축하는데 있다. 따라서 반복적인 사례연구를 통해 가설이 구체화되면 가설의 일반화나 새로운 일반이론을 구축할 수 있기 때문에 이론적 가치가 매우 크다고 할 수 있다.

❹ 이론 확증적 사례연구

이론 확증적 사례연구(theory-confirming case studies)는 이미 정립된 이론의 범위 내에서 개별사례를 분석하는 연구방법이다. 이 경우에 개별사례에 대한 사전지식은 일반이론에 포함되는 소수의 변수들에 국한된다. 이러한 유형의 사례연구에서는 일반 이론이 검증되는데, 분석을 통해 일반이론이 강화되거나 약화된다. 그러나 검증하고자 하는 일반이론이 다수의 사례에 기초하고 있을 경우에 하나의 사례가 추가된다고 해서 그 이론이 훨씬 강화되는 것은 아니다(강은숙 외, 2005; 남궁근, 2014).

❺ 이론 논박적 사례연구

이론 논박적 사례연구(theory-informing case studies)는 이론 확증적 사례연구와 대조되는 것으로 기존의 일반이론을 논박하기 위한 연구를 말한다. 그러나 하나의 사례에서 이론이 적용되기 어렵다고 해서 기존 이론이 전적으로 부정되는 것은 아니다. 이론 확증적 사례연구와 이론 논박적 사례연구는 이론이나 명제를 사전적으로 전제하고 이러한 이론으로부터 경험적 가설을 도출하여 검증함으로서 이론의 설명력에 대한 확장 여부를 결정하는 과학적 추론의 일반적 과정과 가장 부합하는 방법이라 할 수 있다. 특히 이론 확증적 연구와 이론 논박적 사례연구에서 사례가 포함하고 있는 특정 변수의 분석결과가 기존의 명제와 크게 다를 경우에는 그 연구의 가치가 높은 것으로 평가되고 있다.

❻ 일탈 사례연구

일탈 사례연구(deviant case studies)는 이미 정립된 일반이론에서 벗어나는 것으로 밝혀진 사례에 관한 연구를 지칭하며, 왜 특정사례가 일탈현상을 나타내는지를 규명하기 위하여 수행되는 연구이다. 다시 말해서 기존의 연구에서는 고려하지 않았던 유력한 변수를 찾아내거나 일부 또는 모든 변수들을 다른 관점에서 재정의(redefinition) 한 다음 연구를 수행하는 것이다. 일탈 사례연구를 통해 기존의 이론이나 명제를 뒤집을 수도 있고 수정된 이론이나 명제를 제시함으로서 기존 이론의 설명력을 높일 수 있기 때문에 매우 큰 이론적 의의를 가진다고 볼 수 있다(Lijphart, 1971; Eckstein, 1973; 남궁근, 2014).

Lijphart(1971)는 이론적 발달의 맥락 측면에서 앞의 여섯 가지 유형 중 가설 창출적 사례연구와 일탈 사례연구에 가장 큰 가치를 부여하였다. 가설 창출적 사례연구는 새로운 가설을 정립하는데 기여했으며, 일탈 사례연구는 기존의 가설을 개선하고 수정된 명제를 제시할 수 있기 때문이다. 또한, 이론 확증적 사례연구, 이론 논박적 사례연구, 그리고 일탈 사례연구는 암묵적인 비교분석이라 할 수 있다. 이들은 비교적 다수의 사례에서 선별된 사례에 초점을 맞추어 그러한 사례가 도출된 모집단의 이론적, 실증적 범주에서 이를 분석하고 있다. 따라서 사례로 선정된 일탈 사례는 실험집단에 해당되며, 나머지 사례들은 통제집단의 역할을 한다. Lijphart(1971)는 비교분석방법이 통계분석방법이나 실험에 가까워질수록 분석능력이 향상되는 것과 마찬가지로 사례연구도 일탈 사례분석의 유형을 취함으로서 비교분석방법에 근접한 분석능력을 갖추게 된다고 본 것이다(남궁근, 2014).

2. 사례연구 설계의 유형과 평가기준

사례연구 자체가 과학적이고 경험적 연구가 되기 위해서는 논리적 추론과정을 거쳐 연구 결과가 도출되어야 한다. 이를 위해서는 논리적 진술과정을 보여주는 조사 설계가 중요하기 때문에 여기서는 Yin(2009)이 주장한 기본 유형 네 가지를 중심으로 살펴보았다(Yin, 2009; 남궁근, 2014).

1) 사례연구 설계의 유형

연구 설계 혹은 조사 설계는 조사내용을 수집·분석·해석하는 과정에서 연구자를 안내해주는 계획으로서 변수들 간의 인과관계에 대한 추론을 이끌어내는 논리적 입증 모형이다. 이와 동시에 연구 설계는 조사결과에서 얻은 결론이 다른 모집단이나 상이한 상황에 일반화시킬 수 있는지를 알려 준다(Nachmias & Nachmias, 1981). 연구 설계는 연구문제, 관련 자료, 자료수집, 결과분석 방법 등을 다루는 연구의 청사진이 되기도 한다(Philiber, Schwab & Samsloss, 1980, Yin, 1989). Yin(2009)은 사례연구를 위한 조사 설계의 기본형을 사례 수와 분석단위를 기준으로 네 가지로 구분하였다. 사례연구 설계의 유형은 두 가지 유형으로 분류할 수 있다. 먼저 동일 연구에 포함되는 사례의 수에 따라 단일사례 설계와 복수사례 설계로 구분된다. 다음으로 실제 자료수집 및 분석이 이루어지는 단위가 사례 전체에 관한 것인지, 아니면 사례를 구성하는 복수의 하위단위에 관한 것인지에 따라 전체적 설계(holistic design)와 임베디드 혹은 세분화된 설계(embedded design)로 나누어진다. 이러한 두 차원을 결합하면 네 가지 유형의 사례연구 설계모형이 만들어진다.

사례연구 설계의 기본 유형		
구분	단일사례설계	복수사례설계
전체적 (단일 분석단위)	유형 I (단일사례 전체적 설계)	유형 III (복수사례 전체적 설계)
임베디드 (복수분석단위)	유형 II (단일사례 임베디드 설계)	유형 IV (복수사례 임베디드 설계)

❶ 단일사례 전체적 설계

유형 I에 해당하는 단일사례 전체적 설계(single case holistic design)는 하나의 사례를 전체적인 분석단위[8]로 분석하는 방법이다. 이 유형은 단일실험과 유사하며, 사례연구에서 그 사례의 전체적인 성격을 연구할 때, 해당 사례의 논리적 하위단위가 구체화될 수 없을 때, 또는 사례연구에 내재된 적절한 이론이 총체적인 성격을 띠고 있을 때 사용되는 설계방법이다. 이러한 유형의 사례연구는 일반적으로 탐색적 수단이나 예비 사례연구로 사용되는 경우가 많다(강은숙·이달곤, 2005; 남궁근, 2014).

❷ 단일사례 임베디드 설계

유형Ⅱ에 해당하는 단일사례 임베디드 설계(single case embedded design)는 하나의 사례에 대하여 이를 구성하는 하위단위를 분석하는 방법이다. 이 유형은 환자를 대상으로 다각적인 진단을 통해 질병의 발생 원인을 규명하는 것과 유사한 방법이다. 이러한 유형의 사례연구는 단일사례 전체적 설계와 마찬가지로 하나의 사례를 연구하면서 문제의 다양하고 개별적인 성질을 연구할 때, 그 사례의 논리적 하위단위를 통해 전체적인 성격을 규명할 때, 사례연구에 내재된 이론이 부분적인 이론들로 구성될 때 사용된다. 이러한 유형의 사례연구는 기술적 연구나 원인분석을 위해 많이 사용된다.

❸ 복수사례 전체적 설계

유형Ⅲ에 해당하는 복수사례 전체적 설계(multiple case holistic design)는 다수의 사례를 대상으로 전체적인 자료단위로 분석하는 방법이다. 이 유형의 사례연구는 유사한 조건하에서의 반복실험과 유사하다. 이러한 유형의 사례연구는 유형Ⅰ과 마찬가지로 전체적인 성격을 연구하면서 하나의 사례만으로는 그 현상을 타당성 있게 규명해 낼 수 없거나 반복조사를 통해 관심의 대상이 되는 현상의 다양한 상황과의 관계를 파악하려 할 경우, 그리고 복제의 논리(replication logic)에 따라 일반화된 이론을 제시할 필요가 있을 때 사용된다. 이러한 유형의 조사는 조사의 신뢰도와 타당성을 높이기 위해 적합한 방법이라 할 수 있다.

---

[8] 분석단위(analysis unit)란 연구자가 그 속성 또는 특징에 관한 자료를 수집하고, 기술 혹은 설명하고자 하는 사람이나 사물 등을 말한다. 또한 분석단위는 그 단위의 속성을 집계하여 보다 큰 집단을 기술하거나 어떤 추상적인 현상을 설명하기 위하여 자료를 수집하는 단위를 말한다(한동효, 2014: 85).

❹ **복수사례 임베디드 설계**

유형Ⅳ에 해당하는 복수사례 임베디드 설계(multiple case embedded design)는 다수의 사례를 대상으로 사례를 구성하는 하위단위를 자료단위로 분석하는 방법이다. 이 유형의 사례연구는 유사한 조건하에서의 심층적 세부실험을 하는 경우와 유사한 방법이다. 이 유형을 적용하는 데 어려움이 많지만 조사내용의 과학화와 일반화를 위해 사용된다. 이러한 유형의 사례연구는 유형Ⅲ와 같이 다수의 사례를 대상으로 연구를 수행할 경우, 그리고 유형Ⅱ와 같이 하위단위를 가지고 분석할 필요가 있을 때 적용된다. 이 유형의 사례연구는 기술적 연구나 인과관계의 규명과 같은 일반화의 수준이 높은 조사를 수행함으로서 연구의 타당성과 신뢰도를 높일 수 있는 사례연구 설계방법이다. 또한, 설명의 대상이 되는 복수의 국가나 지역사회 등 집계화 된 단위이고 실제로 자료수집이나 분석이 이루어지는 단위는 그보다 하위단위인 개인, 집단 등일 경우에는 이러한 설계방법이 활용될 수 있다(남궁근, 2014).

2) 사례연구 설계의 평가기준

연구 설계는 논리적 진술의 집합(logical set of statements)으로 논리적인 검증을 통해 그 질을 평가할 수 있다. Yin(1989)은 논리적 검증의 기준으로 구성적 타당성, 내적 타당성, 외적 타당성, 신뢰도 등 네 가지를 제시하고 있다. 사례연구가 과학적 연구로서의 기반을 구축하기 위해서는 이러한 기준을 충족시켜야 한다(강은숙·이달곤, 2005).

❶ **구성적 타당성**(construct validity)

구성적 타당성은 연구에 사용된 측정도구나 측정수단이 이론적 구성개념과 일치하는 정도를 의미한다(Campbell, 1979). 달리 표현하면 연구문제의 해결 가능성을 의미하는데, 이는 그 연구 설계가 얼마나 정확하게 연구문제에 대답하고 있는가, 또는 그 연구 설계가 가설을 적절히 검증하고 있는가 하는 질문으로 표현할 수 있다. 구성 타당성을 높이기 위해서는 연구하고자 하는 대상을 정확하게 조작적으로 측정(correct operational measures)할 수 있어야 한다. 양적 연구에서는 연구 초반에 측정에 관한 것을 매듭지어야 하지만 사례연구를 포함한 질적 연구에서는 자료수집단계 이전부터 보고서작성에 이르기까지 지속적으로 정확한 측정을 위해 노력해야 한다. 또한 연구가 진행되는 동안 현장조사에서 얻은 결과와 기타 자료들 간의 끊임없는 연결을 시도하고 연구의 종결 시점에는 도출된 대안과 다양한 증거자료들 간의 삼각검증(triangulation)을 실시한다. 보고서 초안이 만들어진 후에도 핵심적인 정보제공자, 연구대상자, 전문가들에게 검토받는 과정을 거치게 된다. 이처럼 여러 번의 검증과정을 통해 이러한 기법을 사용하면서 구성 타당도를 높일 수 있다(이선우, 2000).

> **Study Plus : 삼각검증법(triangulation)**
>
> Campbell(1959)이 제안한 연구방법으로 어떤 한 주제를 규명하기 위해서 서로 다른 세 가지의 조작적 정의에 입각한 자료수집 방법을 동원하는 것으로 삼각연구법, 다각화(多角化)라고도 한다. 사회과학 분야는 어떤 척도를 통해 어떻게 측정하느냐에 따라서 연구결과가 편향되거나 다양한 결과가 도출될 수 있기 때문에 신뢰도와 타당도의 문제가 제기된다. 따라서 서로 다른 세 가지 이론에 입각한 검사들이나 조사들의 결과가 어떤 하나의 주제를 일관되게 가리키고 있다면, 이는 그만큼 신뢰할 수 있는 연구결과라고 간주될 수 있다는 것이다. Denzin(1978)은 삼각검증을 자료의 삼각화, 연구자의 삼각화, 이론의 삼각화, 방법론적 삼각화로 유형을 분류하였다. Patton(1980)은 삼각검증법을 질적 연구에서 단일연구, 단일자료 원천, 단일 연구자로 인해 생기는 편견을 방지하기 위해 다양한 자료수집, 다양한 원천자료, 둘 이상의 연구진을 구성하는 방법이라고 정의하였다.[9]

❷ 내적 타당성(internal validity)

내적 타당성(internal validity)은 종속변수(Y)의 변화가 독립변수(X)의 변화에 의하여 발생한 것임을 확신할 수 있는 정도로 추정된 원인과 그 결과 사이에 존재하는 인과적 추론의 정확성이 얼마나 높은지를 보여주는 것이다. 하지만 사례연구가 비판을 받는 핵심적인 부분이다. 비록 정확한 분석틀로 설명력이 높은 변수들로 인과관계를 설정한다 하더라도 변수의 선정과 상관관계분석이 여전히 작위적이라는 비판이 제기된다. 그러나 관련 이론을 통해 사전에 변수를 작위적으로 선정하고 표본 집단을 추출하여 분석을 통해 인과관계를 규명하는 양적 연구가 사례연구보다 내적 타당도가 높다고 말하기는 어렵다. 왜냐하면 사례연구는 연구 초기에 변수를 선정하는 것이 아니라 연구대상 집단에 대해 지속적으로 관찰하고 관련 자료를 분석하여 연구대상이 되는 특정 현상으로부터 가능한 많은 사실들을 추출한다. 그 이후

---

9) Patton, M. Q. (1990). Qualitative Evaluation Methods. Beverly Hills, Calif.: Sage Publication, Inc.

현상과 사실 간의 인과관계를 규명하고 현상에 직접 영향을 미치는 사실들은 요인으로 규정하고 변수화 하여 설명모형을 만들기 때문에 통계적 검증의 미비만을 제외하고 오히려 양적 연구보다 내적 타당성을 높일 수 있기 때문이다. Yin(1989)은 내적 타당성의 경우 설명적 연구나 인과관계를 밝히는 사례연구에서만 충족되면 된다고 주장하였다.

❸ 외적 타당성(external validity)

외적 타당성(external validity)은 조사연구의 결과를 다른 상황이나 시점에서 어느 정도까지 일반화시킬 수 있는지에 관한 것으로 이와 관련하여 연구결과를 일반화시키는 것은 쉬운 일이 아니다. 특히 단일사례연구에 있어서 외적 타당성 문제는 과학적 연구를 수행하는데 중요한 장애요인이 되었다. 사례연구에서 외적 타당성을 높이기 위해 사용하는 방법 중의 하나는 연구방법에 대한 복제의 논리(replication logic)이다. 다시 말해서 선행연구에서 방법론적으로 검증을 받은 방법을 사용함으로서 사용되는 논리라 할 수 있다. 이러한 논리를 통해 사례연구의 분석적 일반화(analytical generalization)를 시도하는데 유용하게 활용된다. 단일사례 내지 소수의 사례로 인한 외적 타당성의 문제를 해결할 수 있는 또 다른 방법으로는 단일사례에 대한 시기별 비교분석, 유사사례 혹은 상이한 사례를 비교분석하는 것이다. 장기적 시계를 가진 단일사례의 하위변수를 추출하여 시기별로 비교·분석하거나 같은 영역에서의 유사한 사례 혹은 상이한 두개의 사례를 비교·분석함으로서 분석적 일반화의 가능성을 높일 수 있다(강은숙·이달곤, 2005).

❹ 신뢰도(reliability)

신뢰도(reliability)는 동일한 속성에 대하여 동일한 또는 유사한 측정 도구를 사용하여 측정을 반복했을 때, 동일한 또는 유사한 측정값을 얻을 수 있는 가능성을 의미하며, 반복측정 결과 동일한 결과를 얻게 되는 정도를 말한다. 이처럼 측정도구를 동일한 응답자들에게 반복하여 적용했을 때 일관된 결과가 나오는 정도를 신뢰도라 한다. 사례연구는 신뢰도의 확보와 관련하여 양적 연구 못지않은 높은 수준의 신뢰도를 유지할 수 있다. 이를 위해서는 자료수집단계에서 전형적인 연구계획안(protocol)을 작성하여 활용하고 사례연구에 관한 데이터베이스나 센터(case study clearance center)를 구축하여 특정 대상으로부터 자료수집에 대한 일관성을 유지하기 위해 노력해야 한다. 지금까지의 내용을 종합하여 사례연구에서 타당성과 신뢰도의 네 가지 기준을 충족시킬 수 있는 기법과 연구단계를 제시하면 다음과 같다.

기준	사례연구 기법	연구단계
구성적 타당성	다양한 자료의 출처 (이론, 연구결과, 정부보고서, 면담자료, 관찰자료, 기타 자료 등) 활용 수집된 자료의 연결(chain of evidence) 사례연구보고서 초안에 대해 핵심 정보제공자, 전문가 등의 검토 요청	자료수집 자료수집 및 분석보고서 작성
내적 타당성	패턴결합(pattern matching) 설명 정립(explanation-building) 시계열분석	자료분석 자료분석 자료분석
외적 타당성	다수 사례에 있어서의 복제의 논리(replication logic) 사용	연구설계
신뢰성	사례연구에 대한 전형적인 연구계획안(protocol) 사용 사례연구에 대한 데이터베이스 개발	자료수집 자료수집

자료: Yin, Robert K. (1989). Case Study Research: Design and Methods(Revised), Sage Publications, p.41.

3. 정책사례연구의 절차

사례연구도 경험적 연구의 하나이기 때문에 연구 설계의 구성요소도 경험적 조사연구의 과정과 유사하다. 사례연구를 진행하는 데 있어서 절차는 연구의 성격이나 유형에 따라 다소 차이가 있지만 여기서 Yin(2009)이 제시한 일반적인 절차를 중심으로 살펴보면 다음과 같다 (Yin, 2009; 남궁근, 2014).[10]

1) 연구문제의 선정

사례연구에서도 과학적 조사연구의 절차와 마찬가지로 연구문제(study questions)를 분명히 제시해야 한다. 다시 말해 사례연구에서 해결해야 할 문제가 무엇인지를 선정하고 이를 분명히 정의해야 한다. 사례연구에서 해결해야 할 문제는 '어떻게'와 '왜'라는 질문의 형태로

---

10) Yin, Robert k. (2009). Case Study Research, 4th edition: 27-40.

제시되는 것이 일반적이다. 따라서 연구문제의 본질이 무엇인지 정확하게 파악하는 것이 사례연구의 우선 과제이다. 연구문제의 규정을 통해 연구의 목적, 범위, 연구대상이 되는 사례, 필요한 자료의 종류 등 연구 설계의 기본적인 토대가 마련된다. 이 단계에서는 연구의 목적 및 대상, 절차, 자료수집 방법 등을 정한다(김렬, 2013).

정책사례연구에서도 가장 먼저 적절한 정책사례를 제시하는 것이다. 모든 정책현상이 사례연구의 대상이 될 수 있으나 가치 있는 연구가 되기 위해서는 정책사례가 중요하거나, 독특하거나 극단적이어야 한다. 그 이유는 그러한 정책사례를 연구함으로서 현재까지 밝혀지지 않은 새로운 가설이나 이론을 형성할 가능성이 있기 때문이다. 단일사례에 대한 연구를 통해서도 기존의 이론 및 가설을 확증하거나 반증하거나 확장할 수 있는 이론적 의의를 가지기 때문이다(Yin, 1989; 강은숙·이달곤, 2005).

Study Plus / 단일사례연구: Allison모형

엘리슨(Graham T. Allison)의 쿠바미사일 위기에 대한 연구가 대표적인 단일사례연구로 알려져 있다. 그는 1971년 「의사결정의 본질(Essence of Decision)」이라는 저서에서 13일간의 쿠바미사일 위기에 따른 미국 정부의 정책결정 과정을 설명했다. 그것은 집단적 의사결정을 국가적 정책결정에 적용한 것으로 쿠바미사일사건에 미국이 왜 '해상봉쇄'라는 대안을 채택했는가를 설명하고 있다. 그는 정부의 정책결정 과정을 설명하기 위해 세 가지 모형으로서 합리적 행위자 모형, 조직과정모형, 정부정치모형을 제시했다.

출처: 백승기, 2010, 『정책학원론』, 서울: 대영문화사: 351-352 참조

2) 연구명제와 가설의 설정

연구문제에 대한 규명이 이루어지면 다음 단계로 사례연구 수행의 지침이 되는 명제(proposition), 이론적 근거 또는 가설을 제시한다. 정책사례연구에서는 명제나 이론적 근거가 반드시 필요한 것은 아니다. 그 예로 탐색적 조사나 기술적 조사를 목적으로 하는 사례연구는 이론적 근거나 명제가 없어도 연구를 진행할 수 있다. 그러나 이론적 확인이나 검증 및 논박을 위한 연구에서는 이것이 반드시 필요하다. 여기서 사례연구의 이론적 근거인 명제는 사례분석의 주요 방향, 다시 말해 중요한 변수, 필요한 자료의 종류, 그리고 자료 분석을 위한 지침을 제공하고 연구결과의 해석 및 일반화의 지침이 된다(김영기 외, 2010). 따라서 사례

연구의 설계에서 지침이 되는 명제들이 구체화될수록 사례연구에 있어서 자료 수집은 실행 가능한 영역에서 이루어진다. 다음으로 가설을 설정해야 한다. 가설은 연구문제에 대해 어떤 결론을 이끌어 내기 위해 조사 가능한 구체적인 변수 간의 관계로 나타낸 것이다. 다시 말해서 둘 이상의 변수 또는 현상간의 관계를 설명하는 검증되지 않은 명제 혹은 연구문제에 관해 검증할 수 있도록 기술된 잠정적인 결론을 의미한다.

가설검증의 오류		
가설의 진위 \ 검증결과	귀무가설 채택	귀무가설 기각
사실상 옳은 귀무가설(H0)	올바른 판단	제 1종 오류(α오류)
사실상 틀린 귀무가설(H0)	제 2종 오류(β오류)	올바른 판단

자료: Heiman, Gary W. (2003). Basic Statistics: for the Behavioral Science, Houghton Mifflin Company: 262.

3) 분석단위와 자료수집

자료의 수집을 위해서는 우선 연구의 분석단위(unit of analysis)를 결정해야 한다. 일정 사례를 분석하는 데 있어서 전체 사례를 분석단위로 설정할 것인지, 사례를 구성하는 하위단위로 분석단위를 설정할 것인지를 결정해야 한다. 사례를 구성적 특징에 따라 전체적 단위로 보고 분석하는 방법을 전체적 접근방법(holistic approach)이라 하며, 사례의 하위단위를 세분화하여 그 하위단위로 자료수집 및 분석을 진행하는 방법을 하위단위 접근방법(embedded approach)이라 한다(Yin, 2009). 단일 정책사례의 경우 하위단위 접근법을 선택하는 것이 사례연구질문에 초점을 맞출 수 있는 중요한 방법이라 할 수 있다. 이 경우 정책사례에 대해 하위단위에만 초점을 맞추고 보다 큰 단위로 되돌아가지 않으면 연구의 초점이 빗나갈 수 있다

분석단위에 관한 오류		
생태학적 오류		분석단위를 집단에 두고 얻은 연구의 결과를 개인에게 동일하게 적용함으로서 발생하는 오류로 분할오류(fallacy of division)라고도 함
환원주의적 오류	개체주의적 오류	분석단위를 개인에 두고 얻은 결과를 집단, 사회, 국가에 동일하게 적용함으로서 발생하는 오류
	축소주의	폭넓은 사회현상을 설명하는데 필요한 개념이나 변수들을 지나치게 제한하여 사용함으로서 발생하는 오류

는 점을 유의해야 한다. 특히 전체적 접근법에서는 설명단위인 사례와 자료수집 및 분석의 단위인 분석단위가 일치해야 한다. 이와는 달리 하위단위 접근법은 설명단위인 사례와 자료수집 및 분석의 단위인 분석단위가 일치하지 않는 경우이다. 대다수의 사례연구들은 사례의 정의뿐만 아니라 분석단위를 정의하는데 많은 혼란을 겪는다. 이러한 혼란을 감소하는 방법은 기존의 연구를 참고하고 동료 연구자들과 토론을 하는 것이다(남궁근, 2014).

다음으로 자료수집의 측면에서 볼 때 가장 이상적인 연구대상은 접근이 용이하고 연구와 밀접하게 관련된 과정, 제도, 프로그램, 상호관계 등을 명확하게 파악할 수 있는 것이어야 한다. 또한, 연구대상에 대한 자료의 질이나 신뢰성을 확보할 수 있어야 하며, 연구대상의 선택이 이상적일 때 연구내용과 그 결과도 충실하며, 일반화도 용이해질 수 있다(Marshal & Rossman, 1989). 자료는 다양하고 풍부하게 수집되어야 하고 연구대상에 대한 자료의 수집의 원천은 정부기관의 통계자료, 연구문헌, 정부 공식문서, 심층인터뷰, 전화면접, 직접관찰, 참여관찰, 물리적 가공물 등이 있다. 특히 면담자료는 피면담자의 증언이 그대로 왜곡됨이 없이 연구에 증거자료로 제시되어야 하며, 직접참여 및 참여관찰을 통해 수집된 자료들은 현장노트(field note)를 작성하여 내용분석을 위한 근거자료로 활용될 수 있도록 준비할 필요가 있다(이선우, 2000).

Study Plus｜참여관찰(participant observation)

참여관찰(participant observation)은 관찰자가 자신의 신분을 밝히지 않은 채 자연스럽게 관찰대상자인 집단에 참여하는 경우를 말한다. 연구자가 직접 관찰대상 집단의 구성원이 되어 함께 생활하면서 관찰하는 경우이다. 단순히 관찰대상 집단에 들어가 관찰하는 것이 아니라 그 집단 구성원의 하나가 되어 신분을 갖고 자신의 역할을 수행하면서 관찰하는 방법이다. 참여 관찰은 새로운 공동체에서 관찰대상자 집단과 일체감(rapport)을 형성하고 관찰자가 바라볼 때 집단 구성원들이 일상적으로 하던 일을 하도록 조처하는 것을 말한다(박용치 외, 2008).

---

4) 자료와 명제의 연결

사례작성을 위한 자료는 사례의 내용을 충분히 뒷받침할 수 있도록 가능한 한 광범위하고 심층적으로 수집되어야 한다. 자료가 수집되면 다음 단계로 수집한 자료를 이론적 명제에 연결(linking data to proposition)하는 것이다. 이 단계에서 수집된 자료가 설정된 연구목적이나 가정에 연관되는지를 검증해야 한다. 자료와 명제를 연결하는 방법의 하나로 캠벨(Campbell)이 제시한 패턴결합(pattern matching)[11]이 있다. 이 방법은 동일한 사례로부터 얻은 다양한 정보를 토대로 일정한 이론적 전제와 관련되는지를 검토한다(Campbell, 1975). 이밖에 전문가의 심의를 거쳐 행해질 수도 있다. 사례의 내용이 포함하고 있는 자체가 대체적으로 고도의 전문성을 띠고 있기 때문에 가능한 한 전문가의 심의는 사례의 유형과 주제에 따라 상이한 분야의 전문지식을 토대로 이루어져야 한다. 전문가의 심의를 거친 후 필요에 따라 수정·보완하여 사례연구를 완성하게 된다(강은숙·이달곤, 2005; 김렬, 2013; 남궁근, 2014).

5) 자료분석과 결과의 해석

사례연구의 경우에 자료를 분석하는 구체적인 공식이나 지침이 없기 때문에 주의를 기울여야 한다. 그리고 사례연구는 연구의 발견결과를 해석하기 위한 기준이 모호하다. 앞에서 제시한 Campbell의 패턴결합 방법에 있어서도 실제자료와 사전에 이론적으로 제시한 패턴이 얼마나 근접할 때 결합된다는 결론을 내릴 수 있는지 판단기준이 모호하다. 연구주제에 따라서는 시계열분석도 가능하다. 정책사례연구에서 연구결과를 구체적으로 해석하기 위한 기준은 명확하지 않지만, 이러한 문제를 극복하기 위해 최소한 두 가지의 대립적 명제를 설정하여 비교한 후에 해석을 내릴 필요가 있다. 다음 내용은 정책사례연구를 수행함에 있어서 논리적 추론과정을 제대로 지켰는지를 판단할 수 있는 체크리스트이다. 각 단계에서 고려해야 할 개별 항목들의 경우 연구주제나 연구 영역에 따라 가감할 수 있을 것으로 본다(Yin, 1989; 강은숙·이달곤, 2005).

---

[11] 패턴결합은 켐벨(Campbell)이 미국 코네티컷 주에서 자동차 속도제한법 통과이후 그 효과를 사례연구에서 사용한 방법이다. 켐벨은 두 가지 가능한 패턴, 다시 말해 효과가 있다고 볼 수 있는 효과 패턴(effects pattern)과 효과가 없다고 볼 수 있는 무효과 패턴(no effects pattern)을 제시하고 수집된 자료를 더 잘 맞는 쪽에 맞추어 보았다. 만약에 가능한 두 가지 패턴이 서로 대립되는 경쟁적인 명제-속도제한법이 교통사고 사망률에 영향을 미친다는 명제와 영향을 미치지 않는다는 명제-라면, 사례가 하나라 하더라도 패턴결합 기법을 사용하여 명제와 연결시킬 수 있다고 주장하였다(Campbell, Donald. 1975. Degrees of Freedom and the Case Study. Comparative Political Studies, 8, July, pp. 178-193; 남궁근, 2014: 404 참조).

정책사례연구의 논리적 추론과정 진단 체크리스트	
단계	논리적 추론과정 진단 체크리스트
정책사례 선정	선정된 정책사례가 연구목적이나 연구질문에 적합한가? 연구목적에 부추어볼 때 선정된 정책사례가 대표성을 가지고 있다고 볼 수 있는가? 이론형성 목적의 정책사례연구인지, 단순 정책사례연구인지를 알 수 있도록 선정된 정책사례의 대표성, 신뢰성, 타당성과 관련하여 그 이유를 명확하게 밝히고 있는가? 선정된 정책사례에 대한 자료수집 및 접근이 용이한가? 선정된 정책사례를 연구자가 정확히 파악하고 이해하고 있는가?
연구질문 제기	연구분야와 관련하여 선행연구를 충분히 검토하고 있는가? 선행연구에 대한 충분한 검토를 토대로 연구질문이 구성되었는가? 연구질문은 인과관계를 밝힐 수 있는 형태로 제시되었는가? 큰 질문을 설명하기 위해 작은 질문들을 세분화하고 작은 질문들을 구성할 때 큰 질문과의 논리적 연계성을 고려하였는가?
연구명제 가설설정	연구질문에 부합되게 이론적인 틀을 구성하였는가? 이론적인 틀에 사용된 주요 개념이나 변수들에 대한 설명 또는 개념화 작업이 이루어졌는가? 독립변수와 종속변수간의 관계는 분명하게 설정되었는가? 연구목적은 반드시 명시적으로 제시되었는가?
분석단위 대상선택 자료수집	연구질문과 연구명제 및 가설에 비추어 볼 때 적절한 분석단위와 분석대상을 선택하였는가? 연구질문에 답하기 위한 연구방법이 논리적이고 적절한가? 여러 가지 연구방법 중 사례연구방법을 주된 연구방법으로 선택한 이유나 장점에 대해 충분히 설명하고 있는가? 필요한 자료는 다양한 방법을 통해 풍부하게 수집되었는가? 연구목적을 정당화시킬 수 있는 자료만을 선택적으로 수집하지는 않았는가? 자료수집 시 객관성을 유지하였는가? 혹은 객관성을 확보하기 위해 어떤 노력을 수행하였는가?
자료분석 결과해석	수집된 자료는 연구목적에 비추어 변수별로 적절하게 분류 및 요약되었는가? 분류된 자료는 논리적으로 연계하는 작업이 적절하게 이루어졌는가? 자료분석 및 결과해석은 앞서 제시한 이론적 틀에 기초하여 적절하게 이루어졌는가? 결과해석이 너무 주관적이거나 편견적이지 않는가? 분석결과를 토대로 유형을 발견하려고 노력하였는지, 일정한 유형화가 이루어졌는가?

자료: 강은숙·이달곤. (2005: 107 인용)

개인의 기억에 관한 사례연구 예시

인지심리학자인 네이서(Neisser)는 미국의 워터게이트(Watergate) 사건을 조사하기 위해 관련된 사건과 대화내용을 사례연구법을 통해 분석하였다. 닉슨 대통령의 법률 고문인 딘(Dean)은 미국 상원의 워터게이트 사건 조사위원회에서 증언하면서 워터게이트 사건 이전의 몇 년 동안에 일어났던 수많은 일화를 기억하는 능력을 보여주었다.

네이서(Neisser)는 대화내용에 대한 딘의 기억과 닉슨 대통령의 사무실에서 비밀로 녹음되었던 실제 대화를 비교하였다. 이와 같은 사례분석을 통해 네이서(Neisser)는 비록 딘(Dean)의 증언은 전반적으로는 정확했지만 증언이 체계적으로 왜곡되었다는 것을 증명할 수 있었다.

Study Plus+ 워터게이트 사건(Watergate scandal)과 내부고발

베트남전이 끝나기 약 6개월 전이자 1972년의 대통령 선거전이 한창 열기를 뿜고 있던 1972년 6월 17일 아침, 경찰은 워싱턴에 있는 워터게이트 사무소 건물에 위치한 민주당 전국위원회 사무실에서 카메라와 전자 도청 장치를 휴대하고 침입한 5명의 괴한이 경찰에 붙잡혔다. 처음엔 대수롭지 않은 범죄사건으로 치부되었지만 '딥 스로트(Deep Throat)'라 불리는 은밀한 제보자가 워싱턴 포스터 기자에게 정보를 제공하면서 상황은 돌변했다. 백악관이 배후로 밝혀지면서 사건 발생 2년 만에 닉슨은 임기 중 사임이라는 불명예를 안고 떠났다. 미국 정치사의 오점을 남긴 '워터게이트(Watergate Scandal) 사건의 전말이다. 워터게이트 사건의 숨은 공로자는 '딥 스로트(Deep Throat)'다. 내부 고발자의 암호명으로 이 사건 후에 고유명사처럼 사용되고 있다.

Study Plus+ 제3종 오류(type Ⅲ error)

제3종 오류(typeⅢ error)는 정책문제 자체를 잘못 파악하는 근원적 오류를 범하는 것으로 메타 오류라고도 한다. 정책대안이 아무리 훌륭하고 의도했던 바람직한 정책효과가 나타났다 해도 정책문제를 잘못 인지하여 채택하면 정책문제는 여전히 해결되지 않은 상태로 남게 되는데, 이러한 현상을 근원적인 오류 혹은 제3의 오류(meta-error)라고 한다. 제3종 오류는 정책목표의 적합성(appropriate) 결여와 연관된다. 다시 말해서 정책문제의 구성요소 중에서 해결하고자 하는 것을 잘못 선택한 것을 말한다. 예를 들면, 사회 전체의 입장에서 만원버스 문제가 더욱 심각하고 중요한데도 불구하고 교통체증문제를 교통문제의 가장 중요한 핵심으로 보고 이를 해결하려고 하는 경우이다. 결국 제3종 오류는 잘못된 문제정의가 잘못된 정책목표 결정으로 연결되는 현상을 말한다. 던(W. Dunn)은 이를 '잘못 선택된 문제를 해결하는 것(solving the wrong problem)'이라 하였다(Dunn, 1981: 109).

제2장 도시정책과 미래의 과제

업데이트 자료 확인

제1절 도시정책의 개념과 의의

1. 도시와 도시정책

　일반적으로 도시의 개념은 정치학적·경제학적·사회학적·행정학적 관점에 따라 달리 접근하고 있다. 먼저 정치학적 관점에서는 도시가 지닌 고밀도와 대규모성에 초점을 두고 여기서 비롯되는 질서 유지를 위한 국가의 통제와 민주체제의 구축이라는 정치적 측면을 강조한다(박종화 외, 2018). 다음으로 경제학적 관점에서는 인구밀도에 초점을 두고 도시를 경제활동의 공간적 집중으로 파악하고 있다. 이러한 공간적 집중은 경제학적으로 규모의 경제(economies of scale)와 군집효과(clustering effects) 혹은 집적효과(agglomeration effects)[1]를 가져온다. 경제활동에서 가장 중시되는 요소는 시장이며, 따라서 도시를 시장 정주지로 보는 것이다. 또한, 경제학적 관점에서는 도시를 경제활동의 특성에 따라 소비도시, 생산도시, 상

---

[1] 집적효과(agglomeration effects)는 무언가 공통된 것들이 모이면 플러스알파 요인이 생겨난다는 것을 말한다. 예를 들어 대도시가 형성됨으로써 금융 산업이나 서비스 산업 등 각종 새로운 먹거리가 생기는 효과를 의미한다.

업도시 등으로 구분하고 있다.

사회학적 관점에서는 도시를 다수의 사람들이 일상 활동을 좁은 경계에서 벗어나 광범위하게 통합·조정하며 살고 있는 공동체로 파악하였다. 한편으로 도시에 대한 사회학적 시각은 크게 사회유기체관과 생활양식으로서의 도시성(都市性, urbanism)으로 구분하여 접근하기도 한다. Mumford(1961)는 도시를 다양한 활동 가능한 인체 내에서 모두 일어나며, 이것이 질서정연하게 조직되어 있는 유기체에 비유하였다. 그는 최초의 도시 출현을 논의하는 과정에서 도시를 작은 집단적 단위의 하위세포들로 파악하였다. 이는 각 부분이 상이하지 않으며, 복잡하지 않고 동일한 기능을 수행하는 것으로 보았다. 그리고 도시는 원칙에 따라 조직화되고 상이한 구성인자들과 특수한 유기체를 지닌 복잡한 조직으로 간주하였다. 또한 한 부분, 다시 말해 중추신경체계가 전체를 위해 생각하고 이를 지도하는 것으로 이해하였는데, 이것이 도시에 관한 사회유기체관이다(박종화 외, 2018).[2]

행정학적인 관점에서 볼 때 도시는 행정구역 중의 하나이며, 도시지역은 도시로 묘사되는 행정적 지역으로 인구 규모가 5만 명 이상 되는 지역을 말한다. 대부분의 도시는 농촌보다 인구 규모와 기능적 전문화 정도가 크다고 하지만 두 지역을 명확하게 구분하는 것은 쉽지 않다. 도시를 객관적으로 규정할 때 인구 규모, 비농업분야 고용자의 비율, 물리적 특성

Study Plus **뉴어바니즘**(new urbanism)

뉴어바니즘은 급속한 도시확산과 난개발에 대항하여 1980년대 미국과 캐나다를 주축으로 나타난 설계 지향적 도시계획 패러다임이다. 뉴어바니즘은 토지이용결정에 있어 높은 시민참여, 저소득층을 위한 주거공간제공, 사회경제적 다양성의 허용 등을 인간위주의 도시공간을 창출하는데 중요한 요소로 간주한다. 또한, 단순한 도시설계뿐만 아니라 가치문제를 언급한 사회적 운동이며, 이에 따른 경제적 논의가 개진되는 등 학문적 관심을 모았다. 뉴어바니즘은 사회계층 분리에 의한 인종갈등, 자동차로 인한 도시교통의 통행량 증가, 교외지역의 몰 장소성, 중심도시의 쇠퇴, 공공공간의 감소에 따른 사회적·폐쇄적 공간의 확산, 분절된 녹지공간의 형성, 무분별한 도시의 외연적 확산 등의 심각한 도시문제에 대한 인식에서 등장했다

출처: 이주형. (2009). 『21세기 도시재생의 패러다임』. 서울: 보성각. p.83 인용.

---

[2] Mumford, L. (1961). The City in History, New York: Harcourt Brace and Jovanovich.

등을 고려한다. 이처럼 도시는 많은 수의 비농업인구가 집중적으로 거주하는 고밀도의 정주공간으로서 좁은 공간에 많은 인구를 수용하기 위한 주택, 상하수도, 도로 및 교통시설, 상업시설 등을 갖추고 있다. 아울러 도시는 지형지물과 행정구역 등에 의해 대체적으로 명확한 경계를 가진다. 인구규모와 산업구조, 사회기반시설 등에 따라 대·중·소도시, 관광·산업·서비스도시, 중심·주변도시 등 다양한 유형으로 구분하기도 한다(한국지역학회 편, 2018).

한편, 정책(public policy)은 국가나 지방자치단체 등 공공기관이 다양한 문제를 해결하기 위해 의도적으로 사회와 시장에 개입하여 사람들에게 영향을 미치는 행위에 대한 원칙 또는 지침을 말한다(Dunn, 2008). 일반적으로 정책은 대상 영역에 따라 산업정책, 주택정책, 환경정책, 노동정책, 복지정책 등으로 구분하는데, 도시정책은 이러한 공공정책의 하나라고 할 수 있다. 결국 도시정책은 도시에서 발생하는 다양한 문제를 해결하기 위해 지방자치단체, 중앙정부, 공기업 등 각종 공공기관들과 지역주민 및 시민단체 등이 지역사회 및 시장의 여러 영역에 직·간접적으로 개입하여 기업, 가계, 개인 등 민간부문 주체들의 행위에 영향을 주는 공공정책의 한 분야이다.

또한, 정책대상으로서의 도시는 구체적인 장소성을 가진다(Barca 등, 2012). 해당 장소에서 가장 중요한 문제가 무엇인지, 이에 대한 대응은 지역사회 내에서 어떻게 해야 하는지에 대한 해답을 찾아야 한다. 예를 들어 어떤 도시가 실업률이 상대적으로 높은 도시라면 일자리를 늘리거나 실업인구가 다른 지역에서 일자리를 창출할 수 있도록 대안을 마련해야 한다. 이러한 문제에 대한 해결은 산업·노동·고용, 재교육 등 여러 부문에 걸쳐 접근할 수 있는데, 이러한 측면에서 볼 때 도시는 종합적인 성격을 갖는다. 따라서 도시정책은 여러 부문에 걸쳐 복합적으로 발생하는 종합적인 문제를 다루는 종합정책의 성격을 가진다. 국가정책이 국가라는 지리적 영역 내에서 발생하는 종합적인 접근방법인 것처럼 도시정책도 특정 지역에서 발생한 문제를 해결하는 종합적인 접근방법이라 할 수 있다(한국지역학회 편, 2018).

2. 도시정책의 필요성과 순환과정

도시정책은 도시정부가 당위성에 입각하여 도시문제를 해결하거나 공익을 달성하기 위해서 정치적·행정적 과정을 거쳐 의도적으로 선택한 장래의 행동지침이라 할 수 있다. 또한, 도시정책은 도시화와 도시 성장의 규모·속도·입지·형태 등에 영향을 미치고, 도시화와 도시 성장에 따라 일어나는 문제들을 완화하기 위하여 정부에서 시도하는 정책을 말한다. 최근 들어 저출산 고령화에 따른 국가 또는 공동체사회의 지속가능성에 대한 위협, 기후변화에 따른 도시와 정주지역의 환경 악화, 4차 산업혁명에 따른 일자리 문제 등 이전과 다른 새로운 도시문제들이 등장하고 있다. 특히 인구 정체 및 감소와 경제성장의 둔화로 인한 저성장[3] 시대가 옴으로서 도시·지역 관리의 중요성이 증대되는 등 지금까지의 여건변화에 따른 도시·지역계획 수립 방식의 변경도 필요하다. 저성장시대에 접어들면서 과거의 성장지향적인 계획수립에서 저성장을 반영할 수 있는 합리적 계획수립 및 이에 대비한 도시계획 수립의 새로운 방안도 필요하다(민성희 외, 2018).

이와 같이 도시문제가 다양한 부분에서 발생하기 때문에 도시정책은 필요하다. 도시정책의 필요성은 지역사회와 지역사회에 거주하는 사람들이 추구하는 가치를 푸는 수단이 필요하기 때문이다. 다시 말해서 도시정책은 지역 간의 자원배분에 실질적으로 영향을 주는 정부 정책과 정책수단이기 때문에 지역사회와 지역주민들이 추구하는 가치에 따라 자원배분의 우선순위를 결정하는 효과를 발휘한다. 다음으로 도시정책은 도시문제를 해결하는데 있어 공간을 기반으로 한 정책수단과 내용들이 더 효율적으로 활용될 수 있기 때문에 필요하다. 공간적 도시정책은 정책의 영역과 대상이 분명하고 정책수단 자체도 정량적·물리적 개선을 목표로 하기 때문에 인식하기도 쉬운 동시에 그 결과를 평가하기도 쉽다. 마지막으로 도시정책은 공간을 플랫폼으로 하기 때문에 부문정책인 산업경제 육성정책, 교통·통신 기반정책, 주택정책, 교육정책, 문화정책, 조세·금융정책, 토지이용규제정책 등을 결합 또는 융합하는데 매우 유리하다(한국지역학회 편, 2018).

---

[3] 저성장은 저출산·고령화로 인한 생산인구 감소, 고령 인구증가 및 이와 더불어 나타나는 인구성장 정체 및 감소 등 '인구 저성장'과 국가의 경제성장률 둔화 및 세수감소 등 재정악화와 관련된 '경제 저성장' 등으로 정의할 수 있다(김혜란 외, 2015).

Study Plus+ 인구절벽 현상(The Demographic Cliff)

인구 감소가 급격하게 진행되어 경제에 큰 영향을 미치게 되는 구간을 뜻하는 용어이다. 미국의 경제전문가 해리 덴트(Harry Dent)의 저서 [2018년 인구 절벽이 온다(The Demographic Cliff, 2014)]에서 처음 사용하였다. 그는 전 세계적인 고령화 사회의 문제점을 지적하면서, 젊은 층의 인구가 어느 시점부터 절벽과 같이 떨어지는 시점에서 경제에도 큰 타격이 오게 될 것을 예견하고, 경제 위기가 인구 감소, 인구 절벽에 직접적인 영향을 받고 있음을 설명했다. 세계은행(WB)은 아시아·태평양지역 경제현황 보고서에서 한국의 15~64세 인구가 2040년까지 15% 이상 줄어들 것이라고 전망했다. 국제기구들이 우려하는 점은 한국이 노동인구의 감소로 성장 동력을 잃어버릴 수 있다는 점이다. 생산인구 감소의 근본적인 원인은 고령화와 저출산율 때문이다. 통계청 자료에 의하면 1980년 1,440만 명이던 한국의 학령인구는 2017년 846만 명으로 감소했으며, 2040년에 이르면 640만 명, 2060년에는 480만 명으로 감소될 것으로 전망했다.

출처: 다음백과(http://100.daum.net/encyclopedia/view/47XXXXXXXXj3)

다음으로 도시정책의 순환과정은 크게 두 가지로 구분할 수 있다. 하나는 순환 과정(on-cycle process)을 거치는 것이고 또 다른 하나는 비순환 과정(off-cycle process)을 거치는 정책이다. 도시의 주요 정책은 대부분 일정한 단계를 거쳐 변화하게 되는데, 이러한 단계를 정책순환(policy cycle)이라 한다. 정책순환에 있어서 한 단계에서 다음 단계로 이어지는 것은 매우 중요한데, 그 이유는 모든 이슈 자체가 정책순환의 각 단계를 성공적으로 거치는 것은 아니기 때문이다. 도시문제 중 많은 이슈가 진정한 정책제안으로 연결되지 못하고 많은 정책제안이 정책으로 집행되지 못하는 경우는 허다하다(박종화 외, 2018). 정책결정 단계는 주요 정책제안에서 특징적이긴 하지만 모든 정책결정이 정책순환을 거치는 것은 아니며, 상당수는 순환을 거치지 못하고 중간에서 도태된다. 이들은 대개 사소한 정책의 변화에 해당되지만 비교적 장기간에서 보면 주요한 정책 변화를 초래할 수도 있다.

도시정책의 순환과 비순환 과정의 차이는 정책에 대한 시민들의 관심도에 달려있다고 해도 과언은 아니다. 어떤 도시정책이 시민들의 많은 관심을 받는 것과 그렇지 않은 경우는 근본적으로 차이가 있다. 따라서 비순환적인 정책결정은 순환적인 정책결정에 비해 더 관례적인 절차에 따르고 그 내용도 안정적이다. 도시의 주요 정책적 제안은 일곱 가지 상이한 단계를 거쳐 진행된다. 여기에는 도시문제, 이슈화, 정책형성, 합법화, 정책집행, 정책영향, 정책

평가 등을 포함하고 있다. 물론 이러한 순환 과정이 모든 도시문제에 동일하게 적용되는 것은 아니다. 예를 들어 사회문제가 모두 도시정책으로 합법화되지는 않으며, 합법화가 되었다고 하더라도 모든 정책이 집행되는 것도 아니며, 적절히 집행되었다고 해서 의도한 결과를 모두 산출하는 것도 아니다. 정책의 영향이 무엇이든 시민들은 해당 정책에 대하여 긍정적 혹은 부정적으로 평가할 것이다. 정책이 잘못 기능하는 경우 관련 대상 집단에게 문제가 되어 다시 순환을 시작하는 입장에 놓이게 된다(박종화 외, 2018).

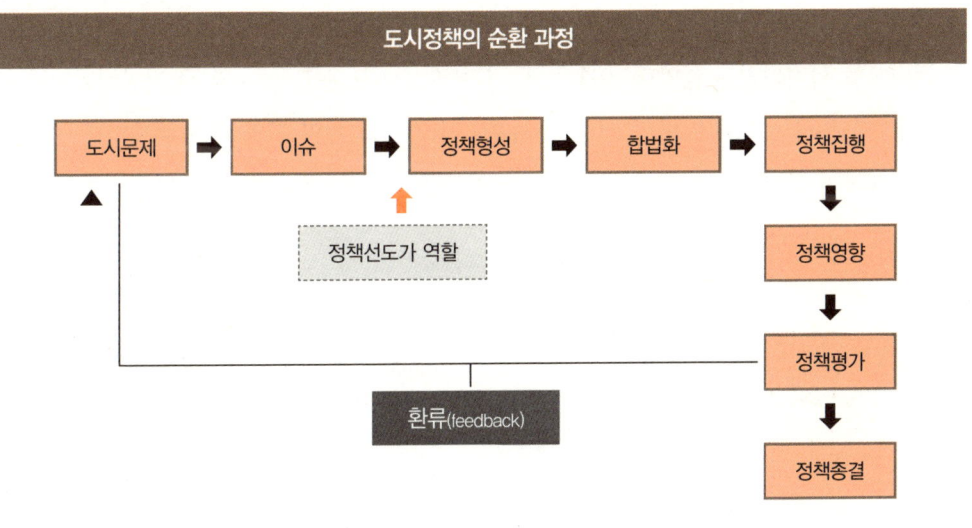

Study Plus, 정책의 창이론(policy window theory)

정책의 창은 정책선도가들이 그들의 관심 대상인 정책문제에 주의를 집중시키고 그들이 선호하는 대안을 관철시키기 위해 열리는 기회로 정의된다. 세 가지 흐름인 정책문제의 흐름(policy problem stream), 정치의 흐름(political stream), 정책대안의 흐름(policy policies stream)은 상호 독립적인 영역에서 독자적인 규칙과 동인에 의해 표류하다가 결정적인 시점에서 두 개 이상의 흐름이 선호하는 정치세력이나 힘의 논리에 의해 정책의 창이 열릴 때 결합되어 정책이 형성되고 변동된다. 특히 이러한 세 가지 흐름이 상호 분리된 채 흘러 다니다가 어떤 특정 시점에서 정책선도가(policy entrepreneurs)의 역할로 인하여 서로 결합하면서 정책의 창을 통과하여 정책 산출물이 만들어진다는 것이다. 정책선도가는 사바티어(Sabatier, 2007)의 옹호연합모형(Advocacy Coalition Framework; ACF)에서 중도적 입장의 정책중재자(policy broker)와는 다른 개념이다(kingdon, 1984).

제2절 도시정책의 변천과 패러다임의 전환

1. 도시정책의 변천과 전개과정

2008년 국토교통부에서는 국가 차원의 도시정책 비전을 제시하였다. 여기에는 성장동력 배양, 삶의 질 향상, 도시의 정체성 확립, 자연환경 회복 등 네 가지 정책목표를 설정하고 이를 달성할 열 가지 전략을 제시하였다. 하지만 이것이 국토교통부의 공식적인 도시정책 목표와 전략으로 확정되지는 않았다. 이와는 달리 지역정책은 교통 등 지역 간 기반시설이나 국가산업단지 등의 성장거점 마련, 그리고 낙후지역 발생과 지역 간의 격차 문제가 있기 때문에 중앙정부가 주도하는 지역발전 관련 관계법이나 지역발전정책에 대한 발표는 상당히 많은 것으로 나타났다.

국토교통부 미래도시비전 2020

정책목표	추진 전략
성장동력 배양	① 도시의 활력 증진 ② 미래산업 강화를 위한 토대 마련
도시의 삶의 질 향상	③ 생활수준 개선, 쾌적하고 편안한 도시 만들기 ④ 취약계층 배려하는 도시 만들기 ⑤ 편리하고 안전한 대중교통 제도 개발
도시정체성 확립	⑥ 모든 시민이 참여하는 문화도시 조성 ⑦ 고유의 아름다운 경관 보존·개발
자연환경 회복	⑧ 탄소 저감형 라이프스타일 구현 ⑨ 수질 개선과 산림 보존 ⑩ 범죄와 재해가 없는 도시 만들기

자료: 국토해양부. (2008).「미래도시비전 2020(Korea's Urban Vision for 2020)」, 국토해양부.

여기서 우리나라 지역정책의 변천과정을 살펴보면, 1960년대 근대화와 산업화, 그리고 도시화가 진행된 후 지역정책은 지역격차의 완화를 주요 목적으로 추진해 왔다. 다시 말해서 지역을 발전된 지역과 낙후된 지역으로 구분한 후 낙후된 지역에 대해 행·재정적 수단을 활용하여 인센티브를 제공하고 상대적으로 발전된 지역에 대해서는 규제정책과 조세 중과 등

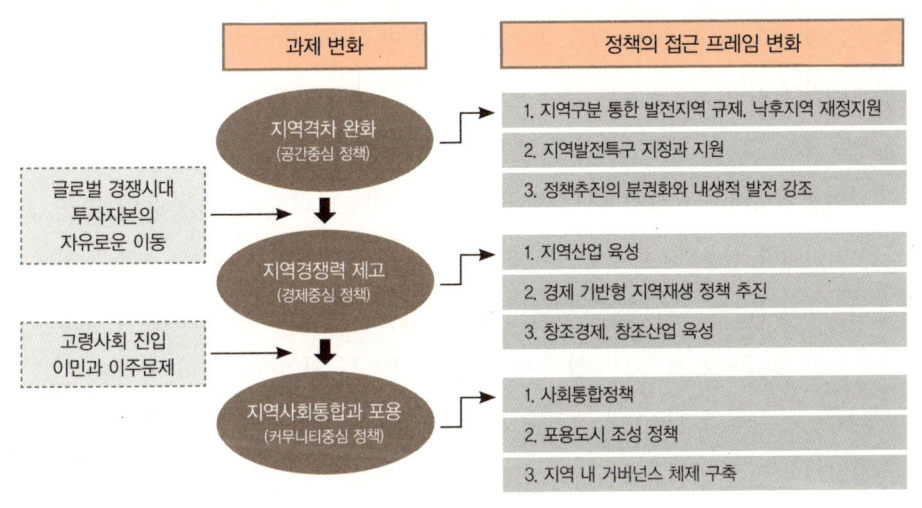

자료: 이상대 · 정유선. (2015). 「사회통합형 지역발전정책의 가능성과 정책 적용」, 경기연구원, p.10.

을 통해 성장을 억제하여 지역격차를 완화하고자 했다. 그러나 글로벌 경쟁시대로의 진입, 투자자본의 자유로운 이동, 분권화 확대. 중앙정부와 지방자치단체의 복지비 부담 증가로 인해 재정여력이 약해지면서 발전된 지역에 대한 규제가 어려워졌다. 또한 낙후지역의 성장이나 투자 확대가 어렵게 되자 지역발전정책의 접근방법과 수단을 재검토할 수밖에 없는 상황에 직면하게 되었다(이상대 외, 2015). 1980년대는 지역격차의 해소와 지역균형발전 목표가 본격적으로 국토계획 및 수도권정비계획을 통해 관철되었다(한국지역학회 편, 2018).

  1990년대의 경우 글로벌화가 진행되면서 세계적으로는 자본의 자유로운 이동이 가능해졌고, 미국과 일본, 그리고 유럽의 경기침체가 장기화되면서 각국의 지역정책은 지역경쟁력 또는 도시경쟁력 강화를 목적으로 추진되었다. 특히 2000년대에 접어들면서 국가경쟁력의 요체가 이전의 국가 단위에서 지역 단위로 전환되면서 기존의 지역발전정책에 지역경쟁력 제고가 중요하게 자리 잡기 시작하였다. 아울러 이전의 지역격차 완화, 도로와 댐 등 물리적 사회기반 투자 중심의 지역발전정책이 비효율성과 예산의 낭비 등을 초래하면서 지역발전정책은 지역경쟁력을 강화하는 전략으로 전환되었다(이상대 외, 2015; 한국지역학회 편, 2018).

2000년대 이후에는 유럽을 중심으로 지역발전정책의 영역도 사회통합으로 확장되기 시작했다. 세계화와 신자유주의 시대가 풍미한 후 경쟁의 피로도가 높아졌으며, 취약지역과 취약계층의 소득과 삶의 질이 악화되었다. 또한, 이민자 및 이주자들의 문화와 기존 질서 간에 충돌이 빈번해짐에 따라 사회통합과 격차 완화가 시대적 요구로 부상하기 시작했다. 이에 따라 지역정책도 교육, 복지, 이주민사회 등의 사회정책 영역과 결합되기 시작했고, 특히 이러한 현상은 지역발전정책이나 도시재생정책에서 두드러지게 나타났다. 예를 들어 최근 OECD 선진국뿐만 아니라 신흥국가에서도 도시재생 및 지역재생정책이 차지하는 비중이 점점 증가하고 있다. 우리나라의 경우에도 저출산·고령화가 심화되면서 지방중소도시나 농촌지역, 그리고 구도심 및 구시가지가 쇠퇴함에 따라 도시정책이나 지역정책의 비중이 늘고 있다. 도시재생정책은 기존의 재개발이나 재건축사업에서 탈피하여 일자리와 커뮤니티 문제를 해결 과제로 삼았다는 점에서 사회통합형 지역발전정책이라 할 수 있다. 결국 지역정책은 지역격차와 완화에서 지역경쟁력 제고를 넘어 지역사회 통합으로 전개되어 왔다.

2. 도시정책의 패러다임 전환과 과제

 과거 우리나라의 지역발전정책은 사회기반시설이나 산업 유치를 위한 산업단지 조성을 중심으로 전개해왔다고 볼 수 있다. 하지만 잠재성장률 저하나 부동산 경기침체 등 저성장 환경에서 기존의 개발사업 방식이 더 이상 작동이 불가능한 상황이 되었다. 또한, 인구와 산업의 거점을 형성하기 위한 불균형 성장전략을 추진해 온 결과 지역격차는 더욱 심해졌으며, 양극화도 중요한 사회문제로 대두되고 있는 만큼 이를 시정하기 위한 종합적인 지역발전전략이 필요하다.
 따라서 지금부터라도 삶의 질 향상이나 지역공동체 활력, 안정적인 고용 창출 등 지역사회와 주민들이 체감할 수 있는 정책과제를 발굴하여 추진할 필요가 있다. 이에 따라 지역정책의 기조를 지역의 통합 발전으로 설정하고 성장으로 축적된 부를 지역 간, 계층 간에 확산시키는 전략과 계획을 수립하여 지역주민들이 체감할 수 있는 정책을 추진해야 한다(이상대 외, 2015; 한국지역학회 편, 2018).

이러한 문제에 대한 인식은 대통령 직속 지역발전위원회의 보고서에도 나타나 있는데, 이 보고서에는 "국민 모두가 어디에 살든지 의료, 교육, 안전 등 최소한의 기본 서비스의 충족을 중시해야 하고, 양질의 지역 일자리가 만들어져 지역에서도 안정적인 삶을 영위할 수 있어야 한다."는 점을 강조하였다. 또한 "SOC 정책은 물론 의료와 복지정책, 교육 및 고용정책, 도시정책, 농어촌정책 등 지역발전 관련 정책들을 통합 운용함으로서 정책목표를 보다

지역정책의 새로운 패러다임

구분	과거 지역정책	신(新) 지역정책
비전	• 지역개발을 통한 경제선진화	• 지역가치의 증진
목표	• 지역개발을 통한 경제성장 (지역개발이 경제성장의 수단)	• 삶의 질과 지역경쟁력 제고 • 자치민주화 실현 및 연계협력 강화
대상공간	• 인위적으로 결정된 지역	• 자연발생적 도시권 및 농촌생활권
접근방법	• 물리적 시설물 중심 • 중앙정부 중심의 거시적, 중앙집권적 • 산업 및 대기업 중심 • 지역개발 중심	• 사람 중심 • 기초지자체 중심의 미시적, 분권적 • 기업중심(사회적 기업) 및 중소기업 중심 • 지역 간 통합적, 종합적, 호혜적
전략	• 특수지역 산업화, 공업화 • 산업기반 조성 • 물리적, 양적 개발 중심 • 중앙정부 중심 개발 • 단기적 성과 중심 • 환경 파괴적 개발 • 지역 간 배타적 관계 • 수도권 및 비수도권 갈등관계	• 국가입장 just growth(공정성장) • 지역 입장 inclusive growth(내생적 성장) • 지역주민 중심의 자생적 발전 • 장기적이고 지속가능한 발전 • 지속가능한 개발 • 지역 간 상호 협력적 관계 • 수도권 대 비수도권 보완, 대체 관계 (수도권 MCR과 비수도권 간 상생발전)
중시지표	• GRDP 등 경제지표 제고 • 산업생산성, 수출경쟁력 • 경쟁력, 경쟁의식 • SOC 등 물리적 인프라 구축	• 행복지수 및 만족도 지수 향상 • 사회통합성, 내생적 발전 잠재력 • 상생력, 협동의식 • 인적자본, 사회적 자본 투자
주요과제	• 산업단지 조성 및 고용 증대 • 대기업 유치 및 산업기반 강화 • SOC 물리적 인프라 구축	• 도시 활성화 및 도시재생 • 일자리창출 및 민생안전 • 농어촌 살리기, 지방분권, 상생발전
거버넌스	• 지역위 및 광역위 기능 부족 • 지자체의 중앙의존도 심화 • 지자체간 협력사업 미흡 • 형식적인 정책평가	• 지역위, 광역위 총괄조정 기능 강화 • 지자체의 재정력, 인적역량 강화 • 지자체간 협력사업 활성화 • 실질적인 성과평가 및 평가결과 환류
재정지원	• 광역지역발전 특별회계(광역, 지역, 제주 계정) • 제한적 포괄적 보조금 • 국가적 사업, 지역적 사업 혼재	• 지역활력증진특별회계(가칭) (일자리, 도시, 농촌, 제주 계정) • 포괄적 포괄보조금(지역자율) • 지역적 사업 중심

자료: 지역발전위원회. (2013). 「국민행복과 지역통합을 선도하는 새로운 지역발전 정책방향: 분야별 정책과제」, p.14 재인용.

효과적이고 효율적으로 달성할 수 있다."고 명시하고 있다(지역발전위원회, 2013). 결국 과거의 지역정책이 산업단지 조성, 대기업 유치, 사회간접자본(SOC) 등 물리적 기반을 구축하는데 있었던 반면, 새로운 지역정책은 도시의 활성화와 도시재생, 일자리 창출과 민생안정, 지방분권과 상생발전 등으로 전환되었다. 따라서 우리나라 지역발전정책의 패러다임은 과거 지역개발 활성화에서 실질적인 주민들의 삶의 질 개선으로 인식이 전환되고 있음을 알 수 있다.

앞에서도 간략하게 제시했지만 저성장시대를 맞이하여 이에 대응할 수 있는 지역발전 전략을 수립하는 것이 급선무라 할 수 있다. 지역발전을 위한 도시정책도 저성장시대, 고령사회의 문제 등을 전제로 하여 지역발전정책을 재수립해야 한다는 의미이다. 예를 들어 저성장시대에 대응하여 지역발전 전략을 질적 성장과 스마트 성장으로 전환하여 기존 도시의 재생, 다양한 주택공급, 노인들의 이동성을 보장하는 대중교통 개편과 자율주행자동차 상용화, 도시공공서비스 개선 등의 정책수단을 강구해야 한다. 저성장은 지방재정을 악화시키는 요인

문재인정부의 국가균형발전정책

기존의 지역정책		새로운 지역정책
• 혁신거점 건설령 경제, 산업 개발 중심 • 외생적 양적 성장전략 • 지역문제의 도시적 해결	특성	• 지역자원 활용형경제, 산업사회, 생태중심 • 소득주도 포용적 성장전략 • 도시문제의 지역적 해결
• 중앙정부 주도 • 분산형 지역정책 • 수도권의 시혜적 분산 기대	주체	• 지방주체 주도 • 분권형 지역정채 • 지역주체 주도 지역자산 활용
• 수도권, 비수도권, 광역경제권 • 단일 규모 균형 추구	공간	• 광역권과 협력적 도시권 • 다층적 공간단위 균형 • 주요거점육성(세종시 혁신도시 등)
• 티켓팅형 전략산업 육성 • 외부기업, 기능 유지 중심	산업	• 지역순환경제망 육성 중심 • 내부 자산, 자원, 인력 활용 • 3대 산업 혁신(산업, 거점, 기반)

자료: 변창흠. (2018). 국가균형발전의 전략과 실행력 제고를 위한 지원체계 구상, 세미나 발 표자료

이지만, 이를 기회로 제한된 재원을 효율적으로 활용한다면 재정건전성에 기여할 수 있다. 이밖에 제4차 산업혁명시대에 대응하여 지역의 특성에 맞는 산업의 구조고도화 전략을 지역발전정책으로 추진해야 하며, 스마트시티에 대한 구체적인 계획을 수립하여 지역 및 도시정책에 적극적으로 반영해야 한다(한국지역학회 편, 2018).

도시정책사례연구
재생과 안전 그리고 갈등을 말하다

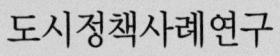

Chapter 2

도시의 쇠퇴와 스마트 도시재생

|제3장| 지역과 도시의 쇠퇴
|제4장| 도시재생과 법제 현황
|제5장| 도시재생 뉴딜사업의 추진과 현황
|제6장| 스마트시티와 스마트시티형 도시재생

도시정책사례연구

갈등과 마찰 그리고 감동의 현장에서

제3장 지역과 도시의 쇠퇴

업데이트 자료 확인

제1절 도시쇠퇴의 개념과 의의

1. 지역쇠퇴의 개념 정의

　지역쇠퇴는 지역전체 또는 지역의 한 부분이 어떤 원인에 따라 시간이 지나면서 상태가 악화되는 현상을 말한다고 할 수 있다. 다시 말해서 쇠퇴는 시간적 상대성을 전제로 하는 개념으로 많은 선행연구들이 쇠퇴의 과정(process)에 주목해 왔다. 지역쇠퇴를 보다 명확하게 규명하기 위해서는 대상이 되는 지역에 대한 개념의 명확화가 전제되어야 한다. 지역(region)이란 동질적인 특징을 가지는 공간을 가리키는 것으로 학술적으로는 일정한 목적과 방법에 의하여 구획된 특정의 공간을 말한다(김광중, 2010; 이소영 외, 2012). 또한, 지역개발의 대상으로서의 지역의 의미는 국토개발의 하위개념으로 이해되고 있다. 다시 말해서 전국계획으로서 국토계획을 제외한 하위 지역계획인 수도권계획, 광역개발계획, 도계획, 시군계획, 특정지역계획, 도시계획, 지역사회계획 등은 모두 지역을 대상으로 하고 있다고 볼 수 있다. 결국 지역쇠퇴는 기초자치단체의 행정구역을 대상으로 해당지역의 전체 또는 지역의 한 부분이 시간이 지남에 따라 상태가 악화된 현상이라 할 수 있다.

지금까지 지역쇠퇴에 관한 이론적 논의는 주로 도시쇠퇴 또는 중심시가지 쇠퇴 등을 중심으로 논의되어 왔다. 도시쇠퇴를 경험한 영미권의 경우 도시쇠퇴 현상에 대한 관심은 20세기 중반 이후부터 시작되었다(Carter, 1995; Pacione, 2001; Savage & Warde, 2003). 우리나라의 경우에 도시쇠퇴의 문제에 관심을 가지기 시작한 것은 90년대 후반으로 도시쇠퇴에 대한 논의는 서구의 관점과 이론에 의존하는 경향을 보였다(김광중, 2010). 그 이후 2007년 국토해양부의 도시재생사업단을 중심으로 5개년(2007~2011)에 걸쳐 도시재생 연구개발 사업이 발주되면서 도시쇠퇴에 관하여 본격적으로 논의되었다. 쇠퇴지역의 재생 필요성을 부각하고 쇠퇴도시 유형별 재생기법을 개발하기 위해 시·군·구 및 지구단위로 쇠퇴진단 모델을 개발하였고 유형별 재생기법의 적용 방안에 대한 연구들이 수행되었다.

특히 중심시가지의 쇠퇴는 쇠퇴의 주요 요인인 교외지역의 발달로 인한 도심 공동화와 대형마트의 등장에 따른 지역상권 쇠퇴의 관점에서 연구되어 왔다. 중심시가지는 중심업무지구(Central Business District: CBD) 혹은 도심(Downtown)과 동일한 개념으로 사용되는 것으로 도시내부에 상업 업무의 기능이 집약된 구역을 말한다. 중심업무지구와 도심은 주로 대도시 내 중심상권을 지칭하며, 중소도시나 군지역의 중심지 기능을 지칭하는 경우에는 보다 폭넓은 개념인 중심시가지라는 용어를 사용하게 되었다. 중심시가지 쇠퇴가 지역 전체의 주요 이슈가 된 것은 오랜 역사성을 지닌 전통적인 지역의 기능들이 쇠퇴하면서 지역의 얼굴 성격을 띠는 중심시가지 쇠퇴는 곧 지역 전체의 쇠퇴라는 인식을 갖게 되면서 시작되었다. 또한, 도

중심시가지 발전단계의 특성

구분	인구·고용자수 변화특성			비고
	중심시가지	주변부	도시전체	
1단계 (도시화)	+	−	+	
	+	+	+	
2단계 (교외화)	−	+	+	쇠퇴단계
3단계 (반도시화)	−	+	−	
	−	−	−	
4단계 (재도시화)	+	−		

자료: Berg et al(1982), 이범현 외(2009:69)

시발전의 단계론을 이론적 근거로 활용하여 도시를 중심시가지(Core, CBD와 inner area)와 주변부(Ring, outer area suburban)로 나누었을 때, 교외화로 인한 중심시가지 쇠퇴는 도시 전체의 쇠퇴를 야기하게 될 것이라는 인식에서 중심시가지 쇠퇴가 지역쇠퇴의 중요한 문제로 다루어졌다(Berg 등, 1982; 이소영 외, 2012).

2. 도시쇠퇴의 개념과 유형

지역의 쇠퇴원인과 결과에 관련된 요소는 매우 다양하며, 이들은 상호 영향을 미치는 순환적 인과관계에 있다. 또한, 지역의 쇠퇴는 지역사회의 사회, 경제, 문화적 맥락과 불가분의 관계 속에서 발생하는 지리적 현상이라 할 수 있다. 예를 들면, 인구의 감소는 쇠퇴의 원인인 동시에 결과이고 그것의 증감에는 다양한 미시적, 거시적 요인이 작용한다(김광중, 2010). 서구사회에서는 자연적 노후화에 따른 건물 및 기반시설의 쇠퇴(Carter, 1995), 경제구조의 변화(economic restructuring)에 따른 경기침체와 실업(Clark, 1989; Hall, 1998; Noon et al, 2000), 교외화에 따른 도시중심지역의 쇠퇴(Carter, 1995; Pacione, 2001), 공공의 계획 및 규제에 따른 도시중심부의 쇠퇴(Noon et al, 2000), 부재지주(external ownership)가 많은 경우 부동산관리의 소홀에 따른 쇠퇴(Noon et al, 2000), 도시정부의 재정적 부담능력의 저하에 따른 쇠퇴(Clark, 1989; Pacione, 2001) 등에서 그 원인을 찾고 있다.

한편, 도시에는 도심(urban center)이라고 하는 도시의 사회적·경제적·문화적 활동이 집중되어 있는 장소가 존재한다. 이러한 내용과 관련하여 국가에 따라서는 이를 도심지, 중심상업·업무지구, 중심구역, 중심시가지 등 다양한 용어를 사용하여 접근하고 있다. 이러한 도심이 쇠퇴하거나 쇠퇴 징후를 보이는 곳을 구도심이라 한다. 구도심은 과거 도시의 중심으로 주요 기능 및 활동이 이루어지던 중추적인 장소였으나 외곽지역의 재개발과 도심노후의 방치로 인해 도심의 기능이 약화 및 소멸로 기존의 고유한 공간적 속성과 장소가 사라져버린 지역을 말한다(최기택, 2012; 김예슬 외, 2015).

우리나라의 경우 지난 반세기 동안 급격한 산업화와 도시화 과정을 거치면서 압축 성장을 달성하였다. 하지만 도시화 초기단계에 도시로 유입되는 인구의 주거문제를 해결하고자 대규모 신도시가 개발되었으며 그 결과 낙후된 지방 중소도시의 구도심은 쇠퇴현상이 더욱 심화되었고, 최근까지 대부분의 도시문제의 주요 원인으로 구도심 쇠퇴현상이 나타나고 있다. 도시쇠퇴의 발생원인은 인구수의 정체 및 고령화 등 인구사회구조의 변화와 고령화 등으로 인한 경제활동 인구의 감소와 그로인해 산업경제부문에서는 사업체 수가 감소하게 되었고 산업경제 중심지의 역할 기능이 약화되면서 도시쇠퇴가 발생하였다. 또한, 인구가 감소하면서 신규 건축 및 개발사업 등의 정체로 인해 기존의 건축물들이 노후화되었다. 이 외에 행정 기능과 주요 사회기반시설의 이전 등으로 구도심의 쇠퇴는 더욱 악화되었고 도시의 외연적 확산이 이루어지게 되었다.

이처럼 산업화 이후 도시화 과정에서 성장해 온 국내 많은 도시들이 인구 감소, 지역 전통 산업의 붕괴, 열악한 생활환경 등으로 인해 쇠퇴하고 있다. 일반적으로 도시쇠퇴는 도시 전체 또는 도시의 일부분이 어떤 원인에 의해 시간이 지나면서 상태가 악화되는 현상으로 시간적 상대성을 전제로 하는 개념이다. 아울러 공간적 관점에서 도시쇠퇴는 도심쇠퇴(city center deprivation), 주변부 쇠퇴(peripheral deprivation), 도심 및 주변부 혼합쇠퇴(mixed city center and peripheral deprivation)로 유형화할 수 있다(OECD, 1998; 조용호 외, 2017)

도시쇠퇴(city decline)는 일반적으로 역도시화(逆都市化)와 관련이 있으며, 도심의 인구감소가 교외지역의 인구증가를 상회하여 도시권 전체에 인구가 감소하는 것을 말한다. 이러한 현상이 심화될 경우에 도심지역 뿐만 아니라 부도심지역 및 주거지역에서도 인구감소가 시작되어 도시권 전체의 인구감소가 가속화되는 단계로 이어진다(미야오다카히로, 1991). 결과적으

도시쇠퇴의 요인별 특징	
도시쇠퇴의 요인	도시쇠퇴의 현상 및 특징
물리적 쇠퇴 (physical decay)	• 주택의 노후화, 공가 및 공지의 증가, 높은 인구밀도, 구식 공장과 주택의 혼재 등의 현상이 발생
경제적 쇠퇴 (economic decline)	• 높은 실업률, 고급 인력의 유출과 높은 미숙련 노동자 비율, 공장 폐쇄 및 고용 감소, 신규 제조업에 대한 투자 부족 등
사회적 불이익 (social disadvantage)	• 빈곤층 집중, 주거부정자, 알코올 및 마약중독자의 상주, 비행 청소년의 증가, 지역공동체 의식 붕괴, 범죄율 증가 등
소수민족 (ethnic minorities)	• 내부 시가지 소수민족 집중 경향

자료: 김항집(2011). 역사·문화자원 연계한 지방중소도시의 도시재생 방안. 한국지역개발학회지, 23(4: 124 재인용.

로 도시쇠퇴라 함은 도시의 인구가 감소하고 제반 도시기능이 약해져 도시의 경쟁력, 기능 및 세력이 쇠락하는 현상을 의미한다(김항집, 2011). 영국의 경우에는 도시쇠퇴의 원인으로 내부 시가지(inner city) 문제에 초점을 맞추고 환경성 백서(2000)에 도시쇠퇴를 물리적 측면, 경제적 측면, 사회적 측면, 인종적 측면 등 네 가지로 분류하여 그 특징을 제시하고 있다.

도시쇠퇴의 원인을 구분할 때 거시적 차원과 미시적 차원으로 접근하기도 한다. 먼저 거시적 측면에서의 원인은 도시 전체 차원에서 쇠퇴에 영향을 미치는 지역적, 국가적, 지구적 요인들이다. 미시적인 원인은 도시 내 특정 지구의 쇠퇴 가정에 영향을 미치는 내부 요소를 의미한다. 이밖에도 도시쇠퇴의 개념은 해당 국가에 따라 여러 가지 의미로 사용되고 있는데, 일례로 이너시티(inner city)에서 발생할 수도 있고 소수 유럽국가에서는 교외지역에 산재해 있는 공공주택단지 또는 사회주택단지에서도 발생한다(권용일 외, 2009). 또한, 도시쇠퇴는 도심쇠퇴, 산업쇠퇴, 재래시장쇠퇴, 도시차원의 쇠퇴로 구분하기도 한다. 특히 내부 시가지 쇠퇴의 발생 원인으로는 도시체계의 차원, 도시 구조적 차원, 그리고 도시 정책적 차원에 있어 문제가 산재해 있으나 공통적 요인으로는 교외화, 산업구조의 고도화, 교통 및 통신의 발달, 도시 분산 정책 및 삶의 질 중시의 가치관 등이 있다(Lowe, 2005; 장희순 외, 2006). 이러한 도시쇠퇴를 경험한 서구사회는 여러 가지 시행착오를 겪으면서 1980년대 후반부터 기성 시가지에 대한 종합적인 재생을 통해 도시부흥을 도모하기 위한 정책을 대대적으로 시행하였다.

여기서 전반적인 도시쇠퇴의 원인을 살펴보면, 공간적 구조물의 물리적·사회적 노후화, 도시공간기능의 경쟁에 따른 우세지역이 열세지역의 기능을 잠식함과 동시에 산업과 생활환경에 영향을 미치는 국토 관련 정책이 특정지역의 발전과 쇠퇴를 유발했다고 본다. 또한, 생산영역 및 자본축적 방식의 변화가 노동 및 소비에 영향을 미쳤으며, 공간적 재구조화를 초래한 동시에 인구구조의 변화에 따라 인구감소 등으로 인해 도시쇠퇴가 발생한 것으로 보고 있다(도시재생사업단, 2009). 이 밖에도 도심부 쇠퇴가 아닌 지역 전체의 쇠퇴원인으로 산업구조 및 거시적 경제여건의 변화, 지역산업기반의 붕괴 및 이전, 보유자원의 고갈 및 경제성 상실, 교외화, 공공정책 및 규제, 초기의 부실개발, 환경수준의 상대적 저하, 교통망의 발달 등으로 요약된다. 도시쇠퇴와 관련하여 기존 연구에서 제시한 유형별 쇠퇴현상과 쇠퇴요인은 다음과 같다.

유형별 쇠퇴 현상 및 원인		
구분	쇠퇴현상	쇠퇴원인
지역전체 쇠퇴	• 산업규모 감소 • 제조업체수 감소 • 총 사업체수 감소 • 민간투자 위축 • 건축물 건축 감소 • SOC 건설 투자 감소 • 조세 및 부담금 감소 • 지역경제 위축 • 경제활동가능인구 유출 심화 • 고용기회 감소 • 주택 및 도시시설물의 노후화 • 하위주거계층의 집중 • 지역상권 및 활력 저하	• 인구의 지속적 유출 • 인구구조의 노령화 • 지역산업구조 및 거시적 경제여건 변화 • 지역산업기반의 붕괴 및 이전 • 보유자원의 고갈 및 경제성 상실 • 주변도시성장-교외화 • 공공정책 및 규제 • 초기의 부실개발 • 환경수준의 상대적 저하 • 교통망의 발달
도심쇠퇴	• 상주인구 감소 • 건물의 물리적 쇠락 • 지역상권 및 활력 저하 • 도심기반시설의 노후화 • 도심기능 저하	• 물리적환경의 질 저하 • 도시외곽의 과도한 개발 • 도심 기반시설의 부실 및 노후화 • 도심기능의 구조조정 실패 • 공공정책 및 개발규제 • 신·구시가지 간의 격차 • 역사 문화적 요인
재래시장 쇠퇴	• 재래시장 매출감소 • 시설 노후화 • 신도시로의 상권 이동	• 유통시장 개발 • 대형마트, 편의점 등 신업태의 급속한 확산 • 소비자 구매스타일 변화 • 교외화

자료: 이소영·오은주·이희연. (2012). 「지역쇠퇴분석 및 재생방안」, 한국지방행정연구원.

제2절 도시쇠퇴의 현황분석

1. 우리나라 쇠퇴도시

우리나라의 도시쇠퇴와 관련한 현황을 살펴보면, 2013년 도시재생특별법이 시행될 당시 도시화율은 91%로 도시는 대다수 국민의 삶의 터전이었다. 하지만 저출산·고령화에 따른 인구구조의 변화, 경제성장률 둔화, 산업이탈, 신도시개발에 따른 구도심 쇠퇴현상의 가속화로 전국적으로 도시쇠퇴 현상이 심화되었다. 국토연구원이 전국 144개 도시 및 도·농복합시를 대상으로 2005년부터 2010년까지 5년간 도시쇠퇴를 진단한 결과 96개 도시가 쇠퇴징후는 보이는 것으로 조사되었다. 이 중 3개 지표 중 2개 이상이 해당되는 쇠퇴가 진행 중인 도시는 55곳, 쇠퇴 징후가 나타난 도시는 41곳인 것으로 나타났다. 쇠퇴도시의 선정기준은 국토교통부가 제정한 도시재생특별법에 따라 도시재생 사업계획 등을 마련하기 위해 2015년부터 매년 실시하고 있다. 도시재생활성화지역은 인구사회, 산업경제, 물리환경 부문에서 과거와 현재의 지표를 비교해 2개 이상 부문에서 특정 기준을 넘어서면 대상 지역으로 분류된다(도시재생특별법 시행령 제20조 참조).

쇠퇴도시의 판단기준		
부문	기준	지표
인구사회	인구감소	• 최근 30년간의 인구가 가장 많았던 시기 대비 현재의 인구 20% 이상 인구 감소 지역 • 최근 5년간 3년 이상 연속으로 인구가 감소한 지역
산업경제	사업체감소	• 최근 10년간 총 사업체 수가 가장 많았던 시기 대비 현재의 총 사업체 수 5% 이상 감소한 지역 • 최근 5년간 3년 이상 연속으로 총 사업체 수가 감소한 지역
물리환경	노후주택	• 전체 건축물 중에서 준공된 후 20년 이상이 지난 건축물이 차지하는 비율이 50% 이상인 지역

먼저 지역별·연도별로 쇠퇴지역을 보면, 2014년 12월 말 기준으로 지역별 쇠퇴지역 현황에서 분석대상 지역 3,479개 지역 중 2,262개(65.0%) 지역이 쇠퇴지역인 것으로 나타났다. 인구감소, 사업체 수 감소, 노후주택 등 2개 이상 기준을 충족하는 비율이 가장 많은 곳은 전남(84.8%)인 것으로 나타났으며, 그 다음으로는 부산광역시(84.6%), 서울시(76.1%), 경북(75.8%), 대구광역시(75.5%), 전북(75.5%) 순으로 나타났다. 반면 도시쇠퇴가 가장 양호한 지역은 세종시(18.2%)인 것으로 조사되었고, 그 다음으로 경기도(35.8%), 제주도(48.8%) 순으로 나타났다. 2015년 12월 기준으로 보면, 분석대상 지역 3,482개 지역 중 2,241개(64.4%) 지역이 쇠퇴지역인 것으로 나타났고 2014년과 비교해 볼 때 쇠퇴지역이 다소 감소한 것으로 나타났으나 그 결과는 미비하다. 2014년 12월 도시쇠퇴 현황과 비교해 볼 때 부산광역시(86.2%)가 1위로 쇠퇴지역이 다소 증가한 반면에 전남(83.1%)이 전년도 대비하여 다소 감소하였다. 세종시의 경우에는 쇠퇴지역이 전혀 없는 것으로 나타났으며, 경기도(38.6%)와 울산광

쇠퇴도시의 지역별 현황 (2015년 12월 기준)				
				(단위: 읍면동)
시도명	기준 부합 지역	기준 미부합 지역	총합계(개)	비율(%)
총합계	2,241	1,241	3,482	64.4
서울특별시	333	90	423	78.7
부산광역시	181	29	210	86.2
대구광역시	105	34	139	75.5
인천광역시	97	50	147	66.0
광주광역시	64	31	95	67.4
대전광역시	47	31	78	60.3
울산광역시	25	31	56	44.6
세종특별자치시	-	11	11	0.0
경기도	212	337	549	38.6
강원도	92	96	188	48.9
충청북도	82	71	153	53.6
충청남도	99	108	207	47.8
전라북도	176	65	241	73.0
전라남도	246	50	296	83.1
경상북도	251	80	331	75.8
경상남도	210	105	315	66.7
제주특별자치도	21	22	43	48.8

역시(44.6%)도 다른 자치단체에 비해 쇠퇴현황이 비교적 양호한 것으로 나타났다.

 2016년 12월 기준으로 살펴보면, 기준 부합지역은 전체 3,488개 지역 중 2,300개 (65.9%)가 쇠퇴지역으로 나타났다. 전국 시도별 도시재생 활성화지역을 진단한 결과 부산시가 82.7%로 가장 높게 나타났다. 그 다음으로는 전남이 81.8%, 대도시 중에는 서울시가 79.4%, 대구시가 76.3%로 조사되었다. 2015년과 비교해 볼 때 부산광역시, 전남 등이 도시쇠퇴 현상이 심각한 것으로 나타났고 세종시(25.0%)와 경기도(42.0%), 제주도(44.2%)가 비교적 양호한 것으로 나타났다.

 다음으로 2017년 말 기준으로 지역별 쇠퇴지역 현황을 살펴보면, 분석대상 지역 3,503개 지역 중에서 2,419개(69.1%) 지역이 쇠퇴지역인 것으로 나타나 2016년과 비교해 볼 때 쇠퇴

쇠퇴도시의 지역별 현황 (2016년 12월 기준)

(단위: 읍면동)

시도명	기준 부합 지역	기준 미부합 지역	총합계(개)	비율(%)
총합계	2,300	1,188	3,488	65.9
서울특별시	336	87	423	79.4
부산광역시	172	36	208	82.7
대구광역시	106	33	139	76.3
인천광역시	105	43	148	70.9
광주광역시	67	28	95	70.5
대전광역시	57	21	78	73.1
울산광역시	30	26	56	53.6
세종특별자치시	3	9	12	25.0
경기도	232	321	553	42.0
강원도	88	100	188	46.8
충청북도	93	60	153	60.8
충청남도	114	93	207	55.1
전라북도	171	70	241	71.0
전라남도	243	54	297	81.8
경상북도	255	77	332	76.8
경상남도	209	106	315	66.3
제주특별자치도	19	24	43	44.2

주) 전국 쇠퇴율은 전국 읍면동(행정동) 중 도시재생 쇠퇴 진단지표임
자료: 국토교통부 도시재생 종합정보체계(http://www.city.go.kr)

지역이 3.2% 증가한 것으로 나타났다. 인구감소, 사업체 수 감소, 노후주택 등 2개 이상 기준을 충족하는 비율이 가장 많은 곳은 전남(86.5%)으로 2016년 쇠퇴지역 현황과 같은 결과를 보였다. 2016년과 비교해 볼 때 전남과 부산광역시가 여전히 도시쇠퇴 현상이 심각한 것으로 나타났으며, 세종시와 제주도가 비교적 양호하지만 도시쇠퇴 비율은 증가한 것으로 나타났다. 또한, 국토교통부 자료에 따르면, 인구변화에 따른 쇠퇴는 2013년 73.8%에서 2017년 79.7%로 5.9%p 증가하였다. 다음으로 사업체 수 변화에 따른 쇠퇴는 52.4%(2013년)에서 30.8%(2017년)로 21.6%p 감소하였다. 이밖에 노후건축물 비율에 따른 쇠퇴는 2013년 59.7%

에서 2017년 73.7%로 14.0%p 증가하였다.

전국 쇠퇴 수준의 변화(2013~2017년)를 광역시와 도 지역으로 구분하여 살펴본 결과, 인구 변화에 따른 쇠퇴는 지난 4년간 광역시가 11.8%p 심화된 반면에 도 지역은 3.2%p로 심화가 다소 정체되었다. 사업체 수의 변화에 따른 쇠퇴는 지난 4년간 광역시가 19.8%p 개선되었고, 도 지역은 22.2%p 개선되었다. 노후건축물 비율에 따른 쇠퇴는 지난 4년간 광역시가 11.0%p 심화된 반면에 도 지역은 15.6%p로 상대적으로 심화 폭이 크게 나타났다.

끝으로 2018년 말 기준으로 지역별 쇠퇴지역 현황을 살펴보면, 분석대상 지역 3,504개 지역 중에서 2,389개(68.2%) 지역이 쇠퇴지역인 것으로 나타나 2017년과 비교해 볼 때 쇠퇴지역이 0.9% 감소한 것으로 나타났다. 인구감소, 사업체 수 감소, 노후주택 등 2개 이상 기준

쇠퇴도시의 지역별 현황 (2017년 12월 기준)

(단위: 읍면동)

시도명	기준 부합 지역	기준 미부합 지역	총합계(개)	비율(%)
총합계	2,419	1,084	3,503	69.1
서울특별시	341	83	424	80.4
부산광역시	172	33	205	83.9
대구광역시	104	35	139	74.8
인천광역시	110	40	150	73.3
광주광역시	68	27	95	71.6
대전광역시	61	18	79	77.2
울산광역시	30	26	56	53.6
세종특별자치시	5	9	14	35.7
경기도	238	323	561	42.4
강원도	105	88	193	54.4
충청북도	104	49	153	68.0
충청남도	128	79	207	61.8
전라북도	185	56	241	76.8
전라남도	257	40	297	86.5
경상북도	265	67	332	79.8
경상남도	225	89	314	71.7
제주특별자치도	21	22	43	48.8

시도명	기준 부합 지역	기준 미부합 지역	총합계(개)	비율(%)
총합계	2,389	1,115	3,504	68.2
서울특별시	344	80	424	81.1
부산광역시	175	31	206	85.0
대구광역시	108	31	139	77.7
인천광역시	103	48	151	68.2
광주광역시	66	29	95	69.5
대전광역시	61	18	79	77.2
울산광역시	32	24	56	57.1
세종특별자치시	4	13	17	23.5
경기도	237	326	563	42.1
강원도	105	88	193	54.4
충청북도	103	50	153	67.3
충청남도	119	88	207	57.5
전라북도	182	59	241	75.5
전라남도	252	45	297	84.8
경상북도	259	73	332	78.0
경상남도	217	91	308	70.5
제주특별자치도	22	21	43	51.2

쇠퇴도시의 지역별 현황 (2018년 12월 기준) (단위: 읍면동)

을 충족하는 비율이 가장 많은 곳은 부산광역시(85.0%)로 2017년 쇠퇴지역 현황과 다소 차이를 보였다. 2017년과 비교해 볼 때 부산광역시와 전남지역이 여전히 도시쇠퇴 현상이 심각한 것으로 나타났으며, 세종시의 경우 2018년도 쇠퇴도시의 비율이 23.5%로 전년도에 비해 12.2% 감소하였고 경기도와 제주도가 비교적 양호하지만 제주도의 쇠퇴도시 비율은 다소 증가한 것으로 나타났다.

이러한 내용을 종합하여 전국의 쇠퇴 수준을 살펴보면, 읍·면·동을 기준으로 2014년부터 2018년까지 5년간 쇠퇴도시의 비율을 살펴본 결과, 2014년 65.0%에서 2018년 68.2%로 다소 심화된 것으로 나타났다. 특히 우리나라는 최근 전국 읍·면·동의 80%에서 인구가 급격히 감소하고 있고 지방중소도시는 인구감소나 고령화 등으로 인하여 도시 축소현상이 발생하고 있다.[1] 또한 경제성장을 나타내는 잠재성장률도 2%대로 하락할 것이라는 전망이 나오고 있는 현 시점에서 도시지역의 사회·경제·물리적 쇠퇴를 예방하기 위해 인구감소의 원인이나 주택 노후화 현황 등의 지역여건을 철저히 분석할 필요가 있다. 이밖에도 도시축소의 분포패턴 분석을 기초로 공공서비스 우선 공급의 한계선과 도시기능의 집약화를 유도할 생활거점을 설정할 수 있도록 현행 도시·군의 기본계획 제도를 대폭적으로 개선하여 구체적인 해결방안을 모색해야 할 것으로 본다(구형수 외, 2017).

쇠퇴도시의 연도별 현황 (2015-2018)

시도명	기준 부합 지역	기준 미부합 지역	총합계(개)	비율(%)
2014	2,262	1,217	3,479	65.0
2015	2,241	1,241	3,482	64.4
2016	2,300	1,188	3,488	65.9
2017	2,419	1,084	3,503	69.1
2018	2,389	1,115	3,504	68.2

Study Plus+ 축소도시

축소도시는 1988년 독일에서 처음 사용된 용어로 '지속적이고 심각한 인구감소로 인해 주택, 기반시설 등의 공급과잉 현상이 나타나고 있는 도시'를 지칭한다. 미국의 학자인 실링(J. Schilling)과 로건(J. Logan)은 '지속적이고 심각한(과거 40년 동안 25% 이상) 인구감소로 인해 유휴·방치 부동산(주택, 상가, 공장 등)이 증가하고 있는 도시'를 축소도시라 정의하였다. 또한 독일의 학자인 비흐만(T. Wiechmann)과 볼프(M. Wolff)는 '과거 20년 동안 연평균 인구변화율이 -0.15% 미만인 도시'를 축소도시로 규정하였다. 최근 우리나라는 특·광역시를 제외한 77개 도시를 대상으로 '인구변화패턴(1995~2015년)'과 '정점대비 인구감소율(1975~2015년)'이라는 두 가지 기준을 사용하여 총 20개의 축소도시를 선정하였다. 그 결과 축소도시의 절반 이상이 경상북도(7곳)와 전라북도(4곳)에 분포하고 있으며, 특히 가장 심각한 단계인 '고착'형 축소도시는 전체의 66.7%가 이들 지역에 분포하고 있는 것으로 나타났다(구형수 외, 2017: 3-4 인용).

---

1) 인구가 현격히 감소하는 읍·면·동의 실태를 보면, 2013년 기준 73.8%에서 2014년 79.7%, 2016년 80.2%로 꾸준히 증가하고 있다. 또한 향후 30년 내 84개 시·군·구(37.0%) 1,383개의 읍면동(40%)이 소멸위기에 놓여 있다(주희선 외, 2018: 1).

제4장

도시재생과 법제 현황

업데이트 자료 확인

제1절 도시재생의 출현과 의의

1. 도시재생의 출현과 변천과정

역사적으로 도시재생의 출현은 제2차 대전 이후 영국과 유럽을 중심으로 산업이 쇠퇴하면서 이에 대응하는 차원에서 대두된 개념으로 도시재개발을 포괄하는 개념이라 할 수 있다. 주요 선진국의 경우는 '50년대의 도시재건(urban reconstruction), '60년대의 도시회생(urban revitalization), '70년대의 전면 재개(urban renewal)와 '80년대의 도시재개발(urban redevelopment) 등 도시정비사업의 한계를 치유하는 정책적 대안 혹은 도시경제 회복을 통한 경쟁력 확보 측면에서 다루었다. '90년대는 물리적 환경개선의 틀에서 벗어나 지역경제와 환경, 사회복지 향상 등 총체적인 도시부흥을 통한 삶의 질 향상과 도시경쟁력 확보에 초점을 둔 도시재생(urban regeneration)이라는 포괄적인 용어를 사용하기 시작했다. '90년대 이후 도시재생 프로그램에서는 환경적 지속가능성과 참여자간의 파트너쉽이 중요한 요소로 부각되었다(Peter Robert & Hugh Syker, 2000).

예를 들어 영국은 1960년대까지 도시문제 및 이에 대한 해결책을 물리적 측면에서 진행하였으며(Pacione, 2009), 초기에는 주로 물리적 환경에 초점을 두고 도시의 활성화 사업이 시작되었다. 그러나 이러한 접근방식이 환경개선 측면에서는 효과가 나타났으나 도시의 기능을 회복시키지 못한 결과를 초래하였다(김상묵 외, 2015). 그 이후 1970년대에 접어들어 도시의 쇠퇴와 빈곤문제를 정치·경제·사회와 관련한 구조적 원인으로 보고 중앙 및 지방정부 간의 구조적 조정 등의 통합적 측면에서 도시문제에 대처하게 되었다. 또한 '80년대 후반부터 단순한 물리적 주거환경정비뿐만 아니라 사회경제적 및 문화적 경쟁력을 증진시키기 위한 종합적인 도시부흥(urban renaissance)을 추진하였다(이희연, 2008).

'90년대에는 도시정부와 주민중심의 지역경제 개발전략과 지역주민을 위한 도시재생이 진행되었고 지속가능한 성장이 도시정책의 주요 요소로 부각되었다(Couch, 2000; 전경숙, 2011). 특히 '80년대 후반부터는 도시의 무분별한 확산을 억제하고 쇠퇴현상을 방지하고자 도시재

도시재생정책의 변천과정

구분	1950s Reconstruction	1960s Revitalization	1970s Renewal	1980s Redevelopment	1990s Regeneration
주요 전략과 방향	Master Plan에 의한 도시노후 지역의 재건축, 교외지역의 성장	교외지역과 주변부의 성장, rehabilitation의 초기 시도	Renewal과 근린 단위계획에 관심, 주변부 개발 지속	대규모 개발 및 재개발계획, 대규모 프로젝트 위주	정책과 집행이 보다 종합적인 형태로 전환
주요 주체	중앙과 지방정부, 민간개발업자, 도급업자	공공과 민간부문의 균형과 조화	민간부분의 역할강화, 지방정부화	민간부문과 특별정부기관이 중심, 파트너쉽 성장	파트너쉽이 지배적
공간적 차원	지방 및 해당 부지 차원의 강조	지역차원의 활동 등장	초기에는 지역 및 지방차원, 후에 지방차원이 강조	80년대초 해당 부지 차원 강조, 지방차원 강조	전략적 관점의 재도입, 지역 차원의 활동성장
경제적 측면	공공부문 투자	민간투자의 영향력 증대	민간투자의 성장	선별적 공공 자금을 받은 민간부문이 주도적	공공과 민간, 자발적 기금간의 균형
사회적 측면	주택 및 생활수준향상	사회복지 증진	커뮤니티 위주의 시책에 많은 권한 부여	선별적 국가지원하의 커뮤니티 자활 (self-help)	커뮤니티 역할강조
물리적 강조점	내부지역의 재건과 주변지역 개발	기존 지역의 재건과 병행	노후화된 지역의 재개발 확대	대규모개발 프로젝트	신중한 개발계획, 문화유산과 자원 유지 보전
환경적 접근	경관 및 일부 조경사업	선별적인 개선	혁신적인 사업을 통한 환경개선	환경적 접근에 대한 관심 증대	환경적 지속성 개념 도입

자료: Roberts P & Sykes, S. (2000). Urban Regeneration: 2nd Edition, London: Sage Publications. pp. 19-20.

생을 통한 도시 재활성화를 모색하기 시작하였다. 당시 도입된 도시재생(urban regeneration)은 기성 시가지에 대한 종합적인 재생프로그램, 다시 말해 해당 지역의 경제적 사회적 환경적 개선을 통해 도시를 부흥(urban renaissance)시키려는 정책이었다. '90년대 이후 영국에서 추진된 도시재생 정책의 특징은 정책과 집행이 보다 종합적인 형태로 전환되었고 통합된 처방이 강조되었다. 또한 성장관리 차원에서 전략적인 관점이 도입되었고 지역차원의 활동 성장을 도모했다는 점, 그리고 지역사회의 역할 강조와 더불어 문화유산과 자원의 보전, 환경 지속성 등 지속가능한 개발의 개념이 도시재생 정책 및 계획 속에 반영되었다는 점이다(Robert & Sykes, 2000).

우리나라는 '60년대를 기점으로 도시재개발사업을 시작하여 기존 도심의 문제해결을 위해 노력했으나 원주민 재정착율의 저조와 사업구역 설정 및 사업방식 등에 따른 사업자·조합·지역주민·자치단체 간 갈등으로 심각한 문제를 야기했다. 또한 '70년대 이후 주택보급률 증대와 더불어 폭증하는 토지수요를 충족시키기 위해 신도시와 신시가지개발 위주의 정책을 추진했다. 그 결과, 구시가지는 정주인구가 감소하였고 상업, 문화, 경제, 복지, 교육 등 여러 가지 기능이 약화되기 시작했다. 이러한 특징에서 알 수 있듯이 1970년대 이전의 도시정책은 도시의 무분별한 외연적 확산과 이에 수반되는 도시문제의 해결을 위해 물리적 환경개선과 외연적 개발에 집중했다. 그 이후 구도심 기능 회복과 활성화를 위해 도시재생 정책으로 전환되었다고 볼 수 있다. 특히 최근 들어 우리나라 중소도시의 경우 중심시가지의 공동화 현상이 가속되고 있고 도심부의 기반시설 노후화, 상업기능의 쇠퇴가 심각한 사회문제로 대두되면서 도시재생에 대한 필요성이 높아졌다.

또한, 도시가 외연적으로 확장되면서 구시가지 내의 건축물과 기반시설은 점차적으로 노후화되었고 지역경제의 침체 및 생활패턴 등이 분화되면서 도시 공동체가 악화되어 왔다. 이러한 문제를 해결하기 위해 정부는 제도적으로 도시 계획적 측면과 주거환경 개선 부분으로 접근하여 정책을 추진해 왔다(김경천 외, 2015). 이후 2000년대 접어들면서 기존의 재개발사업에서 나타난 문제를 해결하고 광역적으로 시가지 정비 사업을 추진하고자 했으나 기존의 재개발·재건축 수준을 크게 벗어나지 못했다는 비판이 제기되었다(정진호 외, 2015). 이러한 문제의 대안으로 등장한 도시재생은 물리적 환경을 포함한 사회·문화·경제적 측면까지 대상을 확대하여 도시기능을 회복하는 동시에 도시경쟁력을 강화하고 쇠퇴지역의 삶의 질을 높일 수 있는 다양한 콘텐츠를 마련하여 도시를 활성화시키는 종합적인 정책수단이라 할 수 있다(황희연, 2013). 특히 도시정책 패러다임이 모더니즘에서 포스트모더니즘으로, 양적 추구에서 질적 추구로, 생산기반에서 생활환경 중심으로 변화하면서 기존의 도시를 '지속가능한 도시'로 재창조해야 한다는 논의가 시작되었다. 이러한 시대적 변화 속에서 기존의 도시개발 중심 사고에서 벗어나 도시재생 및 관리(urban regeneration and management) 등 지속가능한 개발이라는 변화에 대한 요구는 더욱 높아졌다고 할 수 있다.

2. 도시재생의 개념과 필요성

도시재생에 있어 재생(regeneration)의 사전적 의미는 "생명체가 절단된 신체의 일부 또는 복구시키는 과정"을 말한다. 이러한 내용을 도시공간에 적용하면 도시재생(urban regeneration)[1]은 물리적·기능적으로 쇠퇴해진 구시가지가 기능회복을 통해 새로운 도시환경의 변화에 부응하여 활기 넘치는 도시로 변화해 가는 것을 의미한다. 이러한 개념 속에는 노후화된 시설의 물리적 환경 개선과 더불어 일자리 창출과 지역상권의 부활을 통한 경제회생, 지역 공동체의 복원과 주민참여 활성화를 통한 도시 활력의 증진과 같은 종합적 성격이 포함된다고 볼 수 있다(김혜천, 2013). 도시재생(urban regeneration)의 개념은 상황에 따라 다양한 용어로 표현되고 있으며, 의미 또한 진화해 왔고 개념 정의도 시기적으로 다양하다. 하지만 그 정의가 어떠하든 도시재생은 단순한 물리적 정비 사업을 넘어 도시의 사회·경제·문화의 총체를 변화시키는 것을 목표로 하고 있다.

영국 총리실(ODPM, 2004)에 따르면 "도시재생은 단순히 물리적 측면이 아니라 지역의 물리·사회·경제적 안녕에 관한 것이며 주민의 삶의 질에 대한 것"으로 포괄적으로 정의하고

---

[1] 도시재생과 유사한 개념으로 젠트리피케이션(gentrification) 혹은 둥지 내몰림 현상이 있다. 젠트리피케이션은 중산층 또는 상류층이 도심의 과거 노동자 계층 근린지구로 이주해 오는 현상을 의미하며, 도심의 빈곤층 또는 소외계층 가구의 퇴거(displacement)를 동반한다. 다시 말해서 대도시의 노후화 된 주택이나 근린지구로 중산층 이상의 전입자가 이주함으로써 기존 저소득층 원주민들이 주변지역으로 밀려나고 새로 진입한 이주자들로 인해 낙후된 근린이나 주택이 고급화되는 과정을 말한다(Knox & McCarthy, 2005; Knox & Pinch, 2010; 정현주, 2005, 조용호 외, 2017).

있다. 로버트 등(Roberts & Sykes, 2017)은 "도시문제를 해결하고 도시의 경제적·물리적·사회적·환경적 조건의 지속가능한 개선을 위한 포괄적이고 통합적인 비전과 행동"으로 정의하였다. 우리나라에서도 도시재생은 서구의 도시재생 개념이 진화해온 과정들과 유사한 방향으로 전개되어 왔다. 초기에는 노후 건물의 재건축과 재정비, 재개발에서 이후 단순히 물리적 사업을 넘어 경제, 문화, 사회 등을 포괄하는 재생방식이 도입된 것은 서구와 유사하다. 하지만 우리나라에서 도시재생 정책의 전개과정과 그에 따라 국가가 담당하는 역할변화는 미국이나 유럽의 경험과는 분명히 다르다. 1960년대 이후 급격한 산업화를 경험한 우리나라는 경제발전을 위한 산업화에 집중되어 도시재생은 국가가 전략적으로 추진할 대상은 아니었으나 일정 수준의 경제성장을 달성하고 난 후부터 도시재생은 국가차원에서 다루어야 할 대상으로 인식되었다(서민호 외, 2018).

한편, 도시재생의 개념과 관련하여 학문적 접근과 실무자 중심의 실천적 접근에 차이를 보이고 있다.[2] 먼저 학문적 차원에서는 외국의 사례를 벤치마킹하여 개념적 범위를 포괄적으로 보고 있으며, 도시재생사업단에서 정의한 개념이 대표적이라 할 수 있다. 여기에서는 도시재생의 개념을 도시 및 지역발전의 의미와 근본적으로 차이가 없다고 봄으로써 최광의로 해석하고 있다(박인권, 2012). 이와는 달리 실무적 차원에서는 전통적 물리적 환경개선 중심의 도시재정비사업을 도시재생사업으로 인식하고 있다. 다시 말해서 지방자치단체나 공기업, 민간개발업체의 경우 여전히 도시재생사업을 도시재개발·재건축사업으로 인식하고 있기 때문에 보다 구체적이고 명확한 개념정의가 필요하다고 본다.

이러한 내용으로 볼 때 도시재생의 개념은 크게 3가지 범주로 인식되고 있다(김혜천, 2013; 김순용 외, 2016). 먼저 최협의 차원의 도시재생은 노후·쇠퇴지역의 공간에 대한 물리적 환경개선을 의미하며, 과거의 도시정비사업이 이러한 개념적 범위에 포함되고 현장 실무자들의 입장이 여기에 해당된다고 볼 수 있다. 다음으로 협의 차원에서 보면 물리적 환경개선이라는 차원을 넘어 물리·환경·경제적 쇠퇴지역 또는 사회·문화적 일탈지역 등에 대해 도시계획 절차를 통해 공간 차원의 재정비·공급과 관련 부대사업을 통해 지역의 주거환경과 생

---

[2] 영국의 도시재생 전문가인 Peter Roberts 등은 도시재생을 "도시문제해결을 위해 종합적이고 통합된 비전을 제시하고 실천해 가는 동시에 변화하는 지역여건에 맞게 경제, 물리, 사회, 환경적 상황을 지속적으로 개선해 가는 것"이라고 정의하였다(Robert & Sykes, 2000; 정철현 외, 2012).

활의 질을 개선해 가는 과정으로 정의된다. 여기서 재정비 및 공급대상은 노후주택이나 건축물, 재래시장 및 부대시설, 기타 도시기반시설과 공공·편익시설 등을 포함하고 부대사업의 경우 지역 커뮤니티 복원과 유지를 위한 프로그램 개발, 저소득층 밀집지역의 사회적 일자리 창출 등 최소한의 비공간적 사업을 포함한다. 이러한 개념에서 볼 때 도시 및 주거환경정비법상의 정비사업보다 다소 포괄적인 개념이라 할 수 있다(김혜천, 2013).

끝으로 광의의 도시재생 개념은 산업구조(기계적 대량생산 위주 산업 → 전자공학·하이테크·IT 등 신산업)의 변화 및 신도시·신시가지 위주의 도시 확장으로 인해 상대적으로 쇠퇴하고 있는 기존도시에 새로운 기능을 도입·창출함으로써 경제적·사회적·물리적으로 부흥시키는 것을 말한다. 다시 말해서 쇠퇴지역에 대한 환경개선과 더불어 쇠퇴하고 낙후된 구도시를 대상으로 삶의 질을 향상시키는 동시에 도시경쟁력을 확보하기 위하여 물리적 정비와 더불어 사회적, 경제적 재활성화를 추진하는 것을 의미한다고 할 수 있다(김혜천, 2013; 김순용 외, 2016).

도시재생과 관련하여 선진국에서는 최근 하향식 개발과 지역공동체 및 주민의 참여를 배제한 과거의 행정주도의 도시재개발 개념보다는 상향식 개발을 특징으로 하는 그리고 지역범위에서 지역공동체와 주민의 적극적인 참여를 포함하는 주민주도의 도시재활성화 개념을 강조하고 있다. 결국 과거의 도시재생사업들이 지역공동체의 실질적 요구 및 참여를 담보하지 못함으로써 도시경제의 재활성화와 지속가능성 측면에서 한계에 봉착하였다고 본 것이다(조용호 외, 2017). 우리나라는 2013년 도시재생 활성화 및 지원에 관한 특별법(도시재생특별법)이 제정된 이후 법제도적으로 도시재생의 개념이 공식화되었다고 할 수 있다. 동법 제2조에서는 도시재생을 "인구의 감소, 산업구조의 변화, 도시의 무분별한 확장, 주거환경의 노후화 등으로 쇠퇴하는 도시를 지역역량의 강화, 새로운 기능의 도입·창출 및 지역자원의 활용을 통하여 경제적·사회적·물리적·환경적으로 활성화시키는 것을 말한다"고 정의하고 있다. 이는 도시재생사업단 및 기존의 일부 학자들이 주장한 광의의 개념을 그대로 반영한 결과로 볼 수 있다. 나아가 도시재생특별법에서 도시재생사업은 '도시재생 활성화 지역에서 활성화 계획에 따라 시행하는 사업'으로 도정법·재촉법·도시개발법 등에 의한 정비사업, 역세권·산업단지·항만 개발사업 외에 국가·자치단체가 추진하는 사업, 주민 제안에 의한 공동체 활성화사업까지 포괄하고 있다(김항집, 2015). 결국 도시재생은 산업구조의 변화 및 신도시·신시가지 위주의 도시 확장으로 상대적으로 낙후되고 있는 기존의 도시에 새로운 기능을 도입·창출함으로써 경제적·사회적·물리적으로 부흥시키는 것을 의미한다. 다시 말해서 쇠퇴하고 낙후된 구도시를 대상으로 삶의 질을 향상시키는 동시에 도시경쟁력을 확보하기 위하여 물리적 정비와 더불어 사회적, 경제적 재활성화를 추진하는 것이다.

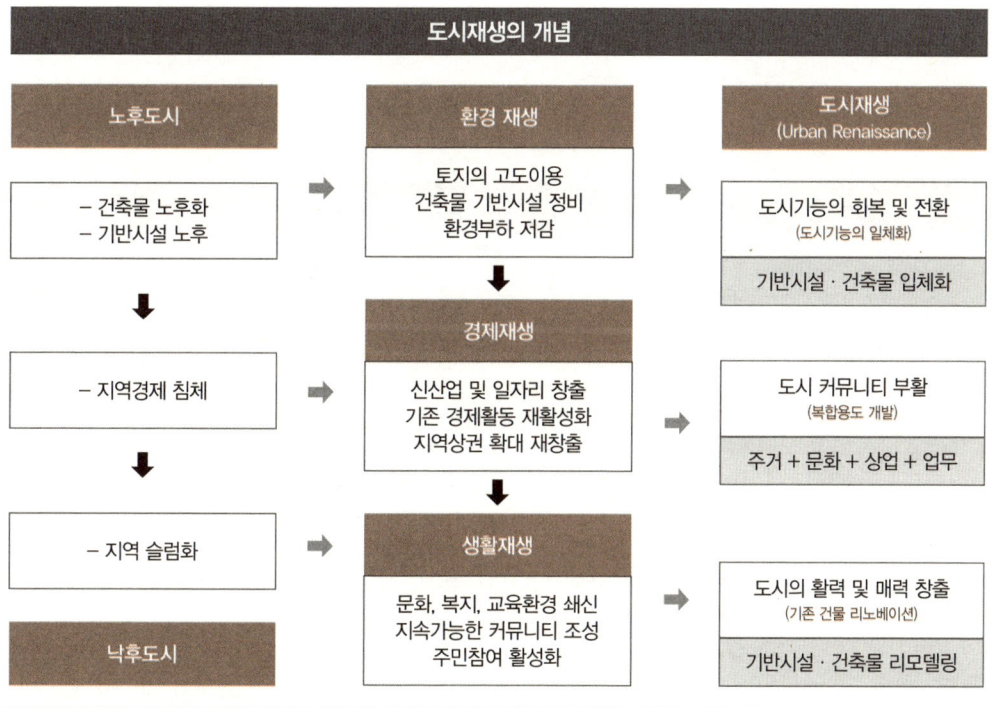

도시재생은 사회경제적 변화와 공간 환경의 상호관계를 전제로 한다는 점에서 종전의 재개발과는 차이가 있다. 아울러 특정 공간의 물리적 재편뿐만 아니라 도시를 둘러싼 사회경제적 변화에 적극적으로 적응하면서 도시경쟁력을 새롭게 창출하기 위해 도시의 경제·사회·환경 전반을 적극적으로 개선하는 것으로 추진방법에 있어서도 많은 차이를 보인다. 종전의 재개발·재건축이 주로 물리적 환경에 역점을 두고 공공 혹은 민간 등 특정 주체가 주도하는 것과는 달리 거시적 사회경제 변화에 대한 도시차원의 대응이란 의미를 가지는 혁신적·미래지향적 도시개발 사업으로 주로 민관협력을 통한 추진을 특징으로 하고 있다(정재희, 2013).

끝으로 도시재생은 여전히 다수가 합의하는 개념은 존재하지 않지만 일반적으로 볼 때 지속가능한 도시커뮤니티 형성을 목표로 노후 시설의 개선 자체를 포함한 도시기반시설의 재정비와 더불어 도시기능 및 도시경쟁력 강화, 도시공간구조의 재구조화 및 매력적인 도시공간의 창출을 지향하는 통합적인 개념이라 할 수 있다. 결국 도시재생은 도시환경의 재생, 도시경제의 재생, 도시생활의 재생 등 포괄적이고 통합적인 도시재생을 통해 기능과 활동을 재활성화하는 것이다. 이러한 도시재생을 도시쇠퇴와 구분하여 환경적 측면, 사회적 측면, 경제적 측면으로 구분하여 비교하면 다음과 같다.

도시쇠퇴와 도시재생의 비교

구분	환경적 측면	사회적 측면	경제적 측면
도시 쇠퇴	• 확산지향적 도시구조 • 도시환경의 노후화 · 낙후 • 평면적 · 순환적 토지이용	• 도시공동체 붕괴 • 삶의 질과 생활환경 악화 • 사회적 일탈과 범죄 증가	• 도시기반산업 몰락 • 지역경제 침체와 실업 증가 • 도심공동화
도시 재생	• 압축적 도시공간구조 • 토지이용 혼합 지향 • 인프라 · 건축물 재정비 • 복합적 토지이용 고도화	• 생활환경과 삶의 질 (문화 · 복지) 향상 • 공동체적 커뮤니티 회복 • 주민참여와 자립	• 신규 도시기능 도입 • 인구유입 및 활동 증대 • 중심상가 활성화 • 신규 직업창출 및 소득향상

한편, 도시의 발전과정에서 필연적으로 나타나는 도시쇠퇴의 문제를 해결하기 위해 도시재생의 필요성이 더욱 부각되었다고 볼 수 있다. 일반적으로 도시쇠퇴는 인구 · 사회, 산업경제, 물리적 · 환경적 측면에서 시간적으로 활력을 잃어가는 도시로 이러한 도시지역의 쇠퇴현상을 극복하기 위한 대안의 하나로 도시재생의 필요성이 제시되었다. 향후 도시개발 방식이 적절히 활용되거나 대책이 강구되지 않으면 해당 도시는 글로벌 시대에 경쟁력 있는 도시로 전환하는데 있어 어려움이 예상된다. OECD(2007) 보고서에서 제시한 것처럼 전환기의 도시군 들에 있어 쇠퇴를 막고 도시의 활성화를 위해 도시재생은 필수적이라 할 수 있다.

또한, 도시재생의 필요성은 대량생산을 기반으로 한 탈근대 · 탈산업 도시로의 이행을 돕는 도시개발의 수단으로써 중요한 의미가 있다. 도시의 또 다른 전형이라 할 수 있는 문화도시를 조성하는 도시개발방식으로써 그 중요성을 가진다. 아울러 현대 도시의 중요한 조건이라 할 수 있는 생태환경 복원과 정체성 복원에 효과적인 도시개발수단으로서 도심지역이 쇠퇴되었거나 쇠퇴 조짐을 보이는 도시에 반드시 필요하다고 볼 수 있다(정철현 외, 2012). 이처럼 쇠퇴도시는 도시경쟁력과 삶의 질이 저하되는 가운데 도시에 대한 새로운 수요가 증대하는 문제점이 발생하고 있다. 예를 들어 신성장산업과 시민들의 다양한 문화적 욕구 등에 부응하기 위한 도시기능 공급의 필요성이 증대하고 있으며, 인구구조의 변화에 맞는 도시기반 확보 및 주거복지의 중요성도 증대하고 있다. 이러한 다양한 수요에 부응하여 도시의 기능을 고도화하고 일자리를 창출하기 위해 도시재생 정책의 필요성이 제기되고 있는 것이다(유재윤 외, 2013; 정재희, 2013). 이러한 도시재생의 필요성은 산업구조의 변화 등 네 가지 측면에서 필요성이 요구되고 있다.

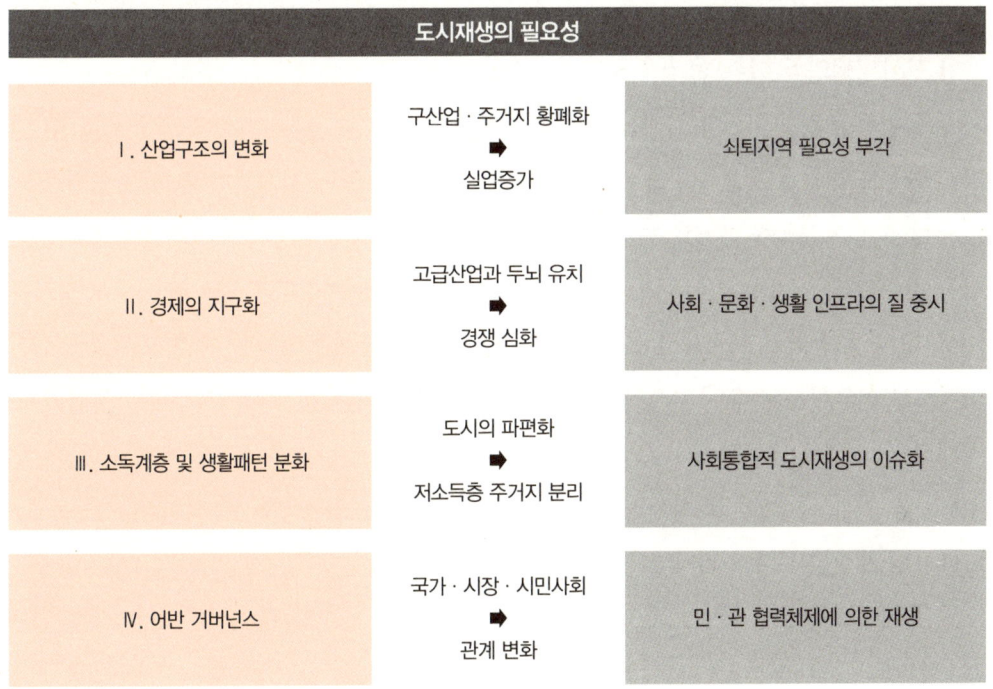

자료: 국토교통부 도시재생 종합정보체계(http://www.city.go.kr)

우리나라는 '80년대 중반 이후 서울을 중심으로 도시재생 정책 및 사업을 본격화하였고, 90년대 중반부터 국내 지방대도시에서도 도시쇠퇴에 의한 공동화 현상이 발생하면서 도시재생사업을 추진해 왔다. 하지만 쇠퇴지역에 대한 종합적인 처방의 하나로 도시재생 개념이 본격적으로 논의되기 시작한 것은 2000년대 초부터라 할 수 있다. 최근까지 국토교통부는 미래 핵심동력을 위한 10대 연구개발사업(VC-10)의 일환으로 도시재생사업을 설정하여 R&D 로드맵을 제시(2006-2014)한 이후 2006년 도시재생사업단을 설립하였다. 또한, 도시정책이 도시개발의 시대에서 재생의 시대로 도시정책 패러다임이 전환되면서 도시경쟁력의 강화와 쇠퇴도시 문제를 해결하기 위한 정책수단으로 2013년 12월 도시재생특별법을 제정한 후 도시재생사업이 본격적으로 진행되었다.

3. 도시재생의 유형과 추진체계

1) 도시재생의 유형

도시재생의 범위를 광의로 해석할 경우 도시재생의 유형도 매우 다양하게 분류할 수 있다. 먼저 도시재생 관련 학자들이 기존의 연구에서 제시한 도시재생의 유형을 살펴보면, Evans(2004)는 문화를 매개로 한 도시재생의 유형으로 문화적 활동이 도시재생의 기폭제 역할을 하는 문화 기반형(culture-led regeneration), 문화적 활동이 다른 활동과 더불어 도시를 재생시킨다는 문화적 도시재생(cultural regeneration), 문화예술 활동을 통해 도시재생이 간접적으로 이루어지는 경우 기존의 유휴공간을 예술가를 위한 공간으로 사용하는 문화와 도시재생(culture and regeneration)으로 구분하였다. Gaiffison(1995)은 도시재생을 주민통합모형(integrationist model), 문화산업모형(cultural industries model), 도시촉진모형(promotional model) 등 세 가지로 유형화하였다.

국내 학자로 김준연 등(2012)은 도시재생의 유형을 문화도시형(서울 동대문 DDP), 문화정주형+산업도시형(부산 청사포 마을), 도심정비형(대전 중구 중교로), 상업정주형(영국 맨체스터, 일본 롯본기힐스), 문화정주형(독일 슈타툼바우) 등 다섯 가지로 분류하였다. 백선혜 등(2008)은 예술을 통한 도시재생의 유형을 공공예술형, 마을만들기형, 예술마을형으로 구분하였고, 김홍주(2012)는 문화예술을 매개로 도시재생의 유형을 문화소비(판촉형), 문화생산(창조형), 문화통합(사회형)으로 구분하였다(김홍주, 2012). 김혜천(2013)은 도시재생사업을 공공주도형, 민간주도형(시장주도형과 공동체주도형), 공공·민간 협력형으로 구분하여 각 유형의 성격에 따라 도시재생 정책의 방향을 제시하였다.

한편, 국토교통부 도시재생사업단은 도시재생의 목표를 기반으로 12개의 재생사업 유형을 제시하였고, 지방중소도시의 재생 유형으로 10대 전략 유형과 재생기법을 제시한 바 있다.[3] 도시재생의 유형과 관련하여 도시재생사업이 진행되는 대상지역의 기능적인 특성에 따라 ①주거지재생, ②상가재생, ③노후산업단지재생, ④역사문화자원재생 등으로 분류할 수 있다. 또한, 도시재생의 규모적인 측면에서 ①골목재생, ②지구차원의 재생, ③지역차원의 재생, ④도시 전체 차원의 재생으로 구별할 수 있는 동시에 지방중소도시의 경우 도심지역이나 특정 지구 차원을 벗어나 도시의 전체 차원에서 도시재생 문제를 접근하는 경우가 많기 때문에 지역개발사업과 동일한 의미를 가지기도 한다.

도시재생 활성화 및 지원에 관한 특별법에서는 도시재생 활성화계획의 유형을 도시경제기반형과 근린재생형으로 구분하고 있다(유재윤, 2013). 도시경제기반형은 도시 재활성화가 필요한 지역에서 도시경제의 기반을 강화하기 위해 해당 자치단체가 전략적으로 추진하는 핵심사업과 기타 사업의 연계 추진사업에 각 개별법상 지원과는 별도의 국가지원이 제공되는 사업이다(이재우, 2012). 근린재생형은 지역의 전통과 특성을 계승, 발전시키기 위해 지역의 물리적·사회적·인적자원을 활용하여 추진하는 공동체 활성화 사업으로서 주민 또는 공익법인 등이 제안하는 사업이라 할 수 있다(장원봉, 2012).

경제기반형 도시재생은 도시재생이라는 법령 안에 있으나 근린재생형과 매우 다른 구조를 가진 사업이라 할 수 있다.[4] 다시 말해서 근린재생형이 지역공동체의 활성화를 통해 도시를 재생하고자 하는 취지인데 반해 경제기반형은 일자리 창출과 도시의 경제적 활력을 살리는

---

[3] 12개 도시재생 유형을 보면, ①구도심활성화사업, ②상권활성화사업, ③정체성강화사업, ④지역사회역량 강화사업, ⑤혁신클러스터 구축사업, ⑥압축개발·복합화사업, ⑦노후주거 재생사업, ⑧커뮤니티 활성화사업, ⑨생태주거단지 조성사업, ⑩창조산업형 도시재생사업, ⑪노후산업단지 재생사업, ⑫저탄소도시기반 구축사업으로 분류하였다. 지방중소도시 10대 전략사업 유형으로는 ①저탄소 녹색지향형, ②지역거점도시 기능회복형, ③신성장거점 연계형, ④쇠퇴주거지역형, ⑤구도심재생형, ⑥산업구조고도화, ⑦기존상권 경쟁력 강화형, ⑧역사문화 창조형, ⑨사회자본 형성형, ⑩도시재생 패키지형 재생사업으로 구분하고 있다(도시재생사업단, 2009 자료 인용).

[4] 도시경제기반형의 경우 지역공동체의 활성화를 지향하는 근린재생형과 차별화되는 특성을 가지고 있다. 첫째, 무엇보다 해당 자치단체의 도시경제부문에 대한 상위전략이나 계획 등의 검토가 선행되어야 한다는 것이다. 다시 말해서 경제 및 산업기반을 확충하기 위한 전략사업의 유치·육성·발전방향 등에 대한 검토가 우선시되어야 한다. 둘째, 도시경제 부문의 상위전략·계획 등을 바탕으로 전략산업의 활성화 또는 관련 경제활동 주체들을 지원하기 위한 물리적 공간조성이나 시설정비 등과 관련된 사업에 대한 검토가 필요하다(김주진 외, 2015).

데 목적이 있고 이를 위해서는 민간 기업을 유치하는 것이 중요한 수단이 된다. 민간기업의 투자를 통한 일자리 창출을 촉진하기 위해서는 규제 완화, 기금 지원, 조세감면 등의 인센티브를 제공하는 동시에 공공의 기여를 통해 도시재생사업의 공공성을 유지해가는 사업관리자의 역할이 필요하다. 이에 반해 근린재생형의 경우에는 주민, 행정관서 등 이해집단 간에 협치가 선행되어야 성취가 될 수 있는 사업이다(김현수, 2016).

도시경제기반형과 근린재생형의 비교

구분	경제기반형	근린재생형
목적	국가 핵심시설의 정비 및 개발과 연계한 도시의 새로운 기능부여, 고용기반 창출 등(법 제2조)	생활권 단위의 생활환경 개선, 기초생활인프라 확충, 공동체 활성화, 골목경제 살리기 등(법 제2조)
대상자	산업단지, 항만, 공항, 철도, 일반국도, 하천 등 국가의 핵심 기능을 담당하는 도시·군 계획 시설의 정비 및 개발과 연계가 필요한 지역	근린주거지 또는 쇠퇴상업지 (중시가로와 배후지역)
수립권자	전략계획수립권자(특별시장·광역시장·특별자치시장·특별자치도지사·시장-광역시 내 군은 제외)(법 제19조)	전략계획수립권자와 자치구청장 (법 제19조)
비고	경제기반형 활성화계획이 고시된 경우, 도시관리계획 결정, 변경과 도시계획시설사업의 시행자 지정이 완료된 것으로 간주함(법 제21조).	자치구청장은 근린재생형 활성화계획을 수립하고 도시재생사업의 총괄·조정·관리·지원 등 업무 위해 전담조직, 지원센터를 설치할 수 있음(법 제16조 및 19조)

자료: 「도시재생 활성화 및 지원을 위한 특별법」 및 「시행령(안)」

2) 도시재생의 추진방향과 체계

도시재생의 비전은 국민이 행복한 경쟁력 있는 도시 재창조로 여기에는 네 가지 목표를 지향하고 있다. 첫째, 쇠퇴지역 주민의 삶의 질 향상 차원에서 국민의 생활복지 구현과 쾌적하고 안전한 정주환경을 조성하는 것을 목표로 하고 있다. 둘째, 쇠퇴지역 도시의 경쟁력 강화 차원에서 일자리 창출과 도시경제 활성화를 목표로 설정하고 있다. 셋째, 도시의 정체성 회복 차원에서 지역 정체성 기반의 문화 가치와 경관 회복을 추구한다. 마지막으로 주민 참여형 도시계획의 정착을 위해 주민들의 역량강화와 공동체의 활성화를 비전으로 제시하고 있으며, 이를 위한 4대 중점 시책은 다음과 같은 내용을 포함하고 있다.

도시재생의 4대 중점 시책

- 도시재생 중심으로 도시정책 전환
  - 도시계획제도 개편
  - 도시 내부 토지 복합 이용
  - 기성시가지 정주여건 개선

- 도시재생사업 재정지원 확대
  - 각 부처의 도시재생을 위한 협력 지원
  - 국토부의 도시재생사업 예산지원 확대

- 금융지원 및 규제완화
  - 공공기금 등으로 금융지원
  - 건축·도시계획 관련 규제 완화
  - 국유지·공유지 활용

- 도시재생사업 재정지원 확대
  - 각 부처의 도시재생을 위한 협력 지원
  - 국토부의 도시재생사업 예산지원 확대

    도시재생은 생활환경 개선으로 민생현장의 복리를 증진시키는 동시에 도시권 내 거점 육성으로 도시기능을 고도화하기 위한 새로운 국토정책으로 부각되었다. 이러한 도시재생의 추진방향은 먼저 지역의 사회 및 경제적 맥락을 존중하는 차원에서 장소가 가진 다양한 맥락을 이해하고 쇠퇴지역의 활력과 매력을 되찾아 자발적으로 커뮤니티의 지속적인 발전을 도모하기 위한 정책으로 지역의 다양한 쇠퇴양상과 원인을 파악하여 장소 중심으로 통합적인 처방으로 추진하였다. 둘째로 주민을 중심으로 재생사업을 추진하며, 지역이 스스로 지역문제를 진단하고 개선책을 기획하는 동시에 주도적으로 추진하는 경험 자체가 지역의 자생역량을 키우는 핵심이다. 다시 말해서 지역이 자신에게 필요한 사업을 스스로 기획하고 스스로 추진 주체가 되는 것을 전제로 국가가 이를 유도·견인하고 지원하는 체계이다. 셋째로 도시재생사업은 지역의 필요와 여건을 기반으로 하는 사업 기획과 추진이 필수적이고 지역 주체들의 자율적인 참여 없이는 재생사업 자체가 성과를 기대하기 곤란하기 때문에 정부의 정책은 해당지역 관련 주체들의 참여와 협력을 견인하고 이를 지원하는 방향으로 추진되었다. 마지막으로 국가는 지역의 지원을 수단으로 각 지역의 자생적 역량을 강화하기 위해 필요한 각종 노력들을 유도·견인하는 정책이 필요하다. 따라서 정부의 정책은 선택과 집중에 의한 선도 자치단체의 육성과 파급을 중심으로 경쟁원리에 의해 지원 사업을 선정하고 관리하는 것을 원칙으로 도시재생사업이 추진되었다.

    다음은 「도시재생특별법」을 근거로 도시재생사업의 추진체계를 살펴보면, 먼저 거버넌스의 구축으로 다양한 이해관계자들 간의 협력과 소통을 기반으로 사업을 추진한다는 방침을 세우고 있다. 다시 말해서 국가와 지방자치단체, 장소 레벨로 구분하여 전문조직과 운영주체가 역할분담을 통해 Bottom-up과 Top-down 방식으로 사업을 추진하도록 거버넌스의 구성방안을 제시하고 있다(서수정 외, 2016).

도시재생의 추진체계

이러한 구성방안에 포함한 추진체계는 먼저 중앙정부 차원에서 도시재생특별위원회와 도시재생기획단, 도시재생지원기구를 설치·운영하도록 정하고 있다. 아울러 지방자치단체에서는 도시재생의 시책을 마련하고 사업추진을 위해 지방도시재생위원회, 도시재생전담조직, 도시재생지원센터를 설치하도록 규정하고 주체별 주요 역할을 구체적으로 명시하고 있다.

이밖에도 도시재생특별법에는 명시되어 있지는 않지만 사업시행가이드라인에서는 장소통합적 도시재생사업을 위해 각 부서 행정담당조직이 참여하는 행정지원협의회를 두고 있다. 도시재생사업을 추진하는 장소 단위에서는 도시재생활성화지역에서 구성해야 하는 주민협의체와 사업의 추진과 관련된 이해관계자들의 의사결정기구인 사업추진위원회를 두도록 도시재생 선도지역의 사업시행가이드라인에서 규정하고 있다. 먼저 주민협의체의 역할은 주민들의 의견을 수렴하고 갈등 조정 역할을 하며, 주민·공동체 역량을 강화하는 동시에 도시재생사업의 시행 및 기획과 관련하여 주민들의 의견을 제시하고 합의사항에 대해 지역주민들

도시재생 추진주체의 역할과 법령 내용

구분		주요 역할	관계법령
중앙정부	도시재생 특별위원회	• 국무총리 소속(위원장: 국무총리) • 국가 주요시책, 공동으로 수립하는 도시재생전략계획, 국가 지원 사항이 포함된 도시재생활성화 계획, 도시재생 선도 지역 지정 및 선도지역의 도시재생 활성화계획 등을 심의 • 특별위원회 업무지원, 국토교통부 장관 소속 도시재생기획단 설치	도시재생특별법 제7조 (도시재생특별위원회 설치 등)
	도시재생 지원기구	• 국토교통부 장관이 대통령령으로 정하여 공공기관을 지정 • 도시재생 활성화 시책 발굴, 연구, 계획수립, 사업시행 운영·관리 지원, 도시재생 종합정보체계 운영, 전문가 육성 및 파견 등	도시재생특별법 제10조 (도시재생지원기구의 설치)
지방 자치단체	지방 도시재생 위원회	• 자치단체의 도시재생 관련 시책, 계획 등의 심의·자문 • 지방도시계획위원회가 일정 조건을 충족하는 경우 지방도시재생위원회의 기능을 수행할 수 있음	도시재생특별법 제8조 (지방도시재생위원회)
	전담조직	• 계획수립·지원 및 사업 추진, 관계부서협의 등을 위해 도시재생 관련 업무를 총괄·조정하는 전담조직 설치 • 활성화 계획 및 도시재생사업 총괄, 관계기관협의 및 교류, 국고보조금 관리, 사업 발굴, 평가 및 점검, 재원조달 등의 업무 수행	도시재생특별법 제9조 (전담조직의 설치)
	도시재생 지원센터	• 전략계획수립권자(시행령 14조 의거 도지사 및 구청장 등 설치 기능) • 계획수립 관련 사업의 추가지원, 주민의견 조정, 전문가 육성프로그램 운영, 마을기업 창업 및 운영지원 등	도시재생특별법 제11조 (도시재생센터의 설치) 도시재생특별법 시행령 14조

의 공감을 유도하는 역할을 담당한다. 주민협의체의 구성은 주민들의 자발적 참여가 원칙이며, 다양한 이해관계자가 참여할 수 있도록 구성하고 계층별·분야별로 구성한다. 주민협의체의 설치 및 운영방식은 주민협의체 내의 주민들 간의 합의과정을 거쳐 결정된다.

다음으로 사업추진협의회는 이해당사자들의 의견을 수렴하고 사업추진에 관한 의사결정을 하는 동시에 사업추진에 대한 공감대를 형성하고 이견 및 갈등을 조정하는 역할을 한다. 사업추진협의회는 도시재생사업 시행자 및 관계자, 주민협의체의 대표, 지역 전문가, 전담조직 담당자, 도시재생지원센터 및 사업총괄코디네이터, 민간사업투자자 등으로 구성한다. 또한, 사업추진협의회의 설치 및 운영방식은 도시재생 활성화지역에서 필요로 따라 복수로 설치가 가능하고 사업추진협의회의 의사결정방식, 협의회의 운영규칙 등은 협의회에서 별도로 규정하고 있다.

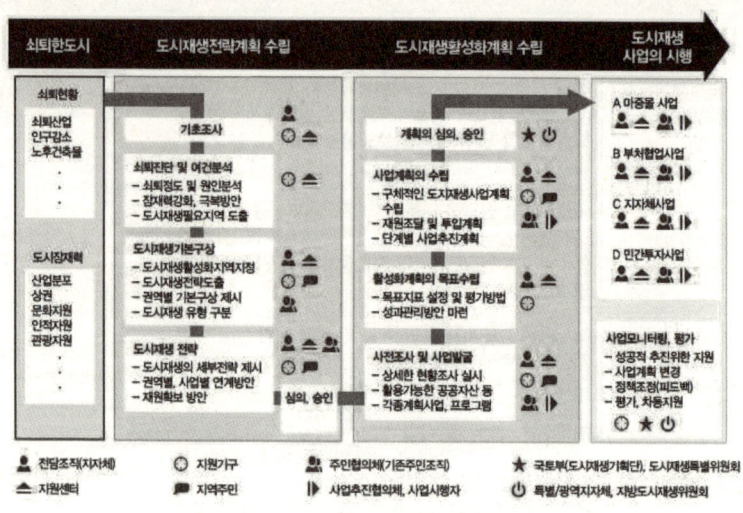

제2절 도시재생 관련 법제의 현황과 변천

1. 도시재생 관련 법제의 연혁

우리나라의 도시재생은 1965년 개정된 도시계획법에 의해 법적 근거가 마련된 이후 불량지구 개량사업 등 재건축 및 재개발유형으로 도시재생이 추진되어 왔다. 그러나 민간위주의 도시재개발사업이 진행되면서 기반시설의 부족으로 도시환경이 오히려 악화되었다. 우리나라의 도시는 1970년대 이후 도시의 인구집중에 의한 신도시개발과 구도시의 노후화로 인한 도시정비를 동시에 진행해야 했고 이를 위해 각각의 법률이 제정되었으며, 개정 작업이 이루어져 왔다. 도시재생 관련법의 연혁을 살펴보면, 우리나라 최초의 도시재개발사업은 1962년 제정된 도시계획법상의 토지구획정리사업에서 시작되었다. 그 후 1966년 토지구획정리사을 보다 활성화시키기 위하여 도시계획법에서 분리하여 토지구획정리사업법이 제정되었다. 도시계획법은 토지개발사업과 관련하여 주택지 조성과 공업용지의 조성사업을 목적으로 도입되었다. 1971년에는 도시계획법이 전면 개정되면서 불량한 도시지구개량에 관한 도시계획사업이 본격적으로 시작되었고 1973년 주택개량촉진에 관한 임시조치법이 제정되면서 도시재개발사업은 도심재개발사업과 주택재개발사업으로 분리되었다(조성제, 2015).

> **Study Plus+** 「주택개량 촉진에 관한 임시조치법(1973)」
>
> 임시조치법은 기존의 무허가, 불량주거지의 확산을 방지하고 이를 양성화하여 도시미관을 정비하기 위해 도입하였다. 우선 확산방지를 위하여 재개발지구로 지정될 경우 건축물의 개량이 금지되었다. 또한 무허가 불량주거지는 대개 국·공유지를 무단으로 점유하여 형성되었기 때문에 거주자에게 법적인 토지소유권이 부여된 경우는 거의 없었는데, 임시조치법을 통해 재개발지구로 지정된 지역 내에 국·공유지가 있을 경우 용도폐지 및 지방자치단체에 무상 양여할 수 있게 되었다. 이 때문에 불량주거지 내 거주민의 경우 융자를 통해 해당 토지를 매입하고 주택을 개량할 수 있었으나 경제적 능력이 없는 거주민의 부담을 매우 높이는 방식이기도 했다(강정식, 2018).

그 이후 1976년 도시계획법에 속해 있던 재개발 규정은 도시재개발법으로 분리하여 제정되었다. 도시재개발법의 제정을 통해 독립적으로 도시재개발사업이 진행될 수 있도록 하였고 이후 개정을 거쳐 도시재개발법은 도심지개발·주택개량재개발·공장재개발을 내용으로 하는 통합법이 되었다. 또한 1989년에는 도시 저소득 주민의 주거환경개선을 위한 임시조치법이 제정되어 주거환경 개선사업이 시작되었고, 1997년 주택건설촉진법이 제정되어 노후·불량화 된 공동주택에 대한 재건축사업이 가능하도록 하였다(김상묵 외, 2015).

이러한 법적 근거 하에 1980년대 중반 이후에는 서울을 중심으로, 1990년대 중반 이후에는 지방 대도시에서 본격적으로 도시재생사업이 진행되었다(전경숙, 2011). 2000년대 이후로는 도시성장이 정체 혹은 쇠퇴하고 있는 중소도시에서도 도시재생에 대한 관심이 높아졌으며, 이후 다양한 유형의 도시재생이 추진되었다. 이러한 변천과정을 볼 때 우리나라 도시재생은 크게 재개발 및 재건축사업, 도시환경정비, 주거환경개선의 세 가지 유형으로 구분할 수 있다. 결국 1965년 제정된 도시계획법, 1973년 제정된 주택개량촉진 관련 임시조치법,

1976년 도시재개발법, 1989년 도시저소득층의 주거환경 개선을 위한 임시조치법, 2002년 도시 및 주거환경정비법[5], 2005년 도시재정비 촉진을 위한 특별법이 차례로 제정되면서 기존 제도를 보완해 왔다.

2000년대 접어들면서 기존의 방법인 도심지 낙후된 지역의 물리적 환경개선뿐만 아니라 경제·사회·문화적 측면에서 활력을 부여하고자 도시재생 정책이 등장하였다. 다시 말해서 개별적으로 운영되던 개발 사업을 통합된 하나의 법령에 의해 추진해야 할 필요성이 제기되면서 '도시 및 주거환경정비법'이 법률 제6852호로 2002년 12월 30일 제정되어 2003년 7월부터 시행되었다. 도시 및 주거환경정비법의 제정 취지는 1970년대 이후 산업화·도시화 과정에서 대량으로 공급된 주택들이 노후화되면서 이를 체계적이고 효율적으로 정비할 필요성이 증가했음에도 불구하고 재개발사업·재건축사업·주거환경개선사업이 개별법으로 규정되어 이에 대한 제도적 장치가 미흡했기 때문에 이를 보완하고 체계적인 단일·통합법을 마련하기 위해 제정되었다.

한편으로 도시의 낙후된 지역에 대한 주거환경개선과 기반시설의 확충 및 도시기능의 회복을 위해서는 도시재생사업을 광역적으로 계획하고 체계적이고 효율적으로 추진할 필요성이 증대하였다. 이에 따라 도시의 균형발전을 도모하고 국민의 삶의 질 향상에 기여함을 목적으로 '도시재정비촉진을 위한 특별법'이 제정되었다.[6] 이 법이 제정될 당시에는 재정비촉진사업의 특혜가 강조되면서 전국적으로 재정비촉진사업(뉴타운사업)에 대한 관심이 고조되었다. 그러나 실질적인 측면에서 볼 때 재정비촉진사업에 특별한 혜택이 존재하지 않았으며, 광역적 계획에 따른 사업성의 훼손, 토지 등 소유자 간 이해관계의 상충, 사업기간 지연 등으로 사실상 사업이 어렵게 되었다.

---

5) 도시 및 주거환경정비법은 2002년 12월 30일 법률 제6852호로 제정되었으며, 이는 도시기능의 회복이 필요하거나 주거환경이 불량한 지역을 계획적으로 정비하고 노후·불량건축물을 효율적으로 개량하기 위한 사항을 규정함으로서 도시환경을 개선하고 주거생활의 질을 높이기 위해 제정되었다. 정비사업으로는 주거환경개선사업, 도시환경개선사업, 주택재건축사업, 주택재개발사업이 있다.

6) 도시재정비촉진을 위한 특별법은 법률 제834호로 2005년 12월 30일 제정되어 2006년 7월 1일부터 시행되었다. 이 법의 제정 목적은 도시 내 낙후지역에 대한 주거환경개선과 기반시설 확충, 그리고 도시기능의 회복을 위해서다. 결국 도시재생사업을 광역적으로 계획하고 체계적이고 효율적으로 추진할 필요성이 증대하였고, 이에 도시의 균형발전을 도모하고 국민의 삶의 질 향상에 기여함을 목적으로 제정된 것이다(김상묵 외, 2015).

> **Study Plus+ 뉴타운 사업**
>
> 2005년 서울시는 뉴타운 사업의 법적 근거를 확보하기 위해 중앙에 이를 뒷받침할 새로운 법안을 제안하였다. 당시 참여정부에서 법안을 받아들였던 가장 큰 이유는 대외적으로 뉴타운 사업이 균형발전을 목표로 제시하였기 때문이다. 2004년 국가균형발전특별법을 제정하였던 참여정부는 서울의 균형발전 뿐만 아니라 국가적 차원의 균형발전을 도모하면서 체계적으로 사업을 추진하기 위해 「도시재정비촉진을 위한 특별법」을 제정하였다(변창흠, 2008; 서민호 외, 2018).

아울러 기존의 도시 및 주거환경정비법, 도시재정비 촉진을 위한 특별법 등이 개별적이고 단편적인 법제도의 제정 및 운영 측면에서 한계가 있는 것으로 나타났다. 다시 말해서 개별적이고 단편적인 법제도의 운용으로 인해 불필요한 사업의 중복을 초래하였고 개별법에 따른 산발적인 사업추진은 지역의 물리적 환경개선에 치중되었으며, 사회·문화·경제 등 포괄적이고 종합적인 비전을 개선하기에는 한계가 있는 것으로 지적되었다. 또한 2008년 세계 금융위기로 인하여 건설사의 자금조달 마저 여의치 않으면서 거의 모든 사업이 중단되는 상황에 처하게 되었다. 이러한 단편적인 법제도의 운용은 도시정비 관련 사업의 연계성 부족이라는 문제를 드러냈는데, 당시 운용되었던 도시정비 관련 사업인 도시개발사업, 주거환경개선사업, 주택재개발사업, 주택재건축사업, 도시환경정비사업, 재정비촉진사업, 역세권 개발사업, 산업단지 재생사업 등이 각기 다른 법제에 위치하고 있었기 때문에 연계성의 부족으로 효과적인 사업 추진에 장애가 되었다.

특히 사업성이 부족한 지방 중소도시 등에서 사업추진 부진, 지역적 특성을 고려하지 않은 물리적 정비 위주의 획일적 사업방식, 원주민 재정착률 저하 등 다양한 문제를 발생시켰다(조성제, 2015). 결과적으로 볼 때 개별적이고 단순한 법제의 틀 속에서 추진된 다양한 사업들이 특정 공간영역에서 물리적 정비뿐만 아니라 경제·사회·복지 등 종합적인 체계를 바탕으로 지원이 이루어지지 못하고 산발적이고 분산된 방식으로 중복 지원되면서 지원효과가 미흡했다. 또한 중앙정부의 지방 지원 과정에서 지역이슈의 발굴과 대안을 마련하고 문제해소를 위한 사업시행 등 도시재생 활동에 있어서 중앙의 시혜적 역할에 비해 지역 중심의 실행체계가 미흡한 것으로 나타났다(이재우 외, 2014).

한편, 참여정부에서는 뉴타운 사업의 법적 근거를 마련하기 위해 도시재정비법을 제정함과 동시에 균형발전의 시각에서 새로운 정책을 제안하였다. 2005년 당시 노무현 대통령의 유럽 순방 이후 작은 도시가 지닌 아름다움과 개성을 중심으로 도시민의 삶의 질을 높이기 위한 정책 마련의 필요성이 제기되었다(황희연, 2006). 이후 국가균형발전특별위원회 내에 살고 싶은 도시 만들기 사업을 추진하기 위한 특별위원회가 구성되면서 살고 싶은 도시 및 지역 만들기의 개념과 방향, 사업목표 등이 제시되었다.

> ### *Study Plus+* 살고 싶은 도시 만들기 사업
>
> 살고 싶은 도시 만들기 사업은 해외 선진국에서 기존에 경험한 도시화 과정의 문제점을 극복하기 위해 추진되었던 다양한 사회운동을 배경으로 개념화 되었다. 미국의 스마트 성장과 뉴어바니즘, 영국의 어반 빌리지(urban village), 1990년대 시민사회의 마을 공동체 운동에 영향을 주었던 일본의 마치츠꾸리까지 모두 살고 싶은 도시 만들기의 기반이 되었다. 살고 싶은 도시 만들기 사업의 기본 방향은 국민의 실제 삶이라는 관점에서 '바람직한 사회적·물리적 환경의 형성'을 목표로 하였다.
>
> 출처: 박재길 외 5인 공저. (2006). 살고싶은 도시 만들기와 도시계획의 역할에 관한 연구, 안양: 국토연구원.

살고 싶은 도시 만들기 (2007-2009)

(단위: 개, 억원)

구분	합계		2007		2008		2009	
	선정도시수	소요예산	선정도시수	소요예산	선정도시수	소요예산	선정도시수	소요예산
계	94	419	36	142	32	133	26	144
시범도시	18	273	5	80	6	85	7	108
계획비용 지원도시	12	48	6	30	6	18	-	-
성공모델 지원사업	3	15	-	-	-	-	3	15
시범마을	61	83	25	32	20	30	16	21

자료: 두리환경연구소. (2011). 살고싶은 도시 만들기 시범도시 사업의 성과와 과제, 국토연구원 창조적도시재생시리즈 23, p.333 인용.

살고 싶은 도시 만들기 사업은 2007부터 2009년까지 초기 시범사업을 거쳐 총 94개, 419억 원의 국가재정을 지원하는 사업이었다. 비록 시범사업 단계에서 예산은 5억에서 16억 정도의 수준에 불과했으나 이전까지 중앙정부가 공모를 통해 사업지역을 선정하고 재정을 투

입한 경우는 매우 드물었다. 다시 말해서 이 사업을 통해 국가는 도시의 쇠퇴에 적극적으로 대응하기 위한 발판을 마련한 것이다. 그 이후 살고 싶은 도시 만들기 사업은 2010년 도시활력 증진지역개발사업으로 재편되었고 2010년부터 특별·광역시의 시·군·구에 위치한 지역을 대상으로 기초생활보장, 지역역량강화 등을 목적으로 지원하는 사업으로 지금까지 추진되고 있다. 또한, 이후 등장한 도시재생사업은 2016년부터 도시활력 증진지역개발사업의 분류 중 하나로 포함되었다.

> **Study Plus+ 마치츠꾸리(まちづくり)**
>
> 일본의 마을만들기 사업, 마치쯔쿠리(まちづくり)는 살기 좋은 동네를 만들기 위한 지속적인 노력을 의미하며 물리적인 환경 변화와 함께 다양한 생활 부문의 소프트웨어적인 활동도 포괄하고 있다. 일본의 마을만들기는 한마디로 정의하기 힘들 정도의 다양한 형태를 띠고 있지만 마을의 전반적 환경개선을 위한 관 주도가 아닌 주민 주도의 활동을 강조한다.

2. 도시재생특별법의 제정과 주요 내용

1) 도시재생특별법의 제정배경

주택재개발을 중심으로 한 정비 사업은 2000년대 초반 또다시 폭발적으로 증가하는 계기를 맞았다. 반면에 그 과정에서 마을 만들기와 같은 새로운 정책이 부상하게 되었으며, 2008년부터 재개발 사업구역은 급속도로 감소했다. 또한 인구성장의 정체와 급속한 고령화를 경험한 대부분의 도시는 도시기반시설의 부족, 노후시설에 대한 정비의 지체, 지역산업의 쇠퇴와 역외이전, 지역공동체의 약화와 유·무형 지역자산의 방치 등으로 자생적 재생역량 및 도시성장 동력이 쇠퇴하는 문제를 겪었다. 특히 이러한 문제들이 인적·물적 기반이 상대적으로 취약한 지방 중소도시에서 더욱 심각하여 전반적인 도시 간·지역 간의 격차를 심화시키는 요인으로 작용했다(유재윤, 2013).

기존의 시장 위주의 물리적 도시정비 방식은 그 자체로 한계를 가질 수밖에 없으며, 지방자치단체의 역량 부족 또한 엄연한 현실이었다. 다시 말해서 정부의 기존 제도로는 도시재생에 필요한 각종 물리적·비물리적 사업을 시민의 관심과 의견을 반영하여 체계적이고 효과적으로 추진하기가 어려웠다. 따라서 제도의 미비점을 보완하여 공공의 역할과 지원을 강화함으로써 주민의 생활여건을 개선하고 구도심을 비롯한 도시 내 쇠퇴지역 등의 기능을 증진시키고 지역공동체를 복원하여 자생적 도시재생을 위한 기반을 마련할 필요가 제기되었다.

이와 같은 필요성에 입각하여 도시재생특별법은 도시의 경제적·사회적·문화적 활력을 회복하기 위해 공공의 역할과 지원을 강화함으로써 도시의 자생적 성장기반을 확충하고 도시의 경쟁력을 높이는데 있다. 또한 지역 공동체를 회복하는 등 국민의 삶의 질 향상에 기여하는 것을 목적으로 하고 있다. 결국 국내 도시쇠퇴 현상에 대한 대응과정에서 문제점으로 지적된 개별적이고 단편적인 접근방식에서 탈피하여 장기적인 비전과 계획을 바탕으로 쇠퇴지역에 활력을 심어주는 도시재생시책을 본격적으로 추진할 수 있는 법적 근거를 마련한 것이다.

한편, 도시재생에 관한 법률의 제정 논의가 진행되었던 2006년 국토교통부(당시 건설교통부)는 도시재생사업단을 구성하여 종래에 산재된 도시정비사업법제(도시 및 주거환경정비법, 도시재정비촉진법, 도시개발법 등)을 일원화하여 도시재생활성화기본법이라는 도시재생기본법을 제정하여 도시재생에 대한 체계적인 입법 구성을 시도하였다. 이러한 방안은 도시재생에 대한 입법이 체계적으로 구성될 수 있다는 장점을 가지고 있었으나 기존의 입법체계를 재구성

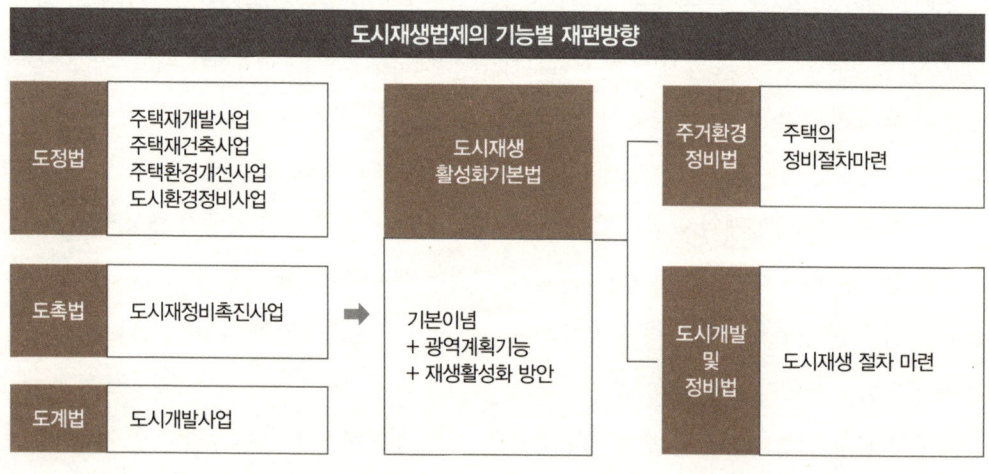

자료: 김준규. (2011). 도시재생법(안) 계획법적 검토. 「토지공법연구」, 53: 15 인용

해야하기 때문에 많은 시일이 소요된다는 문제점이 지적되어 특별법의 형식으로 입법이 진행된 바가 있다(유병권, 2013; 방동희, 2014). 이처럼 기존에 도시재생과 관련하여 다양한 도시정비 관련 사업이 시행 중이었으나 이들 사업간 상호연계성이 부족하여 효과적인 사업추진에 어려움이 있었다.

따라서 도시재생이라는 새로운 개념을 도입하여 계획적이고 종합적인 도시재생 추진 및 지원체계를 구축하고 개별법에 근거하여 추진 중인 다양한 관련 사업들의 연계성을 유지하고 지역의 특수성 및 정체성을 살린 종합적인 도시재생이 이루어지도록 2013년 6월 도시재생특별법이 제정되었다. 도시재생특별법의 입법 취지는 계획적·종합적인 도시재생 추진체계를 구축하고 다양한 지원을 통해 민간 및 정부의 관련 사업들이 실질적인 도시재생으로 이어지도록 하여 궁극적으로 국민의 삶의 질 향상에 기여하는 것이다. 다시 말해서 입법 당시에 개별법에 근거하여 추진 중인 다양한 도시정비 관련 사업 간의 연계를 강화하고 지역의 특수성과 정체성을 살린 종합적인 도시재생이 이루어질 수 있도록 하려는데 그 의의가 있다. 이밖에도 도시재생특별법에는 도시재생을 위한 계획체계 확립, 중앙과 지방의 도시재생 조직 및 추진체계 구축, 도시재생특별회계 등 재정지원, 선도지역 지정 등 기존 법체계의 한계를 극복하는 구체적인 내용을 통하여 지역특성에 맞는 도시재생 추진체계를 마련했다는 점에서 큰 의미가 있다. 이처럼 도시재생특별법의 제정은 기존의 철거 위주의 도시정비에서 탈피하여 지역주민과 자치단체 등이 중심이 되어 경제·사회·문화 등 종합적인 재생 방향으로 도시정책의 패러다임이 전환되었다는 점에서 높이 평가된다.

2) 도시재생특별법의 주요 내용

도시재생특별법(도시재생 활성화 및 지원에 관한 특별법)은 제19대 국회에서 도시재생 활성화를 위한 법률 제정안 4건이 발의되어 2013년 6월에 제정되었다. 도시재생특별법은 종합적인 도시재생을 위해 도시재생, 도시재생사업 등 새로운 개념을 도입하여 계획적·종합적인 도시재생 추진 및 지원체계를 구축하였다. 여기에는 도시재생 계획수립체계, 도시재생 지원 조직 및 운영체계, 시행자 지정, 도시재생지원사업을 위한 각종 행·재정적 지원, 도시재생 선도지역 등에 관한 사항을 포함하고 있다.

첫째, 도시재생과 도시재생사업에 대한 개념적 정의로 도시재생은 인구의 감소, 산업구조의 변화, 도시의 무분별한 확장, 주거환경의 노후화 등으로 쇠퇴하는 도시를 지역역량의 강화, 새로운 기능의 도입·창출 및 지역자원의 활용을 통하여 경제적·사회적·물리적·환경적으로 활성화시키는 것을 말한다(특별법 제2조 제①항 제1호). 도시재생사업은 도시재생활성화지역에서 도시재생활성화계획에 따라 시행하는 국가 및 지방자치단체 차원에서 지역발전 및 도시재생을 위하여 추진하는 일련의 사업과 주민 제안에 따라 해당 지역의 물리적·사회적·인적 자원을 활용함으로써 공동체를 활성화하는 사업 및 타법에 의한 사업[7]을 말한다(서민호 외, 2018).

둘째, 도시재생특별법에는 지역의 도시재생이 종합적·계획적이며, 효율적으로 달성될 수 있도록 국가도시재생기본방침, 도시재생전략계획, 도시재생활성화계획의 3단계 계획체계로 구성되어 있다. 먼저 국가차원에서 보면, 국토교통부장관은 도시재생을 추진하기 위해 국가도시재생기본방침[8]을 10년마다 수립하고 필요한 경우 5년마다 그 내용을 재검토하여 정비할 수 있다. 지역 차원에서는 국가도시재생기본방침에 부합하여 도시재생전략계획[9]과 도시재생활성화계획[10]이 수립된다.

---

[7] 여기에는 「도시 및 주거환경정비법」에 따른 정비사업 및 「도시재정비 촉진을 위한 특별법」에 따른 재정비촉진사업, 「도시개발법」에 따른 도시개발사업 및 「역세권의 개발 및 이용에 관한 법률」에 따른 역세권개발사업, 「산업입지 및 개발에 관한 법률」에 따른 산업단지개발사업 및 산업단지 재생사업, 「항만법」에 따른 항만재개발사업, 「전통시장 및 상점가 육성을 위한 특별법」에 따른 상권활성화사업 및 시장정비사업, 「국토의 계획 및 이용에 관한 법률」에 따른 도시·군계획시설사업 및 시범도시(시범지구 및 시범단지를 포함한다) 지정에 따른 사업, 「경관법」에 따른 경관사업, 그 밖에 도시재생에 필요한 사업으로서 대통령령으로 정하는 사업을 말한다(특별법 제2조 제①항 제7호 참조).

[8] 국가도시재생기본방침은 국토기본법에 따른 국토종합계획의 내용에 부합하여야 하며, 도시재생의 의의와 목표, 국가가 중점적으로 시행해야 할 도시재생시책, 도시재생전략계획 및 활성화계획의 작성에 관한 기본 방향과 원칙, 도시재생 선도지역의 지정 기준, 도시쇠퇴 기준 및 진단기준, 기초생활 인프라의 범위 및 국가적 최저기준의 내용을 포함하여 수립한다(이재우 외, 2014; 김상묵 외, 2015).

[9] 도시재생전략계획은 계획수립권자가 도시 전체 또는 일부, 필요한 경우 둘 이상의 도시에 대해 도시재생과 관련한 각종 계획, 사업, 프로그램, 유·무형의 지역자산 등을 조사·발굴하고 도시재생활성화 지역을 지정하는 등 지역특성에 맞는 도시재생 추진 전략을 수립하기 위한 계획을 말한다. 전략계획 수립권자는 특별시장·관역시장·특별자치시장·특별자치도지사·시장 또는 군수(광역시 관할구역에 있는 군의 군수는 제외)가 된다(특별법 제2조 제①항 제4호 인용).

[10] 도시재생활성화계획은 도시재생전략계획에 부합하도록 도시재생활성화지역에 대하여 국가, 지방자치단체, 공공기관 및 지역주민 등이 지역발전과 도시재생을 위하여 추진하는 다양한 도시재생사업을 연계하여 종합적으로 수립하는 실행계획을 말한다. 주요 목적 및 성격에 따라 도시경제기반형과 근린재생형으로 구분된다. 도시경제기

특히 도시재생활성화지역은 국가와 지방자치단체의 자원 및 역량을 집중함으로써 도시재생사업의 효과를 극대화하려는 전략적 대상지역으로 그 지정 및 해제를 도시재생전략계획으로 결정하는 지역을 말한다. 여기서 전략계획수립권자가 도시재생활성화지역을 지정할 경우 ①인구가 감소하는 지역, ②총 사업체 수의 감소 등 산업이탈이 발생하는 지역, ③노후주택의 증가 등 주거환경이 악화되는 지역 등 세 가지 요건 중 2개 이상을 충족해야 한다. 또한, 도시재생활성화계획을 수립하면서 계획적인 도시의 관리 효과를 기대하기 위해 도시·군의 관리 기본계획을 수립하고 건축물의 행위제한 관련 내용을 활성화계획 내용에 포함하면 별도의 관리계획 수립절차 없이 효력을 발휘할 수 있도록 의제처리 규정을 두고 있다. 이밖에도 계획이 수립되면 각 세부 단위사업에서 도시재생사업이 시행되며, 도시재생사업에는 공공사업과 일반 프로그램사업, 타법에 의해 구역 지정이 필요한 사업으로 구분하여 추진해야 하고 도시재생특별법에는 사업의 시행 주체와 도시재생 관련 사업을 명시하고 있다(서수정 외, 2016).

셋째, 도시재생특별법에는 도시재생정책을 추진하기 위해 중앙과 지방자치단체 차원의 심의기구, 전담조직, 지원기구 등의 설치 규정을 두고 있다. 이러한 조직은 정부와 지방자치단체 차원으로 구분이 된다. 중앙정부는 심의 및 지원기구를 의무적으로 두어야 하고 지방자치단체는 지역의 여건에 따라 임의로 둘 수 있다(특별법 제7조 및 제8조 참고). 먼저 중앙정부 차원에서는 심의조정기구로 국무총리 소속의 도시재생특별위원회를 두고 있다[11]. 또한 국토교통부장관 소속으로 도시재생기획단[12]을 두고 도시재생 활성화 시책의 발굴, 도시재생 제도

반형 활성화계획은 산업단지, 항만, 공항, 철도, 일반국도, 하천 등 국가의 핵심적인 기능을 담당하는 도시·군계획시설의 정비 및 개발과 연계하여 도시에 새로운 기능을 부여하고 고용기반을 창출하기 위한 도시재생활성화계획이다. 특히 도시경제기반형은 국가 차원의 산업 재편과 일자리 창출이 필요한 지역을 대상으로 하기 때문에 민간투자를 유도하기 위한 전략을 활성화계획 수립단계부터 고려해야 한다. 근린재생형 활성화계획은 생활권 단위의 생활환경 개선, 기초생활 인프라 확충, 공동체 활성화, 골목경제 살리기 등을 위한 도시재생활성화계획을 말한다(특별법 제2조 제①항 제6호; 특별법 제19조 등 참조).

11) 도시재생특별위원회에서는 도시재생기본방침 등의 국가 주요 시책, 도시재생전략계획, 국가지원 사항이 포함된 도시재생활성화계획, 도시재생 선도지역 지정 및 도시재생 선도지역에 대한 도시재생활성화계획 등을 심의한다.

12) 도시재생기획단은 특별위원회의 업무를 지원하고 도시재생기본방침의 작성, 도시재생활성화계획 및 도시재생사업 등의 평가 및 지원에 관한 사항, 지방도시재생위원회, 관계 행정기관과의 협의, 도시재생사업 관련 예산의 협의, 도시재생지원기구의 관리 및 지원에 관한 업무를 수행한다.

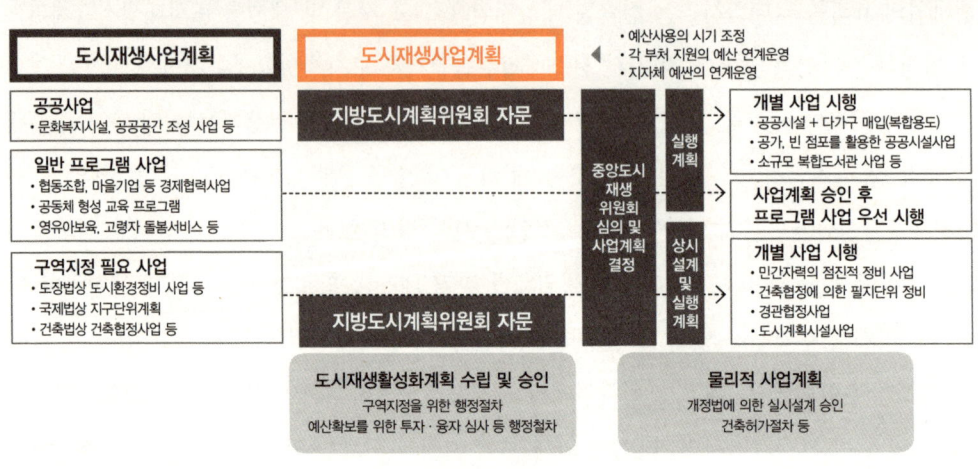

자료: 서수정 외 2인. (2016). 도시재생의 효율적 추진을 위한 제도 개선 방안. 건축도시공간연구소, auri brief, No. 133, p.4 인용.

발전을 위한 조사·연구, 도시재생전략계획 및 도시재생활성화계획의 수립과 도시재생사업의 시행 및 운영·관리 지원 등을 수행하기 위하여 도시재생지원기구를 설치할 수 있다.

다음으로 지방차원에서 심의조정기구로 지방도시재생위원회를 둘 수 있는데, 위원회는 지방자치단체의 도시재생 관련 주요 시책, 도시재생전략계획 및 도시재생활성화계획, 그 밖에 도시재생과 관련하여 필요한 사항을 심의하거나 자문 등의 업무를 수행한다. 또한 도시재생 전담조직의 설치가 가능한데, 전략계획수립권자인 특별시장·광역시장·특별자치시장·특별자치도지사·시장 또는 군수(광역시 관할구역에 있는 군의 군수는 제외)는 도시재생전략계획과 도시재생활성화계획의 수립·지원 및 사업추진과 관련한 관계 기관·부서 간의 협의 등을 위하여 도시재생 관련 업무를 총괄·조정하는 전담조직을 설치할 수 있다. 이밖에 지역에서의 도시재생 추진에 따른 지원과 주민참여 활성화를 위해 전략계획수립권자는 도시재생지원센터를 설치할 수 있다. 도시재생지원센터는 도시재생전략계획 및 도시재생활성화계획 수립과 관련 사업의 추진 지원, 도시재생활성화지역 주민의 의견조정을 위하여 필요한 사항, 현장 전문가 육성을 위한 교육프로그램의 운영, 마을기업의 창업 및 운영 지원, 그 밖에 대통령령으로 정하는 사항에 관한 업무를 수행한다. 아울러 도지사 및 구청장 등은 필요한 경우 대

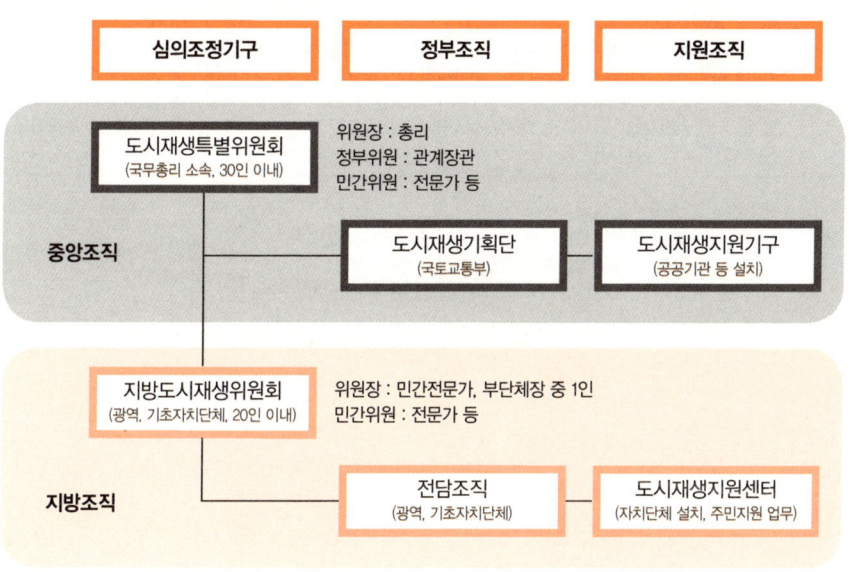

중앙 및 지방의 도시재생 추진 조직

통령령으로 정하는 바에 따라 도시재생지원센터를 설치할 수 있다(특별법 제11조 참조).

넷째, 도시재생사업 중 다른 법률에서 사업시행자에 대해 별도로 규정하지 않은 사업의 경우에는 지방자치단체, 대통령령으로 정하는 공공기관, 지방공기업법에 따라 설립된 지방 공기업, 도시재생활성화지역 내의 토지소유자, 마을기업[13], 사회적 기업 육성법 제2조 제3호에 따른 사회적 협동조합 등 지역주민 단체 중에서 전략계획수립권자 또는 구청장 등이 사업시행자를 지정할 수 있다. 특히 우리나라의 경우 많은 정책 사업들이 재정투자에도 불구하고 실효성 차원에서 문제가 발생하는 원인이 지역사회의 합의와 참여를 중심으로 하지 않고 하향식 추진방식에 기인한 경우가 많았다. 이러한 문제를 해결하는 차원에서 도시재생특별법에서는 지역사회가 사업의 실제 주체로서 참여하고 지원이 끝난 이후에도 지속적으로 운

---

13) 마을기업은 지역주민 또는 단체가 지역의 인력, 향토, 문화, 자연자원 등 각종 지원을 활용하여 생활환경을 개선하고 지역공동체를 활성화하며 소득 및 일자리를 창출하기 위하여 운영하는 기업을 말한다(도시재생특별법 제2조 제1항 제9호 참조).

도시재생활성화계획 및 사업 시행 관련 주요 법령		
구분	도시재생특별법	도시재생특별법 시행령
도시재생 사업	제2조 (정의: ① 제7호) 국가차원의 추진사업, 자치단체 추진사업, 주민제안 공동체 활성화사업, 도시개발사업 및 역세권 개발사업, 산업단지개발사업 및 산업단지 재생사업, 항만 재개발사업, 상권활성화사업 및 시장정비사업, 도시·군 계획시설사업 및 시범도시 지정에 따른 사업, 경관사업 등	제2조 (도시재생사업) • 전통시장 상업기반시설 현대화사업 • 복합환승센터 개발사업 • 관광지 및 관광단지 조성사업
사업시행 주체	제26조 (도시재생사업의 시행자) 지방자치단체, 대통령령으로 정하는 공공기관, 지방공기업법에 따라 설립된 지방공기업, 도시재생활성화지역 내 토지소유자, 마을기업, 사회적 기업, 사회적 협동조합 등 지역주민단체	제32조 (도시재생사업의 시행자) 공공기관의 운영에 관한 법률 제5조에 따른 공기업과 준정부기관

영할 수 있도록 주민참여를 마을기업과 같은 사회적 경제조직형태로 제도화하였다(박소영, 2014; 김상묵 외, 2015).

다섯째, 재정여건이 열악한 자치단체에서 사업성에 의존한 민간주도 정비방식에 대한 문제인식은 도시재생특별법 제정의 계기이자 중요한 내용을 구성하는 것이다. 도시재생특별법에서는 도시재생 활성화에 따른 국가 및 자치단체의 재정적 지원을 구체화하고 지원 범위를 직·간접적으로 다양화하여 규정하고 있다. 먼저 보조·융자에 필요한 중앙정부 자금은 일반회계, 광역·지역발전특별회계를 통해 지원하며, 이와는 별도로 지방자치단체가 보조·융자에 필요한 비용을 위해 전략수립권자가 도시재생특별회계를 설치·운용할 수 있도록 하였다(도시재생특별법 제28조). 이를 구체화하면, 국가는 도시재생에 관련된 필요한 비용을 보조하거나 융자하는 데에 필요한 자금을 일반회계 또는 「국가균형발전 특별법」 제30조에 따른 지역발전특별회계에서 지원한다. 전략계획수립권자는 도시재생 활성화 및 도시재생사업의 촉진과 지원을 위하여 도시재생특별회계를 설치·운용할 수 있다. 다만, 도지사는 필요한 경우 대통령령으로 정하는 바에 따라 도시재생특별회계를 설치·운용할 수 있다.

도시재생특별회계의 세입의 경우에 「지방세법」 제112조(제1항 제1호 제외)에 따라 부과·징수되는 재산세 중 대통령령으로 정하는 일정비율 이상의 금액, 「개발이익환수에 관한 법률」에 따른 개발부담금 중 지방자치단체 귀속분의 일부, 「재건축초과이익 환수에 관한 법률」에 따른 재건축부담금 중 지방자치단체 귀속분, 「수도권정비계획법」에 따라 시·도에 귀속되는

도시재생사업 추진을 위한 직접지원제도

구분		주요내용	관계법령
보조 또는 융자	가능 비용	도시재생계획 수립비, 도시재생 제도발전 조사·연구비, 건축물 개가·보수 및 정비 비용, 전문가 및 기술지원비, 도시재생기반시설 비용, 도시재생지원기구 및 운영비, 문화유산 등의 보존 비용, 마을기업, 사회적 기업, 사회적 협동조합 등의 지역활성화사업 사전기획비 및 운영비, 도시재생사업에 필요한 비용 등의 전부 또는 일부 보조·융자	특별법 제2조 (보조·융자)
	규모 및 자금	• 지방자치단체의 재정상태 및 활성화계획 평가 등을 고려하여 대통령령에 따라 비율 설정 • 보조 또는 융자자금을 일반회계, 지역발전특별회계, 주택도시기금(2015.07.01.)에서 지원	
도시재생 특별회계	세입	재산세 일정비율, 개발부담금 중 지자체 귀속분의 일부, 재건축부담금 중 지자체 귀속분, 과밀부담금 중 일부, 일반회계로부터의 전입금, 차입금, 해당 도시재생특별회계 자금의 융자회수금, 이자수익금 및 그 밖의 수입금 등	특별법 제28조 (설치·운용)
	세출	도시재생사업 조사·연구비, 도시재생계획수립 비용, 도시재생사업에 필요한 비용, 도시재생활성화지역 내 임대주택 건설·관리비용, 전문가 활용비 및 기술비, 도시재생특별회계 조성·운용 및 관리를 위한 경비, 도시재생지원센터의 구성비 및 운영비, 마을기업 등의 사전기획비 및 운영비, 공공건축물의 보수 및 정비비용, 특별법 제27조에 따른 보조 또는 융자비용, 조례로 정하는 사항 등	
건축법 특례	건폐율 및 용적률	• 국토계획법에서 위임한 조례상의 건폐율 최대한도 예외 • 국토계획법에서 위임한 조례상의 용적률 최대한도 예외 (단, 국토계획법 제28조의 용적률은 초과할 수 없음)	특별법 제32조 (특례사항)
	주차장 설치기준	주택법 및 주차장법의 주차장 설치기준 완화 가능	
	높이제한	건축법 제60조 제2항에 따른 높이 제한 완화 가능	

과밀부담금 중 해당 시·도의 조례로 정하는 비율의 금액, 일반회계로부터의 전입금, 정부의 보조금, 차입금, 해당 도시재생특별회계 자금의 융자회수금, 이자수익금 및 그 밖의 수익금으로 한다. 이러한 재정적인 지원 외에 도시재생특별법에서는 도시재생 종합정보체계의 활용, 국·공유재산 처분(국·공유재산을 도시재생활성화 목적으로 사용하려는 경우 관리청과 협의하여 매각·임대·양여할 수 있음), 조세·부담금 감면(도시재생사업 시행자에게 관련 법률에 따라 법인세·소득세·취득세 등 조세와 각종 부담금 감면), 건축규제의 완화(건폐율·용적률·높이 제한 등 완화) 등 각종 특례를 통해 도시재생사업의 원활한 추진을 간접적으로 추진할 수 있도록 근거를 마련하였다(도시재생특별법, 제30조 내지 32조 참고).

이밖에도 주민참여를 활성화하기 위한 제도적 장치로 해당 지역주민은 전략계획수립권자에게 도시재생사업의 대상지역(도시재생활성화지역)의 지정 또는 변경을 제안할 수 있다. 또한 전략계획인 기본구상과 활성화계획인 실행계획을 수립하기 전에 공청회를 통한 주민·전문가들의 의견수렴과 지방의회의 의견 청취 등 주민참여를 독려하고 있다. 도시재생지원센터는 주민 주도의 재생계획수립 지원, 주민 교육, 전문가 파견, 마을기업 창업 컨설팅 등을 지원하고 있다. 끝으로 국가는 지방자치단체가 주민 의견을 수렴하여 수립한 도시재생활성화계획에 포함된 국가 지원 사항에 대해 도시재생특별위원회의 심의를 거쳐 범부처적 협업에 의한 패키지 지원을 하고 있다.

제3절 도시재생사업의 현황

1. 도시재생 선도사업 현황

1) 도시재생 선도지역 지정 절차와 지원

정부는 2006년 국가의 미래 신성장 동력산업의 하나로 도시재생 R&D에 착수한 이후, 쇠퇴한 구도심의 기능 회복을 위해 삶의 질, 복합적 도시재생 등을 강조한「제4차 국토종합계획 2차 수정계획」을 2011년 수립하였다. 이후 정부는 도시활력증진지역 사업('10년), 도시재생 활성화 및 지원에 관한 특별법(2013년)에 의한 선도 및 일반지역 도시재생사업, 새뜰마을 사업(2014년 이후) 등도 추진하였다.

도시재생 선도지역은 국가와 지방자치단체의 시책을 중점 시행함으로써 도시재생 활성화를 도모하는 지역을 말한다. 도시재생 선도지역은 도시재생이 시급하거나 도시재생을 긴급하고 효과적으로 실시하여야 할 필요가 있고 주변지역에 대한 파급효과가 큰 지역으로 한국형 도시재생 모델 정립과 도시재생사업의 실행가능성을 검증하기 위해 지정되었다. 도시재생 선도지역의 지정과 관련해서 살펴보면, 국토교통부장관은 도시재생이 시급하거나 도시재

Study Plus+ 새뜰마을 사업

2015년 지역발전위원회에서 '주거 취약지역 생활여건 개조사업'의 일환으로 농어촌의 낙후 지역 및 도시 달동네, 쪽방촌 등 주거취약지역의 안전 확보, 생활위생인프라 확충, 공동체 활성화 등을 지원하는 새뜰마을 사업을 추진하였다(지역발전위원회, 2016). 이 사업은 기초생활인프라 조성, 불량주거환경 개선, 마을공동체 활성화, 지속가능한 마을공동체 실현과 더불어 주민 안전에 잠재적인 위협을 가할 수 있는 재해 예방, 낙후된 위험 시설 개량, CCTV 설치 등을 통해 주민의 안전을 확보하고, 지역주민의 생활과 매우 밀접한 생활인프라인 간이상수도, 소규모 하수처리시설 설치, 재래식 화장실 리모델링 등을 통해 지역의 생활인프라 수준 향상을 목표로 하고 있다. 또한 사업대상지역에 거주하는 기초생활수급자 혹은 차상위계층의 주거환경을 개선하고, 노후불량주택을 개량함으로써 향후 발생할 수 있는 안전문제를 미리 예방하고, 지역의 여건에 맞는 다양한 프로그램을 운영함으로써 지역 주민의 역량이 강화할 수 있도록 유도하였다. 사업지역으로 선정될 경우 최대 국비 50억 원을 지원하는 사업이다.

생사업의 파급효과가 큰 지역을 직접 또는 전략계획수립권자의 요청에 따라 도시재생 선도지역으로 지정할 수 있다. 선도지역으로 지정되는 경우 전략계획수립권자는 도시재생전략계획의 수립 여부와 관계없이 도시재생활성화계획을 수립할 수 있다.

이밖에 국토교통부장관은 예산 및 인력 등을 우선적으로 지원할 수 있으며, 국가는 도시재생 선도지역에서 도시재생 기반시설 중 대통령령으로 정하는 시설에 대해 다른 법률의 규정에도 불구하고 설치비용의 전부 또는 일부를 부담할 수 있다. 도시재생 선도지역의 사업은 문화, 경제, 복지, 건축 등 다양한 전문가로 구성된 평가위원회가 서면 및 현장 평가를 시행하고 도시재생특별위원회의 심의를 거쳐 공모방식으로 지정된다. 일반적으로 12월 말에 선도지역 공모계획을 발표하고 2월 말까지 공모서류를 제출받은 후 3월 중 평가 및 관계기관 의견수렴을 병행하여 진행한 후 3월 말에 최종 지정된다.

도시재생 선도지역의 지원방안은 단계별 지원(Gateway Process 도입)을 원칙으로 하며, 주민역량·거버넌스 구축, 특화된 활성화계획, 사업 추진 등 단계별로 충분히 준비된 경우에 다음단계로 착수하여 지원한다. 먼저 경제기반형의 경우 도시·지역단위의 경제발전전략을 토대로 도시재생계획을 마련해야 한다. 특히 대도시는 쇠퇴지역에 주거·상업 등 복합기능 도입 등을 통해 도시경제 활성화에 기여해야 하고 중·소도시는 지역특화산업·관광자원 육

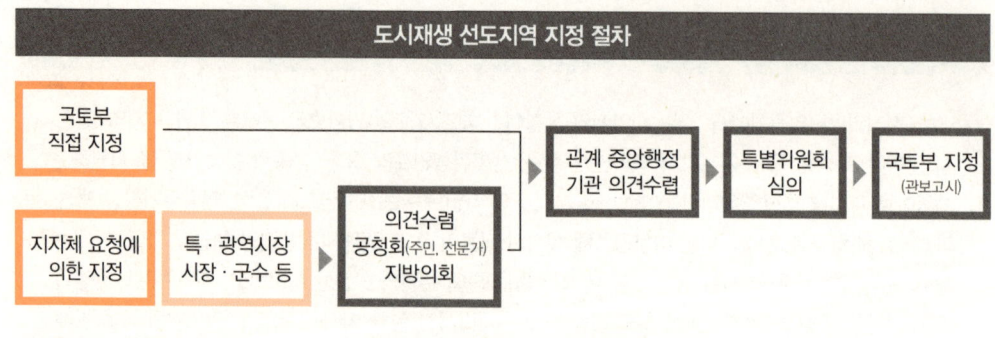

성 등을 통한 도시 전반의 경제 활력 등을 제고해야 한다. 다음으로 근린재생형의 경우 역량이 준비된 지역은 계획 수립 및 사업 착수, 역량이 미흡한 지역은 주민역량 강화·거버넌스의 구축 등을 거쳐 연내 계획 수립만 진행한다.

도시재생 선도지역 국비지원				
구분		계획 수립비	사업비	
			'14년	'14년 ~ '17년
도시경제기반형		2.5억원	50억원	250억원
근린 재생형	일반규모	0.9억원	20억원	100억원
	소규모	12억원	0.5억원	60억원

2) 도시재생 선도지역 현황

도시재생 선도지역은 상향식 도시재생의 취지를 살리기 위하여 공모방식으로 진행하여 총 86개 지역(2014년 기준)이 신청하였으며, 문화·경제·복지·도시·건축 등 여러 분야의 전문가로 구성된 평가위원회가 서면·현장평가를 시행하여 도시재생특별위원회 심의를 거쳐 13개 도시가 지정되었다. 여기에는 도시경제기반형 2곳(부산, 청주)과 일반규모 근린재생형 6곳(서울 종로구, 광주 동구, 영주시, 창원시, 군산시, 목포시), 소규모 근린재생형 5곳(대구 남구, 태백시, 천안시, 광주시, 순천시)이 지정되었다. 도시재생 선도지역 사업은 2017년 종료되었다.

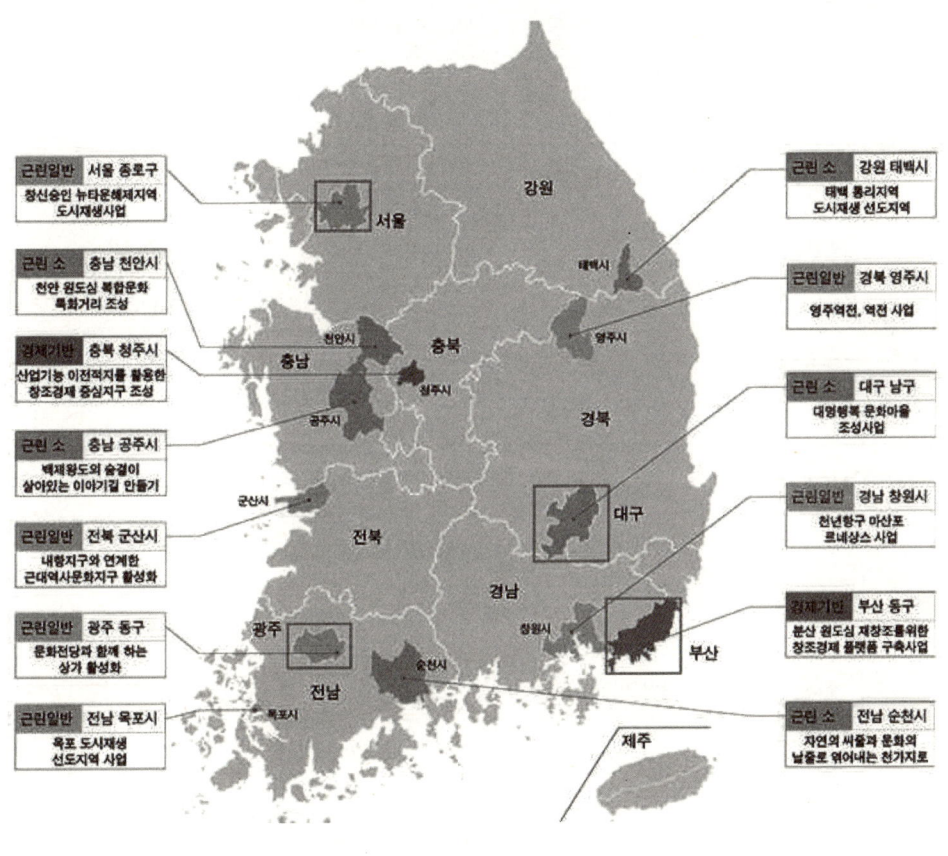

도시재생 선도지역 사업 개요				
구분		자치단체	대상지역	사업구상(안)
도시경제 기반형(2)		부산 동구	초량 1,2,3,6동 (부산역 일대)	부산 북항–부산역–원도시 연계 창조경제(1인 기업, 벤처기업 등) 지구조성
		충북 청주시	상당구 내덕 1,2동 우안동, 중앙동	폐공장 부지(연초제조장)을 활용한 공예·문화산업지구
근린재생형	일반규모(6)	서울 종로구	숭인·창신 1,2,3동	뉴타운 사업 해제 지역 주거지 재생사업 봉제공장(가내수공업) 특성화
		광주 동구	충장동, 동명동 산수1동, 지반1동	아시아문화전당(舊전남도청) 주변 구도심 상권 활성화
		전북 군산시	월명동, 해신동, 중앙동	군산 내항지구와 연계한 근대역사 문화지구 조성
		전남 목포시	목원동	유달산 주변 공폐가 활용 예술인 마을 조성
		경북 영주시	영주 1, 2동	40–50년대 형성된 근대시장(후생시장, 중앙시장)과 舊철도역사 주변 재생
		경남 창원시	마산합포구 동서, 성호, 오동동	부림시장, 창동예술촌 중심의 문화예술 중심 도시재생
	소규모(5)	대구 남구	대명 2,3,4동	공연소극장(100여개) 밀집거리 재생을 통한 구도심 활성화
		강원 태백시	통동	폐 철도역사, 구 탄광도시의 정체성을 살린 소도시 재생
		충남 천안시	동남구 중앙, 문성동	빈건물을 활용한 청년 기반시설(기숙사, 동아리방, 스튜디오) 조성을 통한 활력창출
		충남 공주시	웅진, 중학, 옥룡동	백제왕도의 문화유산을 활용한 특화거리 조성, 산성시장 등 전통시장 활성화
		전남 순천시	향동, 중앙동	노후주거지역 친환경마을 옥상녹화, 빗물활용 등) 만들기, 생태하천, 부읍성터 복원

자료: 박성남·김민경. (2016). 도시재생사업 기반 구축단계의 경험과 과제, 건축도시공간연구소(auri), pp.16~17 재구성.

2. 도시재생 일반지역 현황

도시재생 일반지역 지정현황 및 사업추진 방향 등을 살펴보면, 2016년도 도시재생사업 공모는 2015년 4월 말 공모신청이 진행되었고 총 76개 사업구상서가 접수되었다. 이 중에서 근린재생형(일반형)은 45건이 접수되었으나 농림부 소관지역인 13개 군이 평가대상에서 제외되어 32개 대상지에 한해 평가가 진행되었다. 그 결과, 2016년 4월 서면평가와 발표평가를

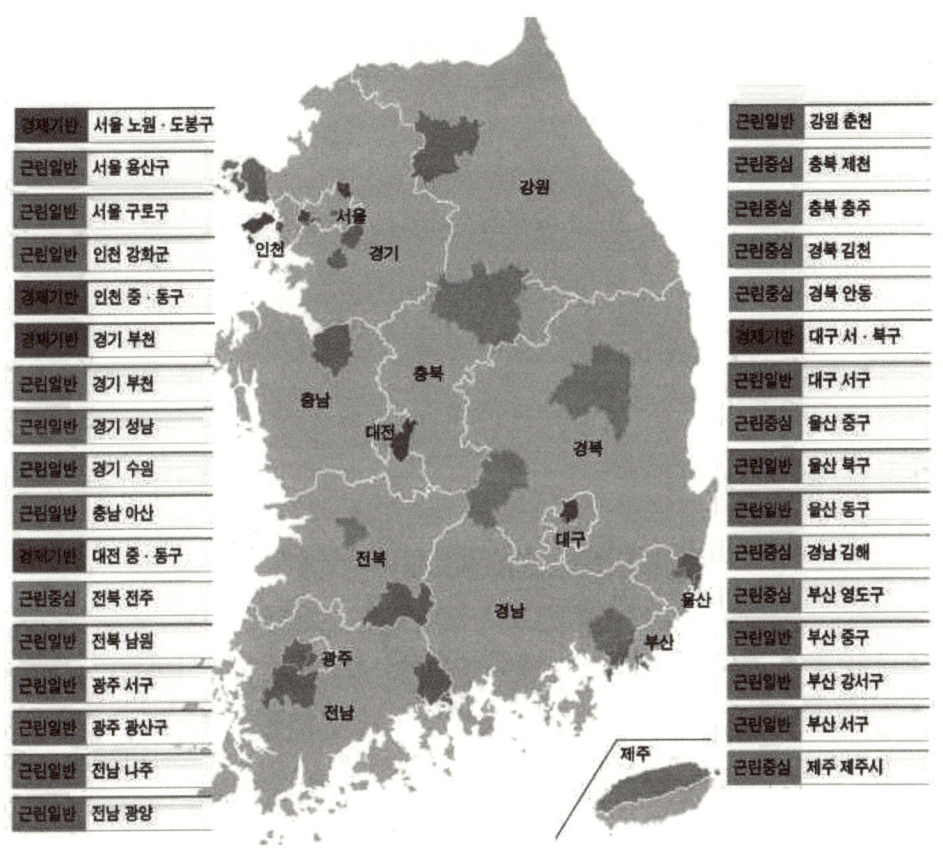

종합해 최종적으로 33곳이 도시재생사업지구로 선정되었다. 도시재생 일반지역 선정지로 경제기반형 5개소, 근린재생 중심시가지형 9개소, 근린재생 일반형 19개소가 선정되었다.

　이러한 신규 도시재생사업 선정지역을 세부적으로 살펴보면, 공공청사 이전부지, 유휴항만 등을 거점으로 하여 도시경제 활성화를 도모하는 6년간 최대 250억 원을 지원하는 경제기반형은 서울 노원·도봉구, 대구 서·북구 등 5곳을 선정하였다. 과거 도시의 행정·업무·상업의 중심지였던 원도심을 살리는 중심시가지형 사업은 5년간 최대 100억 원을 지원하며, 충주시, 김천시 등 9곳을 선정했다. 낙후된 주민생활환경을 개선하여 지역 주민의 삶의 질을 향상시키는 일반근린형 사업은 5년간 최대 50억 원을 지원하며, 나주시, 부산 서구 등 19곳이 선정되었다. 또한, 신규 도시재생사업의 선정과 동시에 기존에 도시재생사업을 추진하는데 있어 해당 지역주민과 공무원의 낮은 이해도, 자치단체 내부 및 정부 부처 간의 높은 칸막이, 핵심 콘텐츠의 부재 등의 문제가 지적된 만큼 이를 해결하기 위해 종합적인 지원방안을 마련하고 7가지 주요과제를 설정하였다.

첫째, 사업단계별로 1, 2차 관문심사(Gateway Review)[14]를 도입해서 단계별 목표 달성 시에는 사업을 계속 진행토록 엄격히 관리하여 사업의 성과를 제고하기로 했다. 1단계에서는 주민참여형 거버넌스를 구축하고, 2단계로 경쟁력 있는 핵심 콘텐츠 확립, 3단계로 실행력 있는 사업 시행에 대한 검증을 거쳐 예산을 지원한다. 이는 부실사업장을 정리하기 위한 수단이라기보다는 사업의 추진을 독려하고 개선하기 위한 것이 목적이며, 관문심사를 통과하지 못할 경우에도 사업에 탈락하는 것이 아니라 자치단체의 보완 후 재심사 과정을 두고 있다(국토교통부, 2016; 김갑성, 2016). 둘째, 문화·예술, 관광, 산업, 고용, 복지, 시장상권 등 다양한 분야의 전문가로 구성된 컨설팅단을 운영하여 단계별 관문심사에서 지적된 사항을 보완하는데 필요한 노하우 등을 제공한다.

셋째, 상시 교육 및 세미나를 실시하여 국내외 사례를 연구 배포하고 맞춤형 교육프로그램을 기획하여 제공하며, 이를 위해서 지방대학 등을 지역교육의 거점으로 인증하는 제도도 실시된다. 넷째, 분야별 전문가 네트워크를 구축하여 보급한다. 다섯째, 한국토지주택공사와 국토연구원 등 전문기관이 지역별로 책임을 지고 지원할 수 있도록 지원기구의 전담책임제를 실시한다. 여섯째, 도시재생 R&D 연구결과를 활용하여 현장의 문제해결을 적극 지원하고, 마지막으로 우수사례 발굴 및 포상을 강화해 홍보를 확대한다는 방침을 세웠다. 이밖에도 종합적인 사업추진을 위해 범정부 차원의 사업지원을 강화하였으며, 문체부, 중기청, 법무부, 농식품부, 해수부, 행자부, 고용부 등에서 추진하고 있는 다양한 사업과 연계 추진이 가능하도록 했다.

---

14) 건축도시공간연구소는 선정지역 중 근린재생 중심시가지형 3개소(충주, 제천, 김천)와 근린재생 일반형 8개소(광주 서구, 광산구, 수원, 춘천, 아산, 남원, 나주, 광양)에 대한 모니터링평가를 담당하고 2016년 3월 일부 자치단체를 대상으로 거버넌스 구축 단계에 관한 1차 관문심사를 진행하였다(박성남 외, 2016, p.20 참조).

2016년 신규 도시재생사업 지원 대상지역 사업개요

구분/지자체			사업구상(안)
경제기반형	서울	노원·도봉구	창동·상계 신경제중심지 조성
	대구	서·북구	경제·교통·문화 허브 조성을 통한 서대구 재창조
	인천	중·동구	인천 개항창조도시 재생사업
	대전	중·동구	원도심, 쇠퇴의 상징에서 희망의 공간으로
	경기	부천시(원미구)	수도권 창조경제의 거점 부천 허브렉스
중심시가지 근린재생형	부산	영도구	영도 대통전수방(大通傳授房) 프로젝트
	울산	중구	울산, 중구로다(中具路多)
	충북	충주시	충주 원도심, 문화창작도성(都城)으로 도약
	충북	제천시	응답하라 1975, 힐링재생 2020
	전북	전주시(완산구)	전주, 전통문화 중심의 도시재생
	경북	김천시	자생(自生)과 상생(相生)으로 다시 뛰는 심장, 김천 원도심
	경북	안동시	재생두레를 통한 안동웅부 재창조계획
	경남	김해시	가야문화와 세계문화가 상생하는 문화평야 김해
	제주	제주시	같이 두드림 다시 올레!
일반 근린 재생형	서울	용산구	서울 용산구 해방촌 도시재생사업
	서울	구로구	G-valley를 품고 더하는 마을 가리봉
	부산	중구	보수 Plus: 책방골목과 언덕배기, 보수동 사람들
	부산	서구	내일을 꿈꾸는 비석문화마을 아미·초장 도시재생프로젝트
	부산	강서구	낙동강과 김해평야의 관문 신장로 전원 교향곡
	대구	서구	오늘의 신화와 문화가 살아있는 원고개 날뫼마을
	인천	강화군	'왕의 길'을 중심으로 한 강화 문화 가꾸기
	광주	서구	오감따라 천따라 마을따라, 오천마을 재생 프로젝트
	광주	광산구	전통의 맛과 멋이 한마당 되는 활기찬 광주송정역세권 재생
	울산	동구	방어진항 재생을 통한 원점지역 재창조사업
	울산	북구	노사민의 어울림, 소금포 기억 되살리기
	경기	수원(팔달구)	세계문화유산을 품은 수원화성 르네상스
	경기	성남(수정구)	주민들이 함께 만드는 언덕 위 태평성대 도시재생사업
	경기	부천(소사구)	성주산을 품은 주민이 행복한 마을
	강원	춘천	호반도시 춘천, 소양 관광문화마을/열린장터 만들기 사업
	충남	아산	버려진 1만평, 살아나는 10만평
	전북	남원	문화·예술로 되살아나는 도시공동체 "죽동愛"
	전남	나주	나주읍성 살아있는 박물관도시 만들기
	전남	광양	한옥과 숲이 어우러진 햇빛고을 광양

자료: 국토교통부 보도자료 인용(2016.04.18.)

도시재생사업 부처협업 지원방안

부처	협업 방안
문체부	[문화예술관광을 테마로 하는 도시재생] • 문화도시, 올해의 관광도시 등 문화관광 콘텐츠사업과 연계 • 생활문화센터 조성사업 등과 도시재생사업을 연계 지원 • 관광 코스 및 콘텐츠 개발 등에 대한 전문가 컨설팅 등 지원
중기청	[도심쇠퇴 상권활성화와 도시재생] • 전통시장 정비, 대학협력형 사업, 상권활성화 사업 등을 연계 • 젠트리피케이션(Gentrification) 공동 대응
법무부	[범죄 등에 안전한 도시 만들기] • 범죄예방환경개선사업(CPTED)을 함께 추진(5곳 내외)
농식품부	[도농복합 연계형 도시재생] • 도농복합시 읍지역 도시재생사업(광양, 아산) 협업관리 • 컨설팅 및 자문 시 농식품부 전문인력 활용
해수부	[유휴항만을 중심으로 하는 도시재생] • 부산 북항, 인천 내항 등 유휴항만 재개발 및 재생사업 협업추진 • 해수부는 항만재개발 계획의 수립 및 항만공사 협의 등을 담당 * 국토부는 도심 연계계획 및 주택도시기금 지원 등 담당
행자부	[쇠퇴도심의 지역공동체 활성화 지원] • 마을기업 육성, 희망마을 만들기 등 행자부의 공동체 S/W사업 및 일자리 사업을 도시재생사업 지역에 우선 지원
고용부 여가부	[근린 일자리 및 복지·돌봄서비스 창출] • 마을 단위 일자리 창출, 복지·돌봄서비스 및 여성친화적도시 등의 도시재생사업 적용방안 협업

최근「도시재생 활성화 및 지원에 관한 특별법」의 일부개정 법률안이 2019년 8월 1일 국회 본회의에서 의결되었다 이 개정안에는 도시재생특별법을 통해 지구단위의 건설사업을 하는 도시재생 혁신지구, 국가와 지자체가 재생효과가 우수한 점 단위 사업을 지원하는 도시재생사업 인정제도 등 국민들이 체감할 수 있는 도시재생의 성과를 만들어갈 중요 제도개선 사항들이 포함되었다. 개정안의 주요 내용을 살펴보면, 먼저 도시재생 혁신지구가 도입된다. 도시재생 대상지역의 일부를 혁신지구로 지정하고 토지이용계획, 주택·업무용 시설의 건축계획, 기반시설 계획을 수립·시행하여 도시재생 촉진을 위한 지역거점을 조성하는 것이 가능해진다. 법률이 개정되기 이전에는 도시개발법·공공주택특별법 등 타법에 의해서만 지구단위의 건설 사업을 시행할 수 있었으며, 이에 따라 사업의 지연과 절차의 중복 문제 등이 발생하였다. 아울러, 입지규제최소구역 지정, 산업단지 지정의제, 인·허가 통합심의 등 혁신지구의 활성화를 위한 조치들도 포함되었다. 다만, 개발이익의 사유화를 방지하고 지역의 기여

를 위해 지자체, 공기업 등 공영개발자만 사업시행이 가능하며, 발생하는 개발이익은 지역의 재생을 위해 재투자하는 것을 의무화하였다.

또한 종전에는 도시재생을 위한 면단위 계획에 포함되어야 지원이 가능했으나 도시재생활성화지역의 밖에서 점단위로 추진하는 사업의 경우에도 도시재생사업으로 인정받으면, 재정·기금 등의 정부지원을 받을 수 있는 도시재생사업 인정제도도 도입된다. 인정제도가 시행될 경우 붕괴가 우려되는 건축물을 복잡한 면적 계획 수립 없이 신속한 정부지원을 통해 보강하는 등 효과적인 도시재생 정책지원이 가능해질 것으로 기대된다. 다만, 인정제도를 기존 도시재생 계획체계와 조화롭게 운영하기 위해 도시재생사업으로 인정 가능한 사업의 지역적 범위를 도시재생 기본계획인「도시재생 전략계획」이 수립된 지역 중에서 쇠퇴도 등 일정한 요건을 만족한 지역으로 제한하였다.[15]

이밖에 도시재생사업의 성과창출을 위한 제도적 지원의 강화 차원에서 공기업이 계획수립시부터 사업시행, 운영·관리까지 적극적으로 참여하도록 총괄관리자 제도를 신설했다. 아울러 주민의견 등 재생사업 추진 과정에서 빈번히 발생하는 도시재생 계획변경이 원활하게 이루어지도록 경미한 사항은 변경 절차를 더욱 간소화하였으며, 도시재생사업 추진 시 국·공유재산을 적극 활용할 수 있도록 영구시설물 축조 허용, 사용료 감면 등 특례를 확대하였다. 예를 들어 지자체장이 도시재생 관련 계획수립 및 시행에 관한 사항을 공기업 등에 위탁하고 도시재생 활성화계획에 대한 총 사업비의 10% 이내의 감액과 도시재생활성화지역 면적의 10% 미만의 변경, 임대기간은 10년에서 20년으로 확대하고 국·공유재산의 임대료를 재산가액의 2.5%에서 1%로 인하하는 등의 내용이 포함되었다.

---

[15] 일정한 요건은 쇠퇴지역과 관련한 법 제13조제4항인 인구감소, 노후건축물 증가, 산업체수 감소 지역을 말하며, 기초생활 인프라 국가적 최저기준의 미달지역도 포함된다(국토교통부 보도자료 인용).

제5장
도시재생 뉴딜사업의 추진과 현황

업데이트 자료 확인

제1절 도시재생 뉴딜정책의 개요

1. 도시재생 뉴딜의 도입과 추진방향

도시재생사업은 도시재생활성화지역에서 도시재생활성화계획에 따라 시행하는 '도시 및 주거 정비사업', '재정비촉진사업', '경관사업' 및 '공동주택사업' 등을 말한다. 도시재생활성화지역은 현저한 인구 감소, 산업 이탈 및 주거환경 악화 중 2개 이상의 요건을 갖춘 지역으로 도시재생 전략계획으로 결정하는 지역이다. 도시재생사업의 지원을 위한 각종 특례와 제도적 장치를 마련하였는데, 도시재생사업 추진 시 국·공유재산 처분, 조세·부담금 감면 및 건축규제의 완화 등의 특례가 적용될 수 있다. 또한, 지역주민들은 도시재생 전략계획에 대해 의견 제시 및 도시재생 활성화지역의 지정 등을 제안할 수 있다.

2013년부터 시작된 도시재생 정책은 포괄적 측면에서 도시재생이 강조되었음에도 불구하고 기존의 도시재생은 계획 편향적, 낮은 체감도, 정부지원 제약 등의 기존 정책의 한계로 인해 주민의 직접적인 체감 성과가 떨어진다는 비판을 받았다. 또한 인구감소에 따른 축소도시의 등장으로 인해 지방 중소도시는 도시쇠퇴의 방지를 생존의 문제로까지 인식하기에 이르

도시재생사업과 관련한 특례 및 주민참여활성화 제도	
도시재생지원을 위한 특례	
국·공유재산 처분	국·공유재산을 도시재생활성화 목적으로 사용하려는 경우 관리청과 협의하여 매각·임대·양여할 수 있음
조세·부담금 감면	도시재생사업 시행자에게 관련 법률에 따라 법인세·소득세·취득세 등 조세와 각종 부담금 감면
건축규제의 완화	건폐율·용적률·높이 제한 등 완화 가능
주민참여활성화 제도	
주민제안	주민은 전략계획수립권자에게 도시재생사업 대상지역의 지정 또는 변경을 제안할 수 있음
주민참여	전략계획, 활성화계획 수립 전 공청회를 통한 주민·전문가 의견수렴, 지방의회 의견 청취
도시재생지원센터	주민 주도 재생계획수립 지원, 주민 교육, 전문가 파견, 마을기업 창업 컨설팅 등 지원

렀다(구형수 외, 2016). 이로 인하여 또 다른 형태의 도시재생 추진전략이 요구되었다.[1]

 2017년 출범한 문재인 정부는 대통령 공약으로 도시재생 뉴딜을 제시하였다. 이처럼 국가적 문제가 되고 있는 도시 쇠퇴에 대응하여 지역 주도로 도시공간을 혁신하고 일자리를 창출하는 "도시재생 뉴딜정책"이 2017년 7월 도입되었다. 문재인 정부는 도시재생 뉴딜을 100대 국정과제 중 79번 과제로 도시의 경쟁력 강화와 삶의 질 개선을 위해 도시재생뉴딜을 추진하였다.[2] 특히 기존 도시재생에서 민간자본의 참여가 상대적으로 부족했던 점을 발판삼아 민간을 대신하여 공기업의 선투자를 적극적으로 강조하였다. 뿐만 아니라 도시재생 뉴딜은 국정과제 수준으로 그 지위가 격상되었으며, 문재인 정부는 국가의 재정확대와 지역의 자율성 강화, 투자재원의 다각화, 인구감소와 저성장에 적극적으로 대응하는 체감형 정책으로 전환하고자 하였다(서민호 외, 2018).

---

[1] 기존의 도시재생사업은 재생계획 수립 중심으로 추진되어 주민의 체감도가 낮고 정부지원 수준도 3년간 46곳, 연 1,500억 원으로 미흡했고, 쇠퇴지역도 2013년 2,239개에서 2016년 2,300개로 확대되었다.

[2] 문재인 후보가 매년 10조원의 공적재원을 투입하여 연간 100개 동네씩, 5년간 총 500개의 구도심과 노후주거지를 살려내는데 50조원을 투입하겠다는 도시재생 뉴딜사업 구상이 발표되면서 도시재생은 새로운 전환기를 맞이하였다(이완건, 2018. 도시재생 뉴딜의 추진과 정책방향, 「건축」, 62-06: 12).

도시재생 뉴딜을 통한 도시재생 패러다임의 전환

구분	재개발·재건축 등 도시정비	도시재생	도시재생 뉴딜
주체	토지·건물 소유자 중심 → 개발이익 관심	거주자 중심의 지역공동체 → 자력기반 확보 및 지역 활성화에 관심	지자체 주도의 주민참여형 방식 → 새로운 성장동력 및 일자리 창출
대상	수익성이 있는 노후지역 → 주로 수도권	지역기반이 없어 공공지원이 필요한 쇠퇴지역 → 지방 대도시 및 중소도시	원도심 및 노후주거지, 노후산업단지, 역세권, 지방중소도시와 농어촌지역 포괄
방식	물리적 환경정비 → 주택 또는 기반시설	종합적 기능개선 및 활성화 → 사회·경제·문화·물리적 환경 등	낡고 쇠퇴한 도시를 지역, 사회혁신공간으로 재창조

자료: 이삼수 외. 2017. 도시재생 2.0시대의 정책 대응방안 연구. p.89.

    기존의 도시재생사업은 2013년 「도시재생 활성화 및 지원에 관한 특별법」 제정 이후 2017년까지 도시경제기반형, 근린재생형 등 2가지 유형으로 구분하여 추진해 왔다.

    그 이후 도시재생 뉴딜사업은 기존 도시경제기반형, 근린재생형 등 2개 사업 유형을 우리동네살리기(소규모 주거), 주거지지원형(주거), 일반근린형(준주거), 중심시가지형(상업), 경제기반형(산업) 등 5개 유형으로 세분화하였다.

    한편, 국토교통부는 2017년 도시재생의 3대 추진전략으로 ①도시 공간 혁신, ②도시재생 경제 활성화, ③주민과 지역 주도 등을 제시하였다. 또한 5대 추진과제로 ①노후 저층주거지

기존 도시재생사업 유형별 특성

구분	도시경제기반형	근린재생형
방식	통합재생프로그램	쇠퇴지역에 대한 근린재생
보조율	국비 50%	국비 50%
사업규모	대규모사업	소규모사업
지원방식	계획비 지원, 기반시설 지원, 도시재생사업 비용 등 보조 및 융자	
사업내용	산업단지, 항만, 공항, 철도 등 국가 핵심시설의 정비·개발과 연계한 고용·산업기반 창출 및 문화·의료 등 도시서비스 확충	생활권 단위의 생활환경 개선, 기초생활인프라 확충, 골목경제 살리기, 커뮤니티 활성화 등

자료: 국토교통부

도시재생 뉴딜사업 유형별 사업규모 및 지원

구분	주거재생형		일반근린형	중심시가지형	경제기반형
	우리동네살리기	주거지지원형			
법정 유형	-		근린재생형		도시경제기반형
기존사업유형	신규		일반근린형	중심시가지형	도시경제기반형
사업추진 지원 근거	국가균형발전 특별법	도시재생 활성화 및 지원에 관한 특별법			
활성화계획수립	필요시 수립 (기금활용 등)	수립 필요			
균특별회계	지역자율계정	지역지원계정			
사업규모 (유형)	5만㎡ 내외 (소규모 주거)	5~10만㎡ (주거)	10~15만㎡ (준주거, 골목상권)	20만㎡ (상업, 지역상권)	50만㎡ 내외 (산업, 지역경제)
특성	소규모 주거	주거	준주거	상업	산업
국비 지원한도	3년간 최대 50억 원	4년간 최대 100억 원	4년간 최대 100억 원	5년간 최대 150억 원	6년간 최대 250억 원
대상지역	소규모 저층 주거 밀집지역	저층 주거 밀집지역	골목상권과 주거지	상업, 창업, 역사, 관광, 문화예술 등	역세권, 산단, 항만 등
기반시설 도입	주차장, 공동이용시설 등 생활편의시설	골목정비+주차장, 공동이용시설 등 생활편의시설	소규모 공공·복지·편의 시설	중규모 공공·복지·편의시설	중규모 이상 공공·복지·편의 시설
국비지원규모	50억 원	100억 원	100억 원	150억 원	250억 원
기간	3년	4년	4년	5년	6년
보조율	50% (특별시 40%, 광역시 및 특별자치시 50%, 기타 60%)				

출처: 국토교통부

의 주거환경 정비, ②구도심을 혁신거점으로 조성, ③도시재생 경제조직 활성화 및 민간참여 유도, ④풀뿌리 도시재생 거버넌스 구축, ⑤상가 내몰림 현상에 따른 선제적 대응 등을 설정하여 기존의 도시재생사업을 도시재생 뉴딜사업으로 개편하였다.

   기존의 도시재생은 도시의 물리적 환경의 정비와 개선에 비중이 큰 반면에 도시재생 뉴딜은 도시의 경쟁력 제고를 위해 주민들을 위한 다양한 공간에서 활력을 높이고 지속가능한 지역이 될 수 있는 지역여건의 구축에 목표를 두었다. 또한 도시재생 뉴딜은 지방자치단체가 소규모 사업을 중심으로 주도적으로 추진하는 것을 중앙정부가 지원하여 추진하는 것이 기존의 도시재생과 차별화된다. 정부는 향후 5년간 도시재생 뉴딜정책의 추진전략과 주요과제

도시재생 뉴딜의 3대 추진전략과 5대 추진과제		
정책목표	3대 추진전략	5대 추진과제
❶ 삶의 질 향상 ❷ 도시 활력 회복	① 도시공간 혁신	① 노후 저층주거지의 주거환경 정비 ② 구도심을 혁신거점으로 조성
❸ 일자리 창출	② 도시재생 경제 활성화	③ 도시재생 경제조직 활성화 및 민간참여 유도
❹ 공동체 회복 및 사회통합	③ 주민과 지역 주도	④ 풀뿌리 도시재생 거버넌스 구축 ⑤ 상가 내몰림 현상에 선제적 대응으로 구성

를 종합한 도시재생 뉴딜 로드맵을 수립·발표하여 보다 구체적인 정책사항을 공표하였다 (관계부처 합동, 2018).

도시재생 뉴딜 로드맵의 내용을 보면, 먼저 도시재생 뉴딜의 개념을 단순한 주거지 정비 사업이 아닌 쇠퇴한 도시를 활성화시켜 도시의 경쟁력을 높이고 삶의 질을 개선하는 '도시혁신사업'으로 정의하였다. 이를 위해서 구도심의 중심기능을 되살려 지역혁신의 거점으로 조성하고 활성화 효과를 주변으로 파급시켜 도시의 경쟁력을 회복하도록 정책을 추진한다는 것이다. 또한 최소한의 생활 인프라에 대한 접근성이 낮은 노후 저층주거지에 아파트단지 수준의 마을주차장, 무인 택배함 등을 공급하고 자율주택 정비 사업이나 가로주택 정비 사업을 활성화하는 방안도 제시하였다. 사회적 경제조직과 도시재생지원센터 등의 중간지원 조직 등이 연계된 도시재생 경제 생태계를 활성화하여 일자리를 창출하고 지속가능한 추진기반을 마련하였다. 특히 공동체 회복 및 사업으로 인한 젠트리피케이션 부작용의 최소화를 위한 모니터링 체계와 상생협약, 임대료 안심 공간 등을 공급하고 사회적 규제 합리화를 통해 사회 통합을 실현하는 것을 주요 목표로 설정하고 있다(관계부처 합동, 2018).

이러한 내용을 세부적으로 살펴보면, 먼저 도시공간의 혁신 측면에서는 삶의 질 향상 및 도시 활력 회복을 목표로 주거환경이 열악한 노후 저층 주거지를 정비하고, 쇠퇴한 구도심을 지역의 혁신거점으로 재생하여 도시공간을 혁신하는 것으로 저층주거지의 주거만족도를 제고하고, 지역 혁신거점을 2022년까지 250곳 이상 조성하는 전략을 수립하였다. 도시재생 경제 활성화 측면에서는 도시재생 경제조직과 민간의 비즈니스 모델을 발굴하고 지원하여 도시재생 경제 생태계를 활성화하고 일자리 창출을 목적으로 동 전략의 정량적 성과목표는 국토교통형 예비 사회적 기업을 2022년까지 250개 이상 육성한다는 방침이다. 주민과 지역 주

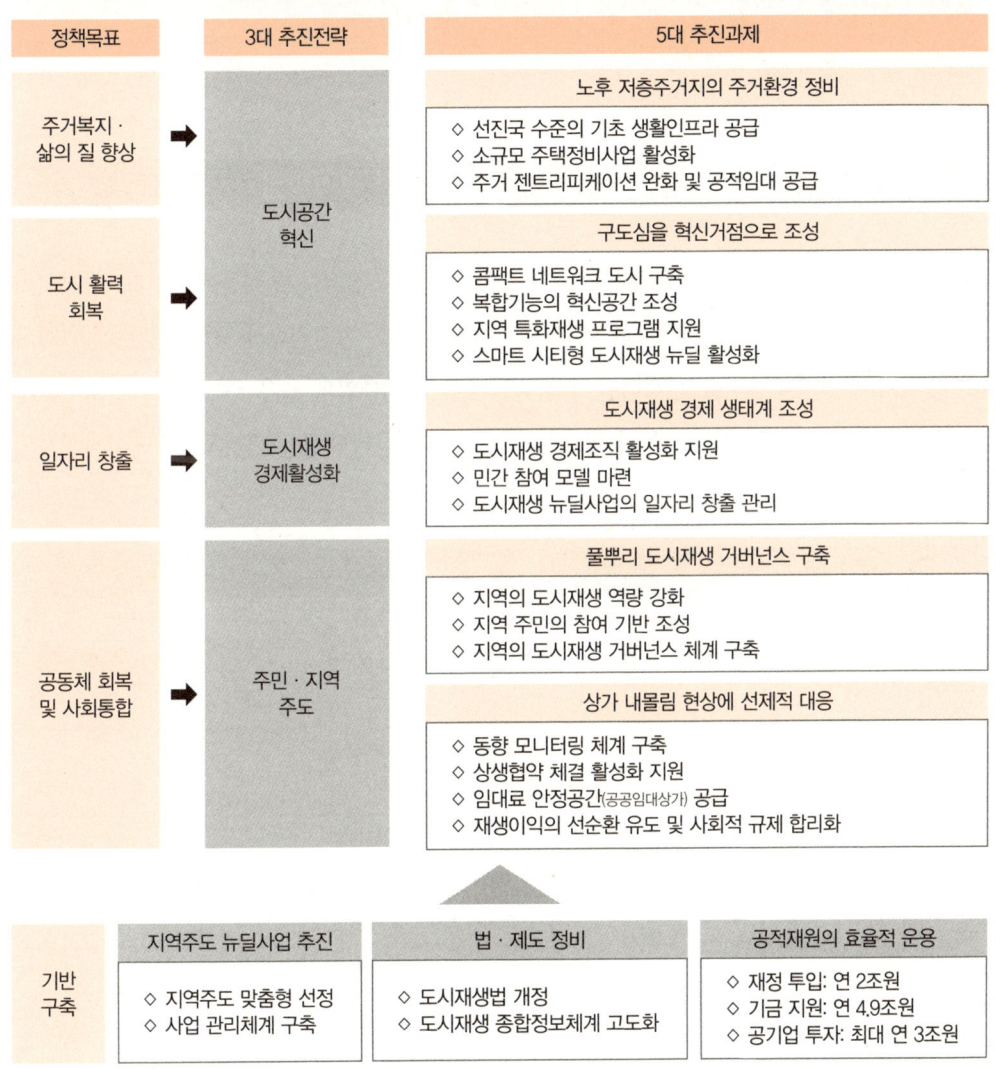

출처: 관계부처 합동, 「내 삶을 바꾸는 도시재생 뉴딜 로드맵」, 2018: 9 참조.

도 측면에서는 공동체 회복 및 사회 통합을 목적으로 지역의 도시재생 역량 강화 및 참여기반 구축을 통해 상향식(bottom-up) 거버넌스를 활성화하고 내몰림 현상에 선제적으로 대응하여 상생을 유도한다. 이를 위해 로드맵은 도시재생대학(200개 이상) 및 도시재생지원센터

(300곳 이상)를 설치하고, 내몰림 예상지역의 상생계획을 마련하는 동시에 공공임대상가 공급 (100여 곳 이상)을 목표로 설정하고 있다(관계부처 합동, 2018).

2. 도시재생 뉴딜의 지원체계와 평가방법

도시재생 뉴딜사업은 지역과 밀착된 소규모 사업으로 추진되는 우리동네살리기, 주거지지원형, 일반근린형 도시재생 뉴딜사업에 대해 사업대상지의 선정권한을 광역지자체에 위임하였다. 국가가 사업대상지를 선정하는 중심시가지형 뉴딜사업의 경우 주민 주도의 조직구성과 공공기관의 사업 참여로 사업의 필요성과 사업계획의 타당성을 평가하고, 도시재생사업

재원	도시재생 투자계획		
	연간 총 재원 10조원		
	국비·지방비 2조원	주택도시기금 5조원	공기업 3조원
지원대상	6대 유형	15개 모델	
	① 정비사업 보완형	소규모 재건축형(블록형)	
		쇠퇴 구도심 정비형	
	② 저층 주거지 정비 및 매입형	저층 노후주거지 재생형	
		기존주택 매입 정비 후 공공임대주택 활용형	
	③ 역세권 정비형	역세권 청년주택 개발형	
		역세권 공유지 활용형	
	④ 사회통합 농어촌복지형	농어촌복지 생활 공유주택 공급형	
		중소도시 도심정비형	
	⑤ 공유재산 활용형	국공유지 위탁개발 사업형	
		대규모 국공유지 개발사업형	
		저밀도 공용청사 복합사업형	
	⑥ 혁신공간 창출형	도심 신활력 거점공간 조성형	
		도시 첨단산업단지, 복합지식산업센터건립형	
		복합기숙사 건축 및 캠퍼스타운조성형	
		생산하는 도시, 생산하는 아파트 지원사업형	

추진을 위한 거버넌스 체계 구축, 사업지원 방안, 지속적인 관리방안 등으로 사업추진의 기반구축 여부를 평가한다. 실질적으로 사업이 시행되는 기초지자체의 사업추진 여건과 함께 광역지자체의 기초지자체 사업지원을 위한 역할이 크게 작용하게 된다.

도시재생 뉴딜사업의 선정과 사업추진 과정에서 부동산 가격의 급등, 기존 상인들의 둥지내몰림 현상, 사업추진 내용 등을 검토하여 차 년도 광역지자체 도시재생 뉴딜사업의 전체 배정 물량을 조정하고, 제한받기 때문에 광역지자체의 사업관리가 매우 중요하다. 다음으로 도시재생 뉴딜과 관련하여 투자계획을 살펴보면, 정부는 도시재생 뉴딜을 위해 연간 국비·지방비 2조원, 주택도시기금 5조원 및 공기업 투자 3조원 등 연간 10조원을 투자할 계획을 수립하였다. 정부는 국비(연평균 8,100억 원), 지방비(연평균 5,400억 원)를 뉴딜사업에 투입하고 각 부처의 재생 관련 사업(7,000억 원)을 재생지역에 집중 연계하여 연 평균 2조원을 재정

도시재생사업 관련 예산 및 기금운용계획 현황

(단위: 억원, %)

구분		2014	2015	2016	2017	2018(A)	2019(B)	B-A	(B-A)/A
국가 균형 발전 특별 회계	도시재생사업 (지역지원계정)	0	0	0	0	3,032	4,857	1,825	60.2
	도시활력증진지역개발 (지역자율계정)	1,312	1,042	1,452	1,452	1,606	1,606	0	0.0
	소계	1,312	1,042	1,452	1,452	4,638	6,463	1,825	39.3
주택 도시 기금 (도시 계정)	도시재생사업지원	0	0	0	33	33	128	95	286.9
	도시재생지원(융자)	0	0	271	550	48	1,792	1,744	3,608.3
	도시재생지원(출자)	0	0	100	100	2,000	933	△1,067	△53.4
	수요자중심형재생(융자)	0	0	0	320	470	610	140	29.8
	가로주택정비사업(융자)	0	0	0	80	2,000	2,772	772	38.6
	자율주택정비사업(융자)	0	0	0	0	1,500	1,600	100	6.7
	노후산단재생지원(융자)	0	0	0	0	0	504	504	순증
	재정비촉진사업(융자)	0	0	30	0	0	0	0	0
	소계	0	0	401	1,083	6,051	8,339	2,287	37.8
합계		1,312	1,042	1,853	2,535	10,689	14,802	4,112	38.5

주: 1. 도시재생사업지원은 2017년까지 일반회계에서 편성되었으나 2018년에는 주택도시기금으로 편성
주: 2. 제주 계정 포함
출처: 국토교통부

에서 지원할 계획이다.

다음으로 2019년도 도시재생사업 예산(안)은 6,463억 원으로 2018년 예산 4,638억 원 대비 1,825억 원(39.3%)이 증가하였다. 주택도시기금 계획(안)은 8,339억 원으로 2018년 6,051억 원 대비 2,287억 원(37.8%) 증가하였다.

한편, 2019년 하반기 사업 가이드라인에서 제시한 선정규모는 '19년도 총 100곳 내외로 선정할 계획이며, 70곳 내외를 시·도에서 선정하고, 30곳 내외를 중앙정부에서 선정한다는 방침이다. 선정방식은 연 2회로 선정(잠정)할 계획이며 중앙의 선정규모는 중심시가지형 15곳 내외, 경제기반형 5곳 내외, 공공기관 제안방식 10곳 내외이다. 먼저 상반기 1차 선정을 통해 시·도 선정사업 14곳, 중앙정부 선정사업 8곳(중심시가지형 5곳, 공공기관 제안방식 3곳) 등 총 22곳을 선정하였으며, 하반기의 2차 선정에서 잔여 물량을 선정할 계획이다. 참고로 선도지역의 지정방식은 원칙적으로 배제하지만 공공기관 제안방식 및 산업위기 대응 특별지역에만 예외적으로 허용한다. 또한 활성화계획(안) 수립 시 사업지역 및 인근 대상 투기방지 등 부동산가격의 관리대책을 포함해야 하며 서면평가 시 적격성 여부를 평가한다.

사업유형별 '19년도 뉴딜사업 선정규모

구분		시·도 선정			중앙정부 선정		
					지자체 신청방식		공공기관 제안방식
사업유형		우리동네 살리기	주거지 지원형	일반 근린형	중심 시가지형	경제 기반형	5개 유형
선정물량	합계	70곳 내외			15곳 내외	5곳 내외	10곳 내외
	상반기 결과	14곳			5곳	-	3곳
	하반기	56곳 내외 (각 시·도별 예산총액 70% 내외)			10곳 내외	5곳 내외	7곳 내외

자료: 국토교통부(2019.7.4.), 「2019년 하반기 도시재생 뉴딜사업 신청 가이드라인」.

신청방법 상 신청주체는 크게 시·도 선정과 중앙정부 선정방식으로 시·도 선정은 기초지자체(시장·군수·구청장) 단위로 신청함을 원칙으로 하며, 중앙정부 선정은 지자체 및 공공기관 등에서 신청·제안할 수 있다. 지방자치단체의 신청은 「도시재생특별법」에 따른 도시재생활성화계획을 수립할 수 있는 자가 신청할 수 있으며, 공공기관 제안은 도시재생활성화계

도시재생 뉴딜사업의 신청 주체			
구분		유형	신청대상
시 · 도 선정		우리동네살리기	원칙적으로 시장, 군수, 특별 · 광역시의 자치구청장 · 군수
		주거지지원형	
		일반근린형	
중앙 정부 선정	지자체 신청방식	중심시가지형	광역시장, 특별자치시장, 특별자치도지사, 시장, 군수, 광역시의 자치구청장 · 군수
		경제기반형	광역시장, 특별자치시장, 특별자치도지사, 시장, 군수
	공공기관 제안방식	모든 유형	(사업유형별 신청 가능 지자체) + 공공기관 및 기업 등) 공동신청

획을 수립할 수 있는 자와 공공기관 및 지방공기업이 공동으로 신청할 수 있다.

다음으로 2019년 하반기 도시재생 뉴딜사업의 가이드라인을 중심으로 평가방법을 살펴보면, 먼저 평가의 특징은 실현가능성과 타당성 평가체계를 중심으로 객관적인 평가를 실시한다. 평가 과정에서 신청기관의 사업 준비정도를 검증하고, 부동산시장 영향 등에 대한 사후 검증을 시행하는데, 부동산시장의 영향 검증은 국토교통부에서 시행한다. 다음으로 평가위원회의 구성은 도시재생특별위원회 또는 실무위원회 민간위원 등을 포함하여 다양한 분야(문화, 인문 · 사회, 교육, 복지, 경제, 토지이용, 건축, 주거, 교통, 도시설계, 환경, 방재, 지역계획 등 도시재생 관련 분야)의 전문가로 5~7인의 평가위원회를 구성한다. 중앙정부에서 선정하는 사업은 사업유형별로 평가위원회를 구성하여 운영(공공기관 제안방식 포함)하며, 시 · 도 선정의 경우 신청수요 등을 종합적으로 고려하여 자체적으로 평가위원회를 구성하되, 국토부에서 추천하는 평가위원을 반드시 포함해야 한다.

평가절차는 사전 적격성 검증 → 서면평가 → 현장실사 → 발표평가 → 평가 종합 → 적격성 검증(부동산시장 영향 등)의 과정을 거쳐 사업을 선정한다. 시 · 도 선정의 경우에 중앙정부에서 평가 과정에 참관하여 평가의 공정성 및 객관성을 검증한다. 먼저 사전 적격성 검증은 신청주체가 자가진단의 결과를 첨부하여 신청하며, 평가위원회는 적격/부적격 여부를 평가한다. 서면평가는 각 사업유형별로 평가기준을 활용하여 평가 후 현장실사 대상 사업을 선정한다. 현장실사는 최종 평가에 앞서 신청 대상지를 방문하여 실사하는데, 그 절차는 평가위원의 현장 확인 필요사항을 통보하고 현장실사 시 설명하며, 평가위원의 현장 자문과 발표평가 시까지 보완할 수 있다. 발표평가는 보완사항의 설명 및 질의·답변을 실시하고 최종적으로 평가한다. 여기서 선정 사업에 대해 부대의견 등의 조건을 부여할 수 있고, 향후 사업의 진행과정에서 이행 요구가 가능하다. 마지막으로 평가위원의 평가를 종합하고, 전문기관에 의뢰하여 부동산 시장의 영향 등을 점검하여 적격성을 사후에 검증한다.

사전 적격성 검증의 경우 신청기관의 준비 정도와 활성화계획(안)의 적절성 등을 사전 검증하여 뉴딜사업의 취지에 맞는 준비된 사업을 선정하는데 그 목적이 있다. 검증내용은 총 6개 항목, 12개 세부 항목으로 구성되어 있다. 평가위원회는 적격/부적격 여부를 평가하는데, 만약 동일 세부항목에 대하여 평가위원의 1/2 이상이 부적격으로 평가하는 경우 해당 사업은 제외된다. 또한 쇠퇴기준, 기금사업 반영, 사업추진 실적(실집행률)은 필수요건으로 불충족 시 평가위원의 평가와 상관없이 제외된다(국토교통부, 2019).

사전 적격성 검증 내용

검증항목	세부항목	비고
① 쇠퇴진단의 적절성	• 인구사회, 산업경제, 물리환경 부문별 진단결과 제시 여부	행정동 단위 기준을 충족하지 못하는 경우 집계구, 필지 등 공간단위로 제시
	• 진단결과의 쇠퇴기준 충족 여부	
② 뉴딜사업 부합성	• 재개발·재건축 등 전면철거 방식 여부, 기선정·진행 재생사업 지역 등 여부	해당지역 포함 여부 확인
	• 뉴딜사업 비전, 목표 및 추진전략과의 부합 여부	뉴딜 4대 목표와 사업 효과와의 정합성
③ 사업유형 및 재원조달 적합성	• 사업 규모 적정성	각 사업의 유형에 맞게 신청되었는지 여부 확인
	• 사업 내용 부합성	
	• 기금사업 반영(국비 대비 10% 이상)	
④ 둥지내몰림 및 부동산 영향 대응	• 젠트리피케이션 방지를 위한 상생협의체 구축, 상생계획 수립 여부	사회통합 및 지속가능성
	• 투기방지 등 부동산시장 관리대책 마련 여부	부동산 가격상승 등 부작용에 대한 대응
⑤ 사업추진 실적	• 기존사업('16, '17년 선정)의 상반기 실집행률 기준(20%) 충족 여부	'19년 국비 배정액 대비 국비 실집행액으로 산정
⑥ 공공기관 제안 방식 적합성	• 핵심 단위사업 투자, 공공기관 특화 등 여부	공공기관 제안방식만 해당
	• 공공성 확보, 공익적 기여 등 여부	

사업유형 및 내용	
사업유형	사업의 내용
우리동네 살리기	생활권 내에 도로 등 기초 기반시설은 갖추고 있으나 인구유출, 주거지 노후화로 활력을 상실한 지역에 대해 소규모주택 정비사업 및 기초생활인프라 공급 등으로 마을공동체 회복
주거지 지원형	원활한 주택개량을 위해 골목길 정비 등 소규모 주택정비의 기반을 마련하고, 소규모주택 정비사업 및 기초생활인프라 공급 등으로 주거지 전반의 여건 개선
일반 근린형	주거지와 골목상권이 혼재된 지역을 대상으로 주민공동체 활성화와 골목상권 활력 증진을 목표로 주민 공동체 거점 조성, 마을가게 운영, 보행환경 개선 등 지원
중심 시가지형	원도심의 공공서비스 저하와 상권의 쇠퇴가 심각한 지역을 대상으로 공공기능 회복과 역사·문화·관광과의 연계를 통한 상권의 활력 증진 등 지원
경제 기반형	국가·도시 차원의 경제적 쇠퇴가 심각한 지역을 대상으로 복합앵커시설 구축 등 新경제거점을 형성하고 일자리 창출

도시재생 뉴딜사업은 대상지역의 상황과 여건, 사업규모 등을 고려하여 우리동네살리기(소규모 주거), 주거지지원형(주거), 일반근린형(준주거), 중심시가지형(상업), 경제기반형(산업) 등 5개 유형으로 세분화하여 유형별로 평가항목과 배점을 부여하고 있다.

우리동네살리기 (시·도 선정 및 공공기관 제안방식 공통)				
구분	항목(배점)	세부 평가항목	평가지표	배점
종합여건 평가	사업의 시급성 및 필요성 (30점)	사업 시급성	• 지역 쇠퇴 정도, 쇠퇴원인 및 지역여건 • 재생 시급성(안전, 주거, 환경, 보건 등) • 생활SOC 국가 최저기준 충족 여부	15
		사업 필요성	• 지역 주민 등 사업 참여 의향 • 재생사업 수요(사업계획과 연계 검토) • 생활SOC 사업 수요	15
			+	
단위 사업별 평가	사업계획의 실현가능성 (70점)	추진체계·거버넌스 및 지자체 역량	• 도시재생 전담조직 등의 구성 • 도시재생현장지원센터의 구성 • 주민주도 조직 등의 구성 및 운영	10
		사업내용의 구체성 및 적절성	• 사업비 대비 사업목표의 타당성 • 세부 사업내용의 구체성 • 사업비 산출근거의 적정성	20
		사업내용의 실현가능성	• 사업부지 확보 여부(30점) ※ 확보완료(신규 매입, 공유지 등)는 30점, 매입 중인 경우(계약서 첨부 중)는 20점, 토지소유자와 매입협의한 경우(조건부 매매계약서 등)는 10점, 미확보는 0점 • 사업주체의 명확성과 준비 정도 • 향후 운영 관리계획의 적정성	40

구분	항목(배점)	세부 평가항목	평가지표	배점
우리동네살리기 (시·도 선정 및 공공기관 제안방식 공통)				
가점	중앙정부 가·감점 (최대 +5점)		① 생활SOC 공급사업(최저기준 미달시설 복합공급)	+1
			② 소규모 주택 정비사업(가로주택정비, 자율주택정비)	+1
			③ 공공임대주택 공급사업	+1
			④ 지역 특화재생 모델	+0.4~2
			⑤ 부처 협업	+1~2
			⑥ 대규모 공공주택 공급지역	+1~2
			⑦ 장기미집행 공원 활용	+1
			⑧ 경제위기지역 재생모델	+1
			⑨ 연차별 추진실적 평가 결과	+1
	시·도 가·감점 (최대 +2점)		① 시·도 부여 가점	+1~2

도시재생 뉴딜사업의 유형 중 우리동네살리기 사업의 경우에 단위사업별 점수는 70점 만점으로 개별 평가하여 예산규모에 따라 가중 평균하여 시행한다. 단위사업별로 30점 미만은 해당 예산에 미반영 되지만, 30점 미만 사업 중에 평가위원회에서 필요성을 인정할 경우에 조건부로 승인한다. 특히 '사업계획의 실현가능성'은 단위사업별로 평가한 후, 단위사업별 예산규모에 비례·환산하여 총점에 합산한다. 해당 사업지역이 선정될 경우, 단위사업별 '사업계획의 실현가능성' 평가점수가 30점 미만인 사업은 예산의 삭감을 권장한다. 다음으로 '추진체계·거버넌스 및 지자체 역량(10점)'은 단위사업별로 공통으로 적용하며, 공공기관 제안방식 사업은 총점 60점(100점 만점) 미만의 경우에 사업에서 탈락된다. 마지막으로 가점의

단위 사업	사업비	평가점수			환산점수	비고	실현가능성 종합점수
		거버넌스(10)	구체성(20)	실현가능성(40)			
		사업계획의 실현가능성 평가점수 산출 예시					
A	60억	8 (*공통적용)	9	12	29점×(60억/100억)=17.4	30점 미만 사업으로 예산 미반영	41.4점
B	40억	8 (*공통적용)	20	32	60점×(40억/100억)=24	예산 반영	

경우에 실현가능성 및 타당성 평가 적격 사업(50점)에 한하여 부여한다.

도시재생 뉴딜사업의 유형 중 주거지지원형, 일반근린형, 중심시가지형, 경제기반형의 평가항목과 배점 등을 구체적으로 제시하면 다음과 같다.

구분	항목(배점)	세부 평가항목	평가내용	배점
			주거지지원형(시·도 선정)	
종합여건평가	거버넌스 (20)	행정역량 기반구축	• (필수)도시재생 전담조직, 추진단 등의 구성 및 전담인력 배분 • 행정협의회 구성 및 운영실적 및 내용 • 도시재생 전담조직(원) 역량강화 활동 및 내용5	5
		지역현장 기반구축	• 총괄코디네이터 및 현장지원센터장의 역량(조정 및 관리 역량 등) • (필수)도시재생현장지원센터의 구성 및 운영	5
		지역 공동체협력 기반구축	• 주민(예비)협의체, 중간지원조직 등의 구성 및 운영 • 사업추진협의회 등의 구성 및 운영 • 공공, 민간조직 발굴 및 사업 참여 의향 • (필수)도시재생대학 등 지역역량강화 활동 및 추진내용	5
		주거지정비 기반구축	• 주거지 정비를 위한 제도적 기반 마련 여부 • 주거지 정비를 위한 업무수행 능력	5
	활성화계획 (20)	쇠퇴진단 및 지역자산	• 쇠퇴진단 및 지역자원(발굴)조사 • 재생 시급성(안전, 경제, 환경, 보건 등)	5
		지역현안에 대한 주민의견	• 지역 현안문제 도출을 위한 주민회의 개최 • 주민 대상 설문조사 • 기타 주민의견 수렴을 위한 노력	5
		지역 현안문제 도출	• 지역 현안문제 도출 근거 • 목표설정 및 지표의 적정성 • 상위계획과의 부합성 • 관련 규제특례, 조세감면 등 활용계획 및 도시계획 조치 검토 등 ※ 중점검토사항 1. 기초생활인프라 국가적 최저기준 미달 여부 (국토부 전국 현황 조사 참고)	3
		맞춤형 콘텐츠 발굴	• 비전 및 사업목표의 적정성 • 맞춤형 콘텐츠 발굴과정에서의 주민의견 수렴의 적정성 • 지역 현안문제 대응을 위한 맞춤형 콘텐츠 • 관련부처 연계·협업사업 발굴·확보 ※ 중점검토사항 1. 생활SOC 공급 관련 콘텐츠 2. 주거환경 개선 및 지역 공동체 회복 관련 콘텐츠 (소규모 주택정비, 공공임대 등)	3
		사업구상	• 맞춤형 콘텐츠를 달성하기 위한 사업구상 • 개별 단위사업의 충실성 및 융복합 여부 • 관련부처 연계·협업사업 연계 구상 ※ 중점 검토사항 1. 노후주거지 정비 및 생활SOC 공급 관련 사업 2. 주거환경 개선 및 지역공동체 활성화 관련 사업 (소규모 주택정비, 공공임대 등)	4

구분	항목(배점)	세부 평가항목	평가지표	배점
단위 사업 평가	단위 사업 (50)	목표달성 가능성	• 사업목표(지표) 설정의 구체성 • 사업규모대비 사업목표 설정의 적절성 • 단계별 추진계획 및 예산집행 계획 • 지방비 매칭 및 추가 투입 계획 (지자체 자체 연계사업 포함) • 기타 재원 활용방안	10
		사업추진 가능성	• 도입기능의 적정성 • 부지 및 건축물 확보 가능성(국공유지, 기부채납 등 포함) • 사업시행주체, 시설 및 프로그램 운영주체의 구체성 • 사업 추진과정에서의 갈등 관리 방안 • 재정지원 종료 후 관리운영 방안(수익 재투자·환원 방안 및 지속가능한 지역경제 선순환 구조 확보방안)	40
종합 평가	사업 효과 (10)	전체사업 효과	• 성과지표의 충실성 • 성과지표 산정의 타당성 ※ 주거복지 및 삶의 질 향상, 일자리 창출 및 도시활력 회복, 공동체 회복 및 사회통합 관련	8
		일자리 창출	• 사업, 창업, 운영 등을 통한 일자리 창출효과 및 지역주민 고용계획 ※ 운영단계, 건설단계 등에서의 직접고용 등	2
가점	중앙정부 가·감점 (최대 +5점)		① 생활SOC 공급사업 - 기초생활인프라 국가적 최저기준 미달시설 복합 공급 (복합시설 건설 등)	+1
			② 소규모 주택 정비사업 - 가로주택정비사업 - 자율주택정비사업	+1
			③ 공공임대주택 공급사업	+1
			④ 지역 특화재생 모델	+0.4~2
			⑤ 부처 협업	+1~2
			⑥ 대규모 공공주택 공급지역	+1~2
			⑦ 장기미집행 공원 활용	+1
			⑧ 경제위기지역 재생모델	+1
			⑨ 연차별 추진실적 평가 결과	+1
	시·도 가·감점 (최대 +2점)		① 시·도 부여 가점	+1~2

* 단위사업별 평가점수가 20점 미만인 사업은 예산삭감·조정 권장

구분	항목(배점)	세부 평가항목	평가지표	배점
	주거지지원형(공공기관 제안방식)			
종합 여건평가	거버 넌스 (20)	행정역량 기반구축	• (필수)도시재생 전담조직, 추진단 등의 구성 및 전담인력 배분 • 행정협의회 구성 및 운영실적 및 내용 • 도시재생 전담조직(원) 역량강화 활동 및 내용	7
		지역현장 기반구축	• 총괄코디네이터 및 현장지원센터장의 역량 (조정 및 관리 역량 등) • (필수)도시재생현장지원센터의 구성 및 운영	5
		지역 공동체협력 기반구축	• 주민(예비)협의체, 중간지원조직 등의 구성 및 운영 • 사업추진협의회 등의 구성 및 운영 • 공공, 민간조직 발굴 및 사업 참여 의향 • (필수)도시재생대학 등 지역역량강화 활동 및 추진내용	5
		주거지정비 기반구축	• 주거지 정비를 위한 제도적 기반 마련 여부 • 주거지 정비를 위한 업무수행 능력	3
	활성화 계획 (14)	쇠퇴진단 및 지역자산	• 쇠퇴진단 및 지역자원(발굴)조사 • 재생 시급성(안전, 경제, 환경, 보건 등)	3
		지역현안에 대한 주민의견	• 지역 현안문제 도출을 위한 주민회의 개최 • 주민 대상 설문조사 • 기타 주민의견 수렴을 위한 노력	2
		지역 현안문제 도출	• 지역 현안문제 도출 근거 • 목표설정 및 지표의 적정성 • 상위계획과의 부합성 • 관련 규제특례, 조세감면 등 활용계획 및 도시계획 조치 검토 등	3
		맞춤형 콘텐츠 발굴	• 비전 및 사업목표의 적정성 • 맞춤형 콘텐츠 발굴과정에서의 주민의견 수렴의 적정성 • 지역 현안문제 대응을 위한 맞춤형 콘텐츠 • 관련부처 연계·협업사업 발굴·확보	3
		사업구상	• 맞춤형 콘텐츠를 달성하기 위한 사업구상 • 개별 단위사업의 충실성 및 융복합 여부 • 관련부처 연계·협업사업 연계 구상	3
단위 사업평가	단위사업 (33)	목표달성 가능성	• 사업목표(지표) 설정의 구체성 • 사업규모대비 사업목표 설정의 적절성 • 단계별 추진계획 및 예산집행 계획 • 지방비 매칭 및 추가 투입 계획 (지자체 자체 연계사업 포함) • 기타 재원 활용방안	16
		사업추진 가능성	• 도입기능의 적정성 • 부지 및 건축물 확보 가능성(국공유지, 기부채납 등 포함) • 사업시행주체, 시설 및 프로그램 운영주체의 구체성 • 사업 추진과정에서의 갈등 관리 방안 • 재정지원 종료 후 관리운영 방안(수익 재투자·환원 방안 및 지속가능한 지역경제 선순환 구조 확보방안)	17

구분	항목(배점)	세부 평가항목	평가지표	배점
종합평가	사업 효과 (33)	전체사업 효과	• 성과지표의 충실성 • 성과지표 산정의 타당성 ※ 주거복지 및 삶의질 향상, 일자리 창출 및 도시활력 회복, 공동체 회복 및 사회통합 관련	27
		일자리 창출	• 사업, 창업, 운영 등을 통한 일자리 창출효과 및 지역주민 고용계획 ※ 운영단계, 건설단계 등에서의 직접고용 등	6
가점	중앙정부 가·감점 (최대 +5점)		① 생활SOC 공급사업 – 기초생활인프라 국가적 최저기준 미달시설 복합 공급 (복합시설 건설 등)	+1
			② 소규모 주택 정비사업 – 가로주택정비사업 – 자율주택정비사업	+1
			③ 공공임대주택 공급사업	+1
			④ 지역 특화재생 모델	+0.4~2
			⑤ 부처 협업	+1~2
			⑥ 대규모 공공주택 공급지역	+1~2
			⑦ 장기미집행 공원 활용	+1
			⑧ 경제위기지역 재생모델	+1
			⑨ 연차별 추진실적 평가 결과	+1

일반근린형(시·도 선정)				
항목(배점)	세부 평가항목		평가내용	배점
거버넌스 (20)	행정역량 기반구축		• (필수)도시재생 전담조직, 추진단 등의 구성 및 전담인력 배분 • 행정협의회 구성 및 운영실적 및 내용 • 도시재생 전담조직(원) 역량강화 활동 및 내용	5
	지역현장 기반구축		• 총괄코디네이터 및 현장지원센터장의 역량(조정 및 관리 역량 등) • (필수)도시재생현장지원센터의 구성 및 운영	5
	공동체협력 기반구축		• 주민(예비)협의체, 중간지원조직 등의 구성 및 운영 • 사업추진협의회 등의 구성 및 운영 • 공공, 민간조직 발굴 및 사업 참여 의향 • (필수)도시재생대학 등 지역역량강화 활동 및 추진내용	10
활성화 계획(20)	쇠퇴진단 및 지역자산		• 쇠퇴진단 및 지역자원(발굴)조사 • 재생 시급성(안전, 경제, 환경, 보건 등)	5
	지역 현안문제 도출		• 지역 현안문제 도출을 위한 주민의견수렴 • 목표설정 및 지표의 적정성 • 상위계획과의 부합성 • 관련 규제특례, 조세감면 등 활용계획 및 도시계획 조치 검토 등	5
	맞춤형 콘텐츠 발굴		• 비전 및 사업목표의 적정성 • 맞춤형 콘텐츠 발굴과정에서의 주민의견 수렴의 적정성 • 지역 현안문제 대응을 위한 맞춤형 콘텐츠 • 관련부처 연계·협업사업 발굴·확보	5
	사업구상		• 맞춤형 콘텐츠를 달성하기 위한 사업구상 • 개별 단위사업의 충실성 및 융복합 여부 • 관련부처 연계·협업사업 연계 구상	5

일반근린형은 시·도 선정에서 활성화 계획 중 지역현안 문제 도출 시 생활밀착형 기본인프라 관련 현안문제 도출(노후주거지, 생활 SOC), 골목상권 쇠퇴와 관련한 현안문제 도출(경관악화, 커뮤니티 활성화 등), 지역 특화요소 발굴 및 활용 가능성 등을 중점적으로 검토해야 한다. 또한, 맞춤형 콘텐츠 발굴에 있어서는 생활밀착형 기본인프라 확충 관련 콘텐츠, 골목상권 환경 개선 및 지역 공동체 회복 관련 콘텐츠, 지역 특화요소 활용 관련 콘텐츠 등을 중점적으로 검토해야 한다. 사업 구상 부문에서는 노후주거지 정비 및 커뮤니티 공간 확보 관련 사업, 골목상권 및 지역공동체 활성화 관련 사업, 지역특화요소 관련 사업(지역 정체성 강화), 경관개선 및 유지·관리를 위한 사업 등을 중점적으로 검토해야 한다.

항목(배점)	세부 평가항목	평가내용	배점
단위사업 (50)	목표달성 가능성	• 사업목표(지표) 설정의 구체성 • 사업규모대비 사업목표 설정의 적절성 • 단계별 추진계획 및 예산집행 계획 • 지방비 매칭 및 추가 투입 계획(지자체 자체 연계사업 포함) • 기타 재원 활용방안	10
	사업추진 가능성	• 도입기능의 적정성 • 부지 및 건축물 확보 가능성(국공유지, 기부채납 등 포함) • 사업시행주체, 시설 및 프로그램 운영주체의 구체성 • 사업 추진과정에서의 갈등 관리 방안 • 재정지원 종료 후 관리운영 방안(수익 재투자·환원 방안 및 지속가능한 지역경제 선순환 구조 확보방안)	40
사업효과 (10)	전체사업 효과	• 성과지표의 충실성 • 성과지표 산정의 타당성 ※ 주거복지 및 삶의 질 향상, 일자리 창출 및 도시활력 회복, 공동체 회복 및 사회통합 관련	5
	일자리 창출	• 사업, 창업, 운영 등을 통한 일자리 창출효과 및 지역주민 고용계획 ※ 운영단계, 건설단계 등에서의 직접고용 등	5
중앙정부 가·감점 (최대 +5점)		① 부처협업	+1~2
		② 생활SOC	+1
		③ 지역 특화재생	+0.4~2
		④ 대규모 공공주택 공급지역	+1~2
		⑤ 장기미집행 공원 활용	+1
		⑥ 공공임대주택 공급사업	+1
		⑦ 소규모 주택정비	+1
		⑧ 경제위기지역 재생모델	+1
		⑨ 연차별 추진실적 평가	±1
시·도 가·감점 (최대 +2점)		① 시·도 부여 가점	+1~2

※ 중점 검토사항

사업추진 가능성	1. 부지 및 건축물 확보 여부(기본 배점 30점) 　- 확보완료(신규 매입, 공유지 등)는 30점, 매입 중인 경우(계약서 첨부)는 20점, 토지소유자와 매입 협의한 경우(조건부 매매계약서 등)는 10점, 미확보는 0점 2. 둥지 내몰림 현상 대응책(상생협의체 구축, 상생협약 체결 등) 3. 커뮤니티공간 참여주체 및 운영관리 방안 4. 지역 특화요소의 도시재생 기여 적정성
전체 사업효과	1. 삶의 질 관련 성과지표(주택공실률, 노후불량주택, 공공임대주택 등) 2. 일자리 및 공동체회복 관련 성과지표(일자리, 전입인구, 공동체 공간 등)

일반근린형(공공기관 제안방식)

항목(배점)	세부 평가항목	평가내용	배점
거버넌스 (17)	행정역량 기반구축	• (필수)도시재생 전담조직, 추진단 등의 구성 및 전담인력 배분 • 행정협의회 구성 및 운영실적 및 내용 • 도시재생 전담조직(원) 역량강화 활동 및 내용	6
	지역현장 기반구축	• 총괄코디네이터 및 현장지원센터장의 역량(조정 및 관리 역량 등) • (필수)도시재생현장지원센터의 구성 및 운영	6
	공동체협력 기반구축	• 주민(예비)협의체, 중간지원조직 등의 구성 및 운영 • 사업추진협의회 등의 구성 및 운영 • 공공, 민간조직 발굴 및 사업 참여 의향 • (필수)도시재생대학 등 지역역량강화 활동 및 추진내용	5
활성화 계획 (17)	쇠퇴진단 및 지역자산	• 쇠퇴진단 및 지역자원(발굴)조사 • 재생 시급성(안전, 경제, 환경, 보건 등)	2
	지역 현안문제 도출	• 지역 현안문제 도출을 위한 주민의견수렴 • 목표설정 및 지표의 적정성 • 상위계획과의 부합성 • 관련 규제특례, 조세감면 등 활용계획 및 도시계획 조치 검토 등 ※ 중점검토사항 1. 중점사업(노후주거지 정비사업, 경관개선사업, 지역특화자산 발굴 및 활용사업) 및 지자체 선정 중점·일반사업의 추진 필요성의 적정성	5
	맞춤형 콘텐츠 발굴	• 비전 및 사업목표의 적정성 • 맞춤형 콘텐츠 발굴과정에서의 주민의견 수렴의 적정성 • 지역 현안문제 대응을 위한 맞춤형 콘텐츠 • 관련부처 연계·협업사업 발굴·확보 ※ 중점검토사항 1. 중점사업(노후주거지 정비사업, 경관개선사업, 지역특화자산 발굴 및 활용사업) 및 지자체 선정 중점·일반사업의 추진방식 및 사업콘텐츠 적정성	5
	사업구상	• 맞춤형 콘텐츠를 달성하기 위한 사업구상 • 개별 단위사업의 충실성 및 융복합 여부 • 관련부처 연계·협업사업 연계 구상 ※ 중점검토사항 1. 중점사업(노후주거지 정비사업, 경관개선사업, 지역특화자산 발굴 및 활용사업) 및 지자체 선정 중점·일반사업의 대상지 설정 및 사업추진내용의 적정성 2. 경관개선사업의 적정 유지관리를 위한 경관협정 추진 지원의 적정성	5

항목(배점)	세부 평가항목	평가내용	배점
단위사업 (33)	목표달성 가능성	• 사업목표(지표) 설정의 구체성 • 사업규모대비 사업목표 설정의 적절성 • 단계별 추진계획 및 예산집행 계획 • 지방비 매칭 및 추가 투입 계획(지자체 자체 연계사업 포함) • 기타 재원 활용방안	17
		※ 중점검토사항 1. 중점사업(노후주거지 정비사업, 경관개선사업, 지역특화자산 발굴 및 활용사업) 및 지자체 선정 중점·일반사업의 사업목표 및 사업비의 적정성	
	사업추진 가능성	• 도입기능의 적정성 • 부지 및 건축물 확보 가능성(국공유지, 기부채납 등 포함) • 사업시행주체, 시설 및 프로그램 운영주체의 구체성 • 사업 추진과정에서의 갈등 관리 방안 • 재정지원 종료 후 관리운영 방안(수익 재투자·환원 방안 및 지속가능한 지역경제 선순환 구조 확보방안)	16
		※ 중점검토사항 1. 부지 및 건축물 확보 여부(13점) – 확보완료(신규 매입, 공유지 등)는 13점, 매입 중인 경우(계약서 첨부)는 10점, 토지소유자와 매입 협의한 경우(조건부 매매계약서 등)는 5점, 미확보는 0점 2. 커뮤니티공간 참여주체 및 운영관리 방안	
사업효과 (33)	전체사업 효과	• 성과지표의 충실성 • 성과지표 산정의 타당성 ※ 주거복지 및 삶의질 향상, 일자리 창출 및 도시활력 회복, 공동체 회복 및 사회통합 관련	26
		※ 중점검토사항 1. 삶의 질 관련 성과지표(노후주거지 정비, 경관개선, 지역특화활용 등 중심)	
	일자리 창출	• 사업, 창업, 운영 등을 통한 일자리 창출효과 및 지역주민 고용계획 ※ 운영단계, 건설단계 등에서의 직접고용 등	7
중앙정부 가·감점 (최대 +5점)		① 부처협업	+1~2
		② 생활SOC	+1
		③ 지역 특화재생	+0.4~2
		④ 대규모 공공주택 공급지역	+1~2
		⑤ 장기미집행 공원 활용	+1
		⑥ 공공임대주택 공급사업	+1
		⑦ 소규모 주택정비	+1
		⑧ 경제위기지역 재생모델	+1
		⑨ 연차별 추진실적 평가	±1

다음으로 중앙 정부 선정사업(중심시가지, 공공기관 제안방식– 중심시가지형·일반근린형)은 실현가능성 및 타당성 평가항목과 배점기준이 적용된다.

항목 (배점)	세부 평가항목	중심시가지형(지자체 및 공공기관 제안방식 공통)	
		평가내용	배점
거버 넌스 (17)	행정역량 기반구축	• (필수)도시재생 전담조직, 추진단 등의 구성 및 전담인력 배분 • 행정협의회 구성 및 운영실적 및 내용 • 도시재생 전담조직(원) 역량강화 활동 및 내용	6
	지역현장 기반구축	• 총괄코디네이터 및 현장지원센터장의 역량(조정 및 관리 역량 등) • (필수)도시재생현장지원센터의 구성 및 운영	6
	공동체협력 기반구축	• 주민(예비)협의체, 중간지원조직 등의 구성 및 운영 • 사업추진협의회 등의 구성 및 운영 • 공공, 민간조직 발굴 및 사업 참여 의향 • (필수)도시재생대학 등 지역역량강화 활동 및 추진내용	5
활성화 계획 (17)	쇠퇴진단 및 지역자산	• 쇠퇴진단 및 지역자원(발굴)조사 • 재생 시급성(안전, 경제, 환경, 보건 등)	2
	지역 현안문제 도출	• 지역 현안문제 도출을 위한 주민의견수렴 • 목표설정 및 지표의 적정성 • 상위계획과의 부합성 • 관련 규제특례, 조세감면 등 활용계획 및 도시계획 조치 검토 등 ※ 중점검토사항 1. 거점공간 조성을 위한 유휴 공간 발굴 적정성 2. 지역상권 활성화계획 연계(상권분석 등) 3. 도시계획적 조치 검토(공공시설이전, 집객시설 정비 등)	5
	맞춤형 콘텐츠 발굴	• 비전 및 사업목표의 적정성 • 맞춤형 콘텐츠 발굴과정에서의 주민의견 수렴의 적정성 • 지역 현안문제 대응을 위한 맞춤형 콘텐츠 • 관련부처 연계 · 협업사업 발굴 · 확보 ※ 중점검토사항 1. 거점공간 조성 관련 콘텐츠(어울림센터) 2. 둥지 내몰림 대책 관련 콘텐츠(상생협력상가, 협약 추진을 위한 상인 등의 지역역량강화) 3. 관련부처 연계 · 협업사업 발굴 · 확보	5
	사업구상	• 맞춤형 콘텐츠를 달성하기 위한 사업구상 • 개별 단위사업의 충실성 및 융복합 여부 • 관련부처 연계 · 협업사업 연계 구상 ※ 중점 검토사항 1. 거점공간 조성 관련 사업(어울림센터 등) 2. 상생협력상가 조성 관련사업 3. 지역상권 활성화 관련 사업	5

항목 (배점)	세부 평가항목	평가내용	배점
단위 사업 (33)	목표달성 가능성	• 사업목표(지표) 설정의 구체성 • 사업규모대비 사업목표 설정의 적절성 • 단계별 추진계획 및 예산집행 계획 • 지방비 매칭 및 추가 투입 계획(지자체 자체 연계사업 포함) • 기타 재원 활용방안 ※ 중점검토사항 1. 거점공간 조성에 관한 재원 구조(어울림센터 및 상생협력상가)	17
	사업추진 가능성	• 도입기능의 적정성 • 부지 및 건축물 확보 가능성(국공유지, 기부채납 등 포함) • 사업시행주체, 시설 및 프로그램 운영주체의 구체성 • 사업 추진과정에서의 갈등 관리 방안 • 재정지원 종료 후 관리운영 방안(수익 재투자·환원 방안 및 지속가능한 지역경제 선순환 구조 확보방안) ※ 중점검토사항 1. 부지 및 건축물 확보 여부(기본 배점 13점)—확보완료(신규 매입, 공유지 등)는 13점, 매입 중인 경우(계약서 첨부)는 10점, 토지소유자와 매입협의한 경우(조건무 매매 계약서 등)는 5점, 미확보는 0점 2. 어울림센터 참여주체 및 운영 관리 방안 3. 둥지 내몰림 대응책(상생협의체 구축, 상생협약 체결 등)	16
사업 효과 (33)	전체사업 효과	• 성과지표의 충실성 • 성과지표 산정의 타당성 ※ 주거복지 및 삶의질 향상, 일자리 창출 및 도시활력 회복, 공동체 회복 및 사회통합 관련 ※ 중점검토사항 1. 삶의 질 관련 성과지표(상가공실률, 노후불량상가, 문화시설보급) 2. 일자리 및 공동체회복 관련 성과지표(창업, 고용, 사업체, 유동인구, 상생협력상가)	17
	일자리 창출	• 사업, 창업, 운영 등을 통한 일자리 창출효과 및 지역주민 고용계획 ※ 운영단계, 건설단계 등에서의 직접고용 등	16
중앙정부 가·감점 (최대 +5점)		① 부처협업	+1~2
		② 생활SOC	+1
		③ 지역 특화재생	+0.4~2
		④ 대규모 공공주택 공급지역	+1~2
		⑤ 장기미집행 공원 활용	+1
		⑥ 공공임대주택 공급사업	+1
		⑦ 소규모 주택정비	+1
		⑧ 경제위기지역 재생모델	+1
		⑨ 연차별 추진실적 평가	±1

항목 (배점)	세부 평가항목	평가지표	배점
경제기반형(지자체 신청 및 공공기관 제안방식 공통)			
거버넌스 구축 (17점)	행정지원 역량 기반구축	• 도시재생 전담조직 · 추진단 · 행정협의회 구성 • 전담인력 배분 • 도시재생 전담조직 또는 도지재생추진단 운영 및 보강계획, 역량강화 활동 및 추진계획	7
	지역 현장지원 기반구축	• 조정 및 관리(사업총괄코디네이터 또는 현장지원센터장) • 현장지원센터(운영 및 예산확보, 지원인력확보, 운영계획 및 공간확보 등)	5
	지역공동체 협력기반 구축	• 지역공동체 및 지역역량 강화(기존 또는 자생적 주민공동체 파악, 주민협의체, 도시재생추진협의회 · 운영위원회 운영, 도시재생대학 등)	5
활성화계획 적정성 (17점)	쇠퇴진단 및 지역자산 조사	• 쇠퇴진단(인구 · 빈집 · 산업 · 노후불량건축물 · 기반시설 보급률 · 상업시설 임대료와 지가 및 매매가 · 지방세 · 종사자 수 · 용도지역 등) • 지역자산 조사(문화 · 역사 · 관광 · 국공유지 및 유휴 건축 · 지자체 특화자산)	2
	지역현안 문제에 대한 주민의견	• 주민의견 수렴을 위한 회의개최 • 지역 현안문제 도출을 위한 주민설문조사 실시 • 기타 주민의견 수렴을 위한 노력 내용	2
	지역현안 문제 도출	• 도출근거(쇠퇴진단 결과, 지역자산 조사 결과, 주민의견 수렴 결과) • 도출된 현안문제	3
	지역 문제 대응을 위한 맞춤형 콘텐츠 발굴	• 콘텐츠 발굴을 위한 주민의견 수렴(주민의견수렴을 위한 회의 개최, 콘텐츠 발굴을 위한 주민 대상 설문 조사 실시, 주민의견을 반영한 콘텐츠 발굴) • 문제대응을 위한 지역 맞춤형 콘텐츠(대응 현안문제, 맞춤형 콘텐츠)	4
	맞춤형 콘텐츠를 달성하기 위한 사업구상	• 지역 문제 대응을 위한 맞춤형 콘텐츠 발굴에서 제시한 맞춤형 콘텐츠에 맞추어 적절한 단위사업을 제시하였는지 여부(맞춤형콘텐츠, 단위사업 제시, 부처협업사업 등으로 구성)	6

항목 (배점)	세부 평가항목	평가지표	배점
단위사업 목표 달성 및 추진 가능성 (33점)	목표달성 가능성	• 목적의 부합성(단위사업명, 내용, 목표) • 사업목표 타당성(사업목표제시, 사업비, 사업비 대비 사업목표 타당성) • 타 사업과의 연계성	16
	사업추진 가능성	• 사업수단 적정성(사업주체 확보여부, 부지 소유, 민간토지 사용가능여부, 사업주체 및 운영주체 내용, 사업비확보, 사업방식, 토지매입·보상의 타당성, 사업 추진 계획) • 사업시행 및 관리 적정성(이해관계자 간 사업협의 여부, 사전협의 및 공감대 형성 활동 내용, 파트너십 구축 내용 및 여부, 사업을 통한 자제수익 창출방안, 재생사업 및 국비지원 종료 후 운영관리방안)	17
		※ 중점검토사항 1. 부지 및 건축물 확보 여부(기본 배점 13점)—확보완료(신규 매입, 공유지 등)는 13점, 매입 중인 경우(계약서 첨부)는 10점, 토지소유자와 매입 협의한 경우(조건부 매매계약서 등)는 5점, 미확보는 0점	
전체사업 효과 (33점)	사업효과	• 활성화계획 상 성과지표 제시(사업효과 분석을 위한 성과지표, 지자체 제시지표) • 총 사업비용, 사업 효과 도출, 총 사업비 대비 종합효과	16
	일자리 창출	• 운영단계 직접고용(센터 고용, 활동가, 고용센터, 도시재생회사(CRC) 등 고용 • 건설단계 파생고용(건축·토목·사업지원서비스) • 시설 건설 고용(법제도·기준 및 유사사례) • 총 창출 일자리	17
중앙정부 가·감점 (최대 +5점)		① 부처협업	+1~2
		② 대규모 공공주택 공급지역	+1~2
		③ 장기미집행 공원 활용	+1
		④ 공공임대주택 공급사업	+1
		⑤ 소규모 주택정비	+1
		⑥ 경제위기지역 재생모델	+1
		⑦ 연차별 추진실적 평가	±1

제2절 도시재생 뉴딜사업의 실태와 현황분석

1. 도시재생 뉴딜사업의 추진실태

2017년부터 도시재생 뉴딜사업이 본격적으로 추진된 가운데 도시재생 뉴딜형 시범사업이 선정되어 추진 중에 있다(국토교통부 도시재생사업기획단, 2017). 국토연구원과 토지주택연구원(LHI)은 2017년 8월부터 기초연구에 착수하여 지방자치단체 관련 전문가와 관계부처 등을 대상으로 정책방향에 대해 의견을 수렴하였다. 또한, 도시재생 뉴딜 로드맵을 반영하여 도시재생법 및 10년 단위의 국가 도시재생 전략인 국가도시재생 기본방침을 정비하였다. 2017년 시범사업 68곳을 선정한 이후 2018년 3월 27일 관계부처 합동으로 향후 5년간의 추진전략 및 계획을 내용으로 한 도시재생 뉴딜 로드맵을 발표하였다.

일자	도시재생사업 추진 실태
	주요 내용
2013. 06	「도시재생 활성화 및 지원에 관한 특별법」 제정
2013. 12	「도시재생 활성화 및 지원에 관한 특별법」 시행 • 2013.12월 법 시행에 맞춰, 16개 부처의 장과 경제·산업·문화·복지·도시건축 등 각 분야 민간 전문가(13인)로 도시재생특위 구성 • 10년간('14~'23)의 도시재생 시책을 담은 '국가도시재생기본방침'을 수립하고, 제1차 도시재생특위 심의를 통해 확정('13.12.31일 고시)
2014. 05	◆ 도시재생 선도지역 지정 • 도시재생특위를 거쳐 도시재생 선도지역 13곳을 지정
2014. 12	◆ 활성화계획 확정
2016. 04	◆ 2차 도시재생사업지구 선정 • '15.3~4월 지자체 공모, '15.5월 민간전문가 위원회 평가, 정부·국회예산심의, 제6차 도시재생특위('16.4.18)를 거쳐 최종 33곳 선정
2017. 12	◆ 도시재생 뉴딜 시범사업 선정 • '17.9월 지자체 및 공공기관 대상 설명회(9.14~9.21), 부처협업지원 T/F(9.19), 제8차 도시재생특위('17.9.25)를 거쳐 선정계획 최종 확정 • 제9차 도시재생특위('17.12.14)를 거쳐 시범사업 최종 68곳 선정
2018. 03	◆ 도시재생 뉴딜 로드맵 마련 • 도시재생 뉴딜사업 본격 추진에 앞서 향후 5년간의 추진계획인 '도시재생 뉴딜 로드맵'을 제10차 도시재생특위('18.3.22), 당정협의('18.3.27)를 통해 확정·발표

2017년 도시재생 뉴딜사업의 선정지역에 대해 구체적으로 살펴보면, 68곳 중 광역지자체가 44곳, 중앙정부가 15곳, 공공기관 9곳이 시범사업의 대상지로 선정되었다. 이 중 경제기반형이 1곳, 중심시가지형이 19곳, 일반근린형이 15곳, 주거지지원형이 16곳, 우리동네살리기형 17곳이 선정되었다. 2018년의 경우, 경제기반형이 3곳, 중심시가지형이 17곳, 일반근린형이 34곳, 주거지지원형이 28곳, 우리동네살리기형 17곳 등 99곳이 선정되었다(부록 참조).

전국 시·도별 도시재생 뉴딜사업 현황

(단위: 개)

구분	2017	2018	2019(상반기)	계
서울	0	7	1	8
부산	4	7	2	13
대구	3	7	1	11
인천	5	5	0	10
광주	3	5	1	9
대전	4	3	0	7
울산	3	4	0	7
세종	1	2	0	3
경기	8	9	4	21
강원	4	7	1	12
충북	4	4	1	9
충남	4	6	2	12
전북	6	7	1	14
전남	5	8	3	16
경북	6	8	3	17
경남	6	8	2	16
제주	2	2	0	4
합계	68	99	22	189

도시재생사업의 유형별 사업수를 보면, 2016년의 경우 일반근린형이 19곳으로 가장 많은 비중을 차지했고, 2017년의 경우 중심시가지형이 가장 많이 선정되었으며, 2018년의 경우 일반근린형(34곳)과 주거지지원형(28곳)이 가장 많은 비중을 차지하였다.

도시재생 유형별 사업수

(단위: 개)

구분		2014	2016	2017	2018	2019(상)	계
도시경제기반형	경제기반형	2	5	1	3	0	11
근린재생형	중심시가지형	11	9	19	17	7	185
	일반근린형		19	15	34	6	
	주거지지원형		0	16	28	4	
-	우리동네살리기	0	0	17	17	5	39
합계		13	33	68	99	22	235

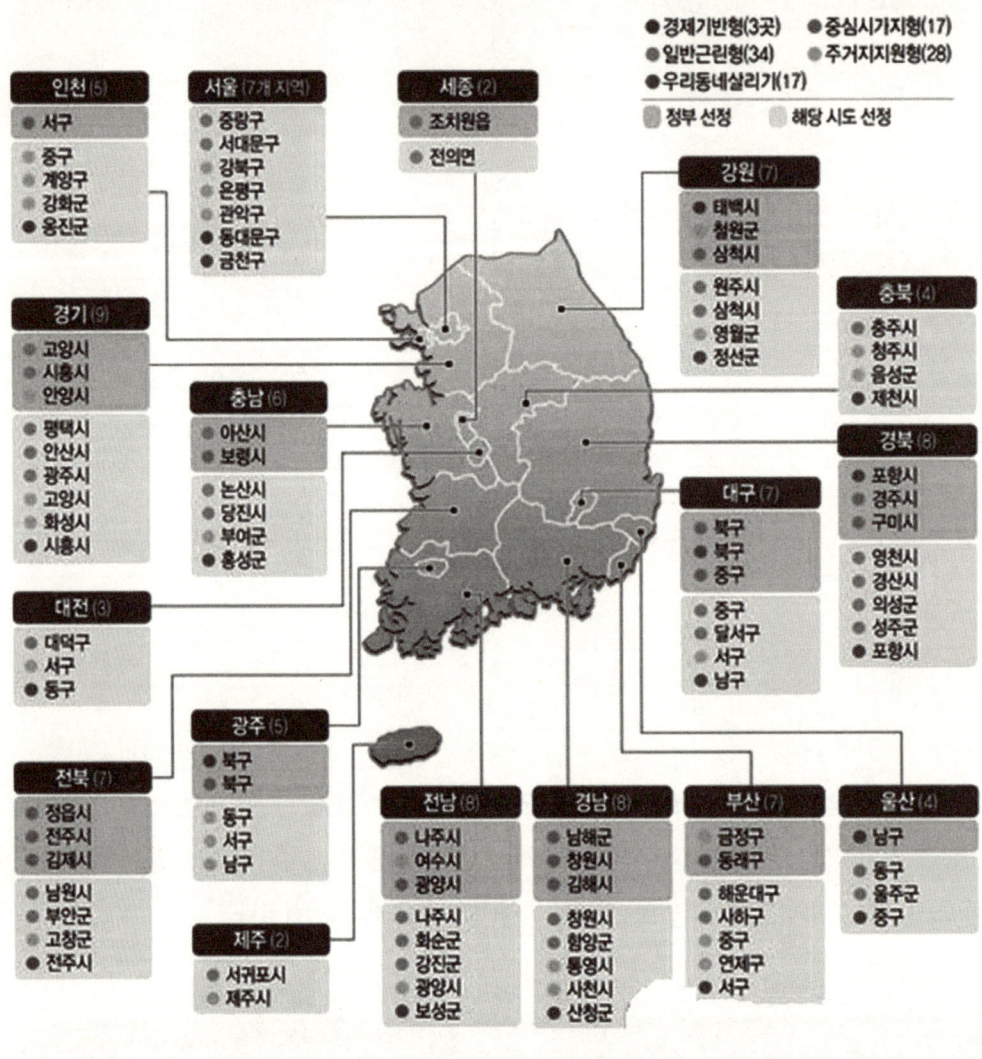

2018년 도시재생 뉴딜사업 선정지역

 그 이후 2019년 4월 8일 제16차 도시재생특별위원회에서는 2019년 상반기 도시재생 뉴딜사업 22곳을 선정하였다(평균 경쟁률 2.4 : 1). 22곳 중 서울 금천구 독산동 일대 등 경제적 효과가 큰 중규모 사업 7곳은 중심시가지형으로 20만㎡ 내외로 조성되며, 대구 달서구 송현동 등 노후 한 저층주거지를 정비하는 소규모 사업 15곳은 우리동네살리기, 주거지지원형, 일반

2019년 상반기 도시재생 뉴딜사업 선정 결과

구분	중규모	소규모	구분	중규모	소규모	구분	중규모	소규모
서울	1곳	–	강원	–	1곳	경북	1곳	2곳
부산	–	2곳	충북	–	1곳	경남	1곳	1곳
대구	–	1곳	충남	1곳	1곳	대전, 인천, 울산, 세종, 제주는 미선정		
광주	1곳	–	전북	–	1곳			
경기	1곳	3곳	전남	1곳	2곳			

근린형으로 5~15만㎡ 규모로 조성된다.

2. 경남지역 도시재생사업의 실태분석

　도시재생 뉴딜은 노후주거지와 쇠퇴한 구도심을 지역 주도로 활성화하여 도시의 경쟁력을 높이고 일자리를 만드는 국가적 도시혁신 사업이다. 국토교통부는 2017년에 앞에서 제시한 3대 추진전략과 5대 추진과제를 설정하여 기존 '도시재생사업'을 '도시재생 뉴딜 사업'으로 개편하였다. 경남지역은 2014년 도시재생 선도사업 이후 2019년 상반기까지 18개의 지자체가 도시재생사업에 선정되었다. 먼저 도시재생 선도지역은 상향식 도시재생의 취지를 살리기 위해 공모방식으로 진행하여 13곳이 선정되었는데, 경남의 경우 2014년 근린재생형 일반규모로 창원시 마산합포구 동서, 성호, 오동동 일대가 도시재생 선도사업에 선정되었다.

2014: 도시재생 선도지역 (13개: 경남 1개 지역)

(단위: 억원)

구분		자자체	대상지역	사업구상(안)	국비지원	총 사업비	사업 기간	면적 (㎢)
근린 재생형	일반 규모	창원	마산합포구 동서, 성호, 오동동	부림시장, 창동예술촌 중심의 문화 예술 중심 도시재생	100	200	'14–'17	1.78

국토교통부는 창원시 도시재생 선도사업의 경우 문화·예술을 핵심콘텐츠로 발굴하여 지역 예술가, 주민, 기업 등이 협력하여 상권을 회복하고 관광객을 유치한 도시재생 우수사례로 평가하였고 한국형 도시재생사업의 성공모델로 정착할 수 있도록 지원한다고 밝혔다. 창원시는 2014년부터 도시재생사업을 추진한 결과, 사업 시행 전과 비교하여 유동인구는 132.6% 증가했고, 월 매출액이 45.0% 증가한 동시에 영업 점포수는 13.5%, 청년 창업사례는 39.5% 증가한 것으로 나타났다. 사업성과의 원동력으로 민간의 적극적인 참여와 부처 협업 사업의 효율적인 활용을 들고 있다(국토교통부, 창원시 도시재생과 보도자료 인용).

다음으로 2016년 도시재생 일반지역 선정지로 경제기반형 5개소, 근린재생 중심시가지형 9개소, 근린재생 일반형 19개소 등 전체 33곳이 선정되었다. 이 중 경남은 김해시가 근린재생형 중심시가지형에 선정되었다. 김해시는 문화재 보호구역으로 지정되어 쇠퇴한 지역에 가야역사문화를 중심으로 활성화를 추진한다. 아울러 역사문화특화를 위한 보행 공간 구축, 다문화 활성화를 위한 거점 시설 및 프로그램 지원 등의 도시재생사업을 함께 추진하고 있다.

2016: 도시재생 일반지역(33개: 경남 1개 지역)

(단위: 억원)

구분	자자체	대상지역	사업구상(안)	국비지원	총사업비	사업기간	면적(㎢)
근린재생형 중심시가지형	김해	동상동, 회현동, 부원동 일원	상업중심의 원도심을 문화중심의 원도심으로 전환(다어울림센터 및 광장 z 조성, 청년허브 조성, 문화재보존 병행 주거환경 개선, 문화가로 조성 등)	91	182	'16-'20	2.3

2017년 도시재생 뉴딜사업은 총 68곳이 선정되었으며, 경남의 경우 6곳이 선정되었으며, 통영시 도남로 일대는 경제기반형(총사업비 1조 1,041억 원)으로 선정되었다.

2018년 도시재생 뉴딜사업은 총 99곳이 선정되었으며, 경남은 정부지원 3곳, 시도 지원 5곳 등 8개 지방자치단체가 선정되었다. 구체적으로는 정부지원 중심시가지형은 창원, 김해, 남해가 선정되었고, 시도 지원에서 일반근린형은 창원, 함양이 선정되었으며, 주거지원형에는 통영, 사천, 그리고 우리동네살리기는 산청군이 선정되었다.

2017: 도시재생 뉴딜사업 선정지역(68개: 경남 6개 지역)

(단위: 억원)

시도	대상지	사업장	사업 주요내용	총사업비(안)
경남 (6)	사천	동동 485-2 일원	• 바다관광문화 조성 • 어시장 활성화 • 주민공동체 역량강화 • 주거 및 생활개선	1,737
	김해	무계동 189-3 일원	• 지역상권 활성화 • 도심중심기능 회복 • 지역정체성 강화 • 지역일자리 창출	500.6
	통영	도남로 195	• 폐조선소 부지를 활용한 문화·관광·해양산업 Hub조성(경제기반형)	1조 1,041억원
	하동	광평리 250 일원	• 광평 나눔채 조성, 하동학숙 배움터, 마을스마트 관리 센터, 광평역사문화 간이역 조성, 마을 녹색길 조성 등	315
	거제	장승포동 145-4 일원	• 토박이 공동체, 어촌6차 마을기업 사업, 융복합 커뮤니티 거점, 밤도깨비 야시, 신부시장 아트마케팅 사업 등	163
	밀양	내이동 883-1	• 경남 유일의 축소도시 밀양을 외형적 축소를 넘어선 정신적 원형 도시로의 재생기반을 통한 가치발견의 장이 될 수 있는 도시재생사업을 추진	162

2018: 도시재생 뉴딜사업 선정지역(99개: 경남 8개 지역)

(단위: 억원)

구분	선정	신청제안	사업지역	대표지번	사업내용	사업비
경남 (8)	정부	한국관광공사	남해	남해읍 북변리	• 남해 고유의 관광산업 혁신생태계를 조성하여 한려수도의 거점화 및 글로벌 관광자원으로 창의적 재생	305.7
		창원	창원	진해구 대흥동 10-1	• 근대군항문화(근대건축물 등)를 활용한 도시 경제력 강화, 청년·주민 협업을 통한 공동체 회복과 지역상권 활성화 및 사회통합 기여	2,395
		김해	김해	삼안동 161-1	• 인제대의 복지·문화 자원과 김해대의 생활밀착형 자원을 대학외부의 주민 속으로 끌어내어 경제·문화중심의 대학로를 조성함으로써 어울림 공동체를 구축, 일자리 창출에 기여	417
	시도	창원	창원	회원구 구암동 8-16	• 경남 최초 재개발 해제지역에 주거·복지를 위한 문화·여가·복지 서비스 확충 및 지역기업(하이트진로) 협업을 통한 특화 상권 조성	220.8
		함양	함양	함양읍용평리	• 천혜의 경관(빛·물·바람·흙)과 특화자원(항노화)을 활용한 지역 경쟁력 회복 및 공동체 활성화	316.3
		통영	통영	정량동 839-9	• 낙후된 경사지 자연발생 취락지인 정량동 멘데 마을을 도시재생뉴딜사업을 통해 주거복지실현, 관광자원 활성화, 지역공동체 활성화 기틀 마련	167.9
		사천	사천	대방동 250	• 공공·폐가 정비, 해안공원 조성 및 해안가로 정비 등 삼천포 워터프론트 앵커시설 건립을 통해 바다로 열리는 문화마을 조성	150
		산청	산청	산청읍 산청리 150	• 살고 싶은 정주환경 조성, 약선 생활문화 플랫폼 구축과 다양한 세대를 아우르는 공동체 조성을 통해 약선 생활의 저변 확대와 일자리 창출 도모	66.7

마지막으로 2019년 상반기 국토교통부는 도시재생 뉴딜사업 공모를 통해 22곳을 선정했는데, 경남은 밀양 가곡동, 양산 북부동 등 2곳이 선정되어 2014년 이후 최근까지 경남지역의 경우 전체 18곳이 선정되었다. 2019년 하반기 공모에는 진주시 성북동, 거제시 고현동, 김해시 진영읍, 양산시 중앙동 등 19곳이 신청 준비를 하고 있는 것으로 나타났다(MoneyS, 2019.7.17. 기사자료 인용).

스마트시티와 스마트시티형 도시재생

업데이트 자료 확인

제1절 U-City와 스마트시티의 등장

1. U-City 이후 스마트시티의 출현

우리나라는 2008년 「유비쿼터스도시의 건설 등에 관한 법률(일명 유비쿼터스 도시법)」이 제정되면서 첨단기술을 적용한 유비쿼터스도시(U-City)[1] 건설의 근거를 마련하였다. U-City는 공간정보 구축에서 시작하여 구축된 공간정보를 활용하기 위한 시스템을 구축하고, 이 시스템을 통하여 도시 시설들을 관리하면서 본격적으로 논의되었다(이재용, 2018). 지금까지의 추진내용을 살펴보면, 2000년대 초반에 도시시설물 관리를 위해 공간정보 기반 시스템을 구축하였고 전국적인 초고속정보통신망 구축 2단계 사업이 완료되었다. 또한, 2기 신도시들이 개발되면서 정보통신기술을 활용한 편리한 정주환경 조성을 위해 U-City 개념이 적용되었고, 도시개발과 첨단도시기반시설을 구축함에 따라 건설사업과 정보통신사업 등 다양한 개

---

[1] 유비쿼터스도시란 도시의 경쟁력과 삶의 질의 향상을 위하여 유비쿼터스도시 기술을 활용하여 건설된 유비쿼터스도시기반시설 등을 통하여 언제 어디서나 유비쿼터스도시 서비스를 제공하는 도시를 말함(유비쿼터스도시법 제2조 참조). 참고로 U-City는 송도정보화신도시 브랜드명에서 유래되었다.

별 법령들을 적용하는데 어려움이 있어 유비쿼터스 도시법이 제정되었다(국가건축정책위원회, 2016, 조영태, 2017; 오병록 외, 2018).

U-City란

유비쿼터스도시의 건설 등에 관한 법률 (2008.3.28. 제정)
도시의 경쟁력과 삶의 질의 향상을 위하여 유비쿼터스도시기술을 활용하여 건설된 유비쿼터스도시기반시설 등을 통하여 언제 어디서나 유비쿼터스도시서비스를 제공하는 도시

(출처: 한국정보통신기술협회, 표준화 이슈 2018-1호)

유비쿼터스도시종합계획은 1차(2009.1)와 2차(2013.1)의 두 번에 걸쳐 수립되었는데, 1차 계획에서는 유비쿼터스도시 정의와 필요성 등을 제시하고 제도마련, 핵심기술 개발, 산업육성 지원, 국민체감 서비스 창출 등 유비쿼터스도시 추진을 위한 기반구축에 중점을 두었다. 2차 계획에서는 보다 세분화되고 전문화된 유비쿼터스도시 적용을 위해 세부추진과제 U-City 기반 국민의 안전 확보, 재난·재해에 대응한 스마트 안전관리 시스템 구축, U-City 서비스 내실화, U-City 기술 및 연구개발 성과 확산, 국민편의 U-서비스 개발 확산, 민간업체 지원 기반 마련, U-City 정보 민간유통 기반 마련, U-City 전문인력 양성, 국제협력체계 강화, 해외진출 활성화를 위한 지원 강화 등의 과제를 제시하였다. 그러한 성과로 국가 R&D 연구 과제의 일환으로 통합플랫폼, 제도기반 구축, 전문인력 교육지원 등을 추진하였다. 먼저 1차 R&D 기간인 2007부터 2012년에 걸쳐 U-Eco City를 위한 통합플랫폼과 법·제도 등을 연구하였고, 그 이후 동시다발적으로 발생하는 이벤트를 종합 처리하는 도시상황관리 서비스인 U-City 통합플랫폼 기술을 2015년부터 방범, 방재, 교통, 환경 등 센서와 정보시스템을 연계하여 도시 관리의 효율화와 시민 삶의 질 제고를 위해 U-City 통합플랫폼 기반 구축 사업을 추진하였다.

이처럼 과거의 U-City는 IT로 만드는 살기 좋은 도시를 의미하며, 2003년 도시기반시설에 IT 기술을 융합하여 신도시 건설을 위한 프로젝트로 시작되었다. 하지만 사업방식에서 ICT를 신도시 개발과 접목해 공공인프라를 확대한 성과는 있었으나, 공공(LH공사) 주도의 하향식(Top-Down) 방식과 수요를 반영하지 않은 보급형 방식으로 인해 시민들의 체감도는 저

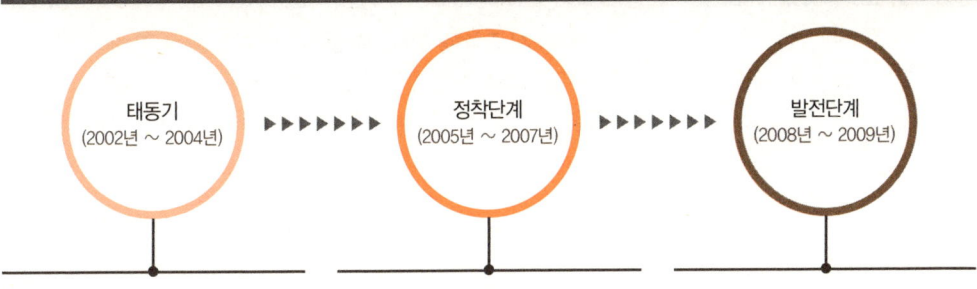

조한 것으로 평가되었다. 또한 산업적인 측면에서 신도시 내 U-City 사업이 건설과 관련한 인프라 구축을 중심으로 추진되어, 참여 업체의 규모가 영세하고 산업 확장의 역량이 부족했다. 이밖에 기술적인 측면에서 5G, 사물인터넷(IoT), 모바일 관련 세계 최고수준의 ICT 기술을 보유하고 있음에도 불구하고 이를 도시에 접목한 사례는 상당히 미흡했다.

특히 '유비쿼터스(Ubiquitous)'라는 용어가 국민들이 체감하기 어렵고, 일정 규모 이상으로 개발되는 신도시에만 적용되었기 때문에 기성시가지의 스마트시티 관련 사업에 적용하는데 한계가 따랐다. 이와 더불어 국제협력이나 해외진출, 스마트도시산업, 세제 등에 지원할 수 있는 법적 근거가 없어 스마트시티 인증제도가 마련되어 있지 않았으며, 스마트시티 관련 정보시스템이 연계·통합되지 않아 체계적으로 관리하는데 한계가 따랐다. 이에 따라 유비쿼터스를 국민들이 이해하기 쉬운 "스마트"로 변경하여, 기성시가지에서 스마트시티 관련 사업을 할 수 있도록 하는 등의 법적 근거를 마련하여 스마트시티를 효율적으로 조성하고 체계적으로 관리하기 위해 법률이 개정되었다.[2]

---

2) 스마트시티 조성·운영, 산업육성 등을 골자로 하는 「스마트도시 조성 및 산업진흥 등에 관한 법률(만홍철 의원 대표발의)」이 2017년 3월 2일 국회본회의를 통과했다(국토교통부, 2017. 3.3 보도자료 인용).

스마트시티란

스마트도시 조성 및 산업진흥 등에 관한 법률 (2017.12.26, 개정)
도시의 경쟁력과 삶의 질의 향상을 위하여 건설·정보통신기술 등을 융·복합하여 건설된 도시기반시설을 바탕으로 다양한 도시 서비스를 제공하는 지속가능한 도시

(출처: 한국정보통신기술협회, 표준화 이슈 2018-1호)

결과적으로 볼 때 절차법적인 성격을 갖는 유비쿼터스 도시법(U-city)은 기성시가지의 문제를 해결하는데 있어서 한계가 따랐으며, 변화된 도시정책에 따른 대처가 미흡했다. 따라서 U-기반시설의 신규 구축뿐만이 아닌 효율적 관리운영을 위한 법적 근거의 필요성과 U-City 사업측면에서 공공과 민간을 지원하고 산업을 활성화시키기 위한 법적 근거가 요구된 시대적 여건에 따라 법률이 개정된 것이다. U-City는 IT와 도시 결합을 통한 지역 정보

U-City와 Smart City의 차이

구분	U-City	Smart City
기반	신도시 개발	기존 도시의 도심문제 해결
개념 적용/운영	개별 시스템(첨단 ICT 기술을 각각 활용) 도시 내에서 기능별로 분절적 운영, 도시데이터 공유 불가, 시민이 도시운영체계에 적응	시스템의 시스템(시스템의 연계와 지능화) 도시전체가 플랫폼으로 연결, 도시데이터 공유로 단절 없는 시민맞춤형 서비스를 제공
구축방향	• ICT 기반 인프라 구축 중심 • 관리자 중심	• 시민의 smart living 관련 생활서비스 중심 • 시민, 기업, 정부 등 사용자 중심
대상영역	교통, 방범/방재 등 관리기능	환경, 근로, 고용, 교육, 행정, 교통 등 확대
비유	장소와 시간의 제약으로부터 자유로워진 모바일 폰	새롭고 복합적인 서비스를 제공하는 스마트 폰
특성	신도시 생성하기 위한 개발	기존 도시의 업그레이드
근거법률	U-city 법('08~'17)	스마트시티 조성 및 산업진흥 등에 관한 법률 ('17.09 시행)
해결방식	도시문제 해결위해 신규 인프라 확대 (예: 교통체증 → 도로건설)	기존 인프라를 효율적으로 활용 (예: 교통체증 → 신호시스템 조정)
추진주체	• 중앙정부, 공기업 위주의 Top-down방식 사업진행 • 정보는 소수에 집중, 시민·기업은 도시정보 배제	• 민간과 표준율 기반의 Bottom-up방식 • 정보공개·공유, 시민들도 도시운영에 적극 참여

자료: 백남철. (2017), 스마트시티 인프라 건설 전략-투자확대를 위한 성과지표를 중심으로, 월간교통, 13-20.

화 및 인프라를 구축하는 것이 핵심인 반면에 스마트시티는 시민 생활의 전반과 관련된 서비스를 개발하는데 초점을 맞추고 시민의 행복과 안전을 위한 '인프라의 활용'에 무게를 두었다. 이러한 내용을 종합해 볼 때 U-City는 정부주도로 추진되었고 Smart City는 민간주도로 추진하는 것을 골자로 한다. 또한 U-City는 ICT 기반의 인프라를 구축하여 정보의 효율적인 운영을 위한 시스템을 구축하는데 초점을 둔 반면에 Smart City는 사회적 자본의 구축을 위해 저비용 고효율의 공간 창출에 초점을 두고 있다. U-City는 송도, 세종시 등 신도시가 여기에 해당되며, Smart City는 암스테르담, 바르셀로나 등 기존 도시가 좋은 예가 될 수 있다(이상호 외, 2014).[3]

2. 스마트시티(Smart City)의 개념과 구성요소

1975년 기준으로 전 세계 1,000만 명 이상의 인구를 보유한 메가시티는 3개 정도에 불과했으나 2013년 24개, 2025년에는 30개 이상으로 확대될 것으로 예측되고 있다. 또한 2050년까지 전 세계적으로 30억 명 이상의 인구가 스마트시티로 흡수될 것으로 전망되며, 아시아와 아프리카는 도시화가 급속도로 진행될 것으로 예상된다(김기봉 외, 2018). 특히 도시가 처한 경제 및 발전수준, 사회수준과 여건에 따라 다양한 모습으로 나타나고 있는데, 유럽과 미주 등 선진국들은 민간 참여에 의한 삶의 질 향상을 추구하는 에코 스마트시티 건설을 목표로 문화 및 예술 등의 분야에 집중하고 있다. 반면에 아시아 지역은 주로 공공부문 위주의 에너지, 환경에 대한 국가 경쟁력 강화를 위해 에너지자립형 스마트시티 건설을 계획하고 있다.

---

[3] 유비쿼터스도시법에서는 통신망, 지능화된 기반시설, 도시통합운영센터 등 기반시설 구축 위주에 치중된 반면, 스마트도시법은 관련기술 산업발전뿐만 아니라 관련 시스템의 통합·연계 및 운영·관리 등 소프트 측면에서의 지속가능한 도시 관리에 중점을 두고 있는 것이 특징이다(오병록 외, 2018: 14).

국가별 주체 및 목적		
구분	선진국(유럽 등)	신흥국(아시아 등)
주체	민간주도(삶의 질 향상)	공공주도(국가 경쟁력 강화)
목적	기후변화 대응, 도시재생	급격한 도시화 문제 해결, 경기부양

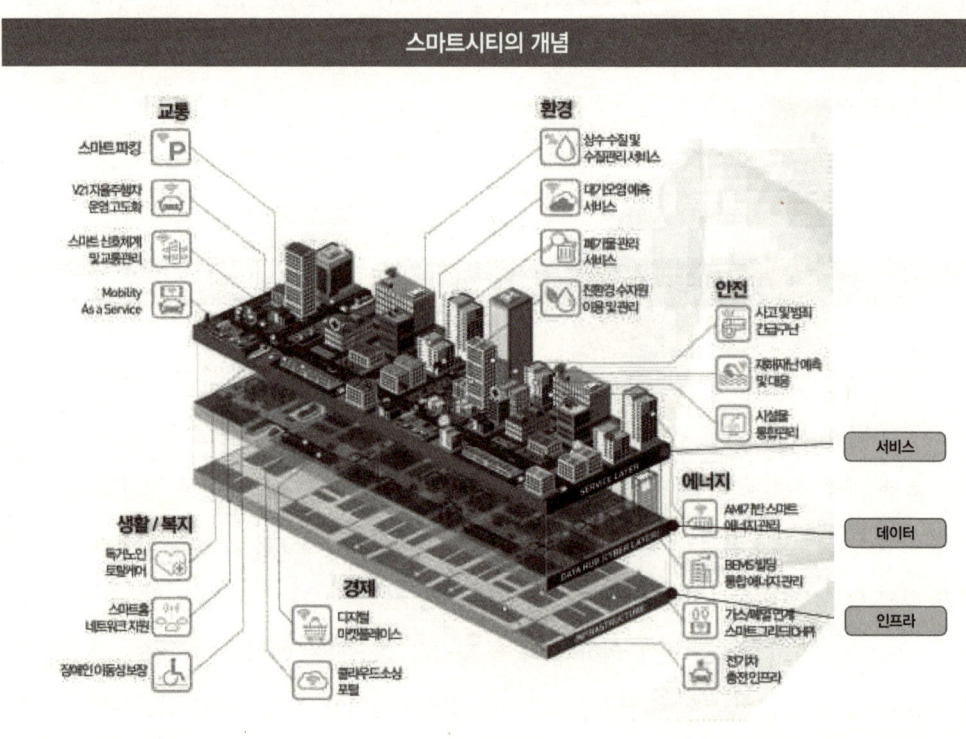

스마트시티의 개념

    도시화가 진전되면서 도시에 거주하는 인구가 증가할 경우 이에 따라 에너지 소비의 급속한 증가, 교통의 혼잡, 각종 인프라 노후 등 다양한 문제점이 발생할 수 있다. 이러한 가운데 도시문제의 해결을 위한 새로운 대안으로 스마트시티가 부각되고 있다. 스마트시티는 기존 도시에 비해 도시의 경쟁력과 시민의 삶의 질 향상을 위하여 건설 정보 통신기술 등을 융복합하여 건설된 도시기반시설을 바탕으로 다양한 기술과 서비스를 지속적으로 제공하는 스마트한 도시를 의미한다(Ministry of Land, Infrastructure and Transport, 2017; 스마트도시법 제

2조 참조). 또한 특정한 플랫폼이나 서비스가 아닌, 시민 대상 또는 도시 효율성을 높일 수 있는 다양한 기술과 서비스를 제공하는 ICT(Information and Communication Technologies)를 활용하여 도시의 각종 기능을 네트워크로 연결해 주는 똑똑한 도시를 지향하고 있다. 최근에는 다양한 혁신기술을 도시 인프라와 결합해 구현하고 융·복합할 수 있는 공간이라는 의미의 도시 플랫폼을 활용하고 있다.

스마트시티와 관련한 논의에 있어 국·내외를 불문하고 트렌드 이슈가 되었으며, 그 개념은 각국의 상황에 따라 다양하게 정의되고 있다. 하지만 일반적으로 논의 초기에는 스마트시티를 도달하기 위한 목적으로 이해했으나 최근에는 수단, 특히 구조(플랫폼)로 보는 것이 일반적이다.

스마트시티 개념과 분류		
분류		설명
목적으로 이해	도시 관점	도시를 독립단위로 보고 특정 상태(지속가능한 도시*, 현대화된 도시** 등)에 도달하는 도시를 스마트시티로 정의 * 암스테르담, 교토 등 선진국 도시 ** 인도·중국 등 인구가 급속히 증가하는 개발도상국 도시
	시민 관점	시민과 기업 등 도시 주체들이 체감하게 될 효과(삶의 질, 거버넌스, 이동성 등)를 가지고 정의
수단으로 이해	서비스 중심	과거와 차별화된 서비스를 제공하는 도시 * Frost & Sullivan: 스마트거버넌스, 에너지, 빌딩, 이동성, 인프라, 기술, 헬스 케어, 시민 등 8개 부분이 스마트하게 되는 도시
	구조 중심	기존 도시와 구분되는 구조적 특징을 가지고 있는 도시 * 플랫폼으로서의 도시, 디지털기술이 도시의 모든 기능과 접목된 도시

출처 : 한국정보화진흥원(2016), 스마트시티 발전전망과 한국의 경쟁력, IT&Future Strategy.

앞에서 제시한 스마트시티의 개념적 정의로 볼 때 도시에 ICT·빅데이터 등 신기술을 접목하여 각종 도시문제를 해결하고, 삶의 질을 개선할 수 있는 도시모델(도시 플랫폼)이라 할 수 있다(4차 산업혁명위원회, 2018). 또한 도시가 하나의 플랫폼이 된다는 것은 새로운 기능과 서비스를 자유롭게 추가할 수 있다는 것을 말하며, 무한한 혁신 잠재력을 보유하고 있음을 의미한다(한국정보화진흥원, 2016). 스마트시티의 정의에서 볼 때 선진국들은 기후변화협약 대응, 도시재생, 신도시 개발차원에서 스마트시티를 지향하고 있고 개발도상국은 도시화에 따른 문제해결 측면에서 진행되고 있다. 이밖에 UN(2016)은 스마트시티를 스마트교통, 스마트

경제, 스마트 생활, 스마트 거버넌스, 스마트 피플, 스마트 환경 등 6가지 영역으로 구분하여 제시하고 있다.

Smart City's Conceptual Definition	
EU (2014)	디지털기술을 활용하여 시민을 위해 더 나은 공공서비스를 제공, 자원을 효율적으로 사용, 환경에 미치는 영향을 최소화하여 시민의 삶의 질 개선 및 도시 지속가능성을 높이는 도시
영국 (2013)	[비즈니스 창의 기술부] 정형화된 개념보다는 도시가 보다 살기 좋은 새로운 환경에 신속히 대응 가능한 일련의 과정과 단계로 정의 [버밍햄시] 인적자원과 사회 인프라, 교통수단, 그리고 첨단 정보통신기술(ICT)등에 투자하여 지속적인 경제발전과 삶의 질 향상을 이룰 수 있는 도시
미국 (2009)	[미국 연방에너지부] 도로, 교량, 터널, 철도, 지하철, 공항, 항만, 통신, 수도, 전력, 주요 건물을 포함한 모든 중요 인프라 상황을 통합적으로 모니터링 함으로서 대 시민 서비스를 최대화하면서 도시의 자원을 최적화하고 예방 유지에 효과적이며 안전도가 높은 도시
인도 (2014)	[인도 도시개발부] 상하수도, 위생, 보건 등 도시의 공공서비스를 제공할 수 있어야 하며, 투자를 유인할 수 있어야 하고, 행정의 투명성이 높고 비즈니스하기 쉬우며, 시민이 안전하고 행복하게 느끼는 도시
ITU* (2014)	시민의 삶의 질, 도시운영 및 서비스 효율성, 경쟁력을 향상시키기 위해 ICT 기술 등의 수단을 사용하는 혁신적인 도시로, 경제적·사회적·환경적 문화적 측면에서 현재와 미래 세대 요구의 충족을 보장하는 도시
ICRI** (2012)	도시에서 센싱은 고정형, 모바일, 소프트 등 종류를 막론하고 모든 센서를 활용(crowd sourced)하는 것으로 생각해야 함. 이 모든 정보가 결합하여 도시가 필요로 하는 정보를 제공하게 됨
Tech Crunch*** (2015)	도시는 플랫폼으로 간주하여야 하며, 여기서 사람들은 기술을 활용하여 전혀 새로운 서비스를 개발하고 핵심 도시기능들을 재 정의할 수 있음
ISO&IEC (2015)	도시와 관련된 사람에게 삶의 질을 변화시키기 위해, 도시의 지속가능성과 탄력성을 향상시키고, 도시와 시민사회를 위해 도시운영 구성요소, 시스템, 데이터와 통합기술을 통해 개선시키는 도시
IEEE (2017)	기술·정부·사회가 갖는 특징 제시: 스마트 도시, 스마트 경제, 스마트 이동, 스마트 환경, 스마트 국민, 스마트 생활, 스마트 거버넌스
Gatner (2015)	다양한 서브시스템 간 지능형 정보교류를 기반으로 하며, 스마트 거버넌스 운영 프레임 워크를 기반으로 지속적인 정보 교환을 수행
Forester Research (2011)	스마트도시는 주요 인프라 구성요소 및 도시서비스를 만들기 위해 스마트 컴퓨팅 기술을 사용하여 좀 더 지능적이고 상호 연결되어 있으며 효율적인 도시 관리, 교육, 의료, 공공안전, 부동산, 교통 및 유틸리티를 포함
Frost&Sullivan (2014)	스마트시티 개념 6요소 제시 : 스마트 거버넌스, 스마트 에너지, 스마트 빌딩, 스마트 이동, 스마트 인프라, 스마트 기술, 스마트 헬스 케어, 스마트 시민
우리나라	스마트도시 조성 및 산업진흥 등에 관한 법률 제2조 도시의 경쟁력과 삶의 질의 향상을 위하여 건설·정보통신기술 등을 융·복합하여 건설된 도시기반 시설을 바탕으로 다양한 도시서비스를 제공하는 지속가능한 도시

*: ITU (2015), Focus Group on Smart Sustainable Cities, October 2015
**: ICRI (2012), City as a Platform : Utilizing Sensors to Help Create Successful City Network Management
***: Tech Crunch (2015), Cities As Platforms, by Gerard Grech

스마트시티 추진전략

비전 및 추진목표

세계 최고 스마트시티 선진국으로 도약
도시혁신 및 미래성장 동력 창출을 위한 스마트시티 조성 확산

7대 혁신변화	사람중심	혁신성장 동력		지속가능성
	체감형	맞춤형	개방형	융합·연계형

추진전략	세무과제
도시성장 단계별 차별화된 접근	❶ 신규개발 ⇨ 국가시범도시 + 지역거점 ❷ 도시운영 ⇨ 기존도시 스마트화 및 확산 ❸ 노후도심 ⇨ 스마트시티형 도시재생
도시가치를 높이는 맞춤형 기술	❶ 도시에 접목 가능한 미래 신기술 육성 ❷ 체감도 높은 스마트 솔루션 적용 확산
주체별 역할 — 민간 창의성 활용	❶ 과감한 규제혁파를 통한 기업 혁신활동 추진 ❷ 혁신 창업 생태계 조성 ❸ 민간 비즈니스 모델 발굴 및 맞춤형 지원 ❹ 공공 인프라 선도투자로 기업 투자환경 조성
주체별 역할 — 시민참여	❶ 시민참여를 위한 개방형 혁신시스템 도입 ❷ 공유 플랫폼을 활용한 리빙랩[4] 구현
주체별 역할 — 정부지원	❶ 법·제도적 기반 정비 ❷ 스마트도시 관리 및 추진체계 ❸ 해외진출 확대 및 국제협력 강화

출처: 관계부처 합동, 「내 삶을 바꾸는 도시재생 뉴딜 로드맵」, 2018: 9 참조.

우리나라의 경우에 있어서 스마트시티는 국가균형발전을 위해 스마트시티 기술을 적용하여 혁신도시 중심으로 지역신성장거점 육성을 국정과제(국정과제 78)로 선정하여 이전 공공

---

[4] 리빙랩(Living Lab)은 시민, 기업, 정부의 협력체를 기반으로 사용자가 연구, 개발, 혁신과정의 한 부분을 수행할 수 있는 사용자 주도의 개방형 혁신 환경을 말한다. 리빙랩은 공공-민간-사람 협력관계의 상호작용(4Ps: Public, Private, People, Partnerships)을 통해 사용자가 참여하고 혁신활동을 주도하여 다양한 사회 문제들을 최소화해나가는 활동이다. 리빙랩은 MIT의 Wiliam J. Mitchel 교수에 의해 개념이 정립된 후 점차 공간범위가 확장되었고,

기관의 특성과 연계하여 스마트시티 기술을 적용하고, 창업·정주공간의 확충 및 필요시 구도심 도시재생을 병행하고 있다. 대통령 직속 조직인 4차 산업혁명위원회의 산하 기구로서 스마트시티 특별위원회를 구성하여 스마트시티 조성을 전략적으로 추진하고, 국가 시범도시 조성 및 스마트 도시재생 뉴딜 사업을 2022년까지 추진할 계획을 수립하였다. 특히 도시재생 뉴딜사업과 연계하여 기성시가지에서 스마트도시기술을 활용하여 구도심 등 기성시가지의 도시문제를 해결하는 방향으로 접근하고 있는 것이 특징적이라 할 수 있다(국정기획자문위원회, 2017).

중앙정부 차원의 스마트시티 추진전략을 살펴보면, 스마트시티 선도국으로 도약하기 위해 스마트시티를 사람중심, 혁신성장 동력육성, 체감형, 맞춤형, 지속가능성, 개방형, 융합·연계형 도시로 조성하는 것으로 방향을 설정하고 있다. 여기에는 기술개발 중심에서 사람을 중시하는 미래가치의 지향, 단순한 도시개발과 관리에서 혁신성장의 동력 육성, 도시문제를 해결하기 위해 인프라의 확장보다는 효율적인 서비스를 제공하는 등의 내용이 포함되어 있다.

한편, 스마트시티의 발전단계는 기반구축단계, 수직적 단계에서 수평적 단계, 도시플랫폼에서 미래도시 단계로 발전하고 있다. 또한, 다양한 혁신기술을 도시 인프라와 결합해 이를 구현하고 융·복합할 수 있는 공간(도시플랫폼)을 크게 ①도시인프라, ②ICT인프라, ③공간정보인프라, ④IoT, ⑤데이터공유, ⑥알고리즘&서비스, ⑦도시 혁신 등 7가지 요소로 구분하였다(한국정보화진흥원, 2016).

스마트시티의 발전단계

2006년에 유럽연합(EU)의 19개 도시가 '범유럽 리빙랩 네트워크'를 결성하면서 본격적으로 진행되었다(옥진아 외, 2019: 1 참조).

스마트시티의 구성요소

구분		설명
인프라	도시인프라	• 스마트시티 관련 기술 및 서비스 등을 적용할 수 있는 도시 하드웨어 • 스마트시티는 소프트웨어 중심의 사업이지만 도시 하드웨어 발전도 필요
	ICT인프라	• 도시 전체를 연결할 수 있는 유·무선 통신인프라 • 과거에는 사람과 컴퓨터의 연결이 주된 목적이었지만 스마트시티에서는 사물간 연결이 핵심
	공간정보 인프라	• 지리정보, 3D 지도, GPS 등 위치측정 인프라, 인공위성, Geotagging(디지털 컨텐츠의 공간정보화) 등 • 현실공간과 사이버공간 융합을 위해 공간정보가 핵심플랫폼으로 등장 • 공간정보 이용자가 사람에서 사물로 변화
데이터	IoT	• CCTV를 비롯한 각종 센서를 통해 정보를 수집하고 도시내 각종 인프라와 사물을 네트워크로 연결 • 스마트시티 구축 사업에서 가장 시장 규모가 크고 많은 투자가 필요한 영역 • 특정 부문에 대해 개별적으로 사업을 추진할 수 있어 점진적 투자확대 가능
	데이터공유	• 생산된 데이터의 자유로운 공유 및 활용 지원 • 좁은 의미의 스마트시티 플랫폼으로 볼 수 있으며 도시 내 스마트시티 리더들의 주도적 역할이 필요
서비스	알고리즘	• 데이터를 처리·분석하는 알고리즘을 바탕으로 한 도시서비스 • 실제 활용이 가능한 정도의 높은 품질과 신뢰성 확보가 관건
	도시혁신	• 도시문제 해결을 위한 아이디어와 새로운 서비스가 가능하도록 하는 제도 및 사회적 환경 • 본격적인 지능사회 실현

출처 : 한국정보화진흥원(2016), 스마트시티 발전전망과 한국의 경쟁력, IT&Future Strategy.

스마트시티가 수평적 구축단계를 완성하고 도시플랫폼을 지향하고 있다고 볼 때, 현재 핵심 기술의 일률적으로 구분하는데는 어려움이 따른다. 하지만 스마트시티법(제2조 정의)에서는 스마트기술을 스마트시티 서비스를 제공하기 위한 기술로 정보수집기술, 정보가공기술, 정보활용 기술로 구분하고 있다.

스마트시티법상 스마트시티 기술 구분

구분	설명
정보수집기술	스마트시티 서비스 제공에 필요한 다양한 도시정보를 측정하고 전송하는 기술(유선망, 무선망, 센서망 등 정보통신망을 포함)
정보가공기술	수집된 정보를 서비스 목적에 맞게 활용하기 위해서 최적의 형태로 변경 또는 처리하는 기술(정보 처리 및 변환기술을 포함)
정보활용기술	가공된 정보를 시민, 공공기관, 서비스 이용자 등이 활용할 수 있도록 제공하는 기술(행정, 교통 등 단위서비스 제공기술을 포함)

다음으로 스마트시티 전략에서는 시민체감 효과와 혁신성장효과를 고려하여 상용기술, 첨단 선도기술, 미래혁신기술로 구분하고 있다. 또한 데이터 공유(플랫폼), 이를 통한 서비스 가치 극대화(서비스), 이기종 기기 간 연동을 위한 초연결 네트워크(네트워크) 기술로 구분하기도 한다.

스마트시티 구성요소와 기술 분류

발전단계		계층적 분류	KEIT*
기반 구축 단계 (건설업, ICT 기반구축 사업 시작)	❶ 도시인프라	인프라	–
	❷ ICT인프라		네트워크
	❸ 공간정보 인프라		플랫폼
수직적 구축 단계 (개별 분야·서비스 별 수직적 연계·통합)	❹ IoT	데이터	
수평적 구축 단계 (관련 기능·업무 간 데이터와 플랫폼 공유)	❺ 데이터공유		
도시플랫폼 단계 (도시가 하나의 플랫폼, 스마트시티의 완성)	❻ 알고리즘&서비스	서비스	서비스
미래도시 단계 (본격적인 지능사회도 진화)	❼ 도시혁신		

* : KEIT PD 이슈 리포트(2018.6), 스마트시티의 성공과 표준.

이러한 내용을 종합해 볼 때 스마트시티 기술을 '플랫폼으로서 스마트한 도시 건설에 필요한 기술'로 이해하고, 계층적 분류와 스마트시티법의 구분을 참고하여 인프라(정보수집기술), 데이터(정보가공기술), 서비스(정보활용 기술)로 구분할 수 있다.

스마트시티 기술 구분

구분	설명		ICT 기술
공통 기술	지속가능한 스마트시티 정의, 운영모델, 실행지침, 참조구조 스마트시티에서 제공하는 서비스와 삶의 질에 대한 성숙도 수준 및 평가지표 스마트시티 통합 관제 및 상호운용 가능한 플랫폼의 구조, 데이터 및 정보모델		
인프라	스마트시티 서비스 제공에 필요한 다양한 도시정보를 측정하고 전송하는 기술	유·무선망, 센서망 등 통신인프라, GIS/LBS 등 공간정보 인프라 기술	5G, IoT, WLAN/WPAN, SDN/NFV, 미래네트워크
데이터	수집된 정보를 서비스 목적에 맞게 활용하기 위해서 최적의 형태로 변경 또는 처리하는 기술	IoT·빅데이터 등 데이터 기반 도시운영 기술	인공지능, 블록체인, 차세대보안, 빅데이터
서비스	가공된 정보를 시민, 공공기관, 서비스 이용자 등이 활용할 수 있도록 제공하는 기술	교통·에너지·환경·생활/복지·안전/행정·경제·주거 등 시민 체감을 위한 융·복합서비스 기술	자율주행차, 스마트헬스, 무인기, 실감방송/미디어, 실감형콘텐츠, 지능형로봇

제2절 스마트시티의 국내외 추진 현황

1. 스마트시티 국외 추진현황

'90년대 중반 통신사 위주의 네트워크 기반구축으로 시작하여, 최근 도시혁신의 새로운 모델로 스마트시티 프로젝트가 추진되었다. 특히 '90년대 중반 통신사 주도의 디지털시티를 시작으로 기술이 발전하였고 중국과 인도 등이 가세하면서 빠르게 확산되었다. 스마트시티의 발전과정에서 살펴보면, 태동기 이후 2단계인 2003년 이후 우리나라는 U-City를 기점으로 기술주도형 스마트시티가 등장했고, 유럽과 미국에서는 Open Innovation과 연계되면서 리빙랩(Living Lab)으로 발전했다. 2012년 이후에는 스마트시티가 전 세계적으로 확산되면서 선진국과 신흥국을 불문하고 도시혁신의 새로운 모델로 추진되고 있다.

스마트시티와 관련하여 해외사례에서 보면, 스마트시티 프로젝트의 방향성과 세부 실행방안은 비슷하다. 또한 첨단기술을 이용한 도시의 인프라 확충을 통해 도시민의 삶의 질 향상과 국가 및 도시의 특성을 반영한 최종 지향적 목표를 수립하였다. 이처럼 4차 산업혁명에 선제적으로 대응하고 신성장 동력의 창출을 위해 수많은 국가에서 경쟁적으로 스마트시티

스마트시티 발전과정

1단계 태동기 (1996-2002)	2단계 성장기 (2003-2011)	3단계 확산 및 고도화기 (2012-현재)
• 1990년대 중반 디지털시티 등장 - 1993 암스테르담 디지털시티 - 1996년 헬싱키 Arena2000 - 1998년 교토 등 • 통신사 주도 도시 전반 연결하는 네트워크 구축 • 도시혁신을 주도한 Eco-City, Sustainable City 등 지속성장 프로젝트 주도	• 2003년 한국 U-City를 기점으로 기술주도형 스마트시티 등장 • (1단계) 부분적 도시정보화 (2단계) 전면적 도시정보화 • 2008년 IBM의 Smater Planet을 계기로 Cisco 등 글로벌 기업이 스마트시티에 등장 • 유럽과 미국에서 Open innovation과 연계되면서 Living Lab으로 발전	• 2012년 이후 시마트시티가 전 세계적으로 확산 - 중국 스마트시티 구축 공식화 • 2015년 인도 모다총리 스마트시티 구축전략 발표 후 개도국까지 확대

출처 : 한국정보화진흥원(2016), 스마트시티 발전전망과 한국의 경쟁력, IT&Future Strategy.

건설을 계획하고 있으며, 2014년 기준 600여개 이상의 스마트시티 관련 프로젝트가 계획되고 있거나 추진되고 있다(KRIHS, 2016). 특히 중국과 인도는 대규모 투자를 하고 있는 것으로 나타났다.

각 국가별 추진현황을 보면, 먼저 미국은 대통령이 주도하여 도시에서 발생하는 각종 문제를 해결하기 위하여 연방정부 주도로 R&D 투자계획 등을 담고 있는 스마트시티 계획을 발표하였다(Smart City Initiative, 2015년). 스마트시티의 4대 전략으로서 지역 간 협력모델 개발, 민간기술 분야와의 협력 등을 통해 스마트시티 정책을 추진하고 있다. 연구개발(R&D) 프로젝트에 1.6억 달러를 투자하여 기후환경변화에 대응하여 지역·국가 경제성장 활성화, 교통문제 해결 등과 도시의 다양한 문제를 해결하는데 초점을 두고 정책을 추진하고 있다.

EU는 에너지와 교통 분야에 목표를 둔 스마트시티 정책을 유럽집행위원회(EC)가 총괄하여 추진하고 있다. EU는 '스마트시티 및 커뮤니티 혁신 파트너쉽 전략 실행계획'을 발표(2013)하여 시스코(Cisco) 등 글로벌 기업뿐만 아니라 다수의 스페인 기업들도 참여하여 기술을 제공하는 바르셀로나 스마트시티 프로젝트를 추진하였다. 또한 덴마크 코펜하겐에서는 크로스로드 스마트시티 프로젝트를 추진하면서 리빙랩(Living Lab)을 도입하여 시민을 중심으로 하는 미래의 스마트도시에 대한 방향을 제시하였다.

프랑스는 스마트시티 건설 및 기술보급을 위해 에너지와 ICT로 특화된 클러스터를 9곳에 조성(2012)하는 등 향후 20개 이상의 스마트시티를 건설하는 계획을 추진하고 있다. 스마트시티 조성을 통해 2050년까지 에너지 소비를 절반 수준으로 감축하기 위하여 2014년 에너

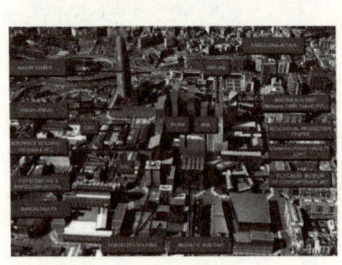

스페인 바르셀로나, 2@Barcelona 프로젝트

- 전통 제조업 공장 밀집지역인 포블레노우(2구역) 산업단지를 첨단산업단지로 재탄생시킨 프로젝트
- 건물, 거리, 공원 등을 조성하고 미디어, ICT, 에너지, 메드테크(Medtech), 디자인(Design) 등의 지식산업단지를 건설하여 도시재생 사업을 추진
- 2@Barcelona 프로젝트 결과 2014년 기준 포블레노우 지구에 7,329여 개의 기업이 입주하고 85,20명의 고용창출 효과(김준수, 2017; 정미숙, 2014)

출처: Haud Report (2015)

국외 스마트시티 관련 전략 및 현황	
구분	주요내용
미국	• 2015년, Smart Cities Initiative 발표 : 교통혼잡 해소, 범죄예방, 경제성장 촉진, 공공서비스 등과 관련한 지역문제 해결 위해 1.6억 달러 투자 • 2016.12월, 미국교통부(DOT) Smart City Challenge 실시 : 콜럼버스 시 선정
EU	• Horizon2020 계획에 디지털아젠다로 Smart Cities 명시 • 2013년, 스마트시티 및 커뮤니티 혁신 파트너십 전략 실행계획 발표 : 유럽집행위원회(EC)가 에너지와 교통문제 해결에 중점을 두고 정책 총괄
영국	• 2012년부터 'Open Data, Future Cities Demonstrator' 정책 추진 : 스마트시티 세계 시장점유율 10% 목표, 스마트시티 관련 ICT 기술표준화에 집중 투자
중국	• 2012.12월, 12차 5개년 계획에 따라 국가 스마트시티 시행지역 공고 : 2015년까지 320개 智惠城市 구축 목표, 약 53조원 투자 • 2015년, 신형도시화계획 발표 : 500개 스마트시티 개발, 2020년까지 R&D 500억위안(10조원)과 인프라 구축 등에 1조위안(182조원) 투자
인도	• 2014년, 신임 총리가 2020년까지 100개 스마트시티 건설과 총 19조원 투자 공약
싱가포르	• 2014년, 스마트네이션(Smart Nation) 프로젝트 출범, SNPO(Smart Nation Programme Office) 설치 • 국내외 대학 및 민간단체, IBM 등 다국적기업, 시민 등과의 협업체계를 구축하여 시범사업 추진 • 2015.10월 ITU의 스마트시티 핵심성과지표 개발을 위한 시범평가모델로 선정
일본	• 2014.4월 제4차 에너지기본계획 : 에너지 이용 효율화와 고령자 돌봄 등 생활지원 시스템을 포함한 스마트시티 구축 계획 발표 • 후쿠시마 원전사고 이후 에너지와 환경 분야에 중점을 두고 4개 지역(요코하마, 교토, 도요타, 기타큐슈)에 집중 투자 • 2018.6월 미래투자전략2018(Society 5.0) 발표 : 교통·안전을 위한 스마트시티 실현 계획 발표 : 2020년까지 IoT 기술을 활용한 안전·방재시스템 구축시스템을 100개 지방자치단체에 도입

출처: 한국정보통신기술원(2018), 4차 산업혁명 핵심 융합사례: 스마트시티 개념과 표준화 현황

지 전환법이 통과되었고 스마트시티 환경조성을 위해 데이터 플랫폼을 구축하였다. 영국은 특별위원회로서 TSB(국가기술전략위원회)를 설립하여 2017년부터 영국의 스마트시티 프로젝트를 본격적으로 추진하였다. 영국에서는 정책적으로 ICT산업을 발전시키기 위하여 2013년 정보경제전략(Information Economy Strategy)을 수립하여 추진했으며, 런던에서는 2013년 인구의 급격한 증가로 인해 발생한 도시문제 해결을 위해 스마트 런던 플랜(Smart London Plan)을 발표하였고 글래스고 등에서는 IBM, 인텔 등 다국적 IT기업과 지역특성에 맞춘 스마트시티를 개발 추진하고 있다.

중국은 개별적으로 추진해오던 스마트시티 정책을 중앙정부 차원에서 2015년부터 관리하기 시작했다. 급격하게 증가한 도시인구와 도시 간에 발생한 경제적 격차의 문제를 해결하기 위하여 스마트시티 기술을 채택하여 2015년까지 50개의 스마트시티를 건설하는 계획을

수립하고, 2025년까지 스마트시티 정책과 사업을 추진하기 위해 1조 위안(182조원)을 투자할 계획이다. 일본은 2010년 이후 내각부, 경제산업성, 총무성을 중심으로 스마트시티를 추진하고 있는데, '그린 이노베이션을 통한 환경·에너지 강국 전략'의 하나로서 스마트시티 국가전략을 추진하고, 스마트그리드, 재생 에너지 등 에너지 매니지먼트 시스템 등의 미래도시 구축을 목표로 하고 있다. 동일본대지진(2011) 이후에는 에너지 전략과 관련하여 스마트 에너지 관리 및 신재생 에너지의 효율적 활용을 위한 '스마트 커뮤니티' 정책과 정보통신기술을 활용하여 재해방지, 지역문제 해결, 경제 활성화, 경쟁력 있는 도시개발 등을 목적으로 하는 'ICT 스마트 타운' 정책을 추진하고 있다. 마지막으로 싱가포르는 리센룽 총리의 주도로 2014년 스마트네이션(Smart Nation)이라는 싱가폴 스마트시티 프로젝트를 추진하여 오픈 데이터 방식으로 비영리단체 및 Cisco 등 민간 기업들과 협력하여 스마트시티를 추진하고 있다. 이밖에 국내외의 대학, 민간업체, IBM 등 다국적기업, 시민 등과 협업체계에 의한 시범사업을 추진하고 있다.

스마트시티 추진전략 수립		
전략 01 도시성장 단계별 접근		
국가 시범도시	기존도시	노후도시

• 4차 산업혁명 융복합 新기술 테스트베드
• 도시문제 해결, 삶의 질 제고
• 혁신 산업생태계 조성을 균형 있게 추진(세종 5-1생활권, 부산 에코델타시티)
	• 데이터 허브모델
	  - 국가전략 R&D 실증 2곳
	• 테마형 특화단지(4곳) 조성
	  - 금년 상반기에 지자체 공모시행
		• '17년 시범지구 5개 포함, 매년 스마트시티형 도시재생 사업 선정
		(뉴딜산업 연계 추진, 30억/국비 추가지원)

전략 02 도시 가치 높이는 맞춤형 기술 접목		전략 03 주체별 역할
상용기술	민간투자	시민참여
시민체감이 높은 기술 ▶ 노후 도심, 기존 도시에 적용	• 과감한 규제개선 • 혁신창업 생태계 [큐베이팅 존] 조성 • 인력양성 • 비즈니스 모델 발굴 • 공공인프라 선투자 등 추진	• 거버넌스 구축 • 리빙랩 등 추진
미래기술		정부 지원
혁신성장효과가 높은 기술 ▶ 국가시범도시에 적용		• 규제개선을 위한 '스마트도시법' 등 개정 • 스마트시티표준화 논의 • 해외진출 및 국제협력 지원

스마트시티 정책의 변화 추이

구분	1단계	U-City 구축(~'13)	2단계	시스템 연계('14~'17)	3단계	스마트시티 본격화('18~)
목표		건설·정보통신산업 융복합형 신성장육성		저비용 고효율 서비스		도시문제해결 혁신 생태계 육성
정보		수직적 데이터 통합		수평적 데이터 통합		다자간·양방향
플랫폼		폐쇄형[Silo 타입]		폐쇄형 + 개방형		폐쇄형 + 개방형[확장]
제도		U-City법 제1차 U-City 종합계획		U-City법 제2차 U-City 종합계획		스마트도시법 스마트시티 추진전략
주체		중앙정부[국토부] 중심		중앙정부[개별] + 지자체[일부]		중앙정부[협업] + 지자체[확대]
대상		신도시[165만㎡ 이상]		신도시+기존도시(일부)		신도시+기존도시(확대)
사업		통합운영센터, 통신망 등 물리적 인프라 구축		공공 통합플랫폼 구축 및 호환성 확보, 규격화 추진		국가시범도시 조성 다양한 공모사업 추진

2. 스마트시티 국내 추진과정과 현황

우리나라는 U-City의 한계를 극복하기 위해 세계적인 트렌드로 부상한 스마트시티 의제에 대응하여 적용대상을 신도시에서 기존도시로 확대하는 등 스마트도시 정책으로 새롭게 재편하였다. 특히 글로벌 동향과 시사점, 그리고 스마트시티 사업의 평가와 반성을 계기로

국내 스마트시티 사업 추진 현황

연도	주요 내용
2015년	• 2월, 미래부 '사물인터넷(IoT) 실증단지 사업' 공고
2016년	• 2월, 서울시 '디지털 서울2020' 계획 발표 • 7월, 국토부 '한국형 스마트시티 해외진출 방안' 발표
2017년	• 3월, 유비쿼터스 도시 건설 등에 관한 법률의 "법제명" 개정 (유비쿼터스→ 스마트시티) • 8월, 부산시 2030년까지 '산업공간 중심 스마트시티' 추진 계획 발표
2018년	• 1월, 4차 산업혁명위원회 '도시혁신 및 미래성장동력 창출을 위한 스마트시티 추진전략' 발표 • 7월, 4차 산업혁명위원회 '스마트시티 국가 시범도시 기본구상' 발표 : 세종 5-1생활권, 부산 에코델타 시티에 대한 맞춤형 계획 발표
2019년	• 2월, 스마트시티 국가 시범도시 시행계획 수립현황 및 향후 추진계획 • 제3차 스마트시티 종합계획(2019-2023) 수립을 위한 공청회(2019.6.21) • 하반기: 실시설계 및 스마트시티 조성공사 착수

출처: 4차 산업혁명위원회(10차 회의-보고안건, 2019.6) 「스마트시티 국가 시범도시 시행계획 수립현황 및 향후 추진계획」

새로운 스마트시티 추진전략을 수립하였다.

또한 정부는 2017년 12월 4차 산업혁명에 선제적으로 대응하고 미래를 위한 신성장동력을 발굴하기 위해 스마트시티 등 8개 혁신성장 선도사업을 선정하여 추진하였으며, 스마트시티 정책도 여건변화에 따라 확장·진화하고 있다.

최근 스마트시티 추진현황을 보면, 2015년 2월 미래부는 사물인터넷(IoT) 실증단지 사업을 공고하였고, 2016년 7월 국토교통부는 한국형 스마트시티 해외진출 방안 등을 마련하면서 스마트시티가 추진되기 시작했다. 그 이후 2018년 1월에 범부처 "스마트시티 추진전략"을 발표('18.1, 4차 산업혁명위원회)하면서 본격적으로 스마트시티 발전 전략을 수립하게 되었다.

한편, 새 정부 출범과 함께 거버넌스를 정비하고 부처 간 협업과 전문가 중심의 정책 추진을 위해 대통령 직속 4차 산업혁명위원회 산하에 '스마트시티 특별위원회'를 신설('17. 11)하여 스마트시티 추진전략 및 로드맵 설정 등 정부 주도하에 민관협력 체계로 추진하고 있다. 스마트시티 추진현황을 구체적으로 보면, U-시범도시사업을 수행한 후 스마트시티 사업으로 추진하고 있고 2009년에는 U-시범도시 사업을 15개 지방자치단체에서 추진하였다. 또한 2001년 스마트시티 건설 후 2015년부터는 통합플랫폼 기반구축 사업을 추진해오고 있다. 2017년 8월 기준으로 스마트시티 건설사업 지구는 준공 27개 지구, 추진 중인 지역은 25개 지구로 나타났다.

다음으로 스마트시티 통합 플랫폼 구축사업은 방범·교통 등 각 기관별로 구축되어 관리·운영되면서 상호 단절된 각종 정보시스템을 유기적으로 연계·활용하여 스마트시티 안전망을 구축하는 사업이다. 스마트시티 통합플랫폼과 함께 국토교통부는 경찰청, 소방청 등

스마트시티 추진 현황			
사업명	주관기관	수행기간	지자체(사업지구)
U-시범도시사업	국토교통부	2009-2013	15개 지자체
스마트시티 계획 수립	국토교통부	2009 이후	25개 지자체
스마트시티 건설사업	LH 등	2001 이후	38개 지자체(52개 지구)
스마트시티 통합플랫폼 기반구축사업	국토교통부	2015 이후	10개 지자체

출처: 국토교통부 > 정책마당 > 정책자료 > 스마트시티

과 협력하여 개발한 5대 안전망 연계 서비스 ①112센터 긴급영상 지원, ②112 긴급출동 지원, ③119 긴급출동 지원, ④긴급재난상황 지원, ⑤사회적 약자(어린이, 치매노인 등 지원)를 함께 보급하여 긴급 상황에서 빠른 대처가 가능하도록 안전시스템을 구축하게 되었다. 2018년에는 스마트시티 통합 플랫폼 구축 사업의 대상지를 선정(서울시, 제주도, 용인시, 남양주시, 청주시, 서산시, 나주시, 포항시, 경산시, 고창군, 마포구, 서초구)하였다. 마지막으로 국토교통부는

[기사 엿보기] 부산시, 스마트시티 규제샌드박스 8개 사업 추진

2019년 스마트시티 시범도시 규제샌드박스 사업은 규제에 가로막힌 4차 산업혁명 혁신기술과 서비스를 스마트시티 국가시범도시에서 도입해 제약 없이 실증 및 사업화할 수 있게 지원하는 사업이다. 부산시가 스마트시티 시범도시에 환자 이동을 돕는 로봇에 자율주행 기능을 결합한 인공지능(AI)이송로봇을 도입한다. 부산시는 국토교통부 '2019년 스마트시티 시범도시 규제샌드박스 사업'에 로봇 분야 3개 과제와 스마트헬스케어 분야 5개 과제 등 모두 8개 과제가 선정돼 향후 2년 동안 실증 사업화를 추진한다고 4일 밝혔다. 부산시는 과제별로 1년차에 2~3억 원을 투입해 설계를 비롯한 실증 계획을 구체화하고, 2년차에는 10억원을 지원해 실증과 사업화를 진행, 향후 국가시범도시 핵심서비스로 보급·확산할 방침이다.

출처: 전자신문(2019. 09. 04. 보도자료 인용)

> **Study Plus+ 규제 샌드박스(Sandbox) 제도**
>
> 기업들이 창의적인 아이디어를 펼쳐 새로운 제품·서비스 시도가 가능하도록 일정한 조건 하 (시간·장소·규모)에서 기존규제의 일부 면제·유예를 통해 테스트를 허용하는 제도
>
> * 어원 : 아이들이 안전한 환경에서 자유롭게 뛰어 놀 수 있는 모래놀이터(sandbox)에서 유래

2022년까지 전국 80개 지방자치단체에 스마트시티 통합 플랫폼을 보급할 계획이며, 2019년 6월 기준으로 스마트시티 정부지원 사업을 추진하고 있는 자치단체는 67여 곳인 것으로 나타났다.

제3절 스마트시티 정책사례

최근 정부는 스마트시티의 발전방향을 제시한 후 해외진출을 도모하기 위해 세계적 수준의 국가 스마트시티 시범도시를 조성할 계획을 수립하였다. 먼저 성과의 조기 가시화로 빠른 시일 내에 체감이 가능하고, 선도 모델이 전국에 확산되도록 공기업 사업지 2곳을 우선 선정하였다.[5] 스마트시티 시범사업은 백지상태 부지의 장점을 살려 세계적 수준의 국가 시범도시 조성을 목표로 국가스마트도시위원회의 의결('18.1.26)을 거쳐, 4차위원회의 발표를 통

---

5) 4차산업혁명위원회(2018.01.29), '도시혁신 및 미래성장동력 창출을 위한 스마트시티 추진전략', p.4.

해 시범도시 입지를 선정(세종 5-1 생활권, 부산 에코델타시티, 2018.1.29)한 후 2018년 7월에 지정 사업지별로 비전과 목표, 주요 콘텐츠를 담은 기본구상을 발표하였다. 스마트시티 시범도시 지정 이후 사업시행자별로 주요 콘텐츠 발굴, 민간기업 참여방안 논의, 시민참여 이벤트, 자체 홍보 등을 추진한다. 정부 차원에서는 규제개선을 위한 「스마트도시법」개정 추진, 민간기업 참여 독려와 의견 수렴을 위한 간담회 개최 등을 진행한 이후, 국가스마트도시위원회의 의결을 거쳐 시범도시 기본구상을 확정하였다.[6]

1. 스마트시티 정책사례: 세종 5-1 생활권

스마트시티 국가 시범도시는 현재 백지상태인 부지의 장점을 살려 미래 스마트시티 선도모델을 조성하는 사업으로 2018년 마스터플래너(MP)를 중심으로 시범도시의 목표·비전 등을 담은 기본구상('18.7)과 이를 구체화한 시행계획('18.12)을 수립하였다.

	세종 5-1 생활권
위치	■ 세종시 연동면 일원 • 접근성: KTX 오송역(14km), 경부 호남 고속철도, 경부 중부 천안논산 서울세종('25년 준공) 고속도로, 청주공항(37km) 등 입지 • 주변 시설: 정부종합청사, 국책연구단지, 대학(KAIST 등), 대덕연구단지, 오송생명과학단지와 첨단산업단지(4·6 생활권) 등 입지 • 특징: 주거·행정·연구·산업 등 다양한 기능이 융·복합된 자족도시 조성을 추진 중으로, 에너지 중심의 스마트시티 구현 예정
면적	2,741,000㎡(83만평)
계획 호수	114천호(293천명)
사업시행	한국토지주택공사(LH)

스마트시티 시범도시로 선정된 세종 5-1 생활권은 인공지능(AI)과 데이터 기반으로 시민의 일상을 바꾸는 스마트시티 조성을 목표로 모빌리티·헬스케어·에너지 등 7대 혁신요소 구현에 최적화된 공간계획을 마련하였다. 세종 5-1 생활권은 자율주행·공유 기반의 첨단

---

[6] 4차산업혁명위원회(2018.07.16), '스마트시티 국가 시범도시 기본구상안 수립현황 및 향후 추진계획', p.3.

추진 기본방향(4차산업혁명위원회, 2018)		
공유자동차 기반도시 모든 소유 자동차는 세종 스마트도시로 진입하는 입구에 주차되고 내부에서는 자율주행차량과 공유차량 및 자전거 등을 이용하여 이동		
리빙	주택, 사무소, 소규모 근린생활시설 등이 수평적, 수직적으로 혼합되어 직주근접을 구현하고 생활편의시설에의 쉬운 접근을 유도	
소셜	리빙에 인접하여 유치원, 공원, 소규모 공연장, 체육시설, 중규모근린생활시설 등이 모여 있어 공동체 네트워크 경험을 제공	
퍼블릭	스마트시티 중앙에 학교, 도서관, 전시 및 공연장, 병원, 컨벤션 센터 등을 두어 양쪽의 리빙에서 공공서비스를 이용	

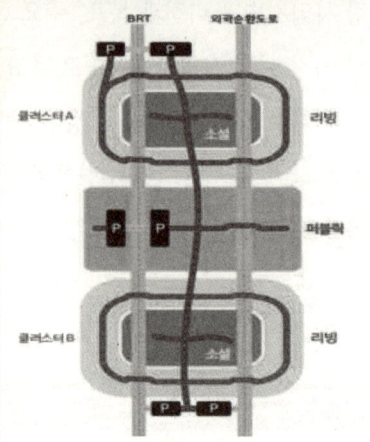

교통수단 전용도로와 개인소유차량 진입제한 구역 등이 실현될 예정이며, 세종 시민의 생명과 안전을 선제적이고(예방) 신속하게(응급) 지키기 위한 '헬스케어'도 핵심 서비스로 제공된다.

세종 5-1 생활권은 7대 혁신요소를 구현하기 위해 최적화된 공간계획을 수립하고 있는데, 먼저 자연지형을 살려 녹지축을 형성하고, 합호서원 일대와 연결하여 어디서든 5분내 자연·조성녹지에 접근이 가능하다. 또한 BRT 정류장을 중심으로 주거, 상업, 업무시설, 광역주민시설 등을 밀집시켜 직주근접 실현 및 광역 대중교통의 접근성을 확보하는 동시에 첨단교통수단 활용하여 BRT 도로와 연계한 스마트 모빌리티 전용 도로(일반차량 통행금지)를 설정하여 자가용이 없이도 편리한 교통환경을 조성한다. 다음으로 데이터 기반 도시운영을 위한 추진전략을 살펴보면, 먼저 7대 혁신요소 기반의 데이터를 확보하기 위해 표준 수집체계를 마련하고 데이터를 관리하고 활용하기 위한 인공지능 센터를 구축한다. 특히 3D 공간정보(실내/실외/지하시설물)을 통합한 플랫폼을 구축한 후 도시계획·설계·시공·운영단계에 적용하여 도시문제 솔루션을 도출한다. 끝으로 블록체인을 활용하여 7대 혁신요소별 서비스 보안 체계 구축 및 시민데이터의 보상으로 지역화폐를 발행하여 거버넌스를 활성화한다는 방침이다.

7대 혁신요소	추진방향 / 서비스
모빌리티	• 공유교통수단과 자율주행 등 다양한 모빌리티 서비스 도입을 통해 도시생활의 편리함을 유지하면서 자동차 수를 점진적으로 축소
	• 공유 모빌리티: 카쉐어링, 카헤일링, 스마트 주차장 등 • 자율주행: 자율주행BRT 버스 및 셔틀 도입, 스마트도로 구축, 모바일 기반 통합 모빌리티 서비스 등
헬스케어	• 개별 병원이 네트워크로 연결되어 신속한 의료정보를 제공하고, 응급데이터 센터에서 시민들의 생명과 안전을 위해 신속하게 대응(City as an Extended Hospital)
	• 스마트 응급호출, 드론 활용 응급키트 발송, 긴급호송 교통 최적화, 응급차 내 원격지도, AI 스마트 문진, 당뇨·고혈압 만성질환자 관리 프로그램, 개인 건강정보 축적, 병원 간편 예약 서비스 등
교육	• 청소년들에게는 비판적이고 창의적인 사고를 증진시키는 교육을, 어른들에게는 창업과 취업을 위한 생애교육을 제공(City as an Extended School)
	• 창의적인 학교설계, 3D 프린터, 로봇 팔 등 메이킹 공간 마련, 국제 표준 수준의 교육 체제 도입, 에듀테크 활용, 개인별 맞춤형 학습 및 평가시스템, 온라인 교육환경 제공 등
에너지/환경	• 환경친화적 에너지 혁신기술 도입을 통해 시민의 삶의 질이 향상된 "지속가능한 친환경 미래에너지 도시" 조성
	• CEMS 구축을 통한 효율적인 에너지 관리, 소규모 전력중개사업, 도시미관을 고려한 Solar Energy City 조성, 연료전지 시범사업, Mobility 인프라 확충, 제로에너지 건축물 도입, 음식쓰레기 자원화 등
거버넌스	• '시민 참여형 의사결정 시스템'을 제공하고 블록체인을 통한 인센티브로 시민참여 촉진
	• 시민소통채널, 리빙랩 플랫폼, 사회공헌 플랫폼 운영 및 블록체인 기반 지역 화폐 및 M-Voting, 디지털 트윈 도입
문화/쇼핑	• 시민들에게 맞춤형 문화·예술·공연 서비스를 연중 제공하고, 도시 어디서나 편리한 쇼핑이 가능하도록 스마트 쇼핑 서비스를 제공
	• 관객 맞춤 기획 및 수요 맞춤형 서비스를 제공하고 상품추천 서비스, 지역화폐 결제시스템, 쇼핑도우미, 자율주행 쇼핑카트, 무인배송 시스템, 스마트 물품보관 서비스 등
일자리	• 창조적 기회를 제공하는 혁신성장 선도사업의 핵심 거점으로 조성함으로써 도시 지속가능성을 확보
	• 창업인큐베이팅센터 구축, 창업기원 지원, 대기업-중소기업간 상생·협업·융합촉진, 스타트업 지원, 해외교차실증, 도시 해외수출 등

2. 스마트시티 정책사례: 부산 에코델타시티

부산 에코델타시티의 비전은 자연, 사람, 기술이 만나 미래의 생활을 앞당기는 글로벌 혁신 성장도시이다. 구체적인 추진방향을 보면, 프로세스 혁신, 기술 혁신, 민간참여 혁신으로 프로세스 혁신은 디지털 트윈, BIM을 활용한 3D 설계 기술로 스마트도시를 구현하고 있다. 기술 혁신은 4차 산업 신기술로 도시문제 해결 및 삶의 질을 향상시키고 민간참여 혁신은 민간이 계획·운영에 적극 참여하는 사람중심의 도시를 추구한다.

부산 에코델타시티	
위치	■ **부산시 강서구 일원**(세물머리지역 중심) • 접근성: 김해국제공항(5km), 제2남해고속도로, 부산신항만(12km) 등 국가 교통망이 교차하는 교통의 요충지 • 주변 시설: 국제물류 첨단산업단지(사상 스마트밸리 등)가 밀집된 동남권 산업벨트는 국도 2호선, 신항 배후철도, 지하철, 부산–마산 복선전철 등 배후와 연계한 혁신 수요가 풍부 • 특징: 수변도시를 특징으로 워터시티 컨셉의 국제물류와 연계한 스마트시티 구현이 가능, 공항·항만 등 우수한 교통여건 등의 입지적 강점
면적	2,194,000㎡(66만평)
계획 호수	3,380천호(약 9천명)
사업시행	K-Water, 부산도시공사, 부산광역시

부산 에코델타시티의 3대 특화 전략은 혁신 산업생태계 도시, 친환경 물 특화 도시, 상상이 현실이 되는 도시이다. 혁신 산업생태계 도시는 스마트시티 테크샌드박스(SCTS)를 운영하여 스타트업, 중소기업을 글로벌 기업으로 육성하고 신성장 산업 기반의 일자리를 창출한다는 전략이다.

혁신 산업생태계 도시
• SCTS : 스마트시티 기술 보유 스타트업·중소기업의 연구·개발 및 실증 지원(창업지원 공간 및 육성프로그램 등) • 부산 에코델타시티 내 스마트시티 혁신센터를 구축, 스타트업 및 관련기관을 입주시켜혁신 산업생태계 활성화 지원

친환경 물 특화 도시 전략은 낙동강, 평강천 등 도시에 인접한 물과 수변공간을 활용하여

친환경 물 특화 도시
• 도심 운하와 수변카페 등 하천 중심의 도시요소 배치, 스마트 물관리 및 저영향 개발(LID) 등 물 기술 도입을 통해 한국형 물순환 도시모델 제시
상상이 현실이 되는 도시
• 시민·전문가가 시범도시를 가상공간에서 미리 체험하고 의견 제시, 논의, 향후 도시통합운영 시스템과 연계하여 과학적 도시관리 기반으로 활용

세계적 도시브랜드 창출 및 글로벌 매력도를 향상시키는데 있다. 이밖에 상상이 현실이 되는 도시를 통해 시민참여형 스마트시티의 핵심수단으로 VR·AR 및 BIM 기술, 3D 맵 기반 가상도시 구축을 추진한다는 전략을 제시하고 있다.

이러한 기술을 실현할 기반은 '스마트시티 3대 플랫폼'으로 슈퍼컴퓨팅 및 AR·VR을 기반으로 도시운영과 관리 플랫폼을 구축하고 신속한 의사결정 지원 및 시민에게 혜택이 돌아가는 플랫폼 생태계를 조성할 계획이다.

스마트시티 3대 플랫폼	
디지털 도시	플랫폼에 필요한 인프라(슈퍼컴퓨터, 5G, Free-Wifi), 데이터 관리 및 블록체인 기반의 보안시스템 구축
증강도시	분석결과를 현실세계에 실시간으로 증강(현실과 가상세계를 겹치게 보여줌)시켜 AR·VR기반 실감형 서비스 기반마련
로봇도시	도시내에서 각종 로봇을 안전하고 안정적으로 사용하기 위한 플랫폼과 인프라 구축

또한 새로운 개념의 도시 플랫폼을 활용하여 개인, 사회, 공공, 도시 등 4대 분야에서 기존 도시와 확연히 구분되는 혁신적 변화를 창출하기 위해 시민의 삶에 가치를 더하는 10대 전략과제를 다음과 같이 제시하고 있다.

10대 전략과제	
구분	추진방향
로봇활용 생활혁신	• 시민 일상생활(육아, 교육, 의료 등) 및 취약계층, 영세상공인 지원에 로봇을 활용하여 세계적인 로봇 도시로 조성 *가정용 AI 비서 로봇, 배송로봇, 재활로봇 도입 및 로봇 테스트베드 제공 등
배움-일-놀이	• 배움, 일, 놀이가 하나의 공간에서 이루어지는 복합기능의 Hub공간을 조성하고, 커뮤니티 기반의 일자리 창출 *LWP센터(도서관, 스마트 워크센터, 메이커스페이스) 등 인프라 구축 및 프로그램 운영
도시행정 도시관리 지능화	• 도시운영관리 통합플랫폼을 기반으로 사용자 중심의 도시행정 서비스를 제공하고, 인공지능 기반의 도시관리 효율성 극대화 *증강도시 활용 도시행정, 로봇을 활용한 도시유지관리, 시민자치 행정 등
스마트 워터	• 도시 물순환 전 과정(강우-하천-정수-하수-재이용)에 스마트 물관리 기술을 적용하여 국민이 신뢰할 수 있는 물로 특화된 도시로 조성 *도시강우 레이더, 스마트 정수장, SWM(Smart Water Management), 하수재이용 등 도입
제로 에너지 도시	• 물, 태양광 등 자연이 주는 신재생에너지를 활용하여 온실가스 배출을 저감하고 친환경에너지를 통한 에너지 자립율 100% 달성 *수소연료전지, 수열 및 재생열 활용한 열에너지 공급, 제로에너지 주택시범단지 도입
스마트 교육 & 리빙	• 도시 전체를 스마트 기술 교육장으로 활용하고, 스마트홈, 스마트 쇼핑 등 시민체감형 콘텐츠를 도입하여 편리한 삶 제공 *에듀테크, City App도입, 스마트 홈, 스마트쇼핑센터 도입 등
스마트 헬스	• 헬스케어 클러스터를 도입하여 개인 특성에 맞는 건강관리 방법을 Check하고 일상에서 시민의 건강한 삶을 돕는 도시로 조성 *실시간 건강모니터링 시스템, 헬스케어 클러스터도입(대학병원, 연구시설 등)
스마트 모빌리티	• 최소한의 비용으로 가장 효율적이고 친환경적이며 빠르게 목적지까지 이동할 수 있는 도시로 조성 *스마트도로-차량-주차-퍼스널모빌리티를 연계한 토탈 모빌리티 솔루션 제공
스마트 안전	• 4차 산업기술을 활용한 통합안전관리시스템을 구축하여 지능형 재난·재해 예측 및 신속·정확한 시민 안전서비스 제공 *비상 응급상황 대응 최적화 시스템, 빌딩 내 대피유도 시스템, 지능형 CCTV 도입 등
스마트 공원	• 사람중심의 'smart tech'와 'design'을 결합하여 더 건강한 자연·환경 제공과 일상 속 "스마트 기술"을 체감할 수 있는 공원으로 계획 *도시문제 해결(미세먼지 저감, 물 재이용), 신재생 에너지 등 스마트 기술 체험공원

출처: 4차산업혁명위원회 제10차 회의 관련 보도자료(2019.02.27.)

제4절 스마트시티형 도시재생 뉴딜사업

1. 스마트 도시재생의 개념과 필요성

스마트 도시재생은 수요자를 위해 장소 중심의 도시재생을 목적으로 첨단기술과 기존의 지역 자원을 활용하여, 현재의 문제를 해결하고, 새로운 수요에 대응하여 모두의 행복한 삶의 질 향상과 생산 혁신에 기여하는 '지속 가능한 도시 생태계'를 만드는 과정이다. 특히 주거, 일, 여가·문화의 융합을 통해 산업과 교육을 촉진하여 지속적으로 진화하는 도시생태계를 목표로, 기존 전통적인 방법과 현시대 첨단 디지털 기술(ICT, IoT, AI, 빅데이터 등)을 활용하는 종합적 노력으로서의 도시재생을 말한다.[7]

또한, 삶의 질 향상과 공동체 회복, 생산의 혁신과 함께 기존 산업의 고도화와 신산업의 융합을 활성화하고, 공공환경과 장소에서 활발한 도시 활동과 보행이 이루어지도록 스마트 기술과 기법을 적극 활용하는 도시 만들기(Place Making)라 할 수 있다. 이를 통해 적은 자원으로 더 많은 것을 할 수 있고, 협소한 장소에서 더 많은 도시 활동이 일어나 도시의 삶의 행복에 기여할 수 있는 동시에 궁극적으로 수요자를 위한 맞춤형 도시 생활이 가능할 수 있는 도시를 지향하고 있다. 이밖에 스마트 도시재생은 기후변화와 도시화를 동시에 해결할 수 있는 대안이며, 기존 도시의 생태계를 회복하고 나아가 포용도시의 가치를 실현할 수 있는 방안이자 사람들의 삶의 질을 향상시킬 수 있는 가능성 높은 모델이라 할 수 있다.

스마트 도시재생	
도시재생	**스마트시티**
• 수요자, 장소 중심의 접근 • 지역역량의 강화, 새로운 기능 도입 및 창출, 지역 자원 활용 • 지역을 경제적·사회적·물리적·환경적으로 활성화	• 첨단 디지털, 친환경 기술을 활용 • 경제적·사회적·물리적·환경적 지속가능성 목표 • 기후변화 및 급속한 도시화에 대응 • 도시생태계 회복

---

7) 서울경제(2017.11.14.), 김도년, 도시재생과 산업생태계 회복.

스마트 도시재생의 출현 배경을 살펴보면, 수요자·장소 중심의 스마트시티 계획을 통해 국내 스마트시티의 한계를 극복하고, 기성시가지의 도시재생과 융합하여 도시 문제를 해결하고 지속가능한 도시 생태계의 회복이 필요했다. 특히 국내 스마트시티(U-city)의 경우, 첨단 기술의 적용을 통한 편의·편리 향상을 목적으로 공급자·기술 중심적 계획을 통해 진행되었다. 특히 주거 중심의 대규모 신도시 개발 사업 위주로 진행되어, 스마트시티의 구체적인 수요 계층이 부재하다는 한계점이 있었고, 우수한 ICT를 신도시 개발과 접목해 공공인프라를 확대한 성과는 있으나, 수요를 반영하지 않은 공급자 중심의 계획으로 시민 체감도가 저조했다는 평가결과가 도출되기도 했다.[8]

구분	공간적 특징	추진 전략	주도적 적용기술
신규개발 단계	자유로운 인프라 구축 다양한 융·복합 용이 실험적 시도	[국가 시범도시] 공기업 사업지 2곳 세종 5-1 생활권 부산 에코델타시티 '18. 하반기 추가 선정 [거점 신도시] 혁신도시 등 공공기관 추진	미래형 첨단선도기술 (혁신기술 창출)
도시운영 단계	신규 인프라 구축 충분한 기술 수요 시민참여 우수	[데이터 허브모델] 국가전략 R&D 지자체 실증 2곳 ▲ 도시문제 해결형 ▲ 비즈니스 창출형 [테마형 특화단지] 지역특성 연계 특화계획 수립 年 4곳	상용화단계 기술 (수요기반 혁신)
노후쇠퇴 단계	다양한 도시문제 신규투자 한계	[스마트 도시재생] 도시재생사업 연계 매년 선정	비용효율적 적정기술 (문제해결형)

출처: 4차산업혁명위원회(2018.01.29), 「도시혁신 및 미래성장동력 창출을 위한 스마트시티 추진전략」

---

8) 4차산업혁명위원회(2018.01.29), 「도시혁신 및 미래성장동력 창출을 위한 스마트시티 추진전략」

이러한 기존의 문제를 해결하기 위해 2018년 1월 4차 산업혁명위원회, 관계부처합동으로 기존의 공급자 중심, 신도시 위주 사업의 한계점을 극복하기 위하여 도시 성장단계별로 차별화된 스마트시티 사업을 진행하는 정책으로 전환하였다. 이를 위해 도시의 성장단계에 따라 '신규 개발단계', '도시운영 단계', '노후·쇠퇴 단계'로 나누어 차별화된 접근 전략을 수립하게 되었다. 신규 개발 단계의 경우 국가 시범도시 2곳(세종 5-1 생활권, 부산 에코델타시티)을 신규 조성하고, 나아가 혁신도시 등 신도시 중심의 지역 거점을 육성하고자 하였다. 도시운영 단계에서는 기존 도시 스마트화 및 확산을 목표로 데이터 허브모델(2곳)과 테마형 특화단지를 조성한다.

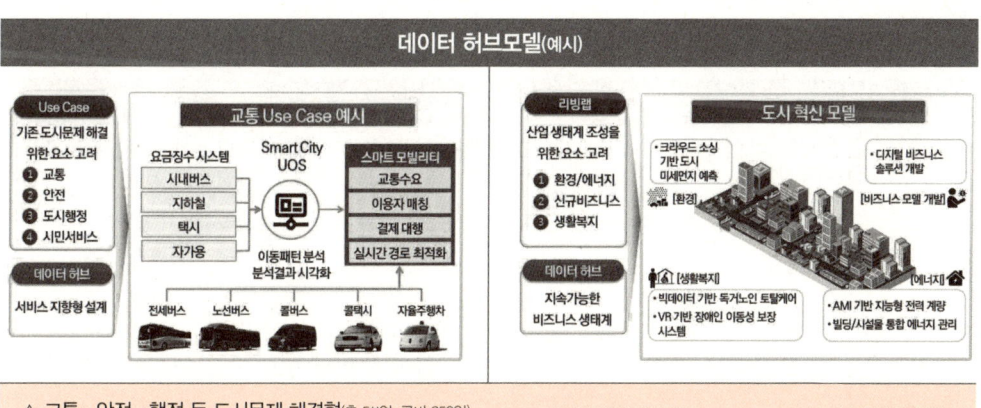

△ 교통·안전·행정 등 도시문제 해결형(총 511억, 국비 358억)
△ 환경·에너지·생활복지 등 비즈니스 창출형(총 368억, 국비 263억)

2. 스마트시티형 도시재생 뉴딜사업

1) 추진방향

　스마트시티형 도시재생 뉴딜사업의 추진방향은 우선 노후·쇠퇴 단계에서 도시재생 뉴딜과 연계하여 스마트솔루션을 접목해 생활환경을 개선하는 저비용-고효율의 '스마트시티형 도시재생 뉴딜'을 추진한다는 목표이다. 체감형 스마트 기술을 활용하여 도시문제를 해결하는 '스마트시티형 도시재생'을 뉴딜사업 전반으로 확산할 계획이다. 특히 스마트시티형 도시재생 뉴딜은 단순히 스마트시티 인프라를 설치하는 것이 아니라 주민들의 참여를 통해 도시문제(주민들이 원하는 서비스)를 정의하고 문제해결을 위한 스마트시티 기술을 발굴하여 적용한 후 사용자의 피드백을 통한 스마트시티 기술을 보완하는 것이다.

이러한 내용을 구체적으로 보면, 먼저 주민 주도의 스마트 도시재생 뉴딜은 계획 수립단계부터 지역여건 분석, 주민참여를 통해 지역이 당면한 도시문제를 도출하고 스마트솔루션을 접목해 이를 해결한다. 추진체계는 도시재생 주민협의회를 기반으로 민간기업, 학계(지역대학, 지역 연구원 등) 등이 참여하는 스마트 거버넌스를 구축한다는 것이다. 스마트솔루션은 주민들의 삶의 질과 밀접한 솔루션을 중심으로 주민 수요, 지역특성, 예산 등을 종합적으로 고려하여 제공 수준을 결정한다.

	예시
사례1	관광객이 많아 수시로 수거가 필요한 지역의 경우 스마트 쓰레기통을 설치하여 실시간 쓰레기양에 따라 수거 시행
사례2	신재생에너지의 경우 (낮은 수준) 단독주택 태양광 발전 설비 ➡ (높은 수준) 소규모 지역 내 전력을 지급하는 "마이크로 그리드 구축"

스마트시티형 도시재생 뉴딜은 빅데이터에 기반하여 주민참여로 도시문제를 해결하는 리빙랩을 시범적으로 도입하고 스타트업 등의 비즈니스 모델 테스트베드로 활용한다. 정부는 2018년 3월(도시재생 뉴딜 로드맵) 주민들의 참여를 통해 도출한 도시문제를 체감형 스마트 기술을 활용하여 해결하는 '스마트시티형 도시재생'을 뉴딜사업 전반으로 확산한다는 계획을 수립하였다. 먼저 스마트시티형 뉴딜사업을 매년 5곳(2017년 선정지역: 인천부평, 조치원, 부산사하, 포항, 남양주) 이상 지정하여 집중 컨설팅(내실 있는 계획 수립을 위해 스마트시티 특위를 통한 사업계획 컨설팅 제공)하고, 인센티브 부여 등을 통해 활성화한다는 방침을 세웠다. 또한, 지자체가 필요에 따라 선택·적용할 수 있도록 스마트시티를 대표하는 분야별 주요 서비스에 대해 가이드라인을 제공한다.

지정된 지역(2018년 대구 북구: 중심시가지형, 울산 동구: 일반근린형, 충북 제천: 우리동네살리기, 경북 포항: 경제기반형, 경남 김해: 중심시가지형 선정)은 도시재생 주민협의체를 기반으로 민간(스타트업, IT기업 등), 학계 등이 참여하는 스마트 거버넌스 구축을 지원하고 주민 참여, 빅데이

스마트 도시재생 솔루션 가이드라인		
안전·방재	생활·복지	교통
지능형 CCTV 스마트가로등 등	헬스케어, 노약자 생활안전 모니터링	스마트파킹·횡단보도, 버스정보시스템(BIS) 등
에너지·환경	문화·관광	주거·공간
마이크로 그리드, 스마트 쓰레기통 등	공공WI-FI, AR 서비스, City App 등	스마트 홈, 키오스크, IoT 시설물관리 등

터 분석을 통해 스마트 기술 기반 해법(스마트 솔루션)을 접목한 재생계획을 수립한다. 스마트시티의 전반적인 과정에서 민간 참여의 장을 확대하고 특히 청년 스타트업 등이 활발히 이루어질 수 있도록 창업 생태계를 조성한다. 세부적으로는 리빙랩에 스마트시티 관련 스타트업 기업 등이 재생계획을 제안하고 2018년 상반기 사업시행 등에 참여할 수 있도록 민간공모를 추진하였다. 이밖에도 스마트 인프라, IoT 등을 활용하여 빅데이터를 수집·분석하고 마을단위 데이터 플랫폼을 구축·개방하여 비즈니스 모델 조성을 지원한다는 계획이다.

> **조치원 계획 예시**(뉴딜 시범사업 선정지역)
> 지역 대학(고려대, 홍익대) 등의 청년들과 민간기업(SK)이 함께 빅데이터를 활용하여 상권분석, 창업 지원 교육 등을 지원하는 빅데이터 기반 IoT 청년창업 플랫폼 구축

2) 스마트시티형 도시재생 뉴딜의 추진현황

스마트시티형 도시재생 사업은 뉴딜사업을 신청한 지방자치단체 중에 조기에 성과창출이 가능한 지역을 5곳 정도 지정하였다. 2018년도의 경우 도시재생뉴딜 대상사업지 100곳 중 광역선정(70곳), 중앙선정(30곳) 여부를 불문하고 우수한 평가를 받은 지방자치단체가 선정되었다. 선정기준은 스마트시티형 도시재생의 기본방침에 따라 사업의 타당성, 참여도, 파급효과, 지방자치단체의 역량 등 선정기준이 세분화되어 있다. 2018년도 스마트시티형 도시재생 뉴딜사업은 ①대구 북구(중심시가지형), ②울산 동구(일반근린형), ③충북 제천(우리동네살리기), ④경북 포항(경제기반형), ⑤경남 김해(중심시가지형)가 선정되었다.

스마트시티형 도시재생 사업선정 기준		
구분	선정기준(평가항목)	배점(100)
사업의 타당성	• 재생계획과 연계성	10
	• 사업비 산출의 합리성	10
	• 지자체의 기존 스마트시티 인프라 연계 가능성 유무	10
참여도	• 스마트 서비스 도출과정에서 시민참여 유무	20
사업의 파급효과	• 일자리 창출 가능성	10
	• 민간기업 유치 계획	10
	• 신규 데이터 생성 및 수집, 활동방안 유무	10
지자체 스마트 역량	• 스마트 도시재생을 위한 지자체 전담조직 구성 여부	10
	• 리빙랩 계획 유무 또는 실적	10

도시정책사례연구
재생과 안전 그리고 갈등을 말하다

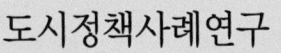

Chapter ③

안전도시와
여성친화적 안전도시

|제7장| 안전도시와 국제안전도시 현황
|제8장| 국내 안전도시 정책사례와 방향
|제9장| 안전도시 관점의 여성친화도시

도시정책사례연구
재생과 발전 그리고 갈등을 말하다

제7장 안전도시와 국제안전도시 현황

업데이트 자료 확인

제1절 안전도시의 의의와 패러다임 변화

 지난 반세기의 한국 사회는 성장사회라고 정의할 수 있으며, 성장사회는 성장을 위한 효율성을 목표로 추구하고 과정보다는 결과를 중시하는 사회라 할 수 있다. 하지만 성장사회의 시스템은 소득의 불평등에 따른 사회적 양극화와 계층 간의 사회적 갈등과 사회적 합의보다는 권위주의적인 의사결정 등 많은 부정적인 결과도 초래하였다. 또한, 경제성장과 도시화로 인해 도시는 양적인 성장과 외형적인 발전은 달성했으나 안전의 측면에서 볼 때 여전히 많은 과제를 안고 있는 실정이다. 따라서 안전이라는 가치를 공유하고 상호 연대를 통해 도시의 안전성을 강화해야 하며, 이를 위해서는 제도와 정책보다도 문화적 성숙이 선행되어야 할 것으로 본다(김명수, 2017). 본 절에서는 먼저 안전도시에 대한 개념과 국제안전도시 관련 제반 사항 및 현황 등을 살펴본 후 국제안전도시의 활성화 방안 등을 제시하였다.

1. 안전도시의 의의와 기대효과

 안전(safety)은 '인체에 유해한 조건들을 최소화하거나 제거하려는 여러 가지 활동' 또는

'사고나 재해를 당할 위험이 없는 상태'로 외부의 어떤 상황에서도 인적 혹은 물적 손실이 발생하지 않고 편안하고 온전하게 된다는 것을 의미한다.[1] 또한 발생 가능한 위험을 없애고 사고를 줄이는 것이라 할 수 있다(이장국, 2007; 안혁근 외, 2009; 한세억, 2013). 이밖에 안전은 인간의 기본권으로 세계보건기구(WHO)에서는 개인과 지역사회의 건강과 안녕을 유지하기 위해 신체적 손상 및 정신적·물질적인 해를 유발하는 조건이나 위험요인을 통제한 상태라고 정의하고 있다. 이러한 안전을 촉진 또는 증진하는 것은 최적화된 안전 수준에 도달하고 최적 수준을 유지하기 위해 필요한 것을 확보하는 과정으로 볼 수 있다.

현대사회에서 안전의 의미는 개인적 수준에서 사생활 및 개인의 인권과 자산을 타인이나 외부로부터 침해당하지 않고 위험요소로부터 자유로우며 안심할 수 있는 상태나 상황을 말한다(배대식, 2009). 그리고 집단이나 조직수준에서는 구성원의 권익과 자산이 보호되는 상태, 그리고 국가적으로 안전이 보장되는 국가안보에 이르기까지 각 수준에 따라 각종 위험요소로부터 보안과 안전의 개념이 다양하게 정의될 수 있으나 지금까지 이러한 구분 없이 통합적으로 혼용되어 사용되어 왔다. 특히 안전이 보장되기 위해서는 위험요소로부터 자유로워야 하는데, 이러한 위험을 국제연합 재난경감전략 사무국(UN-ISDR: United Nations-International Strategy for Disaster Reduction)[2]에서는 자연 혹은 인위적인 위해(hazard)와 취약성의 상호작용 결과로 발생하는 부정적 결과나 예상되는 손실(인적·경제적·사회적 손실 모두 포함)로 정의하고 있다. 이밖에 위험과 안전의 관계에서 보면, 크게 위험단계, 위기단계, 재난단계, 안전단계로 구성되어 있다. 먼저 위험단계(risk)는 가능성의 의미를 가지고 있는

---

1) 안전은 크게 직업안전과 공공안전이라는 2가지 기본영역으로 이루어진다. 직업안전이란 사무실·공장·농장·건설현장·상업시설 등에서 발생하는 모든 위험을 다루는 반면에 공공안전은 가정 또는 레크리에이션과 여행 중에 생기는 위험, 기타 비(非)직업적인 영역에서 발생하는 위험들을 예방한다. 국가 차원의 안전기구들은 안전 문제들을 그 나라 경제구조와 아주 밀접하게 연관지어 다루고 있다. 산업발전을 일정 정도 제한해왔던 나라들은 도로안전과 같은 분야에 관심을 집중시켜왔다. 지방 차원에서도 전문적인 안전기관들이 많이 있다. 이런 기관의 활동에는 경찰·소방대원·의료요원 등 안전문제와 밀접하게 관련된 직업에 종사하는 전문가들이 관여한다. 이 기관들은 교육자, 지방정부와 관리들, 산업협회와 노조의 협력을 얻고자 하며, 미국안전기술자회나 영국에 있는 산업안전요원기구와 같은 전문 안전기관과 연계하려고 한다(다음 백과사전: 브리태니커, 2014).

2) UN-ISDR은 지구온난화 등 세계적인 기후변화로 인한 대규모 재해 빈발에 따라 국제협력과 공동대응을 위해 UN 사무국내 설립된 기구이다. 이 기구는 2012년부터 전세계 지방자치단체를 대상으로 '기후변화 및 재해에 강한 도시 만들기 캠페인'을 전개하고 있다.

위기가 존재한다. 둘째로 위기단계(crisis)는 위험요인이 현실화된 인지된 혼란이 야기된다. 셋째는 재난단계(disaster)로 이는 결과론적 함의를 가진 것으로 그 결말이 부정적인 위기를 말한다. 마지막으로 안전단계(safety)는 위험이 발생하거나 사고가 날 염려가 없는 상태를 의미한다(정지범, 2009).

안전을 포괄적인 개념으로 볼 때 지역사회와 지역사회 내 안전의 개념을 이해하고 어떤 수단들이 행해져야 하는지를 인식하는 것이 안전증진(safety promotion)의 기본개념이라 할 수 있다. 안전증진이란 모든 개개인이나 조직 또는 지역사회가 궁극적인 목표를 달성하기 위한 계획된 노력을 의미하는 것으로 태도와 행동뿐만 아니라 구조적인 변화 등을 통해 안전을 충분히 제공할 수 있는 환경을 만드는데 그 목적이 있다. 다시 말해서 목표달성을 위해 개인, 조직, 지역공동체, 국가 등 모든 사회조직의 참여와 노력이 요구되며, 각 단계의 사회조직 간에는 상호작용이 존재하여야 한다. 이러한 활동들이 지역사회에서 이루어지는 총체적 안전증진사업(community safety promotion)[3]을 안전도시(safe community)라 하며, 안전한 상태를 지속시키고 발전시키기 위해 개인, 지역사회, 정부 및 기업, 비정부기구들에 의해 지역적, 국가적, 국제적 수준에 적용되는 다수준 및 다차원적인 과정이다.

안전도시는 인간을 둘러싼 물리적, 사회적, 문화적, 정치적, 제도적 등의 환경변화와 개인 및 조직 등의 행위변화를 위한 조직적 노력을 통해 손상[4]과 불안감을 예방하고 안전한 생활환경을 조성하여 질 높은 건강한 삶을 성취할 수 있도록 하는 것으로 정의하고 있다. 그 밖에 안전증진, 부상 예방, 폭력 예방, 자살 예방, 자연재해로 인한 부상 예방을 위해 노력하는 지

---

3) 일상생활 중 발생하는 사고와 이로 인한 손상은 개인에게 미치는 인적, 물적 피해와 함께 막대한 사회경제적 비용손실을 초래하게 된다. 시민에게 발생하는 손상문제 및 위험요인을 파악하고 과학적으로 접근하며 지역 내 손상예방과 관련된 다양한 유관기관들의 협력관계를 구축하며 사고와 손상을 최소화하는 안전증진사업 등을 개발함으로서 궁극적으로는 시민의 삶의 질을 향상시키고 사망과 손상을 예방하는 데에 그 의의가 있다.

4) 손상(injury)은 의도적(예: 폭력, 자살 등) 혹은 비의도적(예: 교통사고, 화재)인 사고(accident)의 결과로서 발생하는 신체나 정신에 미치는 건강상의 해로운 결과(Health Outcome)를 의미하며, 손상은 예기치 못한 교통사고, 화재나 폭력에 의해 우연히 발생되는 것이 아니라, 일반적인 질병과 같이 고위험군(high risk group), 위험환경(risk environment), 위험요인(risk agent)이 있어, 이를 적절히 통제함으로써 충분히 예방 가능하다는 견해가 널리 받아들여지고 있다. WHO(1989)는 손상(injury)을 질병 이외의 외부적 요인에 의해 다치는 것, 다시 말해서 불의의 사고(accident, 교통사고, 추락 등) 혹은 의도적 손상(폭력 violence, 자살 등)으로 인해 초래되는 신체·정신 건강상의 해로운 결과로 정의하여 사고 그 자체와는 구별되는 개념으로 보고 있다.

방자치단체, 지역, 도시지역 등을 포함하기도 한다.

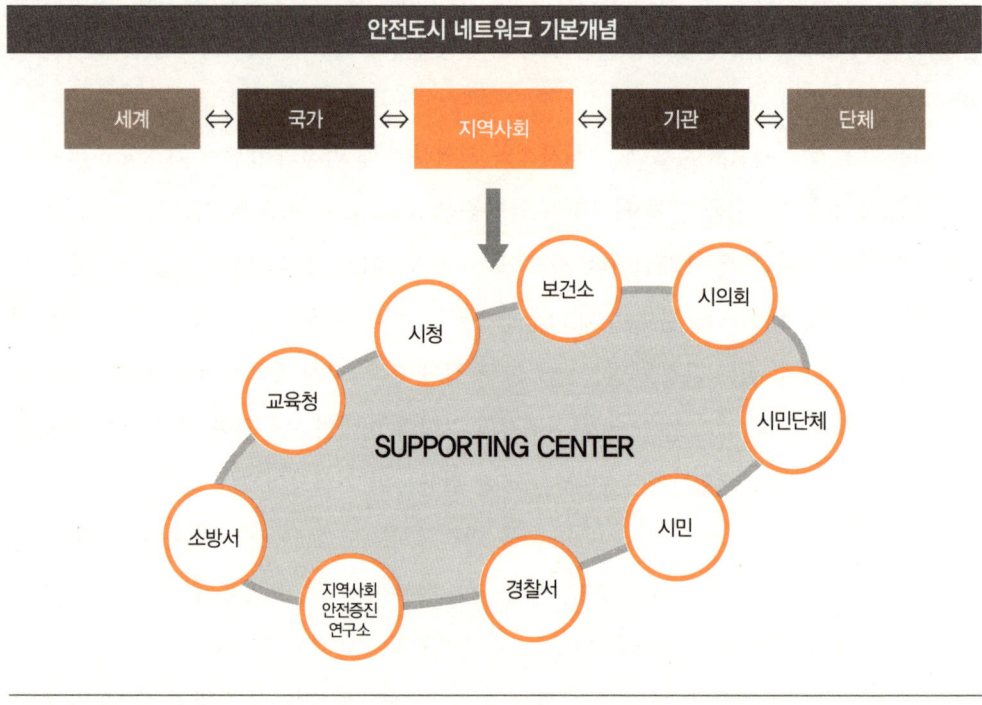

　국제보건기구(WHO)가 제시하고 있는 안전도시의 모델은 지역사회 수준에서 손상을 예방하고 안전을 증진시키는데 가장 효과적이며 장기적으로 이익이 되는 접근방법으로서 안전도시는 그 지역 공동체가 이미 사고로부터 안전하다는 것을 의미하는 것이 아니며, 지역공동체 구성원들이 사고로 인한 손상을 줄이고 예방활동을 통해서 안전의식을 향상시키기 위해 지속적이고 능동적으로 노력하는 도시를 의미한다(안혁근 외 2009). WHO의 안전도시 개념은 보건부문에 치우쳐 있기 때문에 지역현실과 상황에 적합한 안전도시의 개발과 노력이 필요하다. 따라서 한국형 안전도시 모델의 경우에 포괄적인 안전의 개념과 지역의 특성을 고려한 안전·안심·안정된 지역을 만들기 위해서는 지역사회 구성원들이 협치, 노력하는 안전공동체를 형성하여 각종 안전사고와 재난예방을 위한 환경을 개선해 나가는 것이다.

　또한 지역사회를 기반으로 하는 상향식 접근방법(Bottom-up)을 기본 개념으로 하고 있으므로 보다 안전한 지역사회를 만들기 위해 지역사회 주민 모두의 참여가 필요하다. 이와 더불어 하향식 접근방법(Top-down)을 동시에 적용하여 손상의 특성별 안전증진 프로그램을 개발, 수행하여 가정, 학교, 지역사회 등 모든 생활환경에서의 안전증진을 도모할 필요가 있다. 이밖에도 시민의 안전의식 고취와 안전생활의 실천, 그리고 안전문화의 형성을 통한 삶의 질 향상이라는 궁극적인 목표를 달성하기 위해 노력해야 한다.

2. 안전도시의 패러다임 변화와 비전

WHO에서 제시한 안전도시 개념의 한계를 보면, 첫째로 안전의 제반요소에 대한 포괄성이 부족하다는 점이다. WHO 안전도시에서 다루는 안전의 영역은 생활안전 영역의 손상 부문(교통사고, 낙상, 충돌, 폭력, 자살)을 다루고 있으며, 환경오염 및 전염병 등을 다루지 않고 있다. 둘째로 안심에 대한 관심부족으로 WHO의 경우에는 안전의 중요 요인으로 볼 수 있는 인간의 심리상태, 다시 말해 안전에 대한 적극적인 관심이 매우 부족하다. 셋째로 미래지향성의 부족으로 인해 WHO의 안전도시는 손상감시 시스템의 구축을 통한 기존의 손상 통계에 의존하기 때문에 미래에 예측되는 위험에 대한 관심은 부족한 실정이다.

따라서 우리나라의 실정에 맞는 보다 포괄적인 위험 영역을 다룰 필요성이 꾸준히 제기되어 왔다(안혁근 외, 2009). 이를 위해서 우선 WHO의 안전도시 주요 개념을 수용하고 건강도시에서 강조하고 있는 물리적 환경적 하드웨어 개념을 도입할 필요가 있으며, 범죄예방 등에 대한 보다 많은 관심을 표명할 필요가 있다.[5] 또한 WHO의 안전도시보다 지방자치단체의 역량을 강화할 필요가 있으며, 이는 중앙정부와 효과적으로 연계되어야 할 것이다. 한편으로 기후변화 등 미래에 대한 재난과 관련된 내용을 포함할 필요가 있으며, 기존의 재난에 대한 대응과 복구 중심의 패러다임에서 예방을 강조하는 안전 중심의 패러다임으로 변화시킬 필요가 있다. 다시 말해서 특정한 시기, 지역에서만 발생하는 수해, 화재, 산불 등 전통적인 재

---

[5] WHO에서 인증하는 안전도시의 기준은 범죄로부터 안전을 보장하는 것이 우선시된다. 그러나 우리나라에서 실시하고 있는 안전도시 프로그램의 대부분은 범죄예방분야에 있어서 소극적인 입장을 보이고 있다. 그 이유는 안전도시 프로그램의 특성상 자치단체 위주로 실행되고 있어서 범죄예방영역을 국가와 경찰에 의해 다루어지는 분야로 간주한다는 점에 있다(김도우, 2013: 29 참조).

난관리에서 안전, 안심, 안정중심의 안전관리로의 전환이 요구된다. 아울러 물리적인 위험뿐만 아니라 심리적으로 느끼는 불안감과 공포감을 해소하여 안심하게 살 수 있는 지역을 확보하고 지역의 사회적 복원력을 증대시켜 예측되지 않은 사고에도 혼란을 겪지 않는 안정된 지역사회를 구축하여야 할 것이다.

안전도시의 패러다임 변화와 관련하여 보다 구체적으로 살펴보면, 복구에서 예방중심으로의 재난안전관리의 전환이 필요하다. 손상 및 사고를 사전에 방지할 수 있는 각종 사고 예방 프로그램을 마련해야 한다. 사고 발생 이후의 복구 및 회복에 소요되는 비용보다 예방에 투자하는 것이 사회적 비용을 감소시킬 수 있다. 명령과 통제[6]에서 자율과 책임 관리로의 전환이 필요한데, 다시 말해 중앙정부의 명령과 통제체계에 의한 안전관리로부터 지방정부의 자율과 책임 관리로의 전환이 이루어져야 한다. 지역의 안전은 중앙정부가 책임질 수 없으며, 지역안전은 지역공동체를 중심으로 스스로 지킬 수 있어야 한다. 자치단체의 자율과 책임 관리를 위해서는 재난 및 위험관리의 리더십과 전문성 증진의 기회를 제공하고 재난관리 부서가 경찰, 소방, 학교 등 지역사회 안전네트워크 구성이 주축이 될 수 있도록 지원하는 등 자치단체 재난관리 부서의 위상 격상 및 역량 강화가 우선되어야 한다.

이밖에 협력적 거버넌스를 통한 지역공동체와 주거지 중심의 관리가 이루어져야 한다. 정부의 획일적인 리더십보다는 지역사회를 중심으로 한 자발적이고 지역의 특성을 고려한 창의적인 안전관리를 지향하고 지역공동체의 위험관리 책임조직(경찰, 소방, 시민단체, 재난관리 책임기관 등)의 협력을 통한 안전도시 거버넌스를 추진해야 한다. 정부의 동원이 아닌 주민들의 자발적 참여를 통한 민관 협력적 파트너십을 구축하고 이를 통해 지역 특성을 반영한 현황파악과 이에 맞는 프로그램을 마련해야 한다.[7]

---

[6] 명령과 통제의 패러다임에 따른 재난안전 관리체계란 모든 권한과 의사결정을 행사하는 최고의사결정기구를 두고 정부 모든 부처가 이 기구의 명령에 일사불란하게 움직이는 관리 체계를 의미한다. 각각의 조직은 이 최고의사결정기구의 명령을 수행하는 대행기관으로써의 역할을 수행한다. 명령과 통제 패러다임은 분명한 위계구조를 가지고 있으며, 중앙 집중화된 계획, 과정, 의사소통 체계 속에서 작동된다. 이러한 조직관리 방식의 장점은 각 조직이 하는 일에 대하여 명확한 책임성과 통제력을 확보할 수 있다(Wise, 2006; 김근세, 2009; 김은성 외, 2009).

[7] 안전도시의 특징으로 1989년 제1회 세계 사고와 손상예방 학술대회에서 형평성, 지역의 참여, 국가 및 국제적 참여를 안전도시의 기본원칙으로 삼고 안전을 위한 공공정책수립, 지지적 환경조성, 지역활동 강화, 공공서비스 확대 등 안전도시 사업 추진의 행동권고안을 제시했다(백지현·김관보, 2014: 8 참조).

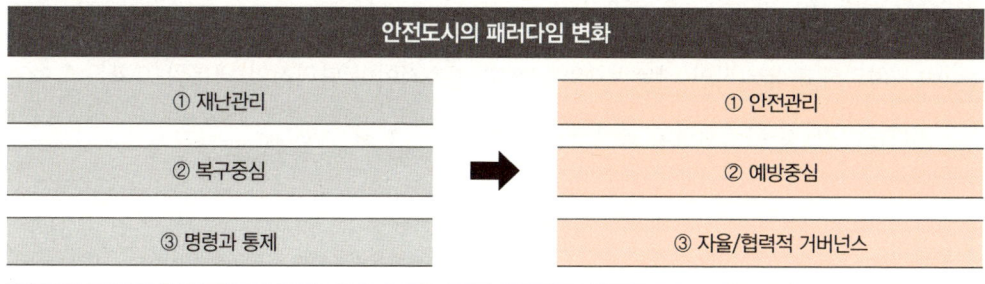

한편, 안전도시는 안전·안심·안정된 지역을 만들기 위해 지역사회 구성원들이 노력하는 안전공동체(safe community)를 형성해 각종 안전사고와 재난예방을 위한 환경을 개선해 나가는 지역·도시이다. 지방자치단체 스스로가 책임감을 가지고 안전·안심·안정의 3안을 관리해 나감으로써 안심하며 살 수 있는 나라를 만드는 것을 비전으로 한다. 또한 정부, 국민, 시민사회, 자치단체 등이 공유된 목표를 바탕으로 합심하여 추진하는 것으로 안전관리의 안전 패러다임의 전환을 필요로 한다. 결국 안전도시는 자치단체가 책임과 의무를 가지고 공공기관, 시민, 민간단체, 기업 등 지역사회 모든 구성원들이 공유된 목표를 바탕으로 안전관리

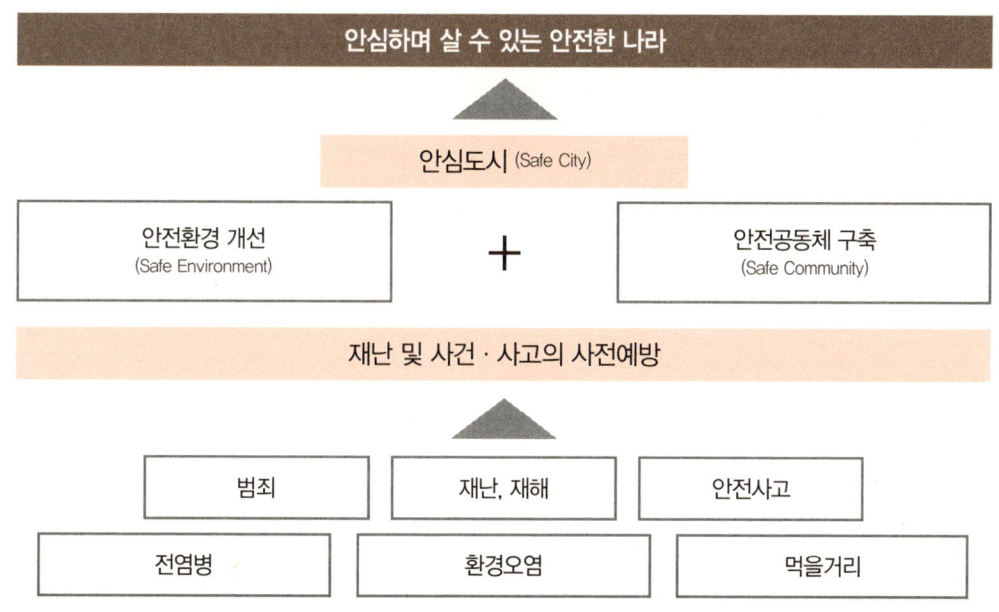

의 패러다임을 전환시키는 것이 무엇보다 중요하다. 따라서 공통된 목표를 달성하기 위해서는 보다 치밀하고 유기적인 네트워크의 구성과 지속적이며 탄력적인 네트워크 활동이 안전도시 사업의 성패를 가름한다고 본다(윤미경, 2009; 백지현 외, 2014).

3. 안전도시의 구성요소와 유형분류

1) 안전도시의 구성요소

안전도시는 크게 운영시스템, 주민참여, 안전프로그램, 안전인프라를 구성요소로 하기 때문에 이에 대한 세부적인 검토가 요구된다. 첫째, 운영시스템은 지역사회의 안전정책을 수행하기 위한 조직 및 법령체계 정비, 기관 상호간 협력체계 구축 등을 통해 안전도시 추진기반을 마련하는 것으로 자치단체 내 안전도시의 효율적인 추진을 위한 추진체계 정비, 법적 기반 마련 등 안전도시 조성의 제도적 기반을 구축해야한다. 그리고 경찰, 소방, 식품, 환경, 의료, 시민단체, 재난관리책임기관, 기업 등 지역사회에서 안전증진에 책임이 있는 다양한 구성원들과 상호 협력체계 구축, 안전관련 민관 협의회 및 실무위원을 구성하여 프로그램 개발에 지속적으로 협력할 수 있는 체계구축과 더불어 자치단체장, 공무원 및 관계기관 구성원에 대한 각종 교육 및 워크숍 개최 등 지자체 및 관련기관 구성원의 리더십 및 전문성 등이 요구된다(안혁근 외, 2009; 한세억, 2013; 이진수, 2013 등).

둘째, 주민참여로 지역주민, 기업, 자원봉사자, NGO 등 지역사회의 다양한 구성원들이 자발적으로 참여하는 민관 협력적 파트너십이 필요하다. 주민과 시민단체 등 각계각층에서 안전과 관련한 다양한 정책들을 제안하여 실행할 수 있는 방안을 마련하고 정책 프로그램 개발 및 추진과정에서 주민들을 비롯한 구성원들의 참여를 통한 정책을 추진하는 등 정책 계획 수립 및 시행과정에서의 주민참여를 유도해야 한다. 예를 들어 자원봉사자, 노인 등을 활용한 방과 후 하굣길 어린이놀이터 및 취약시간대 순찰활동 강화 등 주민센터를 중심으로 이웃의 안전증진을 위한 노력이 필요하다. 아울러 녹색어머니회 등 지역 내 자원봉사단체를 통한 지역사회 안전지도 제작 및 생활 터 안전 가꾸기 사업을 통해 안전 활동이 이루어질 수 있도록 해야 한다. 또한 어린이 체험교실 운영, 안전점검의 날 운영 등 지역사회 안전문화 형성과 확산을 위한 각종 프로그램을 운영하고 주민들의 안전한 생활을 위한 각종 이벤트 및 교육 등을 지속적으로 추진하여 지역사회에 안전문화가 형성되어야 한다.

셋째, 안전 관련 프로그램으로 교통안전, 범죄예방, 안전취약계층, 생활공간 개선 등 안전도시 조성을 위한 각종 정책개발 및 프로그램 등의 소프트기반이 마련되어야 한다. 여기에는 지역사회 내의 각종 교통안전 예방정책을 통한 교통사고 감소 및 교통안전 방안과 지역사회 내의 각종 범죄예방 사업 추진 등의 범죄예방을 위한 프로그램이 운영되어야 한다. 또한 식중독예방 및 유해식품관리, 조류 독감 및 신종 인플루엔자 등의 각종 전염병 예방을 위한 프로그램 운영으로 안전한 먹을거리의 관리 및 각종 전염병을 예방하기 위한 방안이 마련되어야 한다. 이밖에도 어린이, 노인, 여성, 장애인 등 안전취약계층에 대한 안전증진 프로그램의 운영과 학교, 놀이터, 쇼핑센터, 일터 등에 대한 체계적인 안전관리 및 지역사회 내 각종 산업현장에 대한 안전사고 예방체계 구축 및 안전한 생활공간을 조성하기 위한 안전관리 방안 등을 마련해야 한다.

마지막으로 안전인프라는 지역사회의 위험요소 및 각종 시설장비·기술정비 및 안전정보 구축 등 하드웨어적인 안전 환경기반을 의미한다. 풍수해, 호우, 가뭄, 대설, 황사, 화재, 환경오염사고, 붕괴, 산업재해 등에 대한 지역사회 내 각종 건축물, 시설 등을 정비하여 각종 재난·재해 대비 인프라를 구축하고 수돗물, 약수터, 소하천 등의 수질관리 방안 및 안전에 영향을 미치는 환경개선 방안을 마련하여 지역주민들의 건강을 지키기 위한 안전 환경을 조성해야 한다. 지역주민의 손상의 빈도와 원인, 지역 내 자연재해 피해 및 취약지역 관련 정보 현황 등을 파악하기 위해 스마트시티(Smart City) 등 정보기술, CCTV 등을 활용하여 정보체계를 구축하고 관리해야 한다.

안전도시의 구성요소	
운영프로그램	① 안전정책수행 법령체계 정비, ② 조직과 예산, 자원정비, ③ 지역안전대응 협력체계 구축, ④ 지자체 및 관련기관 구성원 리더십 및 전문성 강화
주민참여	① 안전정책과정에서 주민참여, ② 지역사회 안전문화 형성 및 활용, ③ 주민상호간 협력체계 구축
안전프로그램	① 생애주기별 안전프로그램, ② 안전프로그램의 홍보 및 교육, ③ 수요자지향의 안전프로그램 발굴, ④ 안전한 생활공간 조성
안전인프라	① 재난재해, 위기관리 인프라 구축, ② 안전 환경 조성, ③ 안전 및 위기관리 DB구축

2) 안전도시의 유형분류

안전도시의 유형을 분류하는 것 자체는 지역의 특수성을 고려한 안전정책을 수립하는데 있어 필요하고 정책의 추진과정에서 주민의 자발적 참여를 이끌어 내기 위해 필요하다. 또한 지역사회의 안전상황을 고려한 안전도시 정책을 추진하는데 있어 유용하다. 안전도시를 추진함에 있어 재난이나 안전사고가 발생하여 입은 피해를 예방하고 이를 해결하기 위한 대책을 마련하는데 있어서도 안전도시에 관한 유형분류는 필요하다. 안전도시의 유형과 관련하여 행정안전부(2010)는 위해요인과 취약집단 등을 기준으로 안전도시 모델을 구성하였다(나채준, 2014).

또한 정책의 추진주체에 따라 누가 주도적 역할을 하느냐에 따라 주민주도형과 민관협력

안전도시 유형				
기준	모델명	위해요인	취약집단	지역특성
위해요인	교통안전도시	교통사고	주민	도시/농촌
	범죄안전도시	5대 강력범죄	주민	도시
	화재안전도시	화재	주민	도시
	자연재해안전도시	풍수해	주민	농촌
	산업재해안전도시	산업재해	근로자	산업공단
	보건안전도시	전염병, 식중독	주민	도시
취약집단	어린이안전도시	교통사고/성폭력/식품사고	어린이	도시
	노인안전도시	교통사고/낙상	노인	도시/농촌
	여성안전도시	가정폭력/성폭력/전기안전	여성	도시/농촌
	장애인안전도시	교통사고/범죄/낙상	장애인	도시
	다문화안전도시	가정폭력/실업	외국인	농촌/공단
융합형	어린이교통안전도시	교통사고	어린이	도시
	노인교통안전도시	교통사고	노인	농촌
	여성범죄안전도시	성폭력	여성	도시
	어린이범죄안전도시	성폭력	어린이	도시
통합형	안전도시	다양한 위해요인	다양한 취약집단	도시/농촌/공단

형으로 분류할 수도 있다(신상영, 2012). 전자는 지역주민이나 시민단체 등이 주도적으로 사업을 추진하는 유형이고, 후자는 공공과 민간이 협력하여 공동으로 안전도시를 추구하는 방식이다. 안전도시의 구성요소와 안전도시 유형인 위해요인을 토대로 범죄안전도시 모델(안)을 제시하면 다음과 같다.

범죄안전도시 모델

구성요소		주요 특성 및 사례
운영프로그램		• 안전도시협의회 산하 분과위원회(예. 범죄안전도시협의회) 구성 • 지방자치단체, 경찰청, 자율방범연합회 등 지역 민간단체의 긴밀한 협조를 바탕으로 추진되어야 함
주민참여		• 자율방범연합회와 같은 민간단체/주민의 참여가 반드시 필요 • 지역주민간의 연락 및 연계체제 구축 필요
안전인프라		• 빈집/폐가 정비사업 • 밤길 안전을 위한 노후 보안등 교체 및 CCTV확충 • 주민안전 관제센터 구축
안전프로그램	기본사업 (필수)	• 안전지수관리사업 • 안전도시포럼운영사업 • 지역주민 안전교육 전문가 양성 사업
	특화사업 (선택)	• 범죄안전지도 작성: 정부기관과 지역주민이 함께 참여하여 지역의 범죄위험지역을 표시하는 안전지도 작성 • 지역순찰 및 감시활동: 자율방범단/안전파수꾼/안전지킴이 사업 • 성폭력예방교육

제2절 국제안전도시의 공인기준과 절차

1. 국제안전도시사업의 필요성과 성공요인

일상생활 중에 발생하는 사고와 이로 인한 손상은 개인에게 미치는 인적, 물적 피해와 함께 막대한 사회경제적 비용손실을 초래하게 된다. 세계보건기구 지역사회안전증진 협력센터(WHO CC CSP)는 지역사회 내에서 시민에게 발생하는 손상문제 및 위험요인을 파악하여 이를 과학적으로 접근하고, 지역 내 손상예방과 관련된 다양한 유관기관들의 협력관계를 구축하고 있다. 또한 사고와 손상을 최소화하는 안전증진사업 등을 개발하는 것을 지원하여 궁극적으로는 안전한 지역사회를 만들고 시민의 삶의 질을 향상시키고 사망과 손상을 예방하는 데 기여하고 있다.

손상은 어느 한 부문만의 주도적인 사업 추진을 통해서는 효과적으로 예방될 수 없다. 따라서 연계되어 있는 부문 간 상호 협력기반을 구축하는 일은 안전도시 사업의 목표달성을 위해 필수적인 요소이다. 사업의 기획 및 실행, 평가에 이르기까지 단계별로 효율적인 협력체계를 구축하여 운영하는 일은 사업 추진에 있어 무엇보다 중요하다고 할 수 있다. 이를 위해서는 사업의 기획 단계에서부터 관련자들을 참여시켜 의견을 충분히 반영할 수 있도록 해야 하며, 사업 수행 중에 발생하는 문제들을 지속적으로 환기시킴으로써 효율적인 목표달성이 이뤄질 수 있도록 하는 사업체계의 구축이 필요하다. 이러한 맥락에서 국제 안전도시사업을 성공적으로 수행하기 위해서는 다음과 같은 요소들이 중요하다고 할 수 있다(조준필, 2018).

	국제안전도시사업의 성공요소
성공요인	1. 지역사회 구성원의 관심과 참여 2. 지역사회 상호 협력기반 구축 3. 지역사회의 특성을 반영한 효과적인 프로그램 개발 4. 장기간의 프로그램 수행기간 5. 손상의 빈도와 원인에 대한 주기적 파악 6. 사업에 대한 방향성 설정: 공통된 의제나 목표 설정 7. 현재 사업에 대한 효과성(효율성) 및 사업의 질 평가 8. 기존 사업에 대한 관리 강화 9. 사업 수행의 인적 물적 자원 확보 10. 점진적 사업 추진 및 확산 전략

또한 사업을 추진함에 있어 반드시 평가가 이뤄져야 한다. 지역사회의 손상빈도와 원인에 대하여 주기적으로 확인함으로써 이러한 결과를 안전증진사업 평가의 근거가 되는 지표로 삼을 수 있다. 이 경우에는 모든 손상유형을 포괄할 수 있는 정보가 되어야 하며, 손상 시기, 손상 장소, 손상 원인, 치료 후 결과 등에 대한 광범위한 정보가 함께 포함되어야 한다. 조사의 목적에 따라 활용할 수 있는 자료의 종류가 다르고, 각 자료마다 장단점을 가지고 있기 때문에 해당 지역사회의 실정에 적합한 손상감시체계를 구축할 필요가 있다.

2. 국제안전도시의 기준과 절차

1) 국제안전도시의 공인기준

선진국에서는 1970년대 이후 사고 및 손상을 감소시키기 위해 국가 공중보건정책의 우선순위로 손상문제를 설정하여 체계적인 노력을 해 왔다. 최근에는 지역공동체 주민들의 자발적인 참여를 유도하고 안전한 지역공동체를 만들어 나가기 위해 지역공동체의 특성에 맞는 손상예방 및 안전증진 활동이 활발하게 전개되고 있다. 안전도시는 세계보건기구(WHO)에서 안전증진사업으로 권고하고 있는 모델이다. 세계보건기구는 1980년 스웨덴 스톡홀름에 있는 카롤린스카 연구소(Karolinska Institute) 의과대학 사회의학과를 WHO 지역사회 안전증진센터(WHO Collaborating Center on Community Safety Promotion)로 지정하였다. 여기서는 WHO 안전도시 공인센터 및 WHO 안전도시 지원센터를 지정하고 안전도시 사업을 추진하는 모든 기관과의 네트워크 구축을 통해 집단수준별로 지역사회 안전증진사업에 대한 포괄적인 사업을 추진하고 있다. 2015년부터는 스웨덴 스톡홀름에 국제비정부기구(International Non-government Organization)를 설립하여 공인을 주관하고 있다.

안전도시의 개념은 1989년 9월 스웨덴의 스톡홀름에서 열린 제1회 사고와 손상방지 세계학술대회에서 공식적으로 대두되었다. '모든 사람은 건강하고 안전한 삶을 누릴 동등한 권리를 가진다'라는 국제안전도시 헌장(Manifesto for Safe Communities)을 기초로 하고 있다. 주요 이론적인 틀은 지역사회의 참여를 통한 역량을 강화하는데 있으며, WHO 안전도시는 1989년 스웨덴의 리드코핑(Linköping)을 세계 최초의 안전도시로 공인하였다(나채준, 2014). 국제안전도시 공인센터는 각 국가의 국제안전도시 사업을 효율적으로 지원하기 위하여 지원센터를 지원하고 있는데, 2018년 3월 기준으로 17개국 23개소가 지정되었다. 우리나라에서는 아주대학교 의과대학 지역사회 안전증진연구소가 2004년 11월 국제안전도시 지원센터, 2006년 11월 국제안전도시 공인센터로 지정되어 활동하고 있다.

아주대학교 지역사회 안전증진연구소는 국제안전도시가 되기 위해 갖추어야 할 항목으로 안전도시의 지속적인 발전을 위한 역할과 과제에 안전을 위한 공공정책의 수립, 협력환경의 조성, 지역사회의 활동 강화, 공공서비스의 확대 등을 제시하고 있다. 이에 대한 세부적 내용을 보면 첫째, 안전을 위한 공공정책을 수립해야 한다. 전 세계적으로 아동, 장애자, 여성,

노인 등은 타 계층에 비해 손상률이 높기 때문에 정부는 안전증진과 국민건강 개선을 위해 더 많은 인적, 물적 자원을 투입해야 하며 취약계층 및 소외계층의 사고와 손상을 예방하는 데 우선순위를 두고 정책을 수립하여 추진해야 한다. 더불어 손상 발생률에 영향을 주는 술과 약물 남용의 예방에 관한 공공정책도 세워져야 한다. 또한 비정부단체, 민간기업, 지역사회 유관기관, 전문가 단체 등도 안전증진 정책을 채택해야 하고 정부의 정책 수립을 돕고 협력해야 하며, 지역사회 구성원 모두가 건강과 안전을 증진시키는데 참여할 수 있는 기회를 갖도록 해야 한다.

둘째, 협력환경을 조성해야 한다. 공공정책을 효과적으로 추진하기 위한 협력체계가 미비한 부분이 존재하기 때문에 지역, 국가, 국제적 단체들은 손상예방 안전증진을 위한 연구자, 교육 관련자, 프로그램 관리자들의 네트워크를 조성하고 강화해야 한다. 또한 네트워크 구성원들이 공공 안전정책을 분석하고 수행하며, 지역, 국가, 국제적 차원에서 경험을 공유하여야 한다.

셋째, 지역사회 활동을 강화해야 한다. 이미 여러 국가에서 지역사회를 기반으로 하는 손상예방 프로그램들을 통해 손상을 성공적으로 감소시켜 왔다. 이러한 프로그램들은 시민, 지역단체, 정부 기관들이 서로 협조적으로 관여해야만 가능하다. 통합된 지역 프로그램은 새로운 큰 재정 지원이 없이도 손상을 감소시킬 수 있으며, 사고, 손상, 안전 및 성공적인 예방대책에 대한 시민들의 지식이 증대되고 지역사회의 노력이 집중 된다면, 훌륭한 지역사회 손상예방 안전증진 프로그램을 설계하고 실행할 수 있을 것이다. 이러한 지역사회의 노력은 다른 차원에서 정부의 기술적 지원, 훈련, 재정적 지원과 평가로 뒷받침되어야 하며, 해당 지역사회의 요구에 맞게 지역 자원을 활용하면서 지역사회 구성원들이 만들어 나갈 수 있어야 한다.

넷째, 공공서비스로의 확대가 필요하다. 안전도시는 건강과 안전 분야만 아니라 산업, 교육, 주택, 스포츠와 여가 등을 포함한 많은 다른 분야들이 관련되어 있다. 사회적, 물리적, 경제적, 환경적 여러 생활터전(setting)별로 나타나는 시민의 건강과 안전을 위협하는 요인들을 줄여나가기 위해 공공서비스를 확대해 가는 것은 필요불가결하며, 그 과정에서 관련 부문 간의 협력과 참여는 성공적인 목표 달성을 위해 필수적이다. 특히 보건 및 안전 전문가들은 손상의 유형(패턴), 원인, 위험 환경에 대한 정보를 수집하고 홍보하는 중요한 역할을 담당해야 하는데 이러한 정보는 지역사회 내 활동 그룹에게 각자의 사업에 집중할 수 있는 충분한 근거자료로 제공되어야 한다(조한성 외, 2013).

	WHO 국제안전도시 공인기준(Indicators for International Safe Community)
①	지역공동체에서 안전증진에 책임이 있는 각계각층으로부터 상호 협력하는 기반이 마련되어야 한다(An infrastructure based on partnership and collaborations, governed by a cross-sector group that is responsible for safety promotion in their community).
②	남성과 여성, 모든 연령, 모든 환경, 모든 상황에 대한 장기적이고 지속적인 프로그램이 있어야 한다(Long-term, sustainable programs covering genders and all ages, environments, and situations).
③	고위험 연령과 고위험 환경 및 고위험 계층의 안전을 증진시킴을 목적으로 하는 프로그램이 있어야 한다(Programs that target high-risk groups and environments, and programs that promote safety for vulnerable groups).
④	프로그램은 사용가능한 모든 근거를 기반으로 하여야 한다(Programs that are based on the available evidence).
⑤	손상의 빈도나 원인을 규명할 수 있는 프로그램이 있어야 한다(Programs that document the frequency and causes of injuries).
⑥	손상예방 및 안전증진을 위한 프로그램의 효과를 평가할 수 있어야 한다(Evaluation measures to assess their programs, processes and the effects of change)
⑦	국내외적으로 안전도시 네트워크에 지속적으로 참여할 수 있어야 한다(Ongoing participation in national and international Safe Communities networks).

2) 국제안전도시의 공인절차

국제안전도시로 공인을 받고자하는 지역은 지역사회 진단사업을 WHO 안전도시 공인센터에 공인준비보고서를 작성하여 제출한 후 공인 6개 기준에 맞춰 사업을 시행한 후 수행결과를 공인신청서로 작성하여 스웨덴 카롤린스카 연구소와 WHO 안전도시 공인센터에 제출하면 서면평가와 함께 현지실사 평가 후에 공인이 결정된다. 국제안전도시의 공인은 영구적인 것이 아니라 공인 후 5년마다 지속적 활동 및 모니터링을 하며, 도시의 재공인 심사 요청을 받으면 재공인 심사를 통해 심사 기준에 통과하면 다시 공인을 받게 되는데, 이러한 내용을 구체적으로 살펴보면 다음과 같다.

❶ 사업 착수와 지원센터와의 업무협약

안전도시 사업을 추진하고자 하는 지방자치단체는 지역사회의 손상 현황 및 가용자원에 대한 분석결과를 토대로 중장기 안전도시사업계획을 수립하여 수행하여야 한다. 안전도시사

WHO 국제안전도시 공인절차
안전도시 가입 추진의사를 자치단체장 명의의 공식문서 제출
↓
안전도시 지원센터와 안전도시 지원을 위한 업무협약 체결
↓
WHO 안전도시 네트워크 공인준비도시 등재
↓
국제안전도시 공인신청
↓
공인신청서 서면평가
↓
현지실사(site visit)
↓
공인식(designation ceremony)
↓
지속적 활동 및 모니터링
↓
재공인(re-designation)

업을 지속적으로 추진하면서 국제 안전도시 지원센터와 사업지원을 위한 업무협약을 체결한다. 국제 안전도시 지원센터는 지자체의 안전도시 사업수행 및 관련 전문사항에 대한 자문을 제공하며, 지방자치단체는 업무협약에 따른 분담금을 부과할 수 있다. 업무협약에 따른 구체적인 사항으로는 국제안전도시 공인기준별 세부 충족 항목들에 대한 안내, 지방자치단체 안전도시사업 연차보고서에 대한 검토 및 평가를 통한 사업 수행에 대한 자문 등이 있다(나채준, 2014).

❷ 국제안전도시 네트워크 공인 준비도시 등재

지방자치단체에서는 단체장의 사업추진의사를 표명한 공문과 함께 지역사회 손상지표가 포함된 중장기 안전도시사업계획(안전도시 공인기준 근거)을 수립하여 국제안전도시공인센터

(Asia: 아주대학교 지역사회 안전증진연구소)로 제출하면 국제 안전도시네트워크 공인 준비도시로 등재된다.

❸ 국제안전도시 공인 신청

지방자치단체는 공인 신청 전 최소한 12개월 이상의 기간에 안전도시 공인기준을 반영한 사업수행 경험이 있어야 공인을 신청할 수 있다. 공인신청서에는 지방자치단체의 일반정보, 국제안전도시 공인기준 각각에 해당되는 지방자치단체 내 수행활동, 지역사회 내 구성원으로부터 협력지원에 대한 정보 등이 포함되어야 하며, 국문과 영문으로 작성하여 제출한다.

❹ 공인신청서 서면평가

공인신청서의 서면평가는 최소 3인의 공인된 심사자가 peer review의 형태로 수행하며, 서면평가는 약 6주의 기간이 소요된다. 국제안전도시공인센터의 서면평가 보고서를 통해 현지 실사의 진행 혹은 제출된 공인신청서의 보완에 대한 의견이 전달되며, 공인신청서 보완을 위해 약 6주의 기간이 추가로 제공된다. 공인신청서에 대한 서면 평가의 통과 후에 현지실사 일정이 정해진다.

❺ 현지실사(site visit)

현지 실사단은 2일 정도의 기간에 안전도시로 공인받기 위한 지방자치단체의 준비 정도에 대해 실사를 하게 된다. 현지방문단의 실사평가에 소요되는 모든 비용은 자치단체가 부담하게 된다. 현지실사 후 자치단체장과의 회의에서 국제안전도시 네트워크의 공인 또는 수정 보완 후 가입에 대한 의견이 제시된다. 수정 보완의 경우 약 6주 정도의 시간이 주어지며, 현지실사 결과 공인여부가 결정되면 세계보건기구의 지역사회 안전증진협력센터에 공지한다.

❻ 공인식(designation ceremony)

공인식은 현지실사 후 6개월 이내에 수행되며, 현지실사 결과와 공인에 대한 긍정적인 의견을 통보받은 후 국제안전도시공인센터와 공인 날짜에 대해 논의한다. 공인식에 소요되는 제반비용은 해당 자치단체가 부담하여야 한다. 국제안전도시 로고는 공인 이후부터만 사용할 수 있고 공인 이전의 경우에는 국제안전도시공인센터 혹은 지원센터의 연계를 통해서만 사용이 가능하다.

❼ 지속적 활동 및 모니터링

국제안전도시네트워크 활동 회원 상태를 유지하기 위해서는 국제안전도시공인센터에 국문으로 작성된 연차보고서를 작성해야 하며, 영문 웹사이트에 정보에 대한 주기적인 수정이 요구된다. 연차보고서 제출기간 경과 2개월 후 경고가 주어지고 6개월 후 자치단체장에게 활동 회원 상태를 유지하는 것에 대한 권유 문서가 보내진다. 이후 12개월 동안 아무런 대응이 없는 자치단체에 대해서는 세계보건기구 지역사회 안전증진협력센터에 의해 비활동 회원으로 간주된다. 만약 지방자치단체에서 이러한 요구를 충족하지 못하여 비활동 회원 상태이지만 공인 안전도시의 지위를 다시 유지하기를 희망할 경우 국제안전도시로서의 재신청을 해야 한다.

❽ 재공인(re-designation)

재공인은 매 5년마다 수행되어지는데 이는 새로운 공인도시로서의 회원자격에 대한 심사가 아니라 지난 5년간의 안전도시사업에 대한 활동을 질적으로 평가하고 관리하는 과정이다. 평가는 재공인신청서에 대한 서면심사와 현지실사로 수행되며, 평가 후 2개월 이내에 자치단체에 평가의견을 제시한다. 이후 절차는 최초 공인신청서와 동일하다.

제3절 국제안전도시 현황과 활성화 방안

1. 국제안전도시 공인 현황

선진국에서는 '70년대 이후 사고 및 손상을 감소시키기 위해 국가 공공보건정책의 우선순위로 손상문제를 설정해 체계적인 노력을 해 오고 있다. 최근에는 지역공동체 주민들의 자발적인 참여를 유도하고 안전한 지역공동체를 만들어 나가기 위해 지역특성에 맞는 손상예방 및 안전증진 활동이 활발하게 전개되고 있다(이진수, 2013). 국제안전도시는 2019년 5월 기준으로 34개국 406개 도시에서 지역사회 안전을 확보하기 위해 도입되어 실행 중에 있다. 우리나라도 경기도 수원시가 2002년도에 국내 및 아시아 최초로 국제안전도시 공인을 받았는데 이러한 내용을 살펴보면 다음과 같다.

우리나라는 2002년 수원시를 시작으로 제주특별자치도(2007/2012/2017), 서울 송파구(2008/2013/2018), 강원도 원주(2009), 충남 천안(2009), 서울 강북구(2013/2018), 경기 과천(201년), 부산광역시(2014), 경남 창원(2014), 강원 삼척(2014) 등 총 19개 지역이 국내도시로 WHO 국제안전도시 공인 인증을 받았다. 특히 제주시와 서울 송파구는 3차에 걸쳐 승인을 받았으며, 수원, 원주, 천안, 삼척시의 경우 활동이 저조한 것으로 나타났다. 이밖에 국제안

공인도시	공인년도	재공인 예정	비고
제주특별자치도	2007/2012/2017	2022	국내: 2
송파구(서울)	2008/2013/2018	2023	국내: 3
강북구(서울)	2013/2018	2023	국내: 6
과천시	2013	2019	국내: 7
창원시	2014	2019	국내: 9
부산광역시	2014	2019	국내: 10
광주광역시	2016	2021	국내: 11
구미시	2017	2022	국내: 12, 국제: 384
아산시	2018	2023	국내: 13, 국제: 392
세종특별자치도	2018	2023	국내: 14, 국제: 393
순천시	2018	2023	국내: 15, 국제: 394
울산남구	2018	2023	국내: 16, 국제: 395
경기 광주시	2018	2023	국내: 17, 국제: 396
전주시	2018	2023	국내: 18, 국제: 398
평택시	2019	2014	국내: 19, 국제: 406
삼척시	2014	-	국내: 8, 활동저조
천안시	2009	-	국내: 5, 활동저조
원주시	2009	-	국내: 4, 활동저조
수원시	2002/2007	-	국내: 1, 활동저조

자료: 아주대학교 지역사회 안전증진연구소(www.safeasia.re.kr)

전도시 공인 국내 준비도시로는 공주시와 대구 수성구(공인신청서 제출), 동해시, 김해시, 안산시, 시흥시 등인 것으로 나타났다.

이처럼 국제안전도시로 공인을 받은 도시들은 최근 다양한 프로그램과 추진체제 등을 구축하여 도시를 새롭게 탈바꿈시키고 있다. 실제로 많은 도시들이 안전도시 공인과정에서 '공공성'과 '안전'을 발전전략으로 채택하여 안전 활동과 안전공간을 기반으로 도시의 경쟁력 확보와 활성화를 시도하고 있다. 특히 안전은 도시에 부여된 최고의 역량인 동시에 가치의 기반으로서 다양한 전문가와 시민들이 참여하여 안전도시 만들기를 위한 아이디어 발굴, 안전협력체계의 구축 등 다양한 노력을 하고 있다. 여기서 국제안전도시 공인을 받은 제주특별자치도, 서울 송파구, 과천시, 창원시의 추진사례를 간략하게 살펴보면 다음과 같다.

1) 제주특별자치도

제주도에서는 2009년부터 2013까지 5년간 전체 사망자의 13.8%가 사고로 인하여 목숨을 잃고 있는 것으로 나타나 제주도청에서는 WHO에서 제시하는 안전도시사업을 통하여 제주도의 손상발생률을 감소시킴으로써 손상으로 인한 조기사망과 사회경제학적 손실을 줄이고 제주도민의 삶의 질 향상과 제주의 안전이미지를 부각시키기 위한 노력을 전개하였다. 또한 안전도시 사업을 위해 조례로 위원회를 설치하여 안전도시 사업에 대한 심의·조정 기능을 수행하고 있다. 지역사회의 사고손상 발생을 줄이기 위하여 각 기관, 단체를 포함하는 지역사회의 대표성 있는 단체들이 참여하여 안전도시 조성에 노력하고 있다(김명수 외, 2016).

안전도시위원회의 기능은 안전도시 발전방안 및 사업추진 관련 기관과의 사업 조정에 관한 사항과 지역공동체 안전증진을 위한 상호 협력기반 조성 및 사고예방에 관한 사항 등을 논의한다. 위원회는 위원장 1명(당연직: 행정부지사)과 부위원장 1명을 포함하여 15인 이내로 구성하였고, 위원은 안전관련 기관단체장 및 안전전문가로 구성되어 있다. 또한 학교안전, 어린이 안전, 지역 안전, 노인 안전, 교통 안전 등의 손상예방프로그램과 손상감시프로그램을 안전도시 사업으로 추진하고 있으며, 2017년 3번째 재공인을 받았다. 이밖에 손상감시프로그램도 운영하고 있는데, 이 프로그램은 지역사회의 사고원인을 과학적이고 체계적으로 분석하기 위한 프로그램으로 도내 7개 응급의료기관을 대상으로 제주손상감시시스템을 구축하였으며, 2개년 사업으로 실시되고 있다. 손상감시 시스템을 통해 분석된 사고손상자료는 도내 보건정책 및 안전정책수립 시 기초자료로 활용하고 있다.

손상감시 프로그램의 주요 내용	
프로그램	주요 내용

손상감시	• 손상감시 구축 대상 : 도내 7개 응급의료기관
	  - 제주대학교병원, 서귀포의료원, 중앙병원, 한국병원, 한라병원, 한마음병원
	• 의료기관 손상감시 자문단 조직
	  - 도내 7개 응급실 관계자(응급실장, 수간호사), 전산담당자
	• 행정자료 분석
	  - 매년 119구급활동, 통계청, 학교안전공제회, 경찰청, 자료 분석
	• 지역사회 가구조사
	  - 2011년 지역사회 가구조사 실시
	• 손상감시 보고서 발간
	  - 매년 손상감시 보고서 발간 안전도시 관련기관 배포

2) 서울시 송파구

서울시 송파구는 2004년부터 서울시가 추진한 WHO 안전도시 모델에 적극 참여하여 2005년도 서울시 안전도시 시범사업 자치구 공모에 선정되었다. 2008년 6월 세계에서 141번째, 국내 3번째, 서울시로는 최초로 국제안전도시 공인을 받은 후 2013년 5월 재공인, 2018년 2월 3차 공인을 받아 3회 연속 국제안전도시로 공인을 받았다.[8] 특히 국제공인 안전도시에서만 사용하는 안전도시 심벌을 응용하여 안전도시 조성에 대한 지속적인 송파구의 노력을 표현하고 있다. 송파구는 "생활 속의 안전도시, 세계속의 으뜸송파"라는 캐치프레이즈를 내걸고, 안전도시를 함축적으로 표현하고 있다. 송파구는 최근까지 안전도시 사업을 적극적으로 추진하고 있으며, 특히 어린이 안전 분야에서 두드러진 성과를 보이고 있다. 이러한 성과 중 2005년부터 시작한 세이프티 닥터제(Safety Doctor Program)[9]의 경우 1개의 보육

---

[8] 지난 10년 간 국제안전도시 공인을 유지하고 있는 송파구는 안전도시의 기반을 갖추고 있는 점, 안전도시 사업에서 많은 진전을 보인 점, 지속가능성 측면에서 높게 평가받은 것으로 나타났다. 국제안전도시공인센터(ISCCC)는 지난 7월과 12월 두 차례에 걸쳐 진행된 현지실사에서 선진국 수준의 낮은 손상사망률을 보이고 있는 부분에 주목했다. 특히 지역 손상원인 분석과 안전위해요인을 개선하려는 노력을 꾸준히 기울인 결과라고 높이 평가하면서 안전도시사업의 축적된 역량과 안전문화는 다른 지자체의 본보기가 되기 충분하다고 평가했다(아시아경제, 2018.1.15. 일부 인용).

[9] 세이프티 닥터제는 송파구 내에서 1개의 보육시설과 1개의 의료기관을 연계해 정기적인 건강관리는 물론 어린이집 및 유치원에서 발생하는 각종 안전사고에 대비하여 신속한 대응체계를 구축하고 손상을 예방하기 위한 어린이 주치의 제도이다. 이 프로그램은 송파구 보건소(공공기관), 송파구 의사회(단체), 송파구 어린이 및 유치원 연합회

시설과 1개의 의료기관을 연계시킨 '어린이 주치의' 사업으로 개인과 조직, 공공기관 등 지역사회 구성원들의 네트워크가 매우 유기적으로 기능하여 효율적인 협력체계를 구축한 대표적인 사례로 주목을 받았다(백지현 외, 2014).

서울시 송파구는 2006년 안전도시사업 추진조례를 제정한 이후 영유아 손상기록시스템 개발 등을 토대로 다양한 손상예방 및 안전증진 프로그램을 추진하였다. 그 결과 2005년 11개 분야 153개의 안전도시 프로그램을 2017년 312개로 확대했으며, 그 과정에서 국제안전어린이집 인증, 송파안전체험교육관 개관 등 지속가능한 안전인프라도 강화하였다. 송파구의 사고손상사망률을 살펴보면, 2005년 인구 10만 명당 38.2명에서 2015년 30.4명, 2016년 27.9명으로 2005년보다 10.3명이 감소하면서 전국적으로 가장 낮은 수준을 보였다. 송파구의 손상사망률을 서울시와 전국과 비교하면, 2016년 기준 인구 10만 명당 서울시의 손상사망률은 34.9명, 전국의 손상사망률은 42.8명인 것에 비해 송파구의 손상사망률은 27.9명에 그쳤다. 또한 전체 사망에서 손상으로 인한 사망이 차지하는 비율을 알 수 있는 손상사망률도 2005년 11.6%에서 2016년 9.7%로 하락했다(통계청 사망원인자료 참조).

송파구도 안전도시 추진을 위해 추진체계의 하나로 위원회를 설치하였으며[10], 위원회는 부구청장 외 15명으로 구성하였다. 위원회의 기능은 건강하고 안전한 송파 만들기 사업계획 수립 및 방향에 관한 자문, 건강하고 안전한 송파 만들기 사업의 효과적인 추진을 위한 관련기관 업무 분담 및 조정, 안전도시 공인을 위한 관련기관 상호협조 및 지원에 관한 사항, 기타 건강하고 안전한 송파 만들기 사업에 필요한 주요사항 지원 등을 심의하고 자문하는 역할을 수행하고 있다(정지범, 2010).

(단체)가 협력하여 지역주민(어린이)의 건강과 안전을 위한 안전도시 네트워크의 주축을 이루고 있다. 특히 이 사업은 자치구의 성공사례로 벤치마킹되어 '09년 서울시 전체 어린이집을 대상으로 시행된 서울형 어린이집 사업에 도입되는 성과를 이루었다. 또한 '12년 보건복지부에서는 긴급 어린이 환자 발생에 대비하기 위해 지역 보건소와 의료기관 하나가 어린이집 한 곳을 전담하는 '어린이집 전담 주치의제' 도입을 추진하고 있어 이 제도가 전국에 시행되는 단계에 이르렀다(백지현 외, 2014: 6-11 참조).

10) 근거 법제: 재난및안전관리기본법 제11조, 제16조, 제75조, 서울특별시 송파구 재난안전관리기구의 설치 및 운영에 관한 조례, 서울특별시 송파구 안전도시사업 추진조례 제13조 및 제17조.

송파구 안전도시 관련 참여기관(단체)	
구분	위원회 구성원
송파구청 관계자	구청장, 보건소장, 구의회 의장, 관계 부서장
관내 유관기관	송파 경찰서장, 강동 교육청 교육장, 송파 소방서장
민·관 직능단체	한국어린이안전재단 대표, 송파인회장, 구립·민간어린이집 회장, 유치원연합회장
안전 전문가 단체	송파구 의사회장
안전도시 지원센터	아주대학교 지역사회 연구원장

3) 과천시

과천시는 사회적 환경변화에 따른 손상발생의 위험성에 대비하고 국제안전도시 방향에 의한 사업추진의 필요성이 증대하면서 국제안전도시를 추진하게 되었다. 과천시는 2010년 한국형 안전도시사업을 추진하면서 과천시민의 안전증진을 위해 여러 사업을 추진하여 왔으나 보다 체계적이며, 과학적 근거에 기반을 두는 지역사회와 함께하는 안전도시를 구현하고자 국제안전도시 모델을 도입하였다. 그 이후 인구 및 제반 환경의 변화에 따른 안전에 대한 시민의 인식 향상과 함께 2013년 국내 7번째로 국제안전도시 공인과 더불어 안전도시사업을 추진해 오고 있다. 과천시의 안전도시 비전과 목표는 다음과 같다.

과천시 국제 안전도시 비전과 목표	
비전	사람중심의 안전도시, 언제까지나 살고 싶은 과천 2013년 국제안전도시 공인
목표	사고손상률 감소, 손상감시체계 구축, 지속적 사업기반 구축
전략	년차별 과제수행, 위험환경 개선, 안전네트워크 구축
역점 추진방향	• 지역사회 협력기반 구축 • 근거중심의 효과적인 프로그램 수행 • 고위험 및 취약계층의 특화프로그램 운영 • 지역사회자원의 적극동참 유도 및 사회적 공감대 형성 • 손상감시체계 효율적 구축 • 안전도시 모델 적용의 효과적 평가

1999년 이후 11년간 과천시의 손상으로 인한 사망자수는 242명(연평균 22명)으로 전체 사망자 중 손상으로 인한 사망은 2005년 6.8%에서 매년 증가하여 2009년 11.5%로 집계되었다. 또한 손상사망에 따른 조기사망으로 손실된 손실소득의 비용은 1인당 4억5천8백만 원에

달하는 것으로 나타났다.

추진경과

- 어린이가 안전한 도시 선포 : '08. 5월
- 행정안전부 "한국형 안전도시"시범사업 선정 : '09. 12월
- 전담부서 설치 : 생활안전지원과 안전도시팀 / '09. 12월
- 안전도시 만들기사업 시민설명회 : '10. 3월
- 한국형 안전도시 시범사업 프로그램 운영완료 : '10.12월
- 국제안전도시 공인 종합추진계획 수립 : '11. 2월
- WHO 안전도시지원센터와 업무협약 체결 : 2011. 2월 ~ 지속추진
- 국제안전도시 공인기준(6개기준)에 의한 프로그램 운영(1년차) : '11. 1 ~ 12월
- 과천시 안전도시 조례제정 : '11. 3 ~ 7월, 국제학회 참석 : 9월
- 과천시 손상감시체계 구축 및 중장기 지표설정 연구용역 추진 : '11. 4~10월
- 안전도시 위원회 및 실무협의회 구성 및 운영 : '11. 11월
- 국제안전도시 공인기준(7개 기준)에 의한 프로그램 운영(2년차) : '12. 1~ 12월
- 국제안전학교(청계초등학교) 사업추진(2년차) : '12. 1~12월
- 국내안전도시 네트워크(현지실사, 워크숍, 공인식 등 참석) : '12. 2월 ~ 연중 비전과 목표

출처 : 과천시 홈페이지 자료 인용(2019)

4) 창원시

창원시는 2010년 7월 통합 창원시(창원·마산·진해)로 출범하면서 인구 110만 명의 광역도시로 재탄생하였다. 그러나 통합 이후 마산르네상스, 진해블루오션, 창원 스마트 추진사업 등 창의적인 도시재생을 추진하였으나 통합 후유증으로 지역 내 갈등이 내재되었고 인구 노령화가 가속되어 재해약자의 비율이 높아지고 있는 실정이었다. 이에 따라 창원시는 통합 창원시 출범에 따른 광역안전관리의 종합대책과 사고 및 손상의 예방으로 사회적·경제적 손실을 저감하는 동시에 시민이 건강하고 안전한 삶을 누릴 국제안전도시 사업을 추진하게 되었다.

창원시의 손상사망률은 2007년도를 제외하고 전국 및 경남의 평균보다는 낮지만 2010년 이후에는 증가하였다. 사고로 인한 손상은 의료비와 노동의 상실을 고려한 인적 피해액, 차량 혹은 시설물 파손의 물적 피해액, 그리고 경찰, 보험 등 사고를 처리하는 사회적 비용 등

창원시 국제안전도시 사업의 필요성	
시민안전증진정책 요구도 증가	예방중심의 선진안전시스템 필요
[안전취약계층의 증가] • 2010. 7. 인구 110만의 통합창원시 출범으로 중장기 시민 안전 관리 대책 필요 • 고령화사회 진입으로 인한 독거노인, 다문화가족 등 안전취약 계층 증가 대비 **[사고손상으로 인한 사회적 비용 증가]** • 매년 사고손상으로 500여명 사망, 손실액 2,000억원에 달함 • 손상으로 인한 경제적 손실은 시민의 사회, 경제적 부담을 가중	• 기존의 대응, 복구 중심의 안전관리 체계에서 예방중심의 새로운 안전시스템 도입 • 주민자치 선진 안전도시 모델인 국제안전도시 사업을 도입하여 세계 속의 명품 창원 조성

을 발생시킴으로써 세금 및 보험료 등의 형태로 창원시민의 부담으로 부과되었다. 이러한 근거를 바탕으로 손상예방을 위한 안전정책은 시급한 현안 문제로서 정책에 최우선으로 고려해야 한다는 시민들의 요구에 부합하여 2010년 국제안전도시 사업에 착수하게 되었다(창원시, 2013).

창원시는 2010년 8월 신체적 손상으로부터 시민을 보호해 사회적·경제적 손실을 감소시키고 안전에 대한 시민들의 경각심을 고취하여 보다 건강하고 안전한 명품도시 조성을 위한 WHO 국제안전도시 만들기 기본계획을 수립하였다. 이에 따라 시민이 안전하고 행복한 세계 속의 명품도시 창원이라는 비전을 설정하고 사고 손상률 감소, 손상감시시스템 구축, 지속적 사업기반 조성 등의 목표를 수립하였다. 또한 창원시민의 안전과 높은 안전 상태를 누릴 수 있는 선진 안전문화 조성, 안전증진에 책임 있는 각계각층의 상호 협력기반 구축, 시민의 손상발생률 감소, 시민들이 체감할 수 있는 근거기반의 과학적인 안전도시사업 추진으로 시정에 대한 만족도와 신뢰 증진, 국제적으로 권위 있는 WHO 국제안전도시공인센터(CCCSP)의 공인을 통해 대규모 국제행사 및 기업유치로 창원시 경제 활성화에 기여하는 등의 구체적인 목적을 제시하였다. 아울러 이와 같은 비전과 목표 등을 수립하기 위해 여섯 가지 추진전략[11]도 수립하였다. 이밖에 창원시는 안전도시 중장기 추진전략에서 단기목표

---

11) 여섯 가지 추진전략은 ①지역사회 안전증진을 위한 상호협력기반 구축, ②손상감시체계구축 및 확대, ③근거 기반의 지속적 프로그램 수행, ④창원시 14대 시정 역점시책 및 기존 안전사업과의 연계로 효과 극대화, ⑤장기적이고 지속적인 발전 도모, ⑥국제안전도시 공인 기준에 근거하여 공인기준별 업무내용을 도출하고 수행 및 평가를 전략으로 제시하였다.

(2010-2013)로 WHO 국제안전도시 공인을 설정하였으며, 중기목표(2014-2018)로는 사고 손상률 10% 감소로 설정하고 있다. 마지막으로 장기목표(2019-2023)로는 사고 손상률 20% 감소를 위해 창원안전센터 건립, 시민주도형 안전도시 사업운영 등의 구체적인 전략을 수립하였다.

공인준비 및 추진경과

일시	주요 추진내용
2010. 8	창원시 국제안전도시 기본계획 수립(건설교통국 재난안전과)
2011. 2	안전도시 추진 실무지원팀 구성(재난안전과 안전도시 담당)
2011. 11	창원시 안전도시 만들기 기본조사 연구용역 실시
2012. 3	창원시 안전도시 만들기 사업설명회 개최
2012. 7	창원시 안전도시 조례제정
2012. 8	창원시 안전도시 위원회 운영
2012. 9	창원시 안전도시 만들기 기본조사 연구용역 최종보고회 개최
2012. 9	창원시 안전모니터봉사단 위촉 및 역량강화교육 실시
2012. 10	창원시 안전증진프로그램 시행계획 수립
2012. 11	창원시 안전도시실무위원회 워크숍 개최
2012. 12	창원시 국제안전도시 공인준비도시 등재
2013. 1	국제안전도시 지원센터 업무협약 체결
2013. 7	부산시 국제안전도시 공인 사전절차 참관
2013. 8	일본 구로메시 국제안전도시 공인 현지실사 참관
2013. 9	창원시 안전도시 실무분과위원회 개최
2013. 9	창원시 국제안전도시 공인신청서 제출
2013. 11	공인평가단 공인신청서 검토 및 현지실사
2013. 12	창원시 국제안전도시 공인 승인서 송부(국내 9번째, 세계 331번째)
2014. 1	창원시 국제안전도시 공인선포식

2. 국제안전도시 활성화 방안과 과제

국제안전도시는 모든 계층의 안전성이 보장되어야 하며 취약계층을 위한 프로그램의 확보와 지속적인 프로그램의 운영을 기본으로 한다. WHO에서는 지난 20~30년간의 안전도시 사업을 수행한 경험을 통해 7가지 기본원칙을 안전도시의 공인기준으로 제시하여 이러한 원칙을 충족할 것을 요구하고 있다. 또한 국제안전도시 사업은 형평성, 자발적 참여, 지속성 및 근거기반이라는 기본 원칙을 강조하고 안전을 위한 공공정책의 수립, 긍정적 환경의 조성, 지역사회 활동 및 공공서비스 강화와 행동에 관한 권고안을 제시하고 있다. 이는 정책과 사업 목표와의 일체화를 의미하는 것으로 실제 지역사회에서의 실천행동에 초점을 두고 있다.

2019년 현재 우리나라는 19개 지역이 WHO 국제안전도시 공인을 받았으며, 5개 지역이 준비 중인 것으로 나타났다. 그러나 국제안전도시 공인을 최초로 받은 수원시 등 4개 지역의 경우 활동이 저조한 만큼 이에 대한 세부적인 진단과 평가를 통해 활성화 방안을 모색할 필요가 있다고 본다. 먼저 국제안전도시 재공인(re-designation)을 준비하는 지방자치단체의 경우 5년간의 안전도시사업에 대한 활동을 질적으로 평가하고 관리하는 과정이라는 점을 고려하여 사업에 대한 지속적인 관리와 모니터링이 필요한 만큼 이를 활성화하는 차원에서 안전에 대한 지역단위의 자체적인 관리시스템을 구축해야 한다. 한 예로 주요 위험군 위주로 지역의 안전정보를 지속적으로 모니터링 할 수 있는 위험정보시스템을 구축하여 각종 손상 관련 안전지수 및 평가지표를 마련하고 지역의 안전관리 목표 대비 성과를 지속적으로 관리할 수 있도록 해야 한다.

또한 국제안전도시 사업의 중장기 목표달성 여부의 파악 및 사업 진행과정에 대한 모니터링을 지속적으로 해야 하며, 각종 지표를 활용한 사업 운영 및 관리가 효율적으로 달성될 수 있도록 사업을 총괄하는 부서와 해당 사업을 수행하는 부서간의 업무연계가 원활하게 이루어져야 한다. 예를 들어 안전도시정책의 집행상황을 자체적으로 감사할 수 있는 지역의 내부통제시스템(local internal control system)을 통해 안전도시 프로그램을 담당하는 관리부서와 성과평가 부서를 이원화하여 사업평가의 객관성을 확보해야 한다. 이밖에 국제안전도시 프로그램에 대한 지속적인 관리와 역량을 강화하고 지역의 특성과 제반 환경을 고려한 안전도시 프로그램을 개발하여 프로그램 실행 후 모범사례를 도출하여 지속적으로 홍보해야 한다.

다음으로 WHO 국제안전도시 공인인증을 준비하는 자치단체는 안전한 도시를 위해 아동, 청소년, 노인 등의 취약계층에 대한 대책 및 프로그램을 우선적으로 개발해야 한다. 안전도시 프로그램은 자치단체와 더불어 지역사회에 소속된 여러 기관들이 많은 분야에 걸쳐 참여하고 있거나 실행하고 있는 프로그램이다. 이러한 프로그램을 효율적으로 운영하기 위해서는 자치단체뿐만 아니라 재난 및 안전 관련 프로그램에 참여하고 있는 지역사회의 다른 기관들에서도 프로그램을 원활하게 실행될 수 있도록 전담부서나 팀을 운영하여 프로그램에 대한 협조 및 정보교환에 대한 체계를 구축하여 안전도시 네트워크가 유기적으로 연결되어야 할 것이다.

한편, 지역의 손상사망지표와 손상부상지표가 향상되기까지는 많은 시간과 비용이 소요된다. 또한, 사망과 부상에 영향을 미치는 위험요인을 도출하여 이를 방지할 수 있는 방안을 마련해야 한다. 따라서 지역의 사망과 부상 등을 체계적으로 관리하여 성과지표와 더불어 세부사업에 대한 관리지표를 마련하여 이를 지속적으로 모니터링 해야 한다. 이밖에 지방자치단체의 시설, 환경, 제도, 정책 등 전반적인 상황을 주기별로 점검하고 안전문제에 대한 다양한 사업과 프로그램을 통해 주민들의 안전의식을 고취시키고 안전행동을 강화하여 안전문화를 확산·정착시켜야 할 것이다. 끝으로 국제안전도시 사업은 7가지 공인기준을 충족하는 프로그램을 수행해야 해야 하기 때문에 지역사회의 안전과 관련된 모든 기관 및 해당 분야 전문가 등과 상호협력기반을 구축해야 한다. 아울러 장기적이고 포괄적인 손상예방사업과 고위험 계층 및 환경을 대상으로 손상예방사업을 적극적으로 수행하고 국내외 국제안전도시 네트워크에 적극적으로 참여하여 성과를 공유해야 한다.

제8장
국내 안전도시 정책사례와 방향

업데이트 자료 확인

제1절 안전도시 정책사례

UN 해비타트(Habitat)는 Habitat Ⅲ(2016)을 통해 도시화를 "기회이자 과제"로 정의하면서 포용적이고, 안전하며, 회복력 있고, 지속가능한 도시와 정주공간의 조성을 핵심가치로 제시한 바 있다. 우리나라는 급속한 도시화를 경험하면서 도시환경이 고밀화, 대형화, 지하공간 확대, 노후화됨에 따라 도시안전에 대한 문제가 국가적 문제로 인식되었다. 이에 따라 2007년부터 국토교통부, 행정안전부, 법무부 등을 중심으로 안전도시 사업을 추진해 왔다. 본 절에서는 행정안전부가 추진한 안전도시 시범사업과 안심마을 시범사업, 국토교통부의 살고 싶은 도시 만들기 사업, 소방방재청의 방재마을 시범사업, 법무부의 범죄예방 환경개선사업 등을 사례로 현황을 살펴본 후 시사점을 제시하였다.

1. 안전도시 시범사업

2009년 행정안전부에서 추진한 안전도시 시범사업은 정부 차원에서 지역안전 거버넌스를 구축하고자 노력한 최초의 사업이다. 이 사업은 시·군·구 등 도시단위를 중심으로 WHO 협력 안전도시 사업에 영향을 받아 기획단계에서 WHO 협력 안전도시의 구성요소 및 실행 전략들을 포괄하고 있다. 아울러 우리나라의 현실을 고려하여 중앙정부의 지원 방안을 추가한 한국형 안전도시 모델이라 할 수 있다. 당시 행정안전부는 안전도시를 '안전·안심·안정된 지역을 만들기 위해 지역사회 구성원들이 합심·노력하는 안전공동체를 형성하여 각종 안전사고와 재난예방을 위한 환경을 개선해 가는 지역·도시'로 정의하였다. 행정안전부는 이미 안전한 도시를 안전도시로 정의하기보다는 안전을 위해 노력하는 지역공동체를 안전도시로 정의하여 실질적인 안전 개선 효과를 기대하였다(정지범 외, 2014; 나채준, 2014).

안전도시 시범사업은 지방자치단체가 스스로 책임을 가지고 안전·안심·안정의 3안을 관리함으로서 안심하며 살 수 있는 안전한 나라를 만드는 것이었다. 특히 국가주도·하향식 명령과 통제를 강조하는 기존 재난안전관리 패러다임을 다양한 이해당사자의 참여를 통한 상향식 과정으로 바꾸는 것을 표방하였다. 이와 더불어 관리대상으로서 기존의 자연·인적재난을 보다 폭넓게 확대하고, 각종 주민참여 프로그램 등 소프트웨어를 강조하였으며, 세 가지 목표를 달성하기 위해 각종 생활안전사고와 재난을 예방할 수 있는 환경을 조성하고자 하였다. 안전도시 시범사업은 하드웨어적인 프로그램과 소프트웨어적인 프로그램으로 구성하여 정부 위주가 아닌 정부, 국민, 시민사회, 기업, 지방자치단체 등이 공유된 목표를 토대로 협업을 통해 추진하고자 한 것이 특징적이라 할 수 있다.

행정안전부가 추진한 안전도시 시범사업에 총 40개 시·군·구가 시·도별 자체심사를 통해 시범사업 우수 자치단체로 추천되었다.[1] 또한 범죄예방 등 각종 안전문제를 해결하기 위해 행정안전부의 U-City 사업과 연계해 'U-Safe City'를 구축할 수 있도록 추진하고, 안전한 보행환경 조성사업 등 각종 안전 관련 사업을 우선 지원함으로써 지역사회를 안전한 환경으로 개선해 나갈 수 있도록 할 방침이었다. 안전도시 시범사업을 성공적으로 운영하여

---

1) 각 시도에서 추천한 안전도시 시범사업 자치단체 현황을 보면, 서울(은평구, 송파구, 마포구), 부산(동래구, 금정구, 해운대구), 대구(동구, 수성구, 중구), 대전(대덕구, 유성구), 인천(옹진군, 계양구), 광주(남구, 광산구), 울산(중구, 동구, 울주군), 경기도(수원시, 과천시, 용인시), 강원도(원주시, 삼척시, 횡성군), 충청북도(충주시, 증평군, 진천군), 충청남도(천안시, 예산군, 당진군), 전라북도(익산시, 남원시, 완주군), 전라남도(장흥군), 경상북도(상주시, 경산시, 영덕군), 경상남도(함양군, 밀양시), 제주특별자치도가 추천되었다(행정안전부, 2009.9.4. 보도자료 인용).

2010년부터 정부합동평가에 반영하는 등 안전도시 사업을 전 자치단체로 확대함으로써 국민이 '안심하며 살 수 있는 안전한 나라'를 본격적으로 만들어 가는데 최선을 다해 나간다는 계획을 수립하였다.

전국 16개 시·도로부터 추천을 받은 40개 우수 자치단체를 대상으로 학계, 시민단체, 관련 전문가로 구성된 안전도시 시범사업평가단(7인)과 안전도시 추진위원회(11인)에서 사업 계획서 내용과 기대효과, 추진의지 등을 1차(서면평가, 9.4)로 평가한 후 2차(현지실사, 9.9~9.18), 3차(발표평가, 9.24)에 걸쳐 심사하여 총 9개 자치단체를 최종 선정하였다.[2] 안전도시 시범사업에 선정된 9개 자치단체에 5억 원의 사업비를 교부하였고, 사업 종료 전 시범사업 추진 상황을 점검하기 위한 전체 워크숍을 실시하였다. 안전도시 시범사업의 프로그램은 크게 기본사업과 특화사업으로 구분되어 추진되었다. 여기서 기본사업은 모든 자치단체에서 공통적으로 수행하는 지역안전지수사업, 안전도시 지역포럼 운영사업, 지역주민 안전교육 전문가 육성사업 등이 있다. 특화사업은 지역의 위해요인, 취약집단, 지역특성을 고려한 안전도시 유형별로 각 지자체가 자체적으로 발굴하여 운영하는 사업이다(행정안전부, 2010; 이진수, 2013).

안전도시 시범사업 프로그램 유형	
구분	사업내용
기본사업 (필수)	• 지역안전지수 관리사업 • 안전도시 지역포럼 운영사업 • 지역주민 안전교육 전문가 육성사업
특화사업 (선택)	• 안전도시 유형별 사업(위해요인, 취약집단, 지역특성에 따라 구분)에서 각 지자체가 자체적으로 발굴

---

2) 시범도시의 선정은 지정효과, 광역경제권별 대표성, 선도성 등을 고려하여 5~10개 내외의 지역을 선정하였다. 2009년 공모 및 평가(서면평가, 현지실사, 발표평가)를 통해 9개 자치단체(시 단위: 경기 과천, 전북 익산, 충남 천안, 군 단위: 강원 횡성, 전남 장흥, 경남 함양, 구 단위: 대전 대덕, 광주 남구, 대구 동구)가 선정되었다.

안전도시 시범사업 사례	
도시명	사업특성 및 성과

강원 횡성	• 지역주민의 직접적인 사업운영 및 참여를 통한 획기적인 안전도시 프로그램 운영
	  – 워킹스쿨버스(walking school bus) 운영
	• 취약계층을 우선대상으로 안전교육 추진– 어린이 및 노인 안전교육
	• 주민에 의한 주민을 위한 안전교육 추진
	  – 주민을 안전교육 전문강사로 육성하여 지역주민에게 안전교육 실시

전북 익산	• 여성 친화적 안전도시 추진
	  – 취약계층인 다문화가정 및 지역여성의 안전을 위한 안전도시 추진
	• 지역민간단체의 지역정책 참여도가 향상
	  – 여성서포터즈 등 지역민간단체와 지역공무원간의 강력한 협력적 네트워크 구축(안전도시사업 이전부터 지역민간단체가 활성화되어 있었음)

대구 동구	• 안전도시 추진을 위한 정비
	  – 안전도시협의회, 안전도시실무협의회 설립하여 실무책임자 위주의 T/F팀 구성
	• 범죄예방환경설계(CPTED) 개념을 활용한 취약 공간 개선
	  – 방촌동의 버려진 지역 개선하여 소공원 설립

광주 남구	• 기술혁신을 통한 안전 인프라 구축
	  – 생생하우스 운영 및 LED발광 횡단보도 설치
	• 지역 학생의 적극 참여를 통한 획기적 교통안전 프로그램 운영
	  – 교통안전 위한 사랑의 편지 보내기 운동
	• 주민안전감시단 16개동 운영
	  – 주민안전신고센터를 운영하며 시민안전 신고제보 신청서 활용

충남 천안	• CPTED 개념을 활용한 지역안전모니터링체계 구축 – 천안, 아산 공동통합관제센터 구축을 통한 범죄 및 안전사고 예방

대전 대덕구	• 지역주민 간의 협력적 네트워크 구축
	  – 동주민센터 중심 주민 및 단체 간 안전고리시스템 구축
	  – 두 바퀴 안전순찰대 운영, 안전도시 선도단 구성 운영, 우리자녀 안전 등하교 연결고리 구축 운영, 우리동 안전사고 제로화사업 추진 등

경기 과천	• 어린이 체험교육
	  – 어린이 안전주간잔치 운영을 통한 체험적 안전교육
	  – 안전버스체험교육(신변, 교통, 가정 재난), 공산품 안전, 응급처치, 보호장구 사용법, 안전기원 공동화 그림, 식품안전, 안전우산·엽서만들기 등 체험부스 10개 운영

전남 장흥	• 어린이 안전교육시설 구축
경남 함양	• 어린이 안전 체육교육시설 구축– 어린이 교통안전공원설치

그러나 안전도시 시범사업은 시행 초기에 민·관 파트너십을 통한 사업 취지에도 불구하고 실제 관(官)이 주도함으로서 민간참여가 미흡했으며, 안전에 관련된 중앙부처와 자치단체, 소방관서, 경찰관서 등 해당 기관간의 협력적 네트워크도 부족한 것으로 평가되었다. 또한 인프라 위주의 사업, 상시적인 지역통계기반 구축 미흡, 각종 법적 제약 및 예산사용의 제약 등의 문제점이 지적되었다(정지범 외, 2010). 이처럼 행정안전부 안전도시 시범사업은 기존

의 재난안전 정책의 패러다임을 바꾼 시도로서 그 가치가 있지만, 실제 실행과정에서는 다양한 문제점이 나타나면서 2009년 시범사업을 끝으로 종료되었다. 행정안전부의 안전도시 시범사업의 추진과정에서 나타난 문제점을 간략하게 살펴보면, 먼저 주민참여를 통한 상향식 모델을 지향했으나, 실행과정에서는 여전히 관주도적인 사업이었다. 특히 주민참여와 관련 이해당사자 네트워크 구축을 강조했지만, 많은 경우 형식적 네트워크의 구성, 자발적 주민조직이 아닌 관제주민조직의 동원 등의 문제가 있는 것으로 나타났다.

다음으로 안전도시의 추진단위를 기초자치단체로 한정하면서 지역별 차이와 지역의 특성을 반영한 창의적 프로그램이 부족했다. 우리나라의 기초자치단체의 경우에 지역의 특성을 나타내기에는 인구와 지역적 범위가 크다고 하지만 안전도시 사업이 중앙정부 차원에서 추진했기 때문에 마을 단위까지 직접적인 지원이 어려운 한계를 보였다. 이밖에 지역안전 거버넌스의 효과적 구성을 위해서는 다양한 안전 관련 프로그램을 발굴하여 추진해야 하지만 안전도시 시범사업은 토목 건축공사, 장비구입 등 하드웨어 사업 위주로 진행되었다.

예를 들어 전체 예산지출 내역을 살펴보면, 각종 환경개선, 장비구입, CCTV 등 안전시설 설치 등 하드웨어(H/W)에 사용한 예산(83%)에 치중하여 운영비, 홍보비, 민간지원, 연구·조사, 교육·훈련 등 소프트웨어(S/W)에 비해 상당히 높은 것으로 나타났다(정지범 외, 2010). 마지막으로 안전도시 시범사업의 선정은 2009년 9월이 지나서야 확정이 되었는데, 행정안전부는 회계 상의 이유로 예산을 모두 당해 연도에 지출할 것을 요구함으로서 무리한 시설투자에 집중하거나, 비슷한 다른 사업을 안전도시 사업으로 포장하여 지출하는 등 사업기간 및 운영과정상 효율성 저하 등의 문제를 보여 전시적 정책으로 평가되었다(정지범, 2013; 나채준, 2014).

2. 안심마을 시범사업

안심마을 시범사업은 행정안전부가 "마을 주민들이 안심하고 안전하게 생활할 수 있는 마을"을 목표로 2013년부터 추진한 사업이다. 특히 지역주민·행정의 협업을 통해 생활권 안전을 포괄적으로 확보하는 국제적 표준 수준의 안심마을 모델을 창출하고, 지역 주민들이 생활권 내 다양한 안전 위해요인을 스스로 관리하고 행정은 이를 뒷받침하여 안심하고 살 수 있는 환경을 조성하기 위한 사업이다. 2013년 주민자치회 시범사업의 일환으로 주민자치회 기본유형 2개와 선택유형 5개 중 기본유형으로 안심마을형을 제시하였고 31개 주민자치회 시범사업 대상지 중 10개소를 안심마을 시범사업지로 선정하여 안심마을 시범사업을 2013년 하반기부터 추진하였다.[3]

안심마을 시범사업 개요	
지원대상	• 읍면동 주민자치회 시범사업 대상지역 31개소 대상 공모를 통해 선정된 안심마을 10개소
지원근거	• 국토의 계획 및 이용에 관한 법률–지방행정체제 개편에 관한 특별법–재난 및 안전관리 기본법–시설물의 안전관리에 관한 특별법
주관부처	• 국민안전처(안전문화교육과)
사업기간	• 2013 ~ 2014
국비지원	• 1개 소당 5~10억 원 이내, 국비 + 특별교부세 • 시범사업 대상지역 안전 인프라 구축비용 지원
국비예산	• 61.4억 원

여기서 '안심마을'은 안심하고 안전하게 살 수 있는 마을 만들기를 의미하며, 마을주민들이 자신들의 마을을 스스로 지킨다는 주인의식을 가지고 활동의 주체가 되어 경찰, 소방 등 유관기관과 행정, 전문가의 도움을 받아 주민들이 안심하고 생활할 수 있는 안전한 마을을 만들어 나가는 활동을 의미한다(한국지방행정연구원, 2013). 또한 마을주민간관계망을 형성하여 마을안전지도, 순찰, 환경개선 등을 포함하고 있으며, 이러한 활동을 위해 지역안전 거버넌스를 구축하고 있다. 이 사업은 이전의 행정안전부 안전도시 시범사업과 유사한 측면이 있으나 사업의 대상 및 주민 주도성 측면에서 차이가 있다. 안심마을 시범사업의 대상지는 읍·면·동 혹은 비슷한 수준의 마을 공동체를 대상으로 하고 있다. 안전도시 시범사업이 시·군·구의 기초자치단체를 대상으로 한 것에 비해 안심마을 사업은 문화와 생활을 공유

---

[3] 행정안전부는 읍·면·동 주민자치회 시범사업 31개소를 대상으로 공모를 거쳐 2013년 8월 말 10개소를 선정하였다. 2014년 8월까지 관련된 행·재정적 지원을 하였다(한국지방행정연구원, 2013: 89 참조).

한 마을 공동체를 단위로 하여 생활밀착형 사업을 표방하고 있다.[4]

안심마을 시범사업은 주민자치회가 주도하는 경우가 많으며, 이전의 안전도시 사업에 비해 상당히 높은 수준의 주민 주도성을 보여주고 있다. 주민자치회가 읍·면·동과의 공식적인 협의 권한을 가지고 있다는 측면에서 서울시가 추진하고 있는 마을안전망 구축사업에 비해 실질적인 사업 주도권을 기대할 수 있다. 따라서 주민자치회의 역할에 따라 조례, 협정, 교통단속이나 보호구역 지정 등 지역관리 등을 통한 제도화 가능성도 높다고 본다. 행정안전부가 추진한 '안심마을 시범사업'은 2015년 '안전마을 만들기사업'으로 명칭이 변경되었다.

안심마을 시범사업 선정지역

유형	선정지역	선정년도	종료년도	지역별 예산(억원)	국비(억원)
도시주거지	서울특별시 은평구 역촌동	2013	2014	6.00	
도시주거지	부산 연제구 연산1동	2013	2014	6.00	
도시주거지	광주 남구 봉선1동	2013	2014	5.00	
특정지역	경기도 김포시 양촌읍	2013	2014	7.40	
도시주거지	경기도 수원시 송죽동	2013	2014	11.00	
도농복합	강원도 고성군 간성읍: 5	2013	2014	5.00	
도농복합	충청북도 진천군 진천읍	2013	2014	-	
특정지역	충청남도 천안시 원성1동	2013	2014	5.00	
특정지역	전라남도 순천시 중앙동	2013	2014	6.00	
농촌주거지	경상남도 거창군 북상면	2013	2014	5.00	

자료: 건축도시정책정보센터(AURUM, http://www.aurum.re.kr) 참고로 재구성

---

[4] 안심마을 시범사업은 서울시의 마을안전망 구축사업과 유사하다. 마을안전망 구축사업은 2012년부터 서울시가 추진한 사업으로 마을공동체만들기 사업은 공통지침인 '마을공동체 지원 사업 추진 표준 절차'를 따르고 있다. 서울시의 마을공동체만들기 사업은 마을에 관한 일을 주민이 스스로 결정하고 추진하는 주민자치 공동체를 통하여 지역사회 생활문제의 공동 해결, 마을사업 운영 등 주민의 삶의 질을 높이는 활동을 의미한다(서울특별시 조례 제5262호).

3. 살고 싶은 도시 만들기 시범사업

지역안전 거버넌스 구축을 위해 정부가 추진한 사업 중에 살고 싶은 도시정책은 경제 환경 사회의 모든 영역에서 지속가능한 국가발전을 선도할 수 있도록 도시를 발전시키는 지속가능한 녹생성장형 도시정책을 표방했다. 살고 싶은 도시정책의 핵심 사업으로 국토교통부(당시 국토해양부)는 2007년도부터 '살고 싶은 도시 만들기 시범사업'을 추진했다(신상영, 2012). 국토교통부의 살고 싶은 도시 만들기 사업은 도시가 가진 특성을 활용하여 개성 있고 경쟁력 있는 도시를 육성하기 위해 추진한 공모형 사업이다. 살고 싶은 도시란 어울려 살기 좋은 건강한 도시, 경제적으로 활력 있고 일하기 좋은 도시, 여유롭고 창조적이며 문화적인 도시를 건설하여 경제, 환경, 사회의 모든 영역에서 지속가능한 국가발전을 선도할 수 있는 도시를 의미한다.

살고 싶은 도시 만들기 사업의 추진배경을 살펴보면, 2005년 8월 '살고 싶은 도시 만들기' 추진방안에 대한 1차 대통령보고 이후 세부적인 정책추진 사항과 로드맵을 포함한 세부추진 방안을 11월 2차 대통령 보고를 통해 완성하게 되었다.[5] 참여정부 당시 중요한 국가정책 중의 하나였던 국토 균형발전은 살고 싶은 도시정책과 무관하지 않다. 왜냐하면 살고 싶은 도시정책을 통해 지방의 중소도시가 잘 살게 되면 인구가 유출되지 않을 것이고 이에 따라 수도권의 인구유입이 억제되어 수도권의 비대화를 방지하고 지방도시의 과소화와 쇠락화를 방지하여 국토의 균형발전을 추진하려는 의도와 연결되어 있기 때문이다(두리공간환경연구소, 2011).

2005년 말 '살고 싶은 도시 만들기'의 개념[6]을 정립하고 이를 실현하기 위해 핵심정책인

---

[5] 2005년 3월 유럽순방을 마치고 돌아 온 노무현 대통령은 유럽의 인구 20만 이하의 작은 도시들이 그렇듯이 우리나라 지방의 작은 도시에서도 어떻게 하면 자부심을 느끼며 살 수 있겠는지를 검토하도록 지시하였다(두리공간환경연구소, 2011: 8 참조).

[6] '살고 싶은 도시'는 2005년 대통령 지시 후 국토교통부, 한국토지주택공사, 대한국토도시계획학회 등 관련 전문가들이 수차례 아이디어 회의를 거쳐 주민들이 자존감을 가지고 살 수 있는 경쟁력있는 도시를 주민들의 선택의지를 반영해서 명명했다. 아울러 살기 좋은 건강한 도시, 경제적으로 활력이 넘치고 일하기 좋은 도시, 여유롭고 창조적이며 문화적인 도시를 건설하여 경제, 환경, 사회의 모든 영역에서 지속가능한 국가발전을 선도할 수 있는 도시로 정의하였다.

시범사업을 포함한 5대 정책추진기반 등의 기본 틀을 마련하였다. 2006년에는 정책 추진에 따른 세부적인 프로그램을 마련한 후 예산을 확보하고 시범사업의 정책적 기반과 평가체계를 구체화하는 등의 연구를 수행했다. 2007년에는 이를 실행에 옮겼는데, 먼저 2007년 3월에 2006년 말에 시행된 시범대상 지역을 선정했다. 2007년 5월부터 마을 만들기 포럼을 운영했으며, 2007년 말에는 살고 싶은 도시 만들기 정책추진 전반을 탑재한 도시포털을 개설하였다. 또한 2000년부터 시행하던 '지속가능한 도시' 대상이 '살고 싶은 도시 만들기' 대상으로 명칭을 바꾸어 시행되었다. 2008년에는 한국토지주택공사(LH공사) 내에 시범사업을 주관하는 Help Desk를 공식적으로 운영했으며, 2009년에는 LH공사 내에서 정책프로그램을 지원하고 운영하던 팀이 '도시 만들기 지원센터'로 확대 개편되었다. 그러나 2008년 정권교체 후 살고 싶은 도시 만들기 사업은 도시활력증진지역 개발사업으로 통합개편 되었다.

살고 싶은 도시 만들기 사업의 추진배경과 과정	
추진 일자	주요 내용
2005. 04	• 대통령 '살고 싶은 도시만들기' 검토 지시 • 국가균형발전위원회 내 '살기 좋은 도시 만들기 특별위원회' 구성: 기본방향 및 정책조정 추진
2005. 08 2005. 11	• '살고 싶은 도시 만들기 추진방안' 대통령 1차보고 • '살고 싶은 도시 만들기 추진방안' 대통령 2차보고 (살고 싶은 도시 만들기 추진계획 수립 및 5대 정책추진기반 로드맵 작성)
2006. 09 2006. 11	• 살고 싶은 도시 만들기 추진계획 수립 • 살고 싶은 도시 만들기 시범사업 계획발표, 2007년 시범사업 공모
2007. 03 2007. 05 2007. 07 2007. 10 2007. 11 2007. 12	• 살고 싶은 도시 만들기 시범사업 선정(1차) • 마을만들기 포럼 구성 및 운영 • 살고 싶은 도시 만들기 지원협의회 구성 • 도시의 날 제정 및 제1회 행사 개최(도시대상, 수상, 도시포털 시범오픈 등) • 2008년 시범사업 공모 • 도시포털 오픈
2008. 02 2008.03~04 2008.09~11 2008. 10 2008. 12	• 살고 싶은 도시 만들기 시범사업 선정(2차) • 2008년 수도권 도시대학 운영 • 2008년 권역별 도시대학 운영(지방 4개 권역) • 시범사업 Help Desk 운영(LH공사), 제2회 도시의 날 행사 • 2009년 시범사업 공모
2009. 01 2009. 03 2009. 06 2009.08~11	• 도시 만들기 지원센터 운영(LH공사 내 기존 도시마을 기획팀 확대 개편) • 살고 싶은 도시 만들기 시범도시 지정(3차, 중앙도시기획위원회 심의) • 2010년 도시활력증진지역 개발사업 제안 평가 • 2009년 권역별 도시대학 운영
2010	• 도시활력증진지역 개발사업으로 재편 시행

자료: 두리공간환경연구소, (2011), 「살고 싶은 도시 만들기: 시범도시 사업의 성과와 과제」, p.9 재인용.

살고 싶은 도시 만들기 사업은 체계적인 개념을 바탕으로 살고 싶은 도시 만들기의 3대 전략과 9대 전략과제를 구축하였다.[7] 이를 토대로 살고 싶은 도시 만들기 정책의 세부적인 시행방안으로 핵심 정책사업을 시범사업으로 하고 이를 지원하는 공론화, 학습화, 정책기반, 지원체계로 구성된 5대 정책추진 기반을 구축하였다.

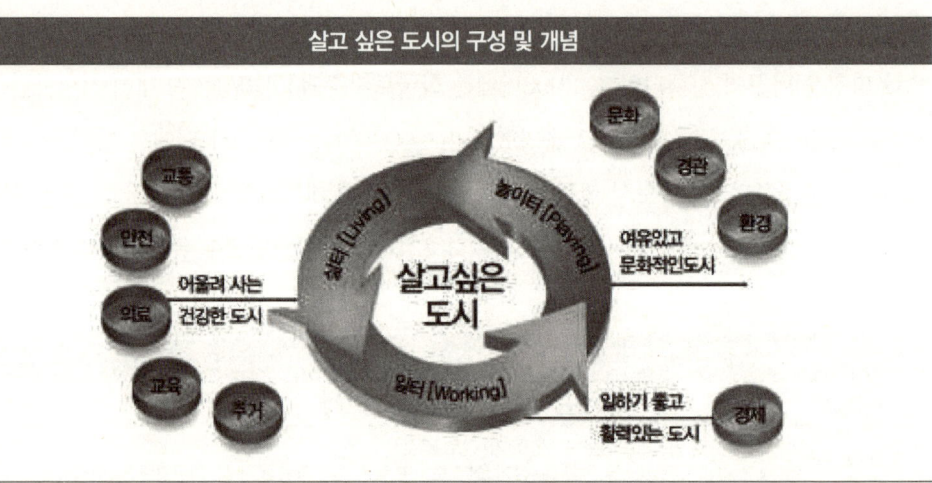

살고 싶은 도시 만들기를 수행할 5대 정책기반의 핵심은 정부가 직접 추진하는 정책사업인 시범사업이라 할 수 있다. 시범사업은 기초생활기반과 환경적·문화적 취약점을 개선하고 도시가 가진 특성을 활용하여 살고 싶은 도시를 만들고자 하는 주민·자치단체를 발굴하고 지원하는 프로그램이다. 시범사업에는 도시 특화발전을 추진하는 '시범도시사업'과 주민주도의 마을만들기 활성화를 위한 '시범마을사업'이 있다. 2007년, 2008년에는 공모에 선정되지 못했으나 우수한 계획사례에 대해 '계획비용지원도시'라는 사업을 추가로 지원하였다. 그러나 2009년에는 시범사업의 후속지원사업에 대한 필요성이 제기되면서 이 사업은 폐지되었고, '성공모델지원사업'을 도입하여 2007년과 2008년에 시범도시로 지정된 자치단체의

---

[7] 3대 전략은 ①환경, 문화, 경관 여건 만들기, ②일자리 만들기, ③기초적 생활여건 만들기다. 9대 전략과제로는 ①개성 있는 도시문화 창출, ②아름답고 품격 있는 경관조성, ③환경 친화적 도시관리, ④활기찬 경제기반 마련, ⑤보행 중심의 녹색교통, ⑥안심할 수 있는 안전 확보, ⑦건강을 보장하는 의료복지 구현, ⑧미래지향적 교육환경 조성, ⑨주거복지의 실현 등이다.

경우 후속지원사업의 성격인 성공모델지원사업에 응모할 수 있도록 했다. 시범도시의 유형도 다소 변경되었는데, 2007년에는 국토계획법 제127조 규정에 있는 10가지 유형을 수용하였으나 2008년에는 6가지 유형으로 통폐합하였다. 2009년에는 다시 5가지 유형으로 통폐합되었으나 상대적으로 취약한 지방도시의 참여의지를 제고하기 위하여 도시대상 미응모 자치단체에게도 기회를 부여하는 새로운 도시특화발전 모델을 발굴하기 위해 '자유창의형'이 추가되었다(두리공간환경연구소, 2011).

살고 싶은 도시 만들기 시범사업의 제도적 고찰

구분	2007	2008	2009
시범사업 법적근거	• 균형특별회계 • 국토계획 및 이용에 관한 법률(제127조 및 관련규정)	• 균형특별회계 • 국토계획 및 이용에 관한 법률(제127조 및 관련규정)	• 광역특별회계 • 국토계획 및 이용에 관한 법률(제127조 및 관련규정, 사업공모에 명시)
사업기간	• 단년도 사업	• 단년도 사업	• 3차년 사업
응모자격	• 기초지자체(시·군·구)	• 2007년 도시대상 응모 -기초지자체(시·군·구)	• 2008년 도시대상 응모 -기초지자체(시·군·구) • 2008년 도시대상 미응모 -기초자치단체 (자유창의형으로 응모가능)
시범도시 유형	1. 생태·환경형 2. 경관·미관형 3. 건축문화형 4. 역사문화형 5. 정보·과학형 6. 녹색교통형 7. 관광·레저형 8. 방재·안전형 9. 교육·학습형 10. 도시정비형	1. 활력도시형 2. 문화도시형 3. 환경도시형 4. 녹색·교통도시형 5. 안전·건강도시형 6. 교육·과학도시형	1. 활력도시형 2. 문화도시형 3. 환경도시형 4. 안전·건강도시형 5. 교육·과학도시형 6. 자유창의형 (도시대상 미응모 지자체)
선정 평가방법	• 사업계획서 평가(80) • 현지심사(20)	• 2007 도시대상 평가점수(40) • 시범사업 제안서 평가(42) • 현지심사(18)	• 2008 도시대상 평가점수(30) • 시범사업 제안서 평가(42) • 현지심사(28)

살고 싶은 도시 만들기 시범사업은 2007년 36곳에 142억 원, 2008년 32곳에 133억 원, 2009년 26곳에 144억 원을 지원하여 3년간 94개 사업에 419억 원을 지원하였다. 3년간 시행된 시범도시 사업은 2007년 89개 응모도시 중 5개 도시가 선정되어 80억 원이 지원되었고 2008년에는 47개 응모도시 중 6개 도시가 선정되어 85억 원이 지원되었다. 2009년에는

54개 응모도시 중에 7개 도시가 선정되어 108억 원이 지원되어 시범도시 사업 18곳에 총 시범사업 비용의 절반이 넘는 273억 원이 소요된 것으로 나타났다.

살기 좋은 도시 만들기 시범도시 현황

연도	지자체	유형구분	사업명	지원비
2007년	경기 안산	경관미관형	광덕로·철도변 테마공원 조성사업	20억원
	강원 속초	도시정비형	Seorak Maple Town 조성(중앙로 설악로데오거리 조성사업)	15억원
	인천 남구	정보과학형	Robot Complex Zone 첨단·과학문화 도시건설	15억원
	충남 서천	도시정비형	봄의 도시 서천 만들기	15억원
	광주 광산구	경관미관형	맛·멋의 남도난장 송절골 ※ 2009년: '그린송정 4중주' 녹색르네상스 프로젝트	15억원 ※5억원
2008년	충남 금산	문화도시형	소통과 어울림의 중부권 문화배움터 만들기 ※ 2009: 도시재생형 문화도시·금산만들기	18억원 ※6억원
	제주 제주시	교육과학형 (교육학습)	다문화를 포용하는, 어디에서도 배움이 있는 교육도시	15억원
	전남 여수	문화도시형 (도시경관)	바다가 예쁜 미경(美景) 여수 만들기	13억원
	경기 과천	환경도시형 (에너지)	에너지절약 및 신재생에너지 기반조성 통한 온실가스 감축 ※ 2009: 기후변화대응 선도도시 선정	13억원 ※4억원
	광주 북구	문화도시형 (예술문화)	도심 속 '天·地·人' 문화소통길	13억원
	전북 무주	안전건강 (건강도시)	생애, ing 행복실감도시 무주	13억원
2009년	인천 부평구	환경도시형	기후변화에 대응하는 굴포천 녹색문화화랑 조성사업	15억원
	대구 중구	문화도시형	대구읍성 부활! 주민주도의 근대역사문화벨트 만들기	15억원
	울산 남구	자유창의형	생기가 흐르는 창조적 융합도시, 남구	15억원
	충북 청주	환경도시형	저탄소 녹색도시, 맑은 고을 청주	18억원
	충남 논산	활력도시형	입영추억거리 만들기를 통한 '논산 원도심 재생'	15억원
	전남 순천	문화도시형	'1000년의 역사문화가 숨 쉬는 거리' 만들기	15억원
	경남 거창	안전건강형	건강활력충전 DO-Dream(두드림) 거창	15억원

자료: 두리공간환경연구소. (2011). 「살고 싶은 도시 만들기: 시범도시 사업의 성과와 과제」, p.19 재인용.

이러한 지정현황의 실태를 구체적으로 보면, 2007년과 2008년의 시범사업 교부금 275억원 중 2007년 80억 원, 2008년 85억을 지원하여 60.0%를 시범도시사업에 지원하였다. 시범도시 유형별로 보면 2007년에는 생태환경형, 경관미관형, 도시정비형에 응모도시의 절반이 넘는 52.8%가 지원했고, 2008년에는 문화도시형과 환경도시형이 절반 이상을 차지하여 응모도시들이 특화발전전략의 주제로 녹색환경과 역사문화를 추구하는 것으로 나타났으며, 시범사업의 전체 지정현황은 다음과 같다.

살기 좋은 도시만들기 시범사업 지정현황

구분	2007		2008		2009	
	지정	지원예산	지정	지원예산	지정	지원예산
시범도시	5	15–20	6	13–18	7	15–18
계획비용 지원도시	6	5	6	3	(폐지)	–
시범마을	25	1–2	25	1–2	16	1–2.5
성공모델 지원도시	–	–	–	–	3 (신설)	4–6
계	36	142	32	133	26	144

살고 싶은 도시 만들기 시범도시를 사업유형별로 구분하면, 2007년에는 경관미관형 2곳, 도시정비형 2곳, 정보과학형 1곳이 선정되었다. 2008년에는 문화도시형 3곳, 환경도시형 1곳, 안전건강도시형 1곳, 교육과학도시형 1곳이 선정되었고 2009년에는 환경도시형 2곳, 문화도시형 2곳, 활력도시형 1곳, 안전건강도시형 1곳, 도시대상 미응모 자치단체를 대상으로 한 자유창의형 1곳이 선정되었다. 따라서 응모도시나 선정된 시범도시 유형은 환경도시형과 문화도시형이 많아 본질적으로 이 사업은 지역안전 거버넌스 구축을 강조한 사업은 아니라고 볼 수 있다(정지범 외, 2010). 이밖에 시범도시사업을 지정할 때 특화유형별로 1곳을 선정하는 것이 원칙임에도 불구하고 두 곳 이상이 지정되어 이러한 원칙이 지켜지지 않은 것으로 나타났다(안상욱 외, 2009).

시범도시 사업의 유형별 지정 현황										
구분	시범도시사업 유형별 분류									
2007	생태환경	경관미관	녹색교통	건축문화	역사문화	도시정비	방재안전	교육학습	정보과학	관광레저
		○○				○○			○	
2008	환경도시		녹색교통		문화도시		안전건강	교육과학		활력도시
	○				○○○		○	○		
2009	환경도시		.		문화도시		안전건강	교육과학	자유창의	활력도시
	○○				○○				○	○

자료: 안상욱 외. (2009). 「살고싶은 도시 만들기」시범사업의 특성분석, 대한국토도시계획학회 2009 춘계산학협동 학술대회 자료집, p.129 참고로 재구성.

　지금까지 국토교통부가 추진한 살고 싶은 도시 만들기 사업을 살펴보았다. 국토교통부는 2007년부터 매년 150억 원의 예산을 편성하여 지방자치단체와 마을에 사업비의 50%를 보조하였으며, 2009년도에는 시범도시 7개소, 시범마을 16개소 및 성공모델지원사업 3개소에 144억 원을 지원하였다. 그 이후 국가균형발전위원회는 광역화·특성화를 기조로 하는 새로운 지역발전정책을 수립하여 추진하였다(국가균형특별법 개정, 2009.4.22). 이에 따라 2010년부터 국토교통부 소관사업인 살고 싶은 도시 만들기 사업 및 주거환경개선사업을 포함하여 타 부처에서 추진해 오던 전원마을 조성, 농촌생활환경정비, 어촌종합개발 사업 등 17개 시·군·구 자율 편성 사업을 통폐합하여 국토교통부의 책임 하에 포괄보조금 지원방식으로 변경하여 추진하게 되었다. 여기에는 지역별 특성에 따라 도시활력증진지역, 성장촉진지역,

도시활력증진지역 개발사업의 지원 부처 및 유형			
구분	지원 사업	대상 지역	보조율(%)
국토부	도시활력증진지역	특별시·광역시의 군·구 및 일반 시지역과 도농복합형태의 시 중에서 동(洞)지역 대상	50
	성장촉진지역	시·군 중 재정상태, 인구변동 등을 고려하여 지정(70개 시군구)	100
행안부	특수상황지역	접경지역 및 도서지역(15개 접경, 372개 도서)	80
농림부	일반농산어촌지역	군지역 인구 50만 미만의 도농복합시(117개 시·군)	70

자료: 국토교통부. (2018). 「2018 도시 업무 편람」

특수상황지역, 일반농산어촌지역으로 구분하여 지원하고 있다.

「도시활력증진지역 개발사업」은 국토교통부가 정부의 지역발전정책에 따라 지방자치단체 스스로의 발전을 도모하기 위해 도시활력 증진지역 143개 자치단체(특별시 광역시의군·구 및 일반 시 지역과 도농복합형태의 시중 洞)를 대상으로 시행하는 정책사업이다. 이 사업은 도시 내 주거환경이 불량한 지역을 계획적으로 정비, 노후불량 건축물을 개량함으로써 도시환경의 개선 및 주거생활의 질을 향상시키고, 도시의 활력증진 및 지역 커뮤니티 복원을 통해 지역경제 활성화 및 도시의 경쟁력을 높이기 위해 2011년부터 2017년까지 도시활력 증진지역에 연 평균 1,000억 원 정도를 지원하였다. 2016년부터는 「도시재생 활성화 및 지원에 관한 특별법」에 따른 도시재생사업이 도시활력증진지역 개발사업에 통합되어 2018년 기준으로 우리 동네 살리기, 도시생활환경개선사업, 지역역량강화사업의 3개 내역사업으로 개편하여 지원되고 있다.

도시생활환경개선, 지역역량강화사업 지원현황

(단위: 개소, 백만원)

구분		2016	2017	2018
합계	예산액	97,128	93,367	111,380
	사업수	186	208	189
계속	예산액	93,511	85,567	111,380
	사업수	135	157	189
신규	예산액	3,617	7,800	-
	사업수	51	51	-

구분	143개 시·군·구
서울(25)	종로구, 중구, 용산구, 성동구, 광진구, 동대문구, 중랑구, 성북구, 강북구, 도봉구, 노원구, 은평구, 서대문구, 마포구, 양천구, 강서구, 구로구, 금천구, 영등포구, 동작구, 관악구, 서초구, 강남구, 송파구, 강동구
부산(16)	중구, 서구, 동구, 영도구, 부산진구, 동래구, 남구, 북구, 해운대구, 사하구, 금정구, 강서구, 연제구, 수영구, 사상구, 기장군
대구(8)	중구, 동구, 서구, 남구, 북구, 수성구, 달서구, 달성군
인천(8)	중구, 동구, 남구, 연수구, 남동구, 부평구, 계양구, 서구
광주(5)	동구, 서구, 남구, 북구, 광산구
대전(5)	동구, 중구, 서구, 유성구, 대덕구
울산(5)	중구, 남구, 동구, 북구, 울주군
경기(22)	수원시, 성남시, 의정부시, 안양시, 부천시, 광명시, 안산시, 과천시, 구리시, 오산시, 시흥시, 군포시, 의왕시, 하남시, 평택시, 남양주시, 용인시, 이천시, 안성시, 화성시, 광주시, 여주시
충북(3)	청주시, 충주시, 제천시
충남(8)	천안시, 공주시, 보령시, 아산시, 서산시, 논산시, 계룡시, 당진시
강원(6)	동해시, 태백시, 속초시, 원주시, 강릉시, 삼척시
전북(6)	전주시, 군산시, 익산시, 정읍시, 남원시, 김제시
전남(5)	목포시, 여수시, 순천시, 나주시, 광양시
경북(10)	포항시, 경주시, 김천시, 안동시, 구미시, 영주시, 영천시, 상주시, 문경시, 경산시
경남(8)	창원시, 진주시, 통영시, 사천시, 김해시, 밀양시, 거제시, 양산시
세종(1)	세종시
제주(2)	제주시, 서귀포시

자료: 국토교통부, (2018), 「2018 도시 업무 편람」

4. 방재마을 만들기 사업

소방방재청이 주관한 방재마을은 풍수해의 저감을 위한 방재마을 시범사업과 화재 없는 안전마을이 있다. 방재마을 시범사업은 풍수해를 대상으로 한 물리적인 시설장비(H/W)를 위주로 하는 지원 사업이다. 지역특성에 따른 재해요인을 분석하여 유형에 따라 특화된 사업을 시행하고 민관단체 파트너십에 의한 협의회를 구성하여 사전에 재해를 예방하고자 하는 사업이라 할 수 있다. 특히 이 사업은 기존에 관리주체별로 개별적이고 산발적으로 추진되었던 재해위험지구, 소하천, 각 부처의 유관사업, 자치단체의 자체사업 등 각종 방재관련 사업을 패키지(package)화하여 지구단위 방재개념에 의해 종합적으로 추진하고자 하는 재해예방사업이다(김건위, 2013). 이러한 측면에서 볼 때 개별적으로 진행되었던 각종 방재관련 사업을 종합적이고 유기적으로 추진함으로써 예산절감 효과가 나타날 것으로 보았다(정지범·김은성, 2010).

방재마을 시범사업 선정지역				
사업명	선정지역	선정년도	종료년도	지역별예산(억원)
방재마을 시범사업	강원도 삼척시 정라지구	2008	2014	154.00
방재마을 시범사업	충청남도 금산군 후곤지구	2008	2014	40.00
방재마을 시범사업	전라남도 장흥군 원등지구	2008	2014	27.00

자료: 건축도시정보센터(http://www.aurum.re.kr/).
주: 이 사업은 2014년도에 국민안전처의 안전한 지역사회 만들기 모델사업과 통합되었음

2008년 삼척시 정라지구, 금산군 후곤지구, 장흥군 원등지구 등 세곳이 방재마을 시범사업지로 선정되었으며, 선정된 지역에는 매년 20~30억 원 규모의 국비를 지원하였다. 소방방재청은 방재 시범마을에 배수펌프장, 하천예방사업, 산사태방지사업, 사방댐 및 재해 예·경보시스템 구축 등 각종 방재관련 사업을 종합적으로 추진해 예산 낭비를 줄일 수 있을 것으로 보았다. 또한, 방재 시범마을 전 가구가 풍수해보험에 가입하고 1가구 1소화기 비치, 사업계획의 수립과 추진과정에 지역주민들이 함께 참여하였다. 그러나 실제 사업은 재해위험지구 정비, 하천 정비, 하수도 시설 확장, 방재센터 신설 등 건축 토목사업이 주류를 형성했다. 결국 전반적인 사업의 내용에서 볼 때 방재마을 사업의 대상은 하드웨어 중심의 방재시설에 대한 것이었고, 사업 방식은 주민참여를 통한 상향식 과정보다는 관(官)주도의 하향식 방식으로 추진되었다는 점에서 한계가 있는 것으로 나타났다(신상영, 2012; 정지범, 2013). 따라서 방재마을 사업이 활성화되기 위해서는 우선 주민 주도적 마을운영과 재난발생시 주민의 자율방재 의식에 기초하여 추진되어야 하며, 행정적 지원과 병행하여 이루어져야 한다. 또한 관 주도의 방식에서 탈피하여 주민참여형 프로그램을 지속적으로 발굴하여 추진해야 하며, 조례 제정 및 거버넌스 체계를 통해 방재마을을 구축하여 정책의 지속성을 유지해야

할 것으로 본다.

방재마을 시범지구 관련 사업

구분	사업유형	사업내용
강원 삼척시 정라지구	재해위험지구	정비사업 가옥이주, 유수지 설치, 배수로 정비
	방재시범마을사업	방재형 생태습지, 방재문화 역사존, 방재형 체육공원, 방재미래센터, 방재생태하천
	타 부처 유관사업	하수관거 정비
	민간사업	육향산 주변 담장정비
충남 금산군 후곤지구	재해위험지구 정비사업	하천정비, 소류지 정비
	타 부처 유관사업	금산천 수해상습지 개선사업, 댐 상류하수도 시설확충공사
	민간사업	하수관거정비 민간(BTL)사업
	자체사업	방재체험미래관, 도시침수저감시범구역, 홍수예보시스템 구축
전남 장흥군 원등지구	재해위험지구 정비사업	하천정비, 저류지 조성, 사방댐 설치
	타 부처 유관사업	마을 하수처리시설, 배수개선, 노후주택 개량
	자체사업	야계사방 설치, 퇴적토 준설

5. 범죄예방 환경개선사업

　법무부는 2014년부터 국민들의 준법의식 향상을 위한 캠페인과 더불어 범죄취약지역의 환경개선을 통한 범죄예방사업을 주요 내용으로 하는 '법질서 실천운동'을 전개해 오고 있다. 범죄예방 환경개선사업(CPTED)[8]은 범죄를 유발할 수 있는 환경에 대한 물리적 개선을 통하여 범죄동기와 기회를 차단함으로써 범죄를 예방하려는 목적으로 시작되었다. 또한 사업 초

---

[8] 범죄예방환경설계는 건축·도시계획 및 설계기법 등을 활용하여 공간 내에 범죄유발요인을 최소화하여 범죄발생을 사전에 차단하여 예방함으로서 주민들의 삶의 질을 향상시키는 것을 목적으로 하는 종합적인 범죄예방 전략이라 할 수 있다. 또한 범죄예방환경설계에서 말하는 환경은 단순한 물리적 환경 또는 도시·건축설계만을 지칭하는 것이 아니라 사회과학, 법집행, 행동에 대한 인식, 지역사회 공동체 등 넓은 의미에서의 포괄적 개념이다 (Crowe, 2000)

기에는 물리적 환경개선을 통한 범죄예방사업에서 출발하였으나 최근에는 지역주민들 간 소통 강화와 준법의식 향상 등 지역공동체의 범죄예방 역량강화를 통한 범죄예방사업으로 발전하고 있다. 다시 말해서 지역주민들이 범죄예방을 위하여 기존에 설치된 시설들을 자율적으로 관리하고 대화와 타협의 준법문화를 체계화하도록 하는 것이다. 이를 통해 이웃 간 갈등이 폭행 등의 범죄로 이어지는 것을 막고 공동체의 범죄예방 역량도 강화하는 것을 목적으로 하고 있다.

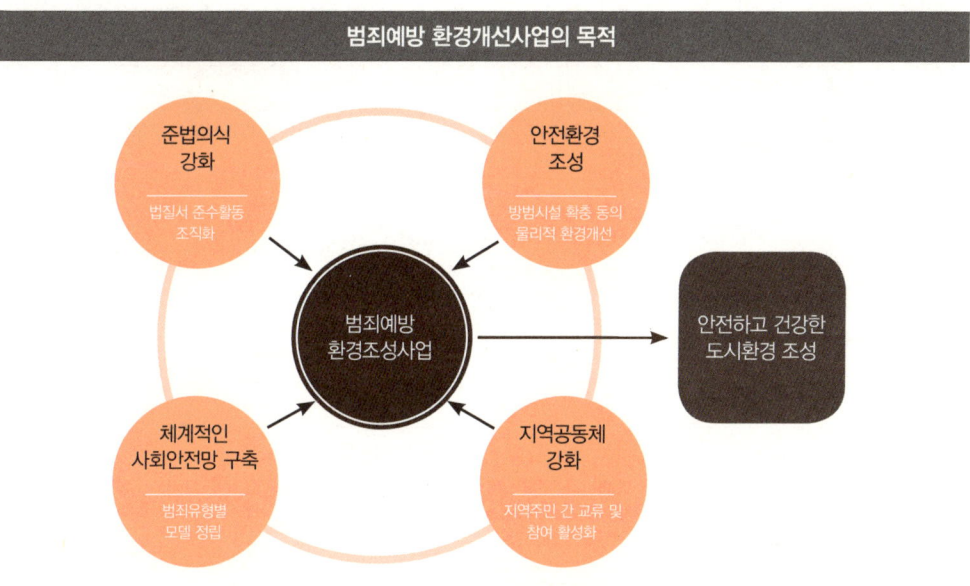

범죄예방 환경개선사업의 추진 개요를 살펴보면, 중앙부처, 지방자치단체, 자원봉사단체 등 유관 기관과의 협업을 강화하고 지역주민들의 적극적인 참여를 바탕으로 한 '한국형 CPTED' 모델을 정립하는 것이다. 특히 물리적 환경과 지역주민들의 준법의식과 연대감을 제고시키는 주민 역량강화프로그램을 유기적으로 결합시켜 범죄불안감 감소를 도모하는 것이라 할 수 있다. 법무부는 2014년에 전국 14개 지역, 2015년에 11개 지역에서 범죄예방 환경개선사업을 진행하였다. 이들 지역은 범죄가 취약한 곳, 사업의 성과가 타 지역으로 확산 가능한 곳 또는 당해 지방자치단체의 사업 추진의지가 높은 지역을 중심으로 선정되었다.

최근에는 전국 12개 지역에서 범죄예방 환경개선사업이 추진되고 있는데, 여기에는 국토교통부 '도시재생' 사업지 5곳, 국민안전처 '안전한 지역사회 만들기' 사업지 5곳, 지방자치단체 협업 사업지 2곳에서 사업을 추진하였다. 이밖에 사업지역의 현황에 따른 범죄예방 환경개선사업의 추진 모델을 개발하여 외국인 집단 거주지, 유흥가 밀집지역 등 지역특색과 원룸, 빌라, 아파트 등 주거형태별로 범죄유형 등에 따른 사업모델을 개발하고 있다.

범죄예방 환경개선사업 선정 절차

국토부·안전처·법사랑타운 사업지 서면심사	• 국토부「도시재생사업」, 안전처「안전한 지역사회 만들기」, 준법 지원센터「법사랑타운사업9)」 후보지 서면 검토
사업후보지 현지 실사	• 사업후보지 현지 실사, 지역 분석, 사업 타당성 및 효과성분석, 지방자치단체 공무원 면접 등 실시
사업지 선정	• 현지실사 자료를 바탕으로 법무부, 국토교통부, 국민안전처 담당자와 CPTED 전문가로 구성된 사업지 선정회의 개최
사업지 심층분석 실시	• 주민면담 및 법의식도 조사, 인구·취락구조 분석, 범죄율 및 범죄환경영향평가 등 실시
맞춤형 범죄예방 컨설팅안·교육 계획안 도출	• 물리적 환경개선사업 기초 설계(안) 작성 • 주민역량강화 교육 계획 수립 • 지역별 중장기 범죄예방 대책(안) 수립
사업실시 및 평가	• 물리적 환경개선사업 실시 • 주민역량강화 교육 실시 • 사업진척도 모니터링 • 사업 전후 설문조사 및 효과성 분석

특히 2016년 2월 법무부는 도시재생사업을 추진하고 있는 국토교통부와 국민의 범죄불안 해소와 도시재생 활성화를 위한 범죄예방 환경개선과 관련하여 업무를 협약을 체결하였다. 또한 인천광역시 동구 만석동의 '괭이부리마을'을 시작으로 5개 지역에서 공동사업을 추진하고 있다. 이밖에 2017년에는 행정안전부의 '안전마을 사업'과 연계하여 범죄예방 환경개선사

---

9) 2017년 10월 마을을 지켜줄 든든한 안전지킴이 법사랑타운이 광양시에서 전국 최초로 문을 열었다. 법사랑타운은 범죄위험으로부터 시민들의 불안감을 해소하기 위해 만들어졌으며, 안전한 공동체를 형성하는데 기여하고 있다(검색: http://www.moj.go.kr).

범죄예방 환경개선사업 선정지역(2014, 2015년 기준)

2014	사업선정 배경	2015	사업선정 배경
서울 마포구	• 초등학생 흡연, 폭력사건 빈번 발생 • 벽화작업, 시설개선 등 분위기 개선 필요	경기 수원 (매교)	• 강력범죄 발생지역(박○○ 토막살인사건) • 가로등, CCTV 지역으로 범죄취약지역 다수
서울 노원구	• 원룸, 다세대, 다가구 주택 등의 범죄발생 우려 높은 수준 • 사업 실행가능성, 체감성 창출 측면에서 유리한 지역으로 판단	경북 포항시	• 지역주민의 높은 범죄 불안감 • 사업전략 및 계획의 타당성이 높아 사업종료 후 모범사례 창출 가능
서울 영등포	• 외국인 기초질서 위반 행위 무분별 발생 • 민, 관의 노력이 강함	서울 동작구	• 범죄발생률과 기초질서 위반사례 증가 추세 • 지역협의체 구성 필요(지자체, 주민, 경찰 등)
부산 영도구	• 마을 주변에 조성된 둘레길 안전보호 대책 • 환경개선을 통한 주민 불안감 해소 효과가 매우 높을 것으로 예상	전남 남원시	• 구 남원시 유휴부지와 역사 및 유흥가 지역으로 인한 높은 범죄율 • 유관기관 업무협약체계 통한 지역협의체 구성
대구 달서구	• 굴다리 내 조명 및 벽면 낙후 • 벽면 분위기 개선 필요	경기 부천시	• 명확한 지역 커뮤니티 운영계획
광주 남구	• 범죄발생 빈번한 전형적 서민주거 밀집지 • 지자체의 사업추진 기반 양호	경남 창녕군	• 지역주민들의 높은 범죄율에 대한 불안감
대전 중구	• 야간 시간대 범죄발생 우려 높음 • 성매매소 주변 계도, 순찰활동 강화 및 음주소란행위 단속강화 필요	경기 안산시	• '09년 다문화특구지정, 외국인 주민센터 운영 • 외국인에 대한 두려움과 적개심으로 사회적 대책 마련 필요성 증대
경기 구리시	• 재개발사업 지연으로 방치 공가 급증 • 해당지역 CCTV설치 및 관리 필요	경기 평택시	• 주거 쇠퇴지역으로 폭력범죄 다수 발생 • 경기도 CPTED지역으로 선정돼 시너지 효과
경기 여주시	• 여성, 아동 야간통행 시 불안감 야기 • 지역주민요구 수용해 사업추진 및 기획	서울 성동구	• 다세대 입지지역으로 노상범죄 위험성 높음 • CCTV, 비상벨 등 자체사업 추진 경험
충남 논산시	• 등하교 교통사고, 학교폭력발생 위험지역 • 학교, 학생, 지역주민 간 관계개선 및 선도 프로그램 연계	경기 파주시	• 거리 환경개선 시급지역 • 담당공무원의 높은 전문성
울산 남구	• 방치된 공, 폐가 수 심각, 환경개선 통한 범죄불안감 감소 필요 • 외국인 범죄에 대한 주민 불안감 높음	경기 양주시	• 공원 내 CCTV 파손, 화재 등 청소년 탈선 행위 다수 발생
충남 천안시	• 학교폭력 및 강력사건 빈번 발생 • 지자체 참여의사 높아 사업효과 기대		
제주 제주시	• 구도심 공동화로 낙후 주택과 공가 혼재되어 인근 초등학생 범죄위험에 노출 • 전폭지원 시 가시적 성과 예상		
경기 부천시	• 가스 배관 노출되어 침입절도 가능성 높음 • 기존시설 활용가능, 지자체 참여의지 높음		

업의 시너지 효과를 도모하였고, 법무부는 범죄예방, 국토교통부는 도시재생, 행정안전부는 안전의 관점에서 각 부처의 노하우를 공유하며 12개 지역에서 부처협동으로 공동사업을 추진하였다.

범죄예방 환경개선사업 선정지역(2017년)

구분	주관 부처	선정지역
1	부처협동(국토교통부)	부산 서구 아미동
2	부처협동(국토교통부)	부산 강서구 대저1동
3	부처협동(국민안전처)	부산 북구 구포1동
4	부처협동(국민안전처)	인천 동구 화수2동
5	부처협동(국민안전처)	광주 남구 백운2동
6	부처협동(국토교통부)	광주 서구 양3동
7	부처협동(법무부)	경기도 안성시 옥천동
8	부처협동(국민안전처)	충청남도 홍성군 홍성읍
9	부처협동(국민안전처)	전라북도 완주군 삼례읍
10	부처협동(법무부)	전라남도 광양시 광영동
11	부처협동(국토교통부)	전라남도 목포시 동명동
12	부처협동(국토교통부)	경상남도 진주시 비봉지구

자료: 건축도시정보센터(http://www.aurum.re.kr/).

다음으로 2014년 범죄예방 환경개선사업에 선정된 서울 노원구의 사례를 중심으로 현황을 살펴보면, 노원구는 현황분석을 통해 1인 가구의 비율이 높고 인근 재래시장이 위치한 곳이라는 점을 확인한 후 '1인 가구대상 강력범죄 예방 및 시장 주변 절도범죄 예방'을 사업목표로 설정하였다. 이후 절도 예방을 위한 시설 및 가로환경 개선, 방범시설 신설, 자율방범대 조직, 주민 대상 범죄예방 교육 등의 사업을 진행하였다.

다음으로 2015년 범죄예방 환경개선사업으로 선정된 서울시 동작구 신대방동 1동 신대방 16가길 일대는 범죄예방환경설계(CPTED)를 통해 多-누리 안전마을로 재정비된 지역이다. 여성 및 65세 이상 노인인구 비율도 서울시의 구의 평균을 웃돌았고 구로구 가리봉동, 영등포구 대림동 등지에서 포화상태를 이룬 외국인들이 꾸준히 유입돼 2016년 기준 외국인 비율

현황분석 후 추진한 사업내용(서울 노원구 사례)

현황 분석	• 필로티 주차장 범죄 가능성 • 여성 범죄 노출 가능성	• 시장 인접 골목길 범죄발생 • 시장 내 낮은 화소의 CCTV	• CCTV, 비상벨의 가시성 부족 • CCTV 부족 및 촬영 범위 한계	• 골목 사각지대 범죄 발생 가능 • 노출 가스배관 침입범죄 위험	• 기존 시설물의 미비한 관리
	▼	▼	▼	▼	▼
주요 사업 내용	1인 가구 맞춤형 범죄예방	시장 절도범죄 예방 시설 개선	CCTV 신설	주거지 가로환경 개선	기존 방법설치물 개선 및 관리
	• 무인 SoS 풀 시스템 도입 • 무인 택배시스템 • 여성 1인 가구 범죄예방 홍보	• 노후 CCTV 교체 • 상인 자율방범대 추진	• CCTV, 비상벨 설치 • 바닥도색영역도색 • CCTV, 비상벨 방향 표식바닥 도색	• 노후 벽, 바닥 도색	• 비상벨, 바닥도색 • LED 보안등 교체 • 사각지대 반사경

범죄예방 환경설계(CPTED)의 5가지 전략

Communication			Caution	Clean
multi-cultural communication			intrusion & theft prevention	alleyway aesthetic improvement
information board	notice board	visual information sign	crackdown sign	mural

Together			Security	
nature surveillance			a safe way for woman	
reflector	CCTV	shelter	LED lamp	alley guide sign

자료: 홍석주·빈혜진. (2016). 지역적 특성을 고려한 범죄예방 환경설계(CPTED) 가이드라인에 대한 연구, 한국생활환경학회지, Vol.23. No. 6: 848 인용.

이 576개 동 중 25위였다. 전체 주택의 84% 정도가 다세대·다가구 주택으로 20년 이상의 노후 건물이 82%를 차지하고 있고 범죄의 우려가 있는 막다른 길이 12곳, 사각지대도 4곳으로 생계형 범죄도 증가하였으며, 무단투기 등 기초질서 위반사례도 증가하였다. 이러한 문제를 해결하기 위해 동작구는 지역의 범죄예방환경설계(CPTED)를 통해 고령화 및 여성인구 비율을 고려하였고 외국인 가구의 증가에 따른 소통문제 해결과 생활형 범죄를 예방한다는 목표 하에 범죄예방을 추진하였다. 동작구는 多-누리 안전마을의 조성을 위해 모두 다 소통(multi-cultural communication), 주의(caution), 깨끗함(clean), 함께(together), 안심(security) 등의 5가지 전략을 구축하였다. 예를 들어 소통 차원에서 한국어와 중국어로 설명하고 있는 생활 에티켓과 절도 예방을 위한 안내 사인, 그린 담벼락, 말하는 CCTV 등을 설치하였다(홍석주 외, 2016).

이밖에 2014년 범죄예방 환경개선사업으로 선정된 부산광역시 영도구 청학1동은 한국전쟁 직후 피난민들에 의한 무허가 집단 판자촌이 형성된 이후 개발이 되지 않았고 다수의 공·폐가가 많은 부산의 대표적인 쇠퇴·낙후지역이었다. 이 지역의 특성은 고령화 인구비율이 높아 범죄대응능력이 취약했으며, 기초생활수급자 등 어려운 가정환경으로 인한 생계형 범죄발생 가능성이 높았다. 따라서 범죄예방 환경개선사업을 통해 생활방범시스템 구축, 벽화 도색 등의 쾌적한 골목길 환경변화, 주민안전 및 커뮤니티 공간 확보를 위한 방범 비상대피소, 주민 안전문화 공간 설치 등을 시행하였다. 세부사업을 살펴보면, 담장도색, CCTV, 반사경, 비상벨 설치, CCTV 안내판, 비상대피소 등을 설치하였다. 사업주체별 역할은 부산지검, 법사랑위원, 부산지역연합회가 사업을 주도하고 자체적으로 사업이 추진되었으며, 법무부에 사업을 보고하는 형태로 진행되었다.

한편, 2014년 법무부가 추진한 범죄예방 환경개선사업 대상지인 14개 지역 중 9개 지역[10]을 대상으로 2015년 범죄발생 현황을 분석한 결과, 6개 지역에서 사업시행 전(2010~2013년 평균)에 비해 절도범죄 발생률이 평균 13.0% 감소했고, 범죄로부터 안전하다고 느낀다는 주민들의 비율이 사업시행 후 17.8% 증가한 것으로 나타났다. 또한 범죄예방 환경개선사업 지역 3곳(서울시 마포구 도화동, 서울시 노원구 공릉1동, 부산시 영도구 청학1동)을 대상으로 1년 이

---

10) 조사대상 9개 지역은 서울 마포구 도화동, 노원구 공릉1동, 부산 영도구 청학1동, 대구 달서구 상인동, 광주 남구 월산동, 대전 중구 유천1동, 구리시 인창동, 여주시 홍문동, 논산시 부창동이다(조영진 외, 2016. 범죄예방 환경개선사업의 효과와 개선방안, auri brief, No.125: 4).

상 거주한 주민 100명을 대상으로 사업 시행 전, 사업 준공 직후, 사업 진행 1년 후 총 3차례에 걸쳐 안전성, 프로그램 효과 등을 조사한 결과를 개략적으로 제시하면 다음과 같다(조영진 외, 2016).

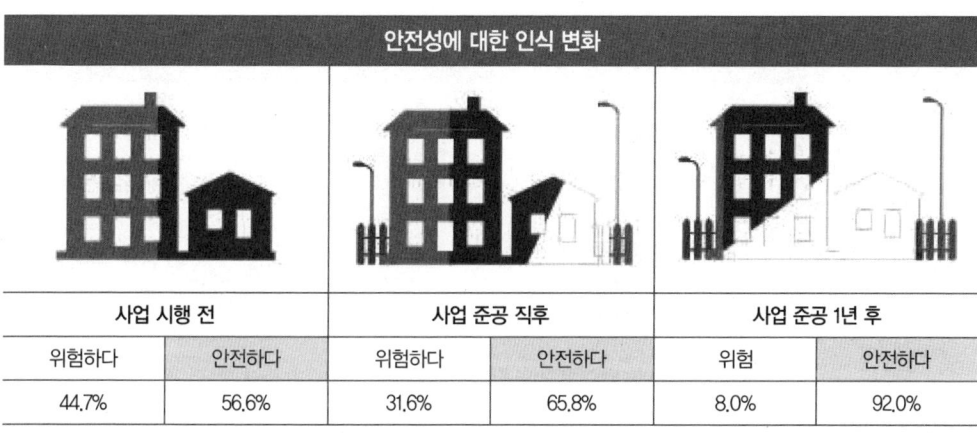

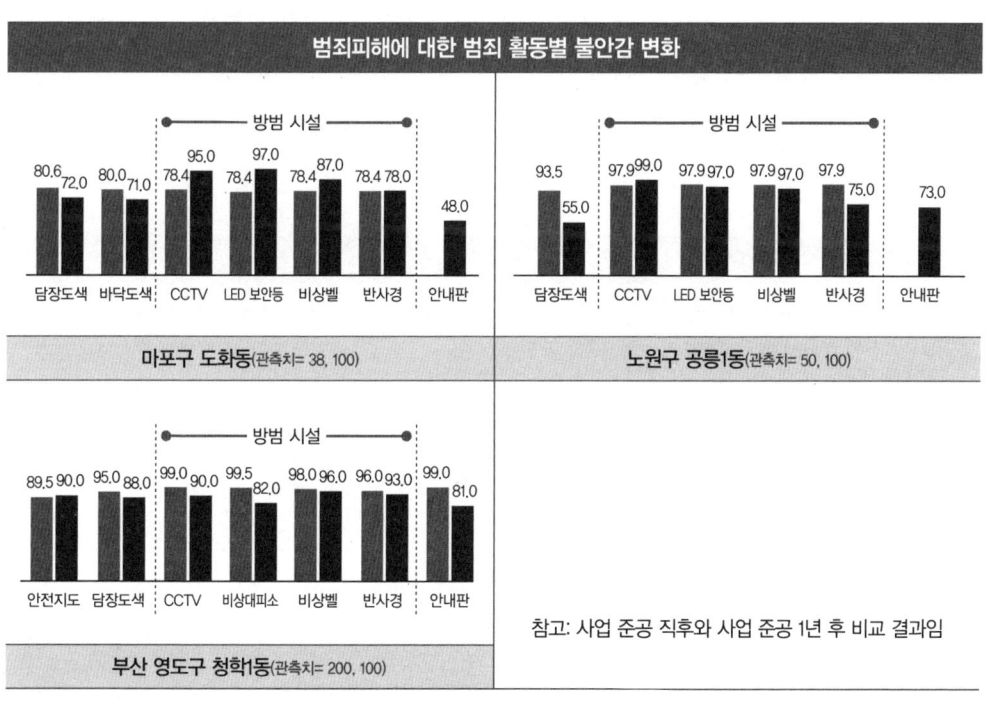

범죄예방 환경개선사업에 대한 전반적인 만족도는 3개 조사지역의 경우 평균 92%로 매우 높게 나타났고 영도구 청학1동이 95.0%로 가장 높게 나타났다. 하지만 마포구 도화동의 경우에 불만족 비율이 12.0%로 나타나 불만 원인에 대한 구체적인 분석이 요구되었다.

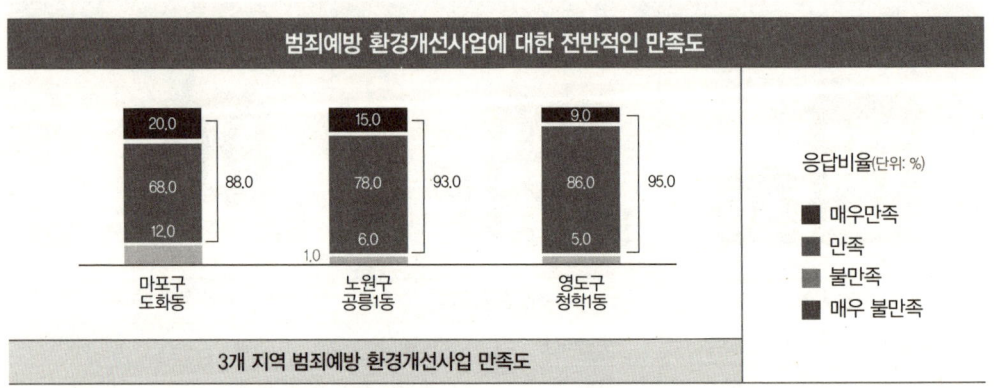

3개 지역 범죄예방 환경개선사업 만족도

이처럼 범죄예방 환경개선사업의 성과를 지속적으로 유지시키기 위해서는 사업 추진 이후의 문제점 등을 분석하여 향후 보다 효율적인 사업을 추진해야 할 것으로 본다. 기존의 선행연구에서 제시된 문제점을 요약하면 다음과 같다(조영진 외, 2016).

문제 진단 (요약)
■ 범죄예방을 위한 시설물의 유지관리 문제
• 일부 대상지역에서 방범시설물의 파손 및 오작동이 발견 • 벽체 및 바닥 도색의 경우 상당 부문 훼손
■ 이해관계자 의견 조정 문제
• 관련공무원 및 지역주민과의 대화에서 일부 대상지역의 주민의견과 자치단체의 의견이 미반영 • 사업계획 및 감독하는 법무부와 사업 시행하는 자치단체 공무원, 사업 대상지역 주민들 간의 소통 부족
■ 타 부처 사업과의 연계 문제
• 타 부처 및 자치단체 사업이 시행되는 대상지역의 경우 다른 목적의 환경개선사업이 진행되고 있어 통일성이 부족하고 전체 마을환경에 미 부합
■ 유효한 대상지역의 선정 문제
• 범죄 조사결과 대부분 범죄발생 위험이 높은 지역이었으나 일부는 공간 환경 쇠퇴지역이나 범죄발생 위험이 높지 않은 지역도 있음

이러한 문제를 해결하기 위해서는 먼저 사업의 성과가 유지될 수 있도록 시설물 등에 대한 지속적인 관리가 요구된다. 현재 방범시설물의 점검과 개·보수의 주체가 불명확하여 시설물의 사후관리에 문제가 있고 사업 종료 후 유지관리를 위한 예산도 편성되지 않아 설치된 시설물들이 제대로 관리되지 못하는 실정이기 때문에 점검 주체 등을 명확히 해야 할 것이다. 다음으로 범죄예방 환경개선사업에 지역주민들의 능동적인 참여를 유도해야 한다. 이를 통해 지역주민들이 시설물 등을 자발적으로 유지·관리하도록 하고 주민들 간 의사소통 강화와 공동체의 조직화를 통해 자율적으로 범죄예방 역량을 발휘할 수 있도록 환경을 조성해 주어야 한다.

이밖에도 전국에서 산발적으로 추진되는 범죄예방 환경개선사업을 일관성 있게 관리할 수 있는 범정부 차원의 컨트롤 타워가 필요하다. 현재 교육부에서는 학교 안전 인프라 확충, 여성가족부는 아동·여성 안전지역 확대, 지방자치단체는 건축물에 대한 범죄예방환경설계에 주력하고 있는 만큼 국가적 역량의 강화 차원에서 이를 체계적으로 관리할 조직이 필요하다. 아울러 범죄예방 환경개선사업의 성과가 지속되기 위해서는 충분한 사업계획 기간이 필요하고 타 분야 전문가들의 협업이 무엇보다 중요하다. 미국·영국·호주·일본 등 CPTED 관련 역사가 오래된 선진국에서는 도시·건축·경찰행정·심리·컴퓨터 분야 등이 종합된 다학제적 학문으로 자리 잡아 정부의 정책적 지원을 기반으로 이론 개발과 실무적용에 있어 상당한 효과를 거두고 있다는 점이 우리에게 시사하는 바가 크다고 할 수 있다.

Study Plus+ 범죄예방환경설계(CPTED)

CPTED(Crime Prevention Through Environmental Design)는 범죄를 발생시키는 요인 중 하나인 장소(공간)에 대한 방어적 디자인을 통하여 범죄기회를 줄이고 범죄발생 두려움을 저감시키기 위해 고안된 범죄예방기법이다. CPTED 효과를 증가시키기 위해서는 특정 지역의 환경적 패턴과 국지적 상황에 대한 분석을 통해 환경적인 영향요인을 개선함으로서 범죄를 예방하는 대안이 필요하다. 또한, 도시개발 및 건축 행위가 끝난 이후에 CPTED기법을 적용하면 많은 비용이 투입되어야 하기 때문에 계획단계부터 CPTED기법을 적용하는 것이 중요하다.

> **Study Plus+ 깨진 유리창 이론(broken window theory)**
>
> 무질서한 환경이 심리적으로 범죄를 발생시킨다는 이론은 미국의 심리학자인 짐바르도(Zimbardo, 1969)의 실험에서 입증되었다.[11] 이러한 실험결과는 1980년대에 윌슨과 켈링(Wilson & George L. Kelling)에 의해 지역사회의 무질서와 범죄발생의 개념으로 보다 구체화되었다. 그들은 1982년 3월 『깨진 유리창(Fixing Broken Windows: Restoring Order and Reducing Crime in Our Communities)[12]』이라는 글에서 깨진 유리창 이론(broken windows theory)을 제창하였다. 깨진 유리창 이론(broken windows theory)은 황폐이론이라고도 하며, 사회적 무질서 현상에 관한 것으로 깨진 유리창 하나를 방치해 두면 그 장소를 중심으로 범죄가 확산되기 시작하여 사회에 영향을 끼치게 되며, 사소한 무질서를 방치하면 큰 문제로 이어질 가능성이 높다는 의미를 내포하고 있다.[13]

제2절 안전도시를 위한 정책방향

안전도시는 안전·안심·안정된 지역을 만들기 위해 지역사회 구성원들이 합심·노력하는 안전공동체(safe community)를 형성하여 각종 안전사고와 재난예방을 위한 환경을 개선

---

11) Zimbardo는 번호판이 없고 유리창이 깨진 차를 뉴욕 거리에, 온전한 차를 캘리포니아의 팔로알토시에 각각 세워두고 관찰한 결과 유리창이 깨진 차에 집중적인 파손과 손상이 발생하였고 온전한 차에는 일주일 이상 아무런 파손이 없었다. 이러한 실험결과를 토대로 그는 무질서한 요소가 범죄를 유발한다는 명제를 제시하였다 (Zimbardo, P. G. 1969. The Human Choice: Individuation, Reason and Order versus Deindividuation, Impulse and Chaos, In Nebraska Symposium on Motivation, edited by Amold, W. J., and Levine D, Lincoln: University of Nebraska Press).

12) Wilson, J. Q., & Kelling, G. I. 1982. Broken Windows, The Atlantic Monthly.

13) Wilson & Kelling(1982)의 주장은 동네단위에서 도시의 영역으로 확대되어 뉴욕 지하철 사례에서도 적용되었다. 1980년대 당시 연간 60만 건 이상의 중범죄 사건이 발생한 뉴욕시는 이들의 주장을 받아들여 지하철의 낙서를 지우고 주변을 깨끗이 청소하였다. 결과적으로 낙서지우기 완수된 이후 범죄는 75% 정도 감소하였다. 깨진 유리창이론은 이후 특히 1990년대 중반 뉴욕시 줄리아니(Rudy Giuliani) 시장 하에서 범죄에 대한 무관용 법칙(Zero Tolerance) 및 삶의 질(Quality of Life) 정책의 이념적 기반이 되었고 바람직하지 않은 도시 거주민들을 도시의 거리 및 공원으로부터 몰아내고, 그들의 행동을 규제하고 처벌하는 도구로 활용되었다.

해 가는 도시를 말한다. 특히 지방자치단체는 스스로 책임을 가지고 안전·안심·안정의 3 안을 관리해 나감으로써 안심하며 살 수 있는 안전한 나라를 만드는 것을 비전으로 하고 있다. 또한 안전도시는 정부, 국민, 시민사회, 기업, 지방자치단체 등이 공유된 목표를 바탕으로 합심하여 추진하는 것으로 안전관리에 따른 안전 패러다임의 전환을 필요로 한다(안혁근 외, 2009). 특히 최근에는 기후변화로 인한 피해가 도시에 집중되어 나타나고 있으며, 자연재해뿐만 아니라 사회적 재난으로부터의 안전문제도 중요한 정책과제로 등장하였다. 따라서 도시화율이 상대적으로 높은 우리나라의 상황과 국민들의 안전에 대한 인식이 높아지고 있기 때문에 도시정책 차원에서 안전문제를 핵심 정책의제(policy agenda)로 설정하여 구체적인 실행방안을 제시할 시점이다. 여기서는 행정안전부가 실시하는 지역안전지수에 따른 현황을 살펴본 후 안전도시를 위한 정책적 방향을 제시하고자 한다.

1. 지역안전지수

안전에 대한 관심이 높아지는 것은 우리나라가 상대적으로 안전하지 않다는 현실에 기인한다고 볼 수 있다. OECD 국가들과 비교했을 때 우리나라 사망통계에서 안전사고가 차지하는 비율은 세계 최고 수준이다. 교통사고의 경우, 사망자 수에서 우리나라는 일본의 4배, OECD 평균의 2.5배 수준이며, 어린이 및 노인 등 사회적 약자의 사고는 세계 최고 수준이다. 산업재해는 더욱 심각한데, 한국의 산업재해 사망률(1만 명 당 사망률, 0.96)이 독일의 6배로 OECD 회원국 중 가장 높다(정지범, 2013). 행정안전부는 2015년부터 안전사고 사망자 감축 노력의 일환으로 7개 분야별로 전국 시·도 및 시·군·구의 안전수준을 나타내는 지역안전지수[14]를 공개하고 있다. 지역안전지수는 자치단체의 안전관리 책임성을 강화하고 자율적인 개선을 유도하기 위해 지난 2015년부터 공개하고 있다(부록 참조).

특히 행정안전부는 지역 안전관리 역량 강화와 주민안전 확보에 더욱 기여하기 위해 올해

---

[14] 「재난 및 안전관리 기본법」에 따라 지역의 안전수준을 측정하기 위해 전년도 통계를 바탕으로 사망자 수, 사고 발생건수 등 분야별 위해지표와 상관성이 높은 요인들을 통계적인 회귀 분석을 통해 산출한다. 구체적인 지표는 ①교통사고, ②화재, ③범죄, ④생활안전, ⑤자살, ⑥감염병, ⑦자연재해 등이다.

세부지표 중 일부를 개선하였는데, 먼저 범죄와 교통사고 분야에 있는 기초수급자나 자살 분야의 결혼 이민자와 같이 사회적 계층을 나타내는 지표는 삭제하여 불필요한 오해와 거부감을 해소하였다. 또한 도시면적, 총 전입자수 등은 구조적으로 변경이나 개선이 힘들다는 전문가 등의 지적에 따라 삭제했으며, 자치단체의 노력에 따라 개선이 가능한 폐쇄회로 텔레비전(CCTV) 설치 대수나 자동심장충격기(AED) 대수 등을 추가적으로 보완하였다.

2018년 지역안전지수 산출 지표

분야	위해지표	취약지표	경감지표
교통사고	교통사고 사망자수(.500) ※ 고속도로 사망자 제외	① 재난 약자수(.139) ② 의료보장 사업장수(.014) ③ 자동차 등록대수(.097)	① 행정구역 면적당 응급의료기관수(.080) ② 도로 면적당 교통단속 CCTV대수(.076) ③ 운전 시 안전벨트 착용률(.094)
화재	환산사망자*(.500) *사망자(0.496) + 발생건수(0.004) ※ 교통사고 화재 제외	① 재난약자수(.155) ② 주점업 등 종사자수(.063) ③ 창고 및 운송 관련 서비스업 업체수(.032)	① 의료인력(.082) ② 발생건수당 화재구조실적(.070) ③ 행정구역 면적당 소방서 종사자수(.098)
범죄	5대 주요 범죄* 발생 건수(.500) *살인, 강도, 강간, 폭력, 절도	① 인구밀도(.117) ② 제조업 업체수(.027) ③ 주점업 등 업체수(.106)	① 경찰 종사자수(.153) ② 범죄예방 CCTV대수(.097)
생활안전	생활안전 관련 구급건수(.500)	① 건설업 종사자수(.056) ② 제조업 종사자수(.037) ③ 재난약자수(.157)	① 구급센터당 전체 이송건수(.075) ② 의료기관수(.084) ③ 행정구역면적당 AED설치대수(.091)
자살	자살 사망자수(.500)	① 독거노인수(.139) ② 주점업 등 종사자수(.038) ③ 기초수급자수(.073)	① 보건업 및 사회복지 서비스업 종사자수(0.98) ② 자살예방관련기관수(.095) ③ 기초생활보장 비율(.056)
감염병	법정감염병 사망자수(.500)	① 고령 인구수(.155) ② 의료급여종 인구수(.070) ③ 건강보험 외래급여일수(.024)	① 인플루엔자 예방접종률(.085) ② 취약계층지원 비율(.113) ③ 면적당 지역보건기관수(.052)
자연재해	지역안전도 진단 결과		

자료: 행정안전부 홈페이지(www.mois.go.kr) 보도자료

이러한 내용을 세부적으로 살펴보면, 질병으로 인한 사망이나 자연사가 아닌 외부 요인에 의한 사망자를 나타내는 안전사고 사망자 수는 최근 3년간 꾸준히 감소하여 2017년에 전체 사망자에서 차지하는 비중이 처음으로 10% 아래로 떨어진 것으로 나타났다. 분야별로 보면, 교통사고, 자살 등에서 사망자 수가 꾸준히 감소한 반면에 화재는 2015년 249명, 2016

년 291명, 2017년 338명으로 최근 3년간 증가하였다. 경제협력개발기구(OECD)의 평균과 비교할 때 화재, 범죄, 생활안전은 비교적 양호한 수준으로 나타났고, 교통사고, 자살, 감염병 분야 사망자 수는 감소하고 있지만 여전히 OECD 평균보다 높은 것으로 나타났다. 다만, 교통사고 사망자 수는 대부분의 특별·광역시(6개소)와 자치구(52개소)가 OECD 평균보다 낮은 것으로 나타났다.

주요 분야 사망자 수(인구 10만명 기준) OECD 비교

분야 및 지표		한국('17년)	OECD 평균('15년)
화재	화재 사망자 수	0.5명	1.5명
범죄	살인 사망자 수	0.7명	1.9명
생활안전	낙상(추락) 사망자 수	4.5명	10.5명
교통사고	교통사고 사망자 수	8.1명	5.5명
자살	자살 사망자 수	26.5명	13.0명
감염병	결핵과 에이즈 사망자 수	4.9명	2.0명

주) OECD의 최신 통계인 2015년 값과 우리나라 최신 통계인 2017년 값을 비교한 것임
자료: 행정안전부 보도자료(2018.12.12.)

지역안전지수 분야의 사망자 수와 사고 발생건수는 꾸준히 감소하는 등 지역의 전반적인 안전수준은 점차 개선되고 있는 것으로 나타났다. 지역안전지수 결과에서 나타난 분야별 1등급 지역을 살펴보면, 교통사고는 서울·경기, 화재는 인천·경기, 범죄는 세종·전남, 생활안전은 부산·경기, 자살은 세종·경기, 감염병은 울산·경기, 자연재해는 서울·충북이 다른 지역에 비해 상대적으로 안전한 것으로 나타났다. 반면 5등급 지역의 경우 교통사고는 광주·전남, 화재는 세종·충북, 범죄는 서울·제주, 생활안전은 세종·제주, 자살은 부산·충남, 감염병은 대구·경북, 자연재해는 인천·경북이었다. 경기도의 경우 교통사고, 화재, 생활안전, 자살, 감염병 등 5개 분야에서 1등급을 차지하였으며, 그 중 화재를 제외한 4개 분야는 4년 연속 1등급으로 나타났다. 이와는 대조적으로 제주(생활안전, 범죄)나 세종(화재), 전남(교통사고), 부산(자살)은 특정 분야에서 4년 연속 5등급에 그친 것으로 나타났다.

다음으로 기초자치단체 중에서는 대구 달성이 범죄를 제외한 6개 분야에서 1등급을 달성하였고, 이어서 경기 의왕(교통사고, 화재, 범죄, 생활안전, 자살)과 울산 울주(교통사고, 화재, 생활

안전, 자살, 감염병)가 총 5개 분야에서 1등급을 차지하였다. 반면, 서울 종로는 5개 분야(교통사고, 화재, 범죄, 생활안전, 감염병)에서 5등급에 머물렀다.

<table>
<tr><th colspan="7">4년 연속 1등급 및 5등급 지역(기초자치단체)</th></tr>
<tr><th rowspan="2">분야</th><th colspan="3">4년 연속 1등급(50)</th><th colspan="3">4년 연속 5등급(48)</th></tr>
<tr><th>시(17)</th><th>군(24)</th><th>구(9)</th><th>시(17)</th><th>군(9)</th><th>구(22)</th></tr>
<tr><td>교통사고</td><td>부천, 수원, 성남, 안양, 광명</td><td>기장, 달성, 울주 증평, 울릉</td><td>-</td><td>논산, 김제 상주</td><td>보성</td><td>부산 강서 광주 동구</td></tr>
<tr><td>화재</td><td>수원, 안양, 군포</td><td>기장, 달성, 울주, 울릉</td><td>-</td><td>포천</td><td>-</td><td>서울 종로 서울 중구 부산 중구</td></tr>
<tr><td>범죄</td><td>상주, 의왕, 계룡</td><td>진안, 신안</td><td>서울 도봉 대구 수성 대전 유성 울산 북구</td><td>부천, 안산 원주, 속초 목포</td><td>가평, 양양 진천</td><td>서울 종로 서울 중구 부산 동구 부산 중구 대구 중구 광주 동구</td></tr>
<tr><td>생활안전</td><td>광명, 군포</td><td>기장, 달성, 무안, 칠곡</td><td>서울 양천</td><td>포천, 삼척 공주</td><td>가평, 평창 산청</td><td>인천 중구 광주 동구 서울 종로 서울 중구 부산 강서</td></tr>
<tr><td>자살</td><td>의왕, 용인</td><td>달성, 울주</td><td>서울 서초 대전 유성</td><td>김제, 보령</td><td>-</td><td>부산 영도 부산 동구 부산 중구</td></tr>
<tr><td>감염병</td><td>계룡, 화성</td><td>기장, 달성, 울주 화천, 증평</td><td>울산 동구</td><td>논산, 상주 영천</td><td>청송, 합천</td><td>부산 영도 부산 동구 부산 서구</td></tr>
<tr><td>자연재해</td><td>-</td><td>달성, 옹진</td><td>서울 마포</td><td>-</td><td>-</td><td>-</td></tr>
</table>

한편, 2017년과 비교했을 때 등급이 변화한 비율은 약 51.7%로서 자연재해(70.4%) 분야의 등급 변화가 가장 많았으며, 생활안전(35.0%) 분야가 가장 적은 것으로 나타났다. 등급의 변화는 대부분(76.3%)은 1등급이었으며, 전북 장수(5→1등급)의 자살 분야가 최대 변화폭(4등급)을 기록했다. 특히 인천(4→3→1등급)의 화재 분야, 서울(4→3→2등급)의 생활안전 분야, 부산

(5→3→2등급)의 자연재해 분야는 최근 3년간 등급이 꾸준히 상승한 것으로 나타났다.[15] 등급이 상승한 지역(62개소) 중 90%가 실제 사망자 수나 사고건수가 감소하였고, 하락한 지역(64개소)의 73%는 사망자 수나 발생건수가 증가한 것으로 나타나, 지역안전지수 등급을 높이기 위해서는 안전사고 사망자 수와 사고 발생건수를 줄이는 것이 무엇보다도 중요한 것으로 나타났다. 앞에서 제시한 취약지역의 원인을 분석한 결과 이 지역들은 전통적인 구도심지역으로 인프라 노후화, 취약계층 증가 등에 따라 분야별 위해지표가 악화된 것으로 나타나 자치단체별로 문제점을 진단한 후 보다 구체적인 대책을 마련할 필요가 있다.

취역지역의 주요 원인과 진단

구분	분야	문제점 진단
세종	생활안전	도시 형성기로 각종 생활안전사고 지속 증가로 전체 특별·광역시 평균보다 위해지표 악화(세종 33.5건/만인, 전체 평균 25.0건/만인)
부산	자살	자살자는 지속적으로 감소 중이나 타 특·광역시의 감소폭보다는 적고 취약계층도 많지만 자살예방기관 등은 양호한 수준
전남	교통사고	인구 1만 명당 자동차 등록대수는 17개 시·도 중 2위, 상승률도 1위인 반면 도로면적당 교통단속 CCTV대수는 1.9대로 최하위권(15위, 시·도 평균 3.6대)
제주	생활안전	생활안전 사고 건수가 작년대비 4.8% 감소되었지만 도 평균의 1.6배 수준, 추락사고 등에 취약한 건설업 종사자 또한 도 평균의 1.2배 수준으로 산업현장 안전관리 필요

2018년 지역안전지수의 결과를 토대로 행정안전부는 안전지수 등급이 낮은 지역(3%)과 전년 대비 지수 개선도가 높은 지역(2%)을 합하여 2019년 소방안전교부세의 5%를 지역안전지수 결과와 연계하여 안전이 취약하거나 노력하는 자치단체에 지원할 계획이다. 또한 등급이 낮은 자치단체를 대상으로는 지역안전지수를 활용할 수 있도록 역량강화 교육과 더불어 맞춤형 컨설팅을 시행할 것이라 밝히고 있는 만큼 기초자치단체는 지역 내 안전수준을 제대로 진단하고 과학적으로 개선해 나가기 위한 구체적인 전략을 수립할 필요가 있다. 특히 자치분

---

15) 상승지역의 주요 원인을 보면, 인천의 화재 분야의 경우, 의료인력 증가(7.55%), 소방서 종사자수 증가(9.32%) 등을 통해 발생건수 당 화재구조실적이 증가(8개 시 중 2위)하였으며, 사망자 수의 감소(환산 화재사망자수 17개 시·도 중 최저)가 그 원인인 것으로 나타났다. 서울의 생활안전 분야의 상승원인은 건설현장 전자태그 인력관리제 도입 등 시 차원의 실행 가능한 안전관리대책을 우선적으로 시행한 것 등으로 나타났다.

권의 큰 흐름 속에 안전 분야에 있어서 자치단체의 역할이 중요하기 때문에 지역주민들의 삶의 질을 향상시키기 위해 안전문제를 최우선으로 하는 정책을 수립해야 한다.

2. 안전도시를 위한 정책의 방향과 과제

우리나라는 경제성장과 도시화의 양적인 확대로 많은 성장을 했지만 여전히 안전 측면에 있어서 많은 과제를 안고 있다. 특히 안전에 대한 투자와 인식의 부족문제, 기존 인프라와 도시의 노후화 등으로 안전사고가 끊임없이 발생하고 있는 현재의 상황 하에서 안전을 최우선으로 하는 도시관리 정책이 필요한 시점이다. 이를 위해서는 중앙정부와 지방정부가 안전이라는 가치를 공유하고 상호 연대를 통해 도시의 안전성을 강화하고 제도와 정책보다는 안전에 가치를 부여하는 문화적 성숙이 선행되어야 한다. 아울러 안전도시 정책을 수립하고 추진하는데 있어 과거의 문제점 등을 면밀하게 진단한 후 새로운 정책방향을 설정하는 것도 필요하다. 기존의 선행연구에서 보면, 정보공개, 정책연계, 계획의 정합성, 주체 간 협력, 시민사

안전도시정책의 문제점	
핵심 이슈	기존 정책의 문제점 진단
도시 안전정보의 공개·공유를 통한 심리적 안전 확보	① 재난관리 책임기관 정보의 단순 취합 ② 일부 정부의 내부만 이용 등 제한적 공개 ③ 광역자치단체 단위 정보 등 세부 정보 부족
도시 안전정책의 통합과 연계를 통한 실효성 제고	① 과거 지향적 정책으로 인한 예방 기능 저하 ② 지표 중심의 분석과 진단의 한계 ③ 정책의 수단과 목표의 불일치 ④ 공간적 위계와 특성에 대한 고려 부족
도시안전 관련 계획의 정합성을 통한 일관성 유지	① 계획 체계의 혼란(우선기능 계획 부재) ② 지방자치단체 도시계획과의 연계성 부족 ③ 계획의 실행력과 수단 미비(예산과 제도 측면)
도시안전 주체 간의 협력을 통한 역량 극대화	① 중앙부처 간 협력의 근원적 한계(컨트롤 타워 기능 등) ② 중앙정부-지방자치단체 간의 일방적·시혜적 관계 ③ 민·관 협력 시스템 부족
시민사회 역량강화와 참여를 통한 안전한 공동체 실현	① 하향식 사업 참여 ② 홍보·교육을 통한 시민역량 강화 노력 부족 ③ 안전예방과 대응 측면의 적극적 시민참여 미흡

김명수. (2017). 안전도시 구현을 위한 다섯 가지 정책방안, 「국토정책 Brief」, No. 630: p.3.

회 참여 등 핵심이슈 관점에서 기존의 안전도시정책의 문제점을 제시하고 있는데, 이를 요약하면 다음과 같다(김명수, 2017).

이러한 문제를 해결하기 위해 첫 번째로 도시 안전정보의 공유를 통한 심리적 안전을 확보하는 차원에서 정보의 공유와 체험을 통해 안전의식을 내재화하고 막연한 불안 심리를 해소하는 것이 필요하며, 주민들이 자발적으로 재해와 재난 예방, 대비, 대응, 복구에 참여할 수 있도록 유도하는 장치가 필요하다. 또한 안전정보의 공유를 통해 시민들의 안전의식을 고취시키고 정책수립을 위해 더 과학적이고 객관적인 '안전위험지도'나 '생활안전지도'를 제작하여 활성화할 필요가 있다(김명수, 2017). 특히 안전도시의 정책 추진과정에 지역의 특성을 누구보다도 잘 알고 있는 지역주민이 중심이 된 주민자치조직이 지역의 안전을 자발적으로 이끌어 나갈 수 있도록 해야 한다(나채준, 2014).

Study Plus+ 생활안전지도 OPEN API

행정안전부에서는 정부3.0 추진 전략 중 하나인 "범죄로부터 안전한 사회구현", "재난·재해예방 및 체계적 관리"를 구현하기 위해 안전을 대표하는 재난, 치안, 교통, 맞춤, 시설, 산업, 보건, 사고 8개 분야에 대하여 대국민 안전 서비스를 제공한다. API는 Application Programming Interface의 약자이며 프로그래밍에서 사용할 수 있는 기능들의 집합이다. 오픈API는 직접 응용 프로그램과 서비스를 개발할 수 있도록 API를 외부에 공개한 것으로, 생활안전지도 개발자센터는 생활안전지도의 다양한 콘텐츠와 데이터를 좀 더 쉽게 이용할 수 있도록 오픈API 서비스와 기술을 제공하고 있다. 현재 생활안전지도에서 제공하고 있는 OPEN API(DATA)는 다양한 민간 및 공공기관에서 적극 활용하고 있다.

출처: 행정안전부. (2018). 「생활안전지도 사용자 매뉴얼」

두 번째로 도시 안전정책의 통합과 연계를 통한 실효성을 확보하는 차원에서 도시의 규모, 재해 유형별 도시 취약성 정도, 도시 확산정도 및 밀도 등의 공간유형, 핵심 기반시설의 종류 등을 고려하여 도시 유형별 대응 시나리오를 작성하여 운영할 필요가 있다. 예를 들어 지역의 특성을 기반으로 한 손상감시시스템을 개발하여 안전 관련 데이터를 통합 관리하고 통계지표의 제공에 의한 손상안전 정도와 범위의 이해를 높이는 동시에 지역별 특성에 따른 고위험군, 위험환경, 위험요인을 적절히 통제함으로서 손상을 예방하여 지역별 안전증진을 도모해야 한다(한세억, 2015).

　세 번째로 도시의 안전을 확보하기 위해서는 안전 관련 계획의 정합성과 일관성을 유지해야 한다. 이를 위해서는 부처별 국가계획의 독자성과 계획수립 기간의 일관성을 유지하고 계획내용의 정합성이 필요하다. 지방자치단체의 경우에도 지역사회 단위로 수립되는 안전관리계획에 도시별 안전정책의 방향과 기준, 전략 등을 제시하고 이를 바탕으로 도시계획, 환경보전계획, 재난안전 대응 매뉴얼 등의 재해관리계획을 수립하여 계획 간의 연계성을 확보하는 것이 무엇보다 중요하다(김명수, 2017).[16]

　네 번째로 도시의 안전을 위해서는 무엇보다 주체간의 협력이 중요하다. 이를 위해 중앙정부는 행정적·재정적 지원에 치중하고 재난 등의 안전문제는 지방정부 중심으로 운영하여 현장의 대응성을 높이고 중앙과 지방자치단체, 지방자치단체와 민간의 협력체계를 구축해야 한다. 안전도시를 위해서는 도시의 행정기관만이 대응함으로서 가능한 사안이 아니라 관련 분야와의 종합적인 연계가 필요하다. 안전도시를 만들기 위해서는 도시의 모든 상황을 파악하고 안전의 관점을 고려한 비전과 더불어 행정기관, 지역커뮤니티, 기업, 지역주민들이 각각의 역량을 발휘하여 각 주체가 연계되고 총력을 집결할 수 있는 체계를 구축하는 것이 안전도시를 실현하는 길이다.

　마지막으로 시민사회의 역량강화와 참여를 통한 안전한 공동체를 실현해야 한다. 다시 말해서 실질적인 시민참여를 통한 시민중심의 의사결정체계와 시민사회 주체간의 협력체계를 자율적으로 구축해야 한다. 지역주민을 중심으로 소방·경찰·보건 등 공공서비스 영역은 물론이고, 각종 시민사회단체까지 포괄하는 긴밀한 협력관계는 종합적 지역안전 제고를 위해 꼭 필요하다. 이를 위해 다양한 행위주체들이 함께 모일 수 있는 정례적 공론의 장이 필요하며, 실질적인 행위주체들의 참여를 독려하는 유인 방안도 마련되어야 한다(정지범, 2013).

---

16) 서울시가 서울의 안전정책의 미래비전과 기본방향, 핵심대책을 담은 「안전도시 서울플랜」(서울시 안전관리기본계획)을 2018년 11월 7일 발표했다. 5개년(2018~2022) 기본계획으로 안전 분야 중장기 마스터플랜에 해당한다. 기존 계획이 담아내지 못한 사회·인문학적·노동의 관점, 재난회복력 관점을 도입한 최초의 계획이자, 전문가와 현장 근로자, 시민 주도로 수립한 최초의 '아래로부터의 안전대책'이다(서울시, 2018.11.7. 보도자료 인용).

Study Plus+   민·관 거버넌스 '안전보안관'

서울시는 2018년 11월 7일 안전 관련 민·관 거버넌스인 '안전보안관' 발대식을 개최했다. '안전보안관'은 행정안전부 주관으로 새롭게 시작하는 거버넌스로, 지역 사정을 가장 잘 아는 주민 총 1,171명(남성 373명, 여성 798명)이 참여한다. 일상 속 '안전무시 7대 관행'과 위법사항을 발견해 신고하고, 지자체가 실시하는 안전점검·캠페인 등에도 적극 참여하는 등 '안전한 우리동네, 사고 없는 서울'을 위해 활동하게 된다.

[우선 추진 안전무시 7대 관행]
① 불법 주·정차, ② 비상구 폐쇄 및 물건 적치, ③ 과속운전, ④ 안전띠(어린이 카시트 포함) 미착용, ⑤ 건설현장 안전규칙 미준수, ⑥ 등산 시 인화물질 소지, ⑦ 구명조끼 미착용

출처: 서울시. (2018.11.7.).「서울시, 인문사회·노동 관점 담은 안전 마스터플랜」

[부록 1] 2018년 광역자치단체 분야별 안전등급

특·광역시(8개)

구분	시도	교통사고	화재	범죄	자연재해	생활안전	자살	감염병
1	서울특별시	1	2	5	1	2	2	2
2	부산광역시	2	4	4	2	1	5	4
3	대구광역시	3	3	2	3	2	4	5
4	인천광역시	2	1	3	5	4	4	3
5	광주광역시	5	3	3	4	3	2	4
6	대전광역시	4	4	4	4	4	3	3
7	울산광역시	3	2	2	3	3	3	1
8	세종특별자치시	4	5	1	2	5	1	2

광역도(9개)

구분	시도	교통사고	화재	범죄	자연재해	생활안전	자살	감염병
1	경기도	1	1	4	4	1	1	1
2	강원도	3	4	4	3	3	4	4
3	충청북도	2	5	3	1	3	3	3
4	충청남도	3	3	3	3	4	5	3
5	전라북도	4	3	2	2	2	4	3
6	전라남도	5	4	1	3	4	3	4
7	경상북도	4	3	2	5	3	3	5
8	경상남도	2	2	3	4	2	2	2
9	제주특별자치도	3	2	5	2	5	2	2

[부록 2] 2018년 기초자치단체 분야별 1등급 및 5등급 지역

■ 1등급 지역

구분	교통사고	화재	범죄	생활안전	자살	감염병	자연재해
시 (75개소)	경기 성남 경기 안양 경기 구리 경기 수원 경기 광명 경기 부천 경기 의왕	경기 안양 경기 수원 경기 광명 경기 의왕 경기 오산 경기 안산 경기 군포	경기 의왕 경기 하남 경기 김포 충남 계룡 전남 나주 경북 영주 경북 상주	경기 안양 경기 수원 경기 광명 경기 의왕 경기 부천 경기 군포 경기 고양	경기 광명 경기 의왕 경기 구리 경기 하남 경기 김포 충남 계룡 경기 용인	경기 구리 충남 계룡 경기 오산 경기 화성 경기 시흥 경남 김해 경남 양산	경기 의정부 경기 과천 경기 오산 경기 군포 충북 청주 전남 목포 경북 안동
군 (82개소)	부산 기장 대구 달성 울산 울주 강원 화천 충북 증평 충남 홍성 경남 남해	인천 옹진 부산 기장 대구 달성 울산 울주 경북 칠곡 경북 울릉 충북 진천 전북 장수	전북 진안 전북 임실 전남 신안 충남 청양 경북 군위 경북 예천 경북 봉화 경남 산청	부산 기장 대구 달성 울산 울주 경북 칠곡 강원 양구 전남 무안 전남 신안 경남 거창	대구 달성 울산 울주 경북 칠곡 강원 양구 경북 울릉 전남 장수 강원 인제 전남 구례	대구 달성 부산 기장 울산 울주 경북 울릉 경북 화천 충북 증평 전북 임실 전남 화순	대구 달성 인천 옹진 강원 영월 충북 옥천 충북 증평 충북 진천 충북 단양 경북 영덕
구 (69개소)	서울 은평 서울 관악 부산 남구 부산 해운대 부산 연제 인천 연수 대구 달서	서울 양천 서울 송파 서울 강동 부산 서구 인천 계양 인천 남동 서울 은평	서울 도봉 대구 수성 울산 북구 대전 유성 광주 광산 인천 연수	서울 광진 서울 동대문 서울 노원 서울 동작 서울 양천 서울 강동 서울 도봉	서울 서대문 서울 서초 서울 강남 부산 강서 서울 양천 대전 유성 광주 광산	서울 중구 대구 중구 인천 서구 울산 동구 서울 송파 서울 서초	서울 종로 서울 중구 서울 중랑 서울 도봉 서울 마포 부산 사상 대구 남구

※ 밑줄 친 지역은 4년 연속 1등급

■ 5등급 지역

구분	교통사고	화재	범죄	생활안전	자살	감염병	자연재해
시 (75개소)	충남 보령 충남 논산 전북 정읍 전북 남원 전북 김제 전남 나주 경북 영천 경북 상주	전북 정읍 전북 남원 전북 김제 전남 나주 경북 영천 경기 포천 강원 삼척 충남 제천	경기 수원 경기 부천 경기 평택 경기 안산 강원 원주 강원 강릉 강원 속초 전남 목포	전북 정읍 충남 보령 전북 남원 경기 포천 강원 삼척 충남 공주 충남 당진 경북 문경	전북 정읍 충남 보령 전북 남원 전북 김제 경북 영천 충남 공주 충남 당진 경북 문경	충남 보령 경북 영천 충남 공주 충남 논산 강원 삼척 강원 태백 경북 상주 경북 김천	경기 부천 경기 광명 경기 구리 강원 강릉 충남 서산 충남 당진 경북 상주 경남 김해
군 (82개소)	강원 양양 충북 보은 전북 장수 전북 순창 전남 곡성 전남 보성 전남 진도 경북 청도	경기 연천 강원 평창 강원 철원 전남 보성 경북 영양 경북 성주 경남 의령 경남 산청	부산 기장 경기 가평 강원 홍천 강원 횡성 강원 영양 충북 진천 강원 양양 경북 영덕	인천 옹진 강원 평창 경기 가평 충북 괴산 충남 부여 충남 태안 전남 곡성 경남 산청	전남 보성 경남 의령 충북 영동 충북 보은 충남 부여 충남 청양 경북 의성 경남 함양	경남 의령 경북 의성 경북 영덕 전북 순창 경북 청송 경북 봉화 경남 남해 경남 합천	경기 가평 충북 괴산 충남 부여 경북 의성 경북 청송 경북 청도 경북 성주 경남 산청
구 (69개소)	서울 종로 부산 강서 광주 동구 광주 북구 광주 광산 대전 동구 대전 대덕	서울 중구 부산 중구 대전 중구 서울 종로 부산강서 광주 북구 대전 대덕	부산 동구 부산 부산진구 대구 중구 대구 중구 부산 중구 부산 동구 광주 동구 서울 종로	인천 중구 대구 중구 서울 중구 부산 중구 광주 동구 부산 강서 서울 종로	부산 영도 대구 동구 대구 서구 대구 남구 울산 동구 부산 동구 부산 중구	서울 강북 부산 서구 부산 영도 대구 서구 대구 남구 부산 동구 서울 종로	부산 영도 부산 강서 인천 중구 인천 동구 인천 남구 대전 유성 울산 중구

※ 밑줄 친 지역은 4년 연속 5등급

[부록 3] 3년 연속 상승 및 하락 지역(기초)

분야	3년 연속 상승(39개소)			3년 연속 하락(43개소)		
	시(8개)	군(18개)	구(13개)	시(10개)	군(19개)	구(14개)
교통사고	광양	함안, 고성	대전 유성 울산 북구	-	곡성, 청도	-
화재	진주	보은, 진천 진안, 강진 영덕	서울 영등포 광주 동구	동해	연천	서울 노원 부산 북구 부산 사상 광주 북구
범죄	동두천 보령, 나주	-	-	여주	홍천, 완도	-
생활안전		인제, 울진	서울 도봉			인천 남구 인천 계양
자살	-	단양, 영양 창녕, 산청	서울 중구 서울 동대문 부산 서구 대전 동구	-	영동, 홍성 고창, 보성 화순, 거창	인천 부평 울산 동구
감염병	남원	화순, 영양	서울 중구 대구 중구	과천, 구미	양구, 인제 무주, 구례 의령	대구 북구 대전 대덕
자연재해	안산, 목포	진도, 양양 옥천	서울 성북 부산 사상	부천, 고양 파주, 안성 당진, 상주	청송, 청도 성주	대구 중구 인천 남동 대전 중구 울산 중구

제9장
안전도시 관점의 여성친화도시

업데이트 자료 확인

제1절 여성친화도시와 여성친화적 안전도시

UN이 주창한 바와 같이 사람이 사람답게 살만한 도시공간을 만들기 위해서는 안전성(safety), 쾌적성(amenity), 인간성(humanity)을 비롯한 3Y가 전제되어야 하며 안전성은 쾌적성과 인간성을 확실히 담보하기 위한 필수적인 선행조건이라 할 수 있다(이만형, 2007). 그러나 최근 공공장소나 다가구주택에서 발생한 여성 살인사건 등 강력사건이 지속적으로 발생하면서 여성들의 불안감은 더욱 커지고 있으며, 심각한 사회불안요인으로 작용하고 있다. 우리나라에서도 여성을 대상으로 한 강력범죄가 발생하면서 2004년 여성들이 "달빛 아래 여성들이 밤길을 되찾는다."는 캠페인을 벌이며 여성의 안전에 대한 문제를 제기하였다. 이처럼 도시의 경우에 인명피해를 가장 많이 유발하는 교통사고와 여성을 대상으로 한 강력범죄가 증가하고 있고 이들 범죄의 경우 단독주택이나 대형마트 등에서 두드러지게 나타나고 있다. 이러한 사회문제로 인해 도시 내에서의 안전에 대한 서비스 욕구는 급격히 증가하고 있는 실정이다(손동필 외, 2016; 김희성 외, 2017). 본 절에서는 여성친화도시란 무엇인지를 검토해보고 안전문제와 관련하여 여성친화적 안전도시의 의미 등에 관하여 고찰하였다(한동효, 2019).

1. 여성친화도시의 출현과 안전

여성친화도시는 1975년 Mexico City에서 개최된 UN International Women's Year Conference에서 양성평등을 증진시키는데 참여한 모든 정부가 전담기구를 설치할 것을 약속하면서 시작되었다. 여기에는 '안전한 도시'에 대한 요구로부터 시작되어 안전성, 접근성, 편리성, 쾌적성을 갖춘 도시를 조성하는 것이 요청되었다(True and Mintrom, 2001). 그 이후 1981년 캐나다에서 시작된 '밤길 안전하게 다니기(reclaim the night, reclaim the street)'를 통해 알려졌다. 1990년대 오스트리아에서는 '보다 안전한 도시를 위한 가이드라인' 작업이 수행되어 성폭력 등의 범죄에 대한 두려움 없이 여성과 소녀들이 밤길을 안전하고 자유롭게 다닐 수 있도록 요구하였고 대중교통의 외부 디자인 변화, 대중교통의 운행시간 조정 및 중간 하차 등의 정책이 추진되었다(김양희 외, 2008; 조영미, 2008).

1992년 유엔환경개발회의(UNCED) 리우환경선언에서 지속가능한 개발의제가 대두되었고 여기서 여성의 주거권 확보가 언급되었다. 다시 말해서 여성이 도시권(rights to city)을 확보하는 과제가 국제사회의 의제로 상정되면서 성 평등한 인간정주 개념이 발전되었다. 특히 1994년 도시여성을 위한 유럽헌장에서 도시의 지속가능한 발전을 위해 여성을 위한 사회구조적 변화에 따른 12개 과제가 제시되었다.[1] 또한, 1995년 유엔 베이징 행동강령(UN Beijing Platform for Action)에서는 각 국가가 성 평등을 실현하고 여성을 통한 사회정의를 실현하기 위해 도시를 여성친화적으로 개조하기 시작하였다(European Charter, 1994). 이밖에도 1996년 이스탄불에서 개최된 제2차 유엔정주회의(Habitat II)는 인간정주의 조건을 개선하기 위해 여성과 남성이 정치, 경제, 사회적 삶에서 동등하게 참여하도록 보장하고 지속가능한 인간정주를 위한 정책과 프로그램, 프로젝트에 성 평등을 증진할 것을 강조하였고, 여성의 일상적 삶에 많은 영향을 주는 도시환경, 건설 등 도시 공간부문에 대한 성별 고려의 필요성이 제기되면서 여성과 도시 주거환경이 주요 이슈로 등장하였다(European Charter, 1994; 천현숙, 2012; 최유진 외, 2013).

---

[1] 이 과제에 제시된 12가지는 ①능동성, ②민주성, ③기회의 평등, ④참여의 보장, ⑤정치적 영향력 확보, ⑥지속가능성, ⑦안전보장 및 자유로운 이동, ⑧주거권, ⑨성별 차이에 대한 고려, ⑩실천성, ⑪미디어 접근성, ⑫네트워킹 등이 있다(신승춘 · 권자경, 2013. 지방자치단체의 여성친화도시 조성 활성화에 관한 연구, 지방정부연구, 16(3): 310).

그 이후 2002년 몬트리올 여성운동가들은 여성의 안전을 최우선으로 시정참여 증대와 안전한 도시설계를 목표로 하는 'Femmes et Ville(Women in City)'를 조직했다. 2006년 유엔인구기금(UNFPA)에서도 지방자치단체와 여성단체가 여성친화도시 프로젝트를 수행하기 위해 여성의 참여, 도시서비스, 여성대상 폭력, 경제적 역량, 교육과 건강지원, 이주여성과 빈곤 등 6개 영역을 설정하였다(여성가족부, 2010). 이처럼 여성친화도시를 지향하는 외국의 경우에 있어서도 성주류적 관점에서 여성의 안전을 중시하는 도시계획과 정책의 중요성이 강조되고 있다.

우리나라에서도 지역사회에 새로운 기회를 부여하기 위하여 여성을 고려한 도시발전 전략이 주목을 받고 있다(Hudson & Ronnblom, 2007; Berg, 2012). 특히 여성들의 교육수준이 높아지고 사회 및 경제적 활동이 활발해지면서 남성은 일터, 여성은 가정으로 분리해 온 도시구조에 대해 젠더 관점에서의 문제점이 지적되면서 여성친화도시에 대한 관심이 고조되었다. 여성친화도시의 개념과 관련하여 여성가족부의 제4차 여성정책기본계획(2013-2017)에 정책결정과정에서 소외된 여성이 보다 적극적으로 참여하여 양성이 함께 만드는 지역정책을 추진한다고 밝히고 있다. 또한 기존 여성정책의 지평을 확대하고 성 주류화를 실현하는 동시에 일상적 삶에서 체감하는 정책효과를 증진하고자 하는데 여성친화도시 추진의 목적이 있음을 밝히고 있다.

결론적으로 여성친화적 도시(women friendly city)는 도시 공간 사용과 도시계획에 남녀가 동등하게 참여하도록 보장하고 지속가능한 지역발전정책과 과정을 통해 그 혜택이 모든 지역주민들에게 골고루 돌아가면서 여성의 성장과 안전을 구현하는 여성정책의 완결된 행정단위를 말한다. 다시 말해서 여성친화도시는 여성과 남성 모두에게 동등한 참여와 혜택의 분배를 보장함으로써 성차별을 해소하고 여성의 창의적이고 섬세한 에너지를 지역발전의 핵심자원으로 활용하는 지역정책이라 할 수 있다. 아울러 모든 주민들이 차별 없이 일상에서 도시의 쾌적함과 안전성을 실감하도록 보장하는 선진화된 도시정책으로 지방자치단체에서 실행하는 지역여성 정책의 종합적이고 새로운 모델로 정의할 수 있다(여성가족부, 2010; 이종양 외, 2018).

2. 여성친화적 안전도시

　여성친화도시에 관한 최대 이슈는 여성의 삶의 질을 향상시키기 위한 국제적 노력에서 그 출발점을 찾을 수 있다. 1981년 캐나다의 '밤길 안전하게 다니기' 캠페인이 전개된 이후 몬트리올 등에서 버스정류장과 집 사이의 안전교통 제공, 대중교통의 여성친화적 개선, 독신여성과 모자가정을 위한 주택건설 등이 추진되었다. 1990년대는 공공공간에서 안전하고 적극적인 활동을 위한 정책으로 발전된 후 '92년 지속가능한 도시개발의 의제로 여성, 장애인, 아동 등 소외계층의 정주권 확보 측면에서 주목을 받았다. '94년 이후 인간중심의 도시, 친환경적인 도시환경을 위한 원칙 및 다양한 대책을 모색하는 과정에서 여성성의 고려에 대한 논의가 진행되었다. '96년 이후에는 남성과 여성사이의 평등성 확보에 대한 논의와 더불어 여성친화도시 전략에 대한 요구가 2000년대까지 지속되어 현재 활발하게 추진되고 있다.

　특히 여성과 공간의 관계 요인과 상관성은 사회적 형평성의 관계에서 여성의 경제활동 참가 여부가 주요 쟁점으로 대두되어 왔다. 하지만 여성이 일상생활에서 겪는 어려움이나 불평등과 같은 요인들은 도시건설이나 계획과정에 중요한 의미를 가질 수 있고 이러한 요인들이 여성의 삶의 질을 높이는데 영향을 미칠 수 있다는 주장이 제기되면서 여성의 위험요소 및 생활안전에 대한 관심이 확대되었다고 볼 수 있다. 예를 들어 한국여성정책연구원(2009)은 여성의 위험에 대한 연구를 실시하여 이를 정부의 실천과제로 '여성이 안전한 사회 만들기'를 추진하는 계기를 마련하였다. 생활환경 속에서 여성의 포괄적인 안전증진은 좁게는 자신의 주거지 주변의 공간과 넓게는 해당 지역으로까지 확대될 수 있다. 특히 도시공간에서 안전에 대한 관심은 남성보다 여성이 도시로부터 폭력과 범죄에 더 많이 노출 될 뿐만 아니라 범죄에 대한 공포는 여성들의 사회활동 제한으로 연계될 수 있기 때문에 안전한 도시환경을 조성하는 것이 지방자치단체의 중요한 과제로 부각되었다(이주호, 2013).

　다시 말해서 사회적 위험에 대한 두려움의 문제는 이동을 통해 사회활동을 할 수 밖에 없는 근대 도시 공간구조의 특성상 자유로운 이동이 제약을 받을 경우 경제활동 참여 등 사회관계를 촉진시키는 각종 기회로부터 단절될 가능성을 배가시킬 수 있기 때문이다. 아울러 가장 원초적인 이동 수단인 보행 자체가 두려움의 원천이라면 그만큼 사회활동 기회는 제약을 받을 수밖에 없다. 지역주민들, 특히 여성들이 일상생활에 필요한 활동이 주로 일어나는 거주지 소재 읍·면·동 내에서 누구나 자유롭게 이동할 수 있는 것, 그리고 읍·면·동을 벗어난 장소까지 신체적·사회적 제약 없이 안심하고 이동할 수 있는 것은 사회적 활동관계망을 활성화시키기 위한 기본적인 전제라 할 수 있다. 그러나 공간상 보행로 등이 특정 집단에게 두려움의 공간이 된다면 보행로 등은 누구나 사용할 수 있다는 조성 의도와 다르게 특정 집단을 배제하고 있다는 것이다(최유진, 2015). 결국 성 주류화의 추진수단으로서 여성친화적 도시에서의 안전문제는 범죄로부터의 안전, 이동의 자유, 모든 여성에게 익숙한 공간과 관계의 조성 등 다양한 측면에서 접근할 수 있다.

한편, 도시 공간 내에서의 여성들의 안전에 대한 관심은 무엇보다 여성들의 사회진출과 밀접한 관련이 있고 사회 활동에 적극적으로 참여하면서 위험한 환경이나 상황에 노출되는 정도가 높아지고 있는 실정이다. 따라서 생활편의시설이나 보행여건, 교통수단 등의 개선 등으로 빠른 시간 내 편리하게 직장으로 이동할 수 있고, 자연친화적이면서 여성의 안전을 확보할 수 있는 새로운 생활환경의 모델로서 여성과 공간을 인식하고자 하는 것이 여성친화적인 안전도시 전략에서 매우 중요한 의미가 있다. 최근 장기간의 경기침체로 민생 관련 치안 범죄가 증가하고 있는 실정이다. 더욱이 여성을 대상으로 한 강간·살인사건 및 성범죄 사건 등의 강력범죄가 발생하여 심각한 사회불안 요인으로 부각되면서 여성의 범죄 관련 안전에 대한 문제가 심각한 사회문제로 대두되고 있다.[2]

결국 안전도시의 개념을 확대하여 여성의 안전과 결부시키면, 여성친화적 안전도시는 여성을 둘러싼 물리적, 사회적, 문화적, 정치적, 제도적인 환경변화와 개인 및 조직 등의 행위 변화를 위한 조직적 노력을 통해 범죄 등에 대한 불안감을 해소하고 여성이 안전한 생활환경을 조성하여 질 높은 건강한 삶을 성취할 수 있도록 하는 것으로 정의할 수 있다. 이러한 여성친화적 안전도시가 조성되기 위해서는 지방자치단체가 자발적으로 안전도시 거버넌스 시

---

[2] 2015년 8월 발생한 '차량트렁크 살인사건'과 2015년 9월 대형마트에서 30대 남성이 여성을 납치하려고 시도한 사건 등이 발생하면서 백화점이나 대형마트의 주차장이 범죄의 사각지대로 부상했다. 특히 여성들의 편의를 위해 도입된 '여성전용' 주차장은 남성 출입에 제한된다는 특성이 오히려 범죄 대상을 물색하는데 용이하게 만들고 있다는 주장이 제기되고 있다. 여성전용이란 사실이 노출되면서 범죄자들이 표적으로 삼기 쉽고 범행 시 주위에 여성들만 있을 것이란 생각이 더욱 대담한 행동을 할 수 있다는 것이다. 특히 대형마트의 범죄 발생 빈도를 보면 2011년 3448건에서 2013년 3551건으로 2년 사이에 100건 이상 증가했으며, 살인 등 강력범죄도 2013년에 19건이나 발생했다(헤럴드, 2015.09.29).

스템을 구축하여 민·관 협력에 의해 추진되어야 하며, 지역이 여성의 안전을 자율적으로 관리할 수 있도록 자체적인 안전역량을 갖추어야 한다.

제2절 여성친화도시의 조성과 현황

1. 여성친화도시의 목표와 조성과정

우리나라의 경우 여성친화도시가 범정부 차원에서 본격적으로 논의된 것은 2009년부터이며, 2017년 기준 여성친화도시 조성 방향은 여성의 관심과 요구를 바탕으로 지역정책을 종합적으로 추진하고 여성과 지역주민의 삶의 질 향상을 목적으로 추진하며, 비전과 가치, 목표, 추진체계는 정책 환경의 변화를 반영하고 있다. 여성친화도시의 핵심 가치는 형평성, 참여, 돌봄, 소통이며, 지역사회 요구를 본격적으로 수용할 수 있도록 변화해 왔다.[3] 이와 같은 핵심 가치는 성평등 정책 추진 기반구축, 여성의 경제·사회 참여 확대, 지역사회 안전증진, 가족친화 환경조성, 지역사회 활동역량 강화의 5대 목표를 통해 지향되고 있다.[4]

---

[3] 기존의 네 가지 가치를 보면 첫째, 형평성으로 지역 내 참여의 기회, 자원과 서비스의 접근성과 배분, 일상생활의 안전과 편의 등의 측면에서 정의를 추구하는 것이다. 둘째, 배려와 돌봄으로 지역공동체 구성 상호간 협력과 지원, 육성의 문화를 조성하는 것이다. 아울러 전통적 성별 역할의 고정관념을 극복하고 돌봄을 남녀가 공유하며 사회가 적극 분담하는 일-가정 양립의 환경을 촉진하는 것이다. 셋째, 친환경성으로 인간과 자연이 공생의 철학을 기반으로 정신적, 신체적 건강을 증진하는 환경을 조성하고 생태적이며 지속가능한 방향으로 삶의 전환을 촉진하는 지역발전을 추구하는 것이었다. 넷째, 소통으로 다양한 주체들 간의 상호이해, 교류협력을 중시하여 지역주민들 간, 지방정부와 주민간의 거버넌스를 구축하는 동시에 민주적이며 개방적인 도시운영시스템 구축을 통해 주민들 간의 소통 활성화를 추구하는 것이었다(장임숙 외, 2012; 신승춘 외, 2012).

[4] 여성친화도시 비전과 가치, 목표, 추진과제는 2009년 이후 정책 환경변화를 반영하여 다소 변경되어 왔다. 먼저 2009년의 비전과 가치는 그대로 유지되었지만 목표에서 안전과 편리한 도시, 건강한 생태환경 조성으로 변경되어 그 의미를 명확하게 제시하였다. 2016년에는 지역사회 안전증진과 가족친화 환경 조성으로 변경되었고, 2016년 이후 4가지 가치 중 친환경이 제외되고 참여가 강조되면서 지역사회 요구를 본격적으로 수용할 수 있도록 변화하였다(조선주 외, 2017: 18).

여성친화적 도시의 기본 방향

비전	삶의 질을 살피는 지역정책, 여성이 참여하는 행복한 지역 공동체			
가치	형평성	참여	돌봄	소통
목표	성평등 정책 추진 기반 구축	여성의 경제, 사회 참여 확대	지역사회 안전증진	가족친화 환경조성
				여성의 지역사회 활동영역 강화

자료: 여성가족부. (2017). 「2017년 여성친화도시 신규지정·재지정계획」.

여성친화도시 5대 조성목표

5대 목표	세부 내용
성평등정책 추진 기반구축	• 모든 부서에서 성평등 관련 업무를 수행할 수 있는 제도적 기반 마련 　- 여성친화도시 사업 추진을 위한 법·제도 정비 　- 양성평등정책 추진 부서 설치 　- 양성평등정책 부서를 중심으로 한 부서 간 협력 　- 지역 여성 참여를 보장하는 거버넌스 구축 　- 성별영향평가, 성인지예산 활성화와 성인지 통계 구축 　- 공무원 성 인지력 교육
여성의 경제·사회 참여 확대	• 여성의 취·창업 활성화 　- 지역산업과 연계된 직업훈련 및 취·창업 지원 　- 근거리 일자리 발굴과 여성의 사회적 경제활동 촉진 • 여성 고용안정을 위한 지역사회 책무성 확대 　- 지역사회 유관기관 협력체계 구축 　- 여성 고용창출 및 고용 안정 목표 공시 및 지속 모니터링
지역사회 안전증진	• 각종 위험으로부터 안전한 지역 환경 조성 　- 여성 및 사회적 약자의 통행 특성 반영한 이동 여건 조성 　- 도시기반시설, 공공이용시설, 주거단지에 사회적 안전장치 마련 • 여성과 사회적 약자의 안전역량 강화 　- 지역사회 위험에 대한 여성의 대처능력 향상 　- 여성의 지역 안전 유지 역량 강화
가족 친화 환경조성	• 양성평등 고용환경 조성 　- 여성의 경력유지와 일·가정 양립문화 정착 　- 여성친화적 근무환경조성 　- 가족 친화기업 확대 • 돌봄에 대한 지역사회 책임 강화 　- 돌봄 서비스 내실화와 돌봄 인프라 접근성 향상 　- 마을 단위 돌봄 확대
여성의 지역사회 활동역량 강화	• 지역사회 여성 활동 확산 　- 다양한 분야의 마을 여성모임 활성화와 커뮤니티 활동 공간 확대 　- 지역사회 여성 활동 연계를 위한 네트워크 활성화 • 모든 분야의 여성 대표성 증진을 위한 조치 　- 단체 및 자원활동 등 지역사회 여성 활동의 사회적 가치 인정 　- 지역사회 내 공식적인 의사결정 기구 참여 확대

자료: 여성가족부(2017), 「2017년 여성친화도시 사업추진 계획」.

우리나라는 2000년대 중반부터 도입된 성별영향평가(Gender Impact Assessment)와 성인지예산(Gender Responsive Budgeting)의 평가 및 결과의 환류를 통해 도시의 여성 친화성을 증진하는 노력이 시작되었다. 특히 국내에서 여성친화도시의 개념은 2004년 한국여성건설업협회가 중심이 된 '여성이 살기 좋은 도시건설을 위한 세미나'에서 제기되어 2006년 성별영향평가가 전면적으로 실시되었다. 이를 도시개발에 적용한 최초의 사례는 김포한강신도시 건설계획에 따른 성별영향평가이며, 이후 2007년 대구 혁신도시계획, 2008년 행정중심복합도시와 광교신도시, 화성동탄신도시 등 신도시계획에 여성친화 개념이 포함되었다.[5]

양성평등을 고려한 도시정책은 지역혁신으로 간주되며(Woodward, 2003; True and Mintrom, 2001), 여성친화적 도시가 성공하기 위해서는 성주류화를 달성하기 위해 지방행정이 종합적으로 이루어져야 하고 그 바탕에 지방자치가 제도적으로 기반이 되어야 한다(신승춘 외, 2012). 따라서 여성친화도시는 기초자치단체가 지역의 수요에 따라 지역의 특성을 감안하여 적합하게 추진되어야 한다. 현재 여성가족부는 자치단체의 여성친화도시의 조성 추진이 성인지적 관점에서 체계적으로 추진될 수 있도록 교육·컨설팅을 지원하고 있다.

여성친화도시는 기초지방자치단체가 수립하여 제출한 향후 5년간 여성친화도시 조성사업 추진계획을 여성친화도시 조성기반 구축 정도, 추진내용, 기대효과 등을 주요 항목으로 설정하여 종합적으로 평가한 후 선정하고 있다. 또한 여성친화도시는 여성가족부가 매년 심사를 통하여 지정하고 있지만, 사업비와 추진체계를 자치단체에서 자체적으로 마련하여 운영하는 형태를 띠고 있으며 자치단체 스스로 만들어내는 여성친화도시 추진동력이 가장 중요한 성공요인이라 할 수 있다. 여성친화도시의 조성과정은 크게 1단계인 기초작업 단계, 제2단계인 계획수립 및 체계정비 단계, 3단계인 사업추진 및 모니터링 단계, 제4단계인 평가 및 환류단계로 이루어져 있다.

먼저 제1단계는 기초 작업이 이루어지는 단계로 여성친화도시의 주무부서 지정, 여성친화도시 조성 협의체 구성, 여성친화도시 조성 계획 수립을 위한 사전 작업으로 여성친화도시

---

[5] 김포한강신도시 건설 사업에 대한 성병영향평가와 행정중심복합도시건설에 '여성이 행복한 도시 만들기'란 개념을 포함한 연구결과물이 제시되었다. 그 이후 여성가족부는 '여성친화도시 조성 기준 및 발전방향 연구(2009)', '여성친화도시 조성 매뉴얼 연구(2010)'를 통해 여성친화도시 조성의 기본적 요소, 여성친화도시 조성 절차와 핵심 사업을 매뉴얼 형태로 제안하였다(홍선영, 2015: 7)

조성여건 등을 검토한다. 제2단계는 계획을 수립하고 체계를 정비하는 단계로 여성친화도시 조성 방향 및 과제에 대한 협의를 거쳐 조성계획을 수립하고 과제 발굴 워크숍 및 실·국별 과제 발굴 보고회 등의 사업을 진행한다. 제3단계는 사업추진 및 모니터링 단계로 여성친화도시 계획을 토대로 사업을 본격적으로 추진하며 각종 협력회의를 조직하고 사업과정에 대한 모니터링을 진행한다. 마지막으로 제4단계는 평가 및 환류단계로 사업추진 과정을 여성친화도시 조성계획의 목표에 따라 평가하고 신규 사업을 발굴하여 향후 추진방안 등을 수립하고 있다(홍선영, 2015; 김회성 외, 2017).

이밖에도 여성친화도시 이행점검 차원에서 한 해 동안 추진된 사업 실적을 점검 내지 평가하는 수단의 하나로 여성친화도시 사업을 어떻게 추진할 것인지에 대해 이해 차원에서 가이드라인이자 사업추진에서 갖춰야 할 여건을 점검한다. 우리나라는 2009년 이후 여성친화도시 공모와 지정에 따라 여성가족부는 이행점검을 매년 실시하고 있다. 2011년 10개 지역에 대해 질적 분석을 실시했으며, 2012년 30개로 확대되면서 표준화된 이행점검 지표의 필요성이 제기된 후 이에 따라 매년 점검과 분석이 이루어지고 있다(최유진 외, 2014).

2. 여성친화도시의 추진현황

여성가족부가 지방자치단체를 대상으로 시행하고 있는 여성친화도시 조성사업은 삶의 질을 살피는 지역정책, 여성이 참여하는 행복한 지역 공동체를 비전으로 5대 목표를 기본방향으로 하는 정책이다. 또한 여성친화도시 조성사업을 추진하는데 있어 가장 먼저 고려될 사항은 목표와의 부합성과 역량강화 부문이다. 여성친화도시와 관련하여 우리나라는 2015년 7월 양성평등기본법에 여성친화도시 관련 조항이 추가되면서 법률적 근거를 기반으로 시행되었다[6]. 여성가족부는 지방자치단체가 수립하여 제출한 향후 5년간 여성친화도시 조성사업 추진계획에 여성친화도시 조성 기반구축 정도, 추진내용, 기대효과 등을 주요 항목으로 설정하

---

[6] 양성평등기본법 제39조1항에 따르면, "국가와 지방자치단체는 지역정책과 발전과정에 여성과 남성이 평등하게 참여하고 여성의 역량강화, 돌봄 및 안전이 구현되도록 정책을 운영하는 지역을 조성하도록 노력하여야 한다"고 규정하고 있다.

여 종합적으로 평가한 후 여성친화도시를 선정하고 있다. 또한 여성가족부가 매년 심사를 통하여 지정하고 있지만, 사업비와 추진체계를 자치단체에서 자체적으로 마련하여 운영하는 형태를 띠고 있으며, 자치단체 스스로가 만들어내는 여성친화도시 추진동력이 가장 중요한 성공요인으로 간주되고 있다. 여성친화도시는 지역여성정책의 신 모델로 여성이 도시행정에 적극 참여하여 도시 전반에 변화를 이끌고 여성과 가족 모두가 살기 좋은 지역공동체의 회복과 재구성을 표방하고 있다. 아울러 지역정책과 발전과정에 양성평등을 실현하는 동시에 그 혜택을 주민 모두가 나누도록 하여 여성의 성장과 안전을 구현하는데 그 목적이 있다(유희정 외 2010).

이러한 제반과정과 목적 등을 토대로 여성가족부는 2009년 전북 익산시를 제1호 여성친화도시로 지정하였고, 이어 전남 여수시가 여성친화도시로 지정되면서 사업이 본격적으로 시작되었다. 그 이후 2010년부터 2011년까지 여성친화도시사업의 양적 확대로 28개 지역이 지정되었으며, 2018년 말 기준으로 총 87개 지방자치단체가 여성친화도시로 지정되었다. 여성친화도시로 지정받은 대부분의 자치단체는 지역실정에 적합한 여성정책의 개발을 도모하고 대부분 사업 초기 또는 진입단계에서 여성친화도시 조성에 관한 조례의 제·개정 등을 통해 제도적 근거를 마련하였다. 이러한 여성친화도시 사업은 공간과 다양한 정책 추진의 방식을 성 평등 차원에서 개선하는 일종의 성주류화 확산을 위한 지역, 특히 지방자치단체 기반의 정책기획 사업이라 할 수 있다(최유진 외, 2014; 김혜정 외, 2016). 특히 사업초기에 발생하는 실행과정 상의 문제점들이 정책 환류를 통해 중장기 사업계획에 반영되는 성과가 있는 것으로 나타났으며, 2015년 5개 자치단체, 2016년 5개, 2017년 4개 지역, 2018년 현재 2개 지역이 우수사례로 선정되었다(부록 참조).

여성친화도시 지정 현황											
지역	계	'09	'10	'11	'12	'13	'14	'15	'16	'17	'18
서울	10			1	2			2	3 1(재지정)	2 2(재지정)	
부산	10			1	1	1	3	3	1 1(재지정)	1(재지정)	1(재지정)
대구	3		2		1			2(재지정)		1(재지정)	
인천	2			1					1 1(재지정)		
광주	5			5					4(재지정)	1(재지정)	
대전	4					1		2	1		1(재지정)
울산	1								1		
경기	14		2	2	2	1	2	1 2(재지정)	3 2(재지정)	1(재지정)	1 2(재지정)
강원	6		1	1	1	1		1(재지정)	1 1(재지정)	1 1(재지정)	1(재지정)
충북	4		1					1(재지정)	2	1	
충남	9		1	1		1	1	1	1 1(재지정)	2 1(재지정)	1 1(재지정)
전북	3	1		1		1	1(재지정)		1(재지정)		1(재지정)
전남	7	1		1			1(재지정)	1	1	2 1(재지정)	1
경북	4				1	2				1(재지정)	2(재지정)
경남	3			2		1		1(재지정)	1(재지정)		
제주	1			1				1(재지정)			
세종	1								1		
계	87	2	7	17	8	8	7(신규) 2(재지정)	11(신규) 6(재지정)	16(신규) 14(재지정)	8(신규) 11(재지정)	3(신규) 9(재지정)

참고: 2014년 재지정- 2(익산, 여수), 2015년 재지정- 6(대구 중구, 달서구, 경기 수원, 시흥, 강원 강릉, 충북 청주), 2016년 재지정- 14(서울 도봉구, 부산 사상구, 인천 부평구, 광주 동구, 서구, 남구, 북구, 경기 안산, 안양, 강원 동해, 충남 안산, 전북 김제, 경남 양산, 제주특별자치도), 2017년 재지정 11(서울 서대문구·마포구, 부산 연제구, 대구 수성구, 광주 광산구, 경기 의정부, 강원 영월군, 충남 당진시, 전남 장흥군, 경북 포항시, 경남 김해시), 2018년 재지정- 9(강원 원주시, 경기 광명시·용인시, 경북 구미시·경산시, 대전 서구, 부산 남구, 전북 남원시, 충남 보령시).

자료: 여성가족부 성별영향평가과의 보도자료를 참고로 재구성(http://www.mogef.go.kr).

제3절 여성친화적 안전도시 정책의 국내외 사례

1. 여성친화적 안전도시의 국외 사례

여성이 안전한 도시의 기원은 '70년대 미국과 캐나다 등 북미의 여성운동가들이 안전한 밤길에 대한 권리를 주장하면서 시작되었다. 특히 성폭력과 폭력 등 범죄에 대한 두려움 없이 여성과 여아들이 안전하고 자유롭게 다닐 수 있는 밤길에 대한 요구는 대중교통의 외부적 디자인(지하철 내부 유리벽 설치)과 버스 등의 운행시간 그리고 집과 더 가까운 중간하차 등의 정책 수용으로 연결되었다(홍선영, 2015). 2004년 유엔 인간정주위원회 아시아 태평양지역 사무국은 성 평등한 지방자치단체를 만들기 이한 여성친화도시 지표를 발표하고 이후 아시아 태평양지역 11개 지방정부가 여성친화도시의 지표에 따른 양성 평등한 도시전략을 추진하게 되었다. 2006년에는 유엔인구기금(UNFPA)에서도 지방정부와 여성단체가 함께 여성인권증진을 위한 여성친화도시 프로젝트를 수행하기 위해 여성의 참여, 도시서비스, 여성대상 폭력, 경제적 역량, 교육과 건강지원, 이주여성과 빈곤 등의 6개 영역을 중심으로 접근하였다. 같은 시기에 유럽에서는 '지역생활에서 양성평등을 위한 유럽선언(The European Charter for Equality of Women and Men in Local Life)'을 발표하고 성 주류화를 위한 제도적 장치를 마련하도록 촉구하였다(부산여성가족개발원, 2014). 본 절에서는 여성친화적 안전도시 국외 사례로 캐나다 몬트리올과 오스트리아 비엔나 시 등의 사례를 구체적으로 검토하였다.

1) 캐나다 몬트리올

여성의 밤길 안전 캠페인으로부터 발전된 캐나다의 여성친화도시 정책은 연방정부의 「A City Tailored to Woman(2004)」을 통해 성평등의 실현을 위한 주 정부의 역할로 인해 여성이 사회에서 충분한 권리를 누릴 수 있는 장소를 만드는 것임을 명백히 하고 있다(임우연 외, 2012). 몬트리올 여성의 안전(the Safety of Montreal Women)과 관련된 정책은 1990년 '도시에서의 여성(Women in the City)' 프로그램을 시작으로 1998년부터 여성단체들은 안전한 도시를 주요 이슈로 제기하기 시작했다. 이에 몬트리올 정부는 여성안전가이드 책자(주차장, 거주 공간 등)를 발간하고 대중교통시스템에 밤중 여성의 안전 귀가를 돕기 위한 시스템을 도입하는 등의 프로그램을 실시하였다.

이와 더불어 교육프로그램과 포럼을 실시하는 동시에 정보의 제공을 위한 캠페인, NGO와의 연계사업도 시행 하였다. 또한 몬트리올 시는 2002년 여성안전에 대한 선언문(Montreal Declaration on Women's Safety)을 발표하였다. 2002년 캐나다 몬트리올 여성과 도시위원회는 국제여성안전회의를 개최하고 무장애 도시(barrier-free society)의 실현을 제안하였고, 몬트리올 여성운동가들은 2002년 여성의 안전을 최우선 과제로 보고 시정에 여성의 참여 증대와 여성 관점에서의 안전한 계획과 설계를 목표로 하는 'Femmes et Ville(Women in the Cities)'를 조직하였다. 특히 캐나다 퀘벡 몬트리올은 안전한 공동체를 위한 계획들을 지속적으로 추진해 오고 있으며, 여성의 도시안전행동위원회(Le Comité datcion femmes et s curit urbaine)는 설문조사를 통해 3분의 2에 가까운 몬트리올 여성들이 밤에 주거지 근처를 홀로 걷는 것에 공포를 느낀다는 점에 주목했다.

여성들은 버스정류장과 지하철 등 대중교통 문제를 가장 취약한 것으로 인식하여 여성의 이동성은 저녁 시간대에 급격히 떨어졌다. 몬트리올의 주요 대중교통 이용자인 여성들의 대중교통 이용 감소도 서비스의 전반적인 이용에 영향을 미쳤다. 이러한 문제를 해결하기 위한 정책의 일환으로 몬트리올 시는 '정류장 사이에 내려주기(Between Two Stops)'라는 정책을 시행하였다. 당시 이 사업을 제안했던 여성센터연합체(La Table des Centres de femmes de Montréal(Coalition of Women's de Centres)는 몬트리올 내 대중교통 시스템을 운영하는 La Société de transport de la Communauté urbaine에 서비스 수행을 요구했고 수천 명의 여성들이 실제적인 행동에 동원되었다.

Study Plus: 정류장 사이에 내려주기(Between Two Stops)

Between Two Stops 서비스는 밤에 여성이 버스에서 하차할 때 요청을 하면, 두 정거장 사이에서 내리도록 하여서 목적지에 더 가깝게 내릴 수 있도록 하는 안전 수단의 차원에서 추진한 사업이다. "Between Two Stops" 사업의 아이디어는 다른 캐나다 도시들에서 여성 안전 쟁점을 다루는 여성단체들 간의 의견 교환의 결과로 발전되었다.

이러한 노력의 결과로 대중교통 회사는 시범 프로젝트와 관련된 비용을 추정하고 동시에 서비스를 홍보(포스터, 전단지 그리고 언론보도)하는 등의 조치와 함께 2년 넘게 서비스를 진행하였다. 이용자들의 지속적인 요구에 따라 대중교통 회사는 동절기에 해가 짧아지는 것을 고려해 겨울 동안 서비스의 이용 시간을 확장한다고 발표했다. 이에 몬트리올 시는 여성들의 어려움을 대중교통 시스템에 반영하여 목적지에 더 가깝고 원하는 곳에 내려주기(Drop-off service) 제도를 실시하고 있다. 또한 저녁에 여성들의 안전을 위하여 버스 정류장 주위를 유리로 설치하여 밖에서도 여성들이 잘 보일 수 있도록 하였고 위급상황 발생 시 사용할 수 있는 전화를 눈에 잘 띄는 곳에 설치하였다(한국여성정책연구원, 2013).

2) 오스트리아 비엔나

오스트리아 비엔나는 성 주류화의 대표적인 모델 도시로 알려져 있으며, 1991년 비엔나에서 개최된 '누가 공적 공간을 소유하는가-도시에서 여성의 일상'이라는 전시회를 통해 도시계획에서 여성의 이해에 관심을 가지게 되었다. 이를 계기로 1992년 통합 · 여성 · 소비자보호국(Executive City Councillor for Integration, Women's Issue, Consumer Protection and Personnel)내에 여성과[7]를 설치하였고 1994년 유럽 연합 가입 후 유럽구조기금의 지원을 받으면서 지역정책의 성 주류화를 추진하고 있다. 1998년에는 도시계획국 내에 여성생활 체감도시 계획건설 조정팀을 설치하여 도시계획에서의 성 주류화 사업을 추진하였다. 그 이후 마리아 힐프(Mariahilf) 성 주류화 시범지구 사업(2002), 3차에 걸친 여성-일-도시 프로젝트(1997, 2004, 2010), 교통계획의 성 주류화(2003), 성인지예산제도(2006) 등 세계적으로 널리 알려진 성 주류화 사업을 추진해 오고 있다(장미혜 외, 2013).

이러한 도시계획에 있어 성 주류화 사업의 사례를 살펴보면, 먼저 마리아 힐프 지역은 2002년 성 주류화 시범지구(Gender Mainstreaming Pilot District)로 선정되었다. 이 사업의 목적은 공공 도로를 개설할 때 여성 보행자의 관심을 고려한 것으로 2002년 후반 프로젝트를

---

[7] 1991년 시의회의 의결로 여성문제의 조정과 성평등을 위해 여성과(M57)가 설치되었으며, 여성과 업무의 목표는 특수적 폭력 퇴치, 성역할, 고정관념의 극복, 동일 임금, 사적 영역과 직장에서의 균등한 기회, 여성과 소녀의 역량 강화 등이다. 특히 여성 폭력 문제와 성별 소득 불평등 문제 해결에 많은 관심을 기울이고 있다. 여성과를 비롯한 비엔나 시 여성정책 관련 조직으로는 기초연구팀, 법률 및 권익 증진팀, 24시간 긴급지원 서비스팀 등이 있다.

시작한 이후 1천 미터의 인도를 확장하고, 40개의 교차로를 추가로 설치하였으며, 30개의 조명을 새로 세웠다. 또한 장애인 친화적인 인도를 5개 도로주변에 만들었고, 승강기를 설치하고 벤치를 9개 장소에 설치하였다. 이와 더불어 사업 지구 내에 2개의 소 광장을 설치하였으며, 이 시범사업은 다른 지역으로 확대되었다.

또한 여성-일-도시(Frouen-Werk-Stadt) 프로젝트는 여성들이 직접 설계한 유럽 최대 건축 계획으로 여성들의 요구를 계획했다는 점에서 그 의의가 있다. 현장설계의 지침은 주거단지 주변의 안전성과 독자성을 확보하고 독창적 조형성을 강조한 디자인이며, 건축물 층수는 유대관계 확보가 가능한 최고 5층으로 제한하였다(문유경, 2012). 1992년부터 1997년까지 진행된 여성-일-도시 I (1차 프로젝트)은 실용성과 함께 높은 미학적 가치를 인정받아 시장성에서도 성공한 사업으로 비엔나에서 가장 유명한 주거단지 건설 사례로 평가되고 있다. 2008년부터 2010년까지 진행된 여성-일-도시Ⅲ(3차 프로젝트)은 여성들이 직접 조직을 만들었으며, 이 조직은 한 부모 가정의 자녀들에게 노인들이 점심을 제공하는 등의 높은 수준의 사회적 상호작용을 하는 주거를 설계하기 위해 추진되었다.

여성-일-도시 프로젝트	
구분	주요내용
목표	집안일에 대한 안심, 이웃과의 관계에 대한 장려, 그리고 거주자가 저녁에도 안전하게 지낼 수 있는 주거 환경 조성
주요내용	• 설계 반영 : 주택 주변 공간(유모차 놓는 공간, 쓰레기 버리는 공간, 세탁기 등) 위치와 스타일, 주택 입구에서부터 출입구까지의 이동경로, 단지 내 순환경로를 고려한 거주공간의 방향설정 및 아이들의 놀이터 위치 • 일상적인 길들을 짧게 유지하는 도로 구조 계획(매일 장보기와 같은 일 처리) • 유리 처리한 출입구와 가시적인 시야 확보한 계단, 밝은 불빛과 밝은 도색 벽면 • 지하차고에서 계단과 엘리베이터까지 짧은 동선 • 자투리 공간을 활용하여 사회적인 접촉이나 공동의 활동을 후원할 수 있도록 "사회적 공간" 조성

다음으로 의식개선 차원에서 시작한 것으로 '비엔나는 다르게 본다(Vienna sees it differently)' 캠페인은 공공 디자인에 성 평등 시각을 반영하였다. 특히 도시의 공공 픽토그램은 대표적인 사회적 커뮤니케이션으로 양성평등의 관점에서 재검토할 필요성이 제기되는 분야였다. 실례로 아기를 안고 있거나 기저귀를 가는 지하철 및 화장실 안내판은 주인공이 여성에서 남성으로 바뀌었으며, 지팡이를 짚은 경로석 안내 표지의 주인공도 할아버지에서 할

머니로 바뀌었으며, 최근에는 다문화주의와 정체성을 반영하는 다양성이 추구되었다(손창범 외 2009; 홍선영, 2015).

소녀들의 욕구를 반영한 공원 사례로 소녀들을 위한 공간(More space for girls! Gender-sensitive park design!)프로젝트가 있다. 이는 공원에서 여아들의 활동유형을 분석한 후 공원 리모델링 계획에 분석결과를 직접 반영한 사례로서 소녀들의 야외활동을 저지하고 억제하는 공간의 문제점을 해결하고 소녀들의 신체활동에 대한 의식을 고취시키고자 했다. 공공 공간에서 위축될 수 있는 여아들의 활동을 증가시키고 밝은 조명 등을 통해 안전 문제를 개선하였다. 특히 외관 디자인 변화에 있어 가장 두드러진 특징은 남성 중심 공간의 상징물인 축구 골대를 없애고 다용도로 사용할 수 있는 동굴모양의 그물망을 설치함으로써 협동운동을 장려하는 분위기를 유지하였다(장미혜 외, 2013). 여성친화적 안전도시를 지향한 비엔나의 시설 개선 부문을 살펴보면, 먼저 도시 및 지역개발 사업의 성 주류화 사례(Examples of Gender Mainstreaming in Vienna)에서 여성들에게 두려움과 불안감을 유발하는 전형적인 장소는 어두운 보행로인 것으로 나타났다. 여성에게 두려움과 불안을 주는 전형적인 공간들은 어두운 출입구, 심야의 공원, 사람이 없는 텅 빈 거리, 지하 주차장 그리고 지하 보행로 등 이었다. 따라서 비엔나의 Karlsplatz의 Resselpark에 있는 모든 통로와 자전거 주차장은 안전한 조명으로 대체되었고, MD33(Municipal Department 33 Public Lighting) 캠페인을 통해 비엔나에 위치한 200개 공원의 조명상태를 점검하였다.

이밖에도 안전한 지하 주차장을 위한 가이드라인에는 모든 주차 공간, 비상구, 승강기는 밝아야 하며, 출입구는 잘 보여야 한다(good visibility). 또한 폐쇄회로TV(CCTV)로 모니터하고 안전 요원이 순찰을 돌아야 하며, 비상구나 승강기가 설치된 가까운 장소에 보안요원이 보고 들을 수 있는 여성 전용 주차공간을 마련해야 한다. 마지막으로 비엔나 시에서는 'Safety and Security'라는 제목 하에 여성 관련 범죄예방 교육(Safety and Security's Tips for Women and Girl)을 실시하고 있다. 여기에는 여성안전을 위한 강좌 및 위험한 상황에 접했을 때의 대응법, 여성이 범죄의 위험에서 벗어날 수 있는 다양한 정보를 제공하고 있다.

이러한 내용을 세부적으로 살펴보면, 첫 번째로 자조가 필요한 계층(self-Defence Classes)을 대상으로 자기방어 수업을 진행하고 있는데, 총 9개 종류의 강좌가 개설되어 있고 강의 시설은 지역에 따라 여러 곳에 분포되어 있다. 두 번째로 소녀를 위한 특별한 배려(Special

Tips for Girls) 차원에서 어린이나 소녀들이 다양한 종류의 위험에 대처할 수 있는 팁을 제공하고 있다. 세 번째로 장애여아와 장애여성을 위한 우선적 배려(Safety first-Special Tips for Women and Girls Disabilities) 차원에서 장애여성을 위한 강좌를 개설하여 자신감을 가지고 살 수 있도록 돕는 프로그램과 상담, 세미나 등을 지원하고 있다. 네 번째로 위험지역에서의 안전 대책(Safety first-Dealing with Scary Place)으로 가로등 조명이 어둡거나 버스나 전차의 조명이 어두울 경우 관할부서에 신고할 수 있는 핫라인 정보를 제공하고 있는 것이 특징적이다.

3) 영국 런던

영국은 특별히 "여성친화도시"란 명칭을 부여한 사업을 추진하고 있지 않으나 성별 영향평가에 해당하는 평등영향평가(Equality Impact Assessment)의 정책 환류 과정을 반영하는 것으로 도시의 여성 친화성을 증진하고 있다. 영국은 광역자치단체가 성평등 계획을 의무적으로 수립하도록 평등법(2006 Equality Act)이 제정되어 있으며, 런던 시는 이전부터 지속적으로 성평등 계획을 수립하여 이행하고 있다. 특히 런던 지방정부는 여성이 안심하고 살 수 있는 안전한 도시 만들기에 초점을 맞추고 있다. 2003년에 수립된 런던시의 성평등 계획에는 런던 가정폭력 전략이나 공공교통서비스 시스템 품질과 안전향상, 도시경찰시스템 서비스 도입 등이 최우선 과제로 선정되어 있다(the Great London Authority-2003 Gender Equality Scheme). 성평등 계획인 GES는 여성단체 및 조직과의 협의를 통해 개발하였는데 구체적인 내용은 다음과 같다.

구분	세부 추진내용
런던 지방정부의 성 평등 계획(2003)	
성평등 계획 (GES)	• 런던 가정폭력 전략(the London Domestic Violence Strategy)이행 • 교통국과 함께 함께 런던 공공교통서비스시스템 품질과 안전 향상 및 요금인하 시행 • 도시경찰청과 함께 런던 전체 지역 안전 향상을 위한 도시경찰시스템서비스(the Metropolitan Police Service, MPS)도입 • 런던시장의 보육정책 개발 및 이행 • 매년 세계 여성의 날에 런던여성들과 함께 런던시장 주최 컨퍼런스('capital women') 개최 • 런던시장의 권한 안에서, 홈리스 여성들을 감소시키기 위해 이들을 위한 주택공급을 증가시키기 위한 정책 마련 • 여성의 경제적 지위 불평등에 대한 캠페인 개최

그 이후에도 런던 지방정부의 개발전략을 담은 런던플랜에도 평등한 사회를 위한 도시조

성을 기본 가치로 내세우고 있다. 구체적으로 보면, 97개의 야간버스(night bus)에 CCTV를 장착하고, 지하철과 역 주변의 CCTV가 포착된 범인의 모습을 인식하여 전과기록 등의 정보를 제공하고 있다. 특히 CCTV상의 지속적인 추적이 가능한 High-Tech Policing 시스템을 도입하여 성범죄 비율을 15% 감소시켰다. 또한 택시정보 제공 프로그램이나 불법택시 단속 및 처벌을 강화하여 여성들의 귀갓길 안전을 강화하고 있다(부산여성가족개발원, 2014). 1987년 설립된 여성 디자인 서비스(Women's Design Service, WDS)는 지방자치단체와 함께 런던, 브리스톨, 맨체스터와 같은 대도시에서 여성친화거리 조성사업을 추진하였고 공원 등에서 여성의 안전을 위한 디자인 개선사업을 추진하였다. WDS가 추진해온 프로젝트를 살펴보면, 더 안전한 공간 만들기(Making Safer Places), 공원에서의 여성안전 지키기(Women's Safety in Parks) 등이 있다. 최근에는 생활환경 디자인 개선에 참여하고 싶은 여성들을 조직하거나 이주여성과 이웃을 연결해 주는 프로젝트 등을 진행하였으며, 안전감시단 활동을 위한 훈련 등을 제공하고 있다(홍선영, 2015).

4) 독일

독일은 2004년 연방건설법의 개정을 통해 도시계획에서 성 인지적 요소를 고려할 것을 규정하였고, 많은 지방자치단체에서 여성친화적인 도시계획 및 설계 지침을 활용하고 있다(김학실 외, 2009; 이주호, 2013). 특히 마더 센터(Mother Centers, 연령·계층 무관, 자발적 이웃 돌봄 공동체 활동)는 공공의 거실(public living rooms)로 불리며, 최근 20년 동안 15개 국가에 전파

Study Plus+ 마더 센터(Mother Centers)

Mother Center는 공공의 거실(public living rooms)이라고도 하며, 지역사회 내 교회, 공공건물을 빌리거나 무상으로 기부를 받고, 때로는 기업체 사옥의 일부를 기증받기도 하여 지역사회 여성들이 정보, 지역 문화, 지역에 대한 지식 교환의 장을 만드는 곳이다. 여성들은 이곳에서 일상생활에 대한 전문지식과 기술을 서로에게 발표하고, 작은 도서관을 마련하거나 다양한 사회·문화적 배경을 지닌 가족과 함께하는 소풍 등을 기획하기도 하고 지역사회 인사를 초청하는 작은 토론회(교육, 건강, 훈육, 아동발달 등)를 개최하기도 한다. 친구를 만들기 위해서 놀이그룹, 엄마의 밤, 부부의 밤, 와인파티 등의 활동을 하면서 서로를 익히고 지지하는 공간으로 활용되고 있다(한국여성정책연구원, 2013).

되어 750개가 넘는 센터들로 구성되어 있다. 이들은 UN-Habitat로부터 최고의 사례(Best Practice)로 공인을 받았고 공공의 거실에서 일상생활에 관한 전문지식과 기술을 공공장소에서 발표하고 다양한 문화적 배경을 가진 가족들과 연결하여 보육, 노인 돌봄, 급식서비스, 중고가게, 장난감 가게 등과 같은 활동을 통해 가족친화적인 환경을 지역사회에 정착시켰다.

또한 공동주택의 설계 시 부엌과 식당을 중앙에 위치, 공동 빨래방, 자투리 공간 커뮤니티 지원 공간화, 미혼모, 독신여성을 위한 주거단지 등도 조성하였고 주거여건의 개선을 위한 보조금 지원 정책도 추진하고 있다. 끝으로 독일의 여성친화도시 실현을 위한 핵심 과제와 추진방향 및 추진전략은 다음과 같다.

여성친화도시 실현을 위한 도시계획과 안전

과제	배경	추진방향	추진전략
사회적 이동성 확보	여성들의 자가용 소유 비중 미비 어린이의 안전한 통행권 확보	보행/대중교통을 이용한 공공시설의 안전하고 편리한 접근체계 구축	공공시설접근체계 완비 주거지, 정류장 반경 1km이내 보육시설 설치 주거지에서 자전거 이동 거리 권역 내 학교 설치 놀이터 위치 선정(안전한 접근, 보행자 전용도로 인접성)
안전성 확보	근린지구 활성화	장시간 거주 및 사회 통합기능 설비	층별 다양한 용도 허용 1층에 활기 띤 용도 설치
	여가공간의 이용 가능성 확장 건물배치가 안전성 결정의 핵심요소	활기찬 이용을 보장한 건물 위치와 방향 설치	지상건물 위주 설비 공공교통공간과 평행 배치 1층의 위험인식 공간제거 도로 끝에 활기찬 용도 배치
	교통 공간은 위험공간으로 인식	도로 공간 이용가능성 증대	주차장 분산 및 개방형 주차설비 도입 지하주차장 최대 지하1층 혼합이용이 가능한 설비
	이용 계층과 시간 한정	여성의 이동성을 최대한 보장	주거지역 및 소규모 공원시설 접근체계 설비 야간 이동경로 제공 및 직접 연결망 설치
정주성 확보	교통공간으로 인한 주거지 분리	도로공간의 기능조성을 통한 주거환경 개선	보도 폭 최소 2~4m 확보 쇼핑시설과 인프라 확장 주거혼합지역 내 차폭 감소

자료: 이주호. (2013). 여성친화적 안전도시 조성을 위한 생활안전 정책과제, 한국행정학회 춘계학술발표자료. p. 3 재인용.

2. 여성친화적 안전도시의 국내 사례

국내 여성친화적 지정도시 대부분이 조례 재개정 등을 통해 제도적 기반을 마련하였고 업무를 추진하기 위한 주무 부서를 지정하고 있다. 여성친화도시의 경우 가장 기본적인 여성친화적 도시환경 조성 이외에도 지역 실정과 욕구에 부합하는 자치단체 차원에서의 지역특화 사업 개발이 중요하다. 여기서는 여성친화도시와 관련하여 시흥시, 익산시 등이 추진한 여성친화적 안전도시 관련 사례와 주요 부문별 안전사업을 중심으로 살펴보고 여성친화도시의 5대 조성목표 중의 하나인 지역사회 안전증진 사업의 현황을 분석하였다.

1) 시흥시

2010년 12월 여성친화도시로 지정된 시흥시는 기초자치단체 중 처음으로 성평등 기본조례(2012.01.09)를 제정하였다. 그 이후 2012년 7월부터 2013년 5월까지 여성정책수립 기초자료를 활용하여 시흥시 성인지 통계를 완료하였고 2017년까지 성평등 목표영역별로 일, 돌봄, 의사결정, 인프라 구축, 정책개선 이행률에 대한 지표를 설정하여 체계적으로 여성친화도시를 추진하였다. 시흥시가 지역여건을 고려하여 추진한 여성친화적 안전도시 사업의 사례를 살펴보면, 먼저 아동과 여성이 안심하고 다닐 수 있도록 "별을 달아 주세요!"를 기본 테마로 아동과 여성들에게 안전취약지역으로 인식되어 온 시흥스마트허브 배후지역인 정왕본동에 시흥시만의 특화 디자인을 적용한 '노란별길' 시범거리를 조성하였다.

노란별길은 어둡고 외진 학교 주변 골목의 환경정리와 LED가로등 설치로 여성·아동안심 골목길을 조성한 사업이다. 이 사업을 추진하기 위해 2013년 2월「정왕본동 마을만들기 추진단」을 구성한 후 안전취약지역인 시화베드로 성당부터 군서초등학교까지 약 500m 거리에 범죄예방환경설계(CPTED)를 적용하였다. 이 사업의 핵심은 아동과 여성이 안전하게 다닐 수 있도록 주변 공원과 연계한 도로를 공원으로 변경하여 주민 커뮤니티 공간으로 조성하고 시흥경찰서와 협의를 통해 기존 주차장 공간을 인근 초등학교 학생들이 안전하게 등·하교할 수 있도록 통학로를 확보하여 '노란별길' 시범거리가 완성되었다.

또한 시흥시는 강력범죄의 증가 등 범죄위험이 사회에 미치는 경제적·심리적 위험이 높아진 가운데 범죄로부터 안전성을 확보하는 차원에서 종합적인 예방 전략의 하나로 군자 배곧 신도시 조성 초기단계부터 여성친화도시협의체와 서포터즈가 지역 안전 모니터링 결과를 반영하여 장애물 없는 BF(Barrier Free, 무장애) 도시, 시민 안전권 확보를 위한 범죄예방환경설계(CPTED)를 적용한 도시가 되도록 구상하였다. 배곧 신도시는 시흥 시민의 행복한 삶을 위한 건강도시 실현을 위해 국내 최초로 범죄예방환경설계 디자인 인증을 획득해 중앙공원과 예술특화거리를 조성하였다.

이밖에 시흥시는 초등학생을 대상으로 학교주변 500m 이내를 현장답습을 한 후 안전한 공간과 위험한 공간에 대한 인지도를 높이기 위해 아동안전지도제작 사업 추진하였다. 아울러 아동 개개인의 안전의식 및 범죄 대처 능력 향상을 위해 학교주변 위험요소를 도출하고 아동대상 성범죄예방교육을 추진해 왔다. 안전지도 제작과정에서 성범죄 예방교육을 함께 추진하였고 범죄예방 뿐만 아니라 사회적 약자를 배려하는 보도, 보행 여건 조성을 포함하여 안전요소로 접근하였다. 아동안전지도 제작사업의 운영체계는 여성친화계가 지도 제작과정에서 시민참여단과 학부모 참여 및 위험요소 개선을 위하여 행정 내 관련 부서 및 교육지원청과 시흥경찰서, 학부모 모임과 협의를 추진하고 여성친화도시조성협의체가 안전지도 제작 지원사업을 추진하였다(최유진 외, 2014).

아동안전지도 사업의 주체 및 역할		
추진주체		역할
여성친화계	총괄관리	• 사업계획 수립 및 초등학교 대상 수요조사 • 학교별 추진 자료 취합 정리 • 실적관리 및 평가
	안전지도제작 사업추진	• 사업설명회: 시흥교육지원청 및 시흥경찰서, 학부모 모임 • 아동안전지도 최종 보고서(표창 및 발표회)

	실과소 협의	• 지역개선 건의사항
		  - 방범 CCTV 협의 및 개선(행정과)
		  - 사회적 약자 배려(도로 및 가로등 정비 등), 통학로 여성친화도시 디자인 설치 협의 (도로과)
		  - 지역방역활동 지원(시흥보건소)

여성친화도시 조성협의체	학습	• 학교방문 강의방법 • 아동안전지도
	제작참여	• 아동안전예방교육 및 지도제작 교육
초등학교	사업지원	• 학부모 참석

자료: 시흥시(2013). 아동안전지도 제작사업 추진계획.

2) 익산시

익산시는 2008년 여성정책 중장기발전계획을 수립하면서 '여성친화적 창조문화 도시'를 표방하고 여성친화도시 조례 제정을 통해 제도적 기반을 마련하였으며, 27개 부서가 59개 사업을 추진하였다. 이들 사업에는 여성 일자리 갖기 지원 프로젝트나 다문화가족 지원사업뿐만 아니라 여성친화적 도시설계 가이드라인 제정, 민·관 협력을 활성화시키는 여성친화도시협의체 활동, 안전하고 편리한 도시조성 관련 사업 등이 포함되어 있다. 익산시 여성친화적 안전도시 사업에는 안전하고 편리한 도시조성 사업과 관련하여 엄마와 아기를 위한 수유실 조성, 공공시설 유모차 대여 서비스, 장애물 없는 생활환경 조성을 위한 보도정비, 공원, 건축물 등에 장애물 없는 생활환경 인증제, 여성을 위한 콜택시 등의 사업을 추진하고 있다.

특히 청주시와 더불어 익산시의 핑크/분홍택시는 모범운전자만 운행할 수 있으며, 별도의 선발 기준을 통해 여성들의 택시탑승 불안감을 감소시키고 안전한 이동권을 보장한 대표적인 사례라 할 수 있다(부산여성가족개발원, 2014). 이밖에 대한민국 제1호 여성친화도시인 익산시는 여성의 안전과 편의 증진 사업의 일환으로 여고 주변의 범죄예방 및 안심귀가를 위한 안전디자인 사업을 추진하였다.

Study Plus! **다같이 돌자 동네 한바퀴**

여성친화도시 사업의 대명사가 된 익산시의 "다같이 돌자 동네 한바퀴" 사업은 2009년 여성친화도시 사업을 처음 시작한 익산시 시민참여단(여성친화서포터즈)과 공무원이 유모차를 끌면서 골목길 보행안전을 진단하고 개선한 대표적인 사례이다. 모니터링 사업이 축적된 익산시에서는 안전문제가 대두된 구도심 지역을 여성친화시범구역으로 선정해 지역주민과 행정, 그리고 지역 내 전문가 그룹인 여성친화도시 조성협의체가 함께 교류 활성화를 통해 지역 내 안전 체감과 여성의 가시성을 높였다. 2013년 여성가족부 우수사업 공모에 선정된 후 추진기반과 근거를 강화시켰다.

출처: 최유진. (2014). 여성친화도시 지역 안전사업 특성과 과제, 「젠더리뷰」 여름호: 7

3) 지역사회 안전증진사업 현황분석

2009년부터 성 주류화(gender mainstreaming)[8]의 맥락에서 지역여성정책의 새로운 패러다임이라는 주제를 걸고 등장한 여성친화도시는 5대 조성목표 중의 하나로 지역사회 안전증진을 강조하고 있다. 2009년부터 2015년까지는 안전하고 편리한 도시를 목표로 여성과 사회적 약자, 주민 전체가 안전을 누릴 권리를 보장하였다. 2016년부터는 지역사회 안전증진으로 목표가 변경되어 여성 및 사회적 약자의 통행 특성을 반영한 이동여건 조성과 도시기반시설, 공공이용시설, 주거단지에 대한 사회적 안전장치의 마련 등 각종 위험으로부터 안전한 지역 환경을 조성하는 것을 주요 내용으로 하고 있다.

또한 지역사회 위험에 대한 여성의 대처능력을 향상시키고 여성의 지역안전 유지 역량을 강화하는 등 여성과 사회적 약자의 안전역량 강화를 추진과제로 삼고 있다. 이러한 내용을 세부적으로 살펴보면, 여성가족부가 2015년 여성친화도시로 지정을 받은 49개의 지방자치단체의 사업성과를 분석한 결과 전체 평가대상 165개 중 안전 분야가 40개로 가장 많은 비중을 차지하였고 일자리 분야가 23개, 공간분야가 22개로 나타났다.[9] 2016년 이후 여성친화도시로 신규 지정된 자치단체의 안전증진 관련 사업을 도출하면 다음과 같다.[10]

먼저 2016년 신규 지정된 16개 자치단체 중 서울 강동구(여성이 안전한 마을 만들기 사업, 스마트안심존 설치), 서울 서초구(여성안전 종합대책 추진), 서울 송파구(구민 안전의식 향상 사업), 부산 동구(아동이 안전한 도시 옐로카펫 설치, 생애주기별 맞춤형 폭력예방 교육), 인천 남구(대학가 안심마을 만들기 사업), 대전 유성구(여성·아동·청소년 SOS 안심벨 설치), 울산 중구(여성 안심귀가 서비스 및 생활안전커뮤니티 맵핑 구축), 경기 성남시(SOS 위기지원 통합시스템 운영), 경기 화성시

---

8) 성 주류화는 1995년 베이징에서 개최된 유엔 제4차 세계여성회의에서 성 평등을 실현하기 위한 전략으로 채택된 패러다임이다. 이는 정책과 프로그램을 결정하고 추진할 시 성 평등한 참여를 보장하고 여성과 남성이 처한 조건의 차이와 사회·경제적 상황을 고려하는 동시에 정책시스템과 문화를 여성친화적으로 전환하는 것을 의미한다(최유진, 2015: 189).

9) 이외에 마을 만들기 분야(구, 광역, 중앙정부 공무사업) 12개, 건강·환경·문화분야 11개, 돌봄 분야(미취학, 어린이) 10개, 시설분야 9개(화장실, 주차장, 도로개선, 도로보수), 시민참여단 8개, 기타 30개 등으로 조사되었다(조주은·김예성, 2017: 28).

10) 본 자료는 여성가족부가 발표한 보도자료(2017.1.23., 2018. 1.24., 2019. 1.31.)를 토대로 저자가 자치단체의 추진 프로젝트에서 안전증진 관련 사업을 추출하여 제시한 것이다(한동효, 2019).

(시민주도형 안심마을 만들기), 경기 양주시(여성안심귀가길 도우미 사업, 안전하고 행복한 새뜰마을사업), 충북 충주시(충주시 안전순찰대 운영), 충북 증평군(모두가 안심하는 안전 모델도시 기반 구축, 안전벨 설치), 전남 순천시(안전한 생활환경 조성, 안전한 지역사회 만들기) 등 13개 자치단체가 안전증진 관련 사업을 진행하고 있다.

다음으로 2017년 신규 지정된 8개 자치단체의 안전 관련 사업을 살펴보면, 서울 양천구(육아, 안전 관련 여성친화마을사업), 서울 영등포구(학부모 안전연극단 발굴·양성), 전남 광양시(여성안심택시 운영, 여성안심게스트하우스 지정)가 안심 관련 사업을 추진 프로젝트에 포함시켰다. 2018년 신규 지정된 3개 자치단체의 추진 프로젝트를 살펴보면, 경기 의왕시(여성 안심귀가지원시스템 확대, 안전도우미 서비스앱 운영), 충남 서천군(여성 소규모 사업장 비상벨 설치 지원, 안심이용 공중화장실 조성, 방범용 CCTV 설치 확대), 전남 나주시(범죄예방환경 기법을 적용한 도란도란 만들어 가는 역전마을 도시재생 이야기 추진 조성, 안전모니터 봉사단 및 여성 서포터즈 활동을 통한 안전취약지구 모니터링 실시)가 안전증진 관련 사업을 추진 프로젝트에 포함하고 있다.

이밖에 경기도 안산시의 안심귀가 동행서비스[11], 경기도 용인시의 안심보디가드 서비스 등은 주민자율조직이나 자원봉사자 등을 조직화하여 범죄취약시간에 귀가하는 여성과 동행하고 있다. 익산시와 청주시의 핑크/분홍택시는 모범운전자만 운행할 수 있으며 별도의 선발기준을 통해 여성들의 택시탑승 불안감을 감소하고 안전한 이동권을 보장한 대표적인 사례라 할 수 있다(부산여성가족개발원, 2014). 의정부시와 서울시는 여성들이 주요 표적인 택배서비스를 빙자한 범죄를 예방하기 위해 여성무인 안심택배사업을 실시하고 있다. 아울러 경기도 시흥시의 어둡고 외진 학교주변 골목의 환경정리와 LED가로등 설치로 여성·아동 안심골목길을 조성한 노란별길 조성사업, 인천 부평구의 여성이 편안한 발걸음 500보 등의 사업이 있다. 특히 대한민국 제1호 여성친화도시인 익산시는 여성의 안전과 편의 증진 사업의 일환으로 여고 주변의 범죄예방 및 안심귀가를 위한 안전디자인 사업을 추진하였다.[12]

---

[11] 안산시(2011년 지정)의 안심귀가 동행서비스는 지역 주민의 안전 제고 및 범죄 예방을 위한 여성친화도시 차원의 안전사업 필요성이 대두되면서 여성친화도시 주무부서와 아동여성보호 지역연대, 자율방범대, 여성친화도시협의체 등 지역 유관기관과 주민 간의 협조를 통해 사업을 계획하였다. 심야 귀가 여성에 대한 범죄예방 및 지역주민의 안전 제고를 위해 야간 안심귀가 서비스를 실시하여 여성·아동 대상 범죄의 감소에 기여한 것으로 평가되고 있다(최유진, 2015: 4).

[12] 여성가족부와 한국여성정책원은 제16차 여성친화도시 포럼에서 우리 동네 골목안전프로젝트 '마을안전지도 제

3. 경남지역 여성친화도시 현황과 시사점

여성가족부가 추진하고 있는 여성친화도시 지정유형은 크게 신규지정과 재지정으로 구분된다. 먼저 신규지정은 기초자치단체가 제출한 여성친화도시 조성 계획에 대해 심사위원회의 심의를 거쳐 지정여부를 결정하고 지정도시와 협약을 체결한다. 또한 재지정은 지정기간이 만료되는 도시를 대상으로 5년간의 사업성과 및 향후 사업계획서 등을 종합하여 심시한 후 재지정 여부를 결정하고 재지정 도시와 협약을 체결한다. 또한 여성친화도시 지정 이후 전 기간 동안 추진실적 등을 점검하여 사업의 내실화를 도모하고 있다(여성가족부, 2017).

구분		내용	제출양식
1단계 추진도시	1년차 도시	• 사업추진기반 구축, 민관 협력체계 구축 상황 등 점검	이행점검 보고서 (조성단계)
	2-4년차 도시	• 이행점검 영역별 사업 발굴 등 추진현황 점검	이행점검 보고서 (정착단계)
	5년차 도시 (재지정 대상)	• 5년간 활동실적 평가 • 주요 사업 분야별 추진성과 점검	종합성과보고서
2단계 추진도시		• 2단계 사업추진 현황 및 성과 • 부서간 협력 활성화, 민간영역 참여 정도	이행점검 보고서 (확산단계)

여성친화도시 지정단계 및 연도별 이행점검 사항

2018년 말 기준으로 경상남도 18개 시·군의 여성친화도시 지정 관련 실태를 보면, 먼저 양산시와 김해시가 2011년 여성친화도시로 지정되었으며, 양산시는 2016년, 김해시는 2017년 재지정 되었고 거창군은 2014년 여성친화도시로 선정되어 2019년 현재 5년차(재지정도시)이다. 이러한 실태로 볼 때 경상남도의 여성친화도시는 현재 3곳으로 지정 성과는 상당히 미흡하다고 볼 수 있다.[13] 한국여성정책연구원에 따르면, 2017년 7월 기준 여성친화도시로 지

작(강릉시)', 노란별길 사업(시흥시), 여성친화 시범구역 조성사업(익산시)을 안전사업 우수사례로 선정하였다. 또한 여성친화도시 우수사례집에서 강릉시의 마을안전지도 제작, 시흥시의 안전한 노란별길 조성사업, 여성이 편안한 발걸음 500보 관련 사례를 구체적으로 제시하고 있다(조명희·공미혜, 2014: 29-30; 여성가족부·한국여성정책개발원, 2016: 39-48).

13) 2018년 말 기준 전국 245개 광역 및 자치단체 중 87개 자치단체가 여성친화도시에 선정되어 사업을 수행하고 있다. 이 중에서 경기도가 14곳, 서울시와 부산광역시가 각각 10곳으로 가장 많이 선정되었으며, 그다음으로

정되지 않은 169개 지방자치단체 중 17개 자치단체가 여성친화도시 지정을 준비하고 있는 것으로 나타났으며, 경남의 경우 사천시와 통영시가 여성친화도시 관련 조례를 제정하여 여성친화도시 지정을 준비하는 것으로 나타났다(조선주 외, 2017). 이러한 내용을 종합하여 여성친화도시, 지정준비도시, 잠재적 준비도시로 구분하여 경상남도의 여성친화도시 관련 실태를 보면 다음과 같다.

경상남도 여성친화도시 실태					
여성친화도시		여성친화도시 지정준비도시		여성친화도시 잠재적 준비도시	
시	군	시	군	시	군
김해시 양산시	거창군	사천시 통영시	-	창원시, 진주시 밀양시, 거제시	의령군, 함안군, 창녕군 고성군, 남해군, 하동군 산청군, 함양군, 합천군

한편, 경남의 18개 기초자치단체 중 여성친화도시로 지정된 3개 시·군과 지정준비도시만 여성친화도시 조성에 관한 조례를 제정하였으나 나머지 13개 자치단체는 조례를 제정하지 않은 것으로 나타났다. 이밖에 아동, 여성, 노인 등 안전취약계층을 고려한 안전도시 관련 조례의 경우에도 김해시, 창원시, 거창군 3곳만 조례를 제정하여 운영하고 있는 것으로 나타나 경남도 및 18개 자치단체의 경우 안전도시 관련 사업과 정책에 관한 관심과 참여가 상대적으로 미비한 것으로 재해석할 수 있다. 따라서 향후 여성의 안전을 최우선으로 하는 여성친화적 안전도시를 지향하기 위해서는 조례의 제정 등 법제도적 장치를 시급히 마련하고 조례 제정 시 여성친화적 안전도시의 정책수립 계획 및 공공이용시설, 주거환경, 근린생활공간에 대한 안전 관련 예산 등의 지원체계를 구체적으로 제시할 필요가 있다.

여성들에게 있어서 안전한 지역사회(safe community)는 지역사회 내에 거주하는 모든 시민들이 성별, 연령, 인종, 소득, 능력과 무관하게 지역사회 내의 환경을 완전하고 자유롭게 향유할 수 있는 것을 의미한다(Terri and Ali Grant, 2002). 안전한 지역사회 내에서 경찰이나 범죄피해자에 대한 통계상 범죄율이 감소하고 자신이 살고 있는 거주지나 도시가 점차 안전해

충남(9곳), 전남(7곳) 순으로 나타났다.

지고 있다고 지각하는 사람들이 증가해야 한다. 또한 사람들이 이웃을 알고 있고 이웃으로부터 도움을 받으며, 경찰이나 공공공간의 유지 및 대중교통, 시의회 등 시민을 대상으로 하는 서비스에 대해 신뢰하고 시민들의 다양성을 받아들이는 동시에 모든 사람들이 대우받고 있다고 느껴야 한다.

지역사회의 공간을 여성, 특히 노인이나 여아를 동반한 여성과 같이 제약을 더 많이 가진 여성에게 안전함을 조성한다는 것은 결국 모든 시민들에게 안전한 공간을 만든다는 것을 의미한다. 따라서 안전한 지역사회를 위해서는 도시의 생활공간 조성을 위한 계획이나 안전가이드라인의 개발 시 여성에게 주도적인 역할을 부여해서 보다 많은 여성들의 의견을 반영해야 한다. 더불어 안전한 지역사회는 다양한 여성과 남성, 어린이들이 밤낮의 구별 없이 폭력이나 성범죄에 대한 두려움을 느끼지 않고 자유롭게 다닐 수 있는 공간을 의미한다. 안전한 지역사회에서는 모든 사람들이 서로 도움을 주고받을 수 있어야 하며, 공공 공간은 여러 가지 이유로 공간을 향유하도록 설계되어야 한다. 그리고 가능한 많은 사람들이 대중교통에 접근하기 용이하고 안전하게 이용할 수 있어야 한다(Hickie & Lake, 1995).

여성친화적 안전도시가 성공적으로 정착하기 위해서는 우선 여성친화적 안전도시 조성을 위한 공간적 접근은 많은 시간을 두고 가족 구성원이 함께 공유하는 주거환경으로부터 근린생활공간 그리고 내부에서 공동으로 이용하는 공공이용시설로 구분하여 접근할 필요가 있다. 따라서 근린생활공간 및 공공이용시설과 같은 불특정 다수가 이용하는 공간에서는 크게 안전한 시야를 확보하고 범죄예방환경설계(CPTED)를 적용하는 동시에 방범 및 방재관리시스템을 우선적으로 구축해야 할 것이다(이주호, 2013). 예를 들어 시흥시가 자발적으로 신도시 개발계획에서 한국셉테드학회를 통해 범죄예방환경설계(CPTED)를 도입하여 배곧신도시를 계획한 사례는 눈여겨 볼 필요가 있다. 경남의 여성친화도시 관련 지정도시 및 잠재적 지정도시가 여성친화적 안전도시를 조성하기 위해서는 CPTED 인증 필요성과 범위에 대해 조례를 제정하여 일정 규모 이상의 주거단지 및 주거지구(예: 500세대 이상), 상업시설(예: 연상면적 5,000㎡ 이상), 또는 학교, 공원 등 공공시설에 대해 의무적으로 CPTED 인증절차를 정례화하는 것도 범죄예방을 위한 하나의 수단이 될 수 있다.

끝으로 여성친화적 안전도시를 조성하고 성공적으로 시행하기 위해서는 자치단체의 행정 전반이 이 사업과 연계될 수 있도록 법제도를 정비하고 해당 자치단체의 지역 여건 등을 감안하여 구체적인 목표와 전략을 수립해야 한다. 여성친화적 안전도시 조성을 위한 가장 중요한 동력 중의 하나가 자치단체장 및 의회의 관심과 의지이다. 기초자치단체가 주도하여 간담회와 공청회를 통해 지역주민들에게 목표와 비전을 제시하고 지역사회 안전망 구축이 필요하다는 사실을 인식시켜야 한다.

[부록 1] 여성친화도시 주요 사업

구분	지자체 (지정년도)	여성친화도시 주요 사업
전라북도	익산시 (2009)	여성친화도시설계 가이드라인 운영 활성화, 컨설팅 그룹 운영, 여성친화공동체 시범조성사업, 여성을 위한 콜택시 제공, 여성친화 서포터즈 운영 등
	김제시 (2011)	조례제정, 여성친화도시협의회 구성·운영, 여성친화도시 연구용역, 부서별 추진상황 분기보고회, 서포터즈 활동 다양화, CCTV설치, 화장실개선 등
전라남도	여수시 (2009)	여성친화도시조성위원회 개최, 모니터요원 운영, 여성용 공영자전거 운영, 여성친화공영주차장 설치, 직장보육시설 설치 등
	장흥군 (2011)	조례제정, 여성친화도시조성위원회 구성 및 운영, 찾아가는 여성친화교육, 서포터즈 구성, 과제보고회, 여성이장 임용확대, 여성 사회적 기업 발굴 육성 등
서울시	강남구 (2010)	여성친화도시조성협의회 활성화, 워크숍 및 토론회 개최, 서포터즈운영, 여성행복인증시설, 가족친화인증기업확대, U헬스케어시스템, U강남관제센터 운영
	도봉구 (2011)	-
경기도	수원시 (2010)	공무원, 모니터링단, 일반시민교육, 조성위원회 및 협의체 구성·운영, 세미나·토론회 개최, 공감대 형성을 위한 테마형 시민제안 공모
	시흥시 (2010)	여성친화도시협의체, 서포터즈 운영,「안심보육」모니터링, 중장기계획수립, 대상별 교육 및 워크숍, 여성친화도시 시민공모,
	안산시 (2011)	성평등 관련 조례 정비, 부시장 직속 여성친화도시 조성위원회 설치, 성평등 지수 평가 '성인지 온도계'사업실시, 안전안산·안심안산 U-City 구축·운영, 여성친화·환경친화'주거단지 조성사업
	안양시 (2011)	여성친화도시조성 T/F팀 구성, 여성친화도시조성협의체 활성화, 찾아가는 여성친화도시 교육 및 서포터즈단 모집, 중기계획보고회 개최(연2회)
강원도	강릉시 (2010)	여친도시조성위원회 구성 및 운영, 여성친화도시 조성을 위한 여성발전중장기계획 용역, 공무원 대상 여친교육 과정 운영, 다양한 시민대상 여친인식교육(여성대학 운영 등), 행정기관내 여성친화시설, 주차장 조성 등, 공원내 여성친화적 환경조성, 관련조례 지속 정비
	동해시 (2011)	여성친화도시조성협의회 구성 및 회의 개최, 과제 발굴을 위한 공무원 워크숍 개최, 과제 검토보고회, 여성친화도시 시민서포터즈 모집을 위한 시민교육, 여성친화도시 조성 계획 수립
충청북도	청주시 (2010)	여성친화정책자문단회의, 전국 제1호 여성친화공원 완공, 여성친화정책 연구용역, 여성안심택시 상용서비스
충청남도	당진시 (2010)	여성친화도시 포럼 운영, 찾아가는 여성친화도시 교육운영, 여성친화도시 서포터즈모임 활성화, T/F팀워크숍개최
	아산시 (2011)	조례제정, 과제발굴워크숍, 여성친화도시조성협의체 구성·운영, 서포터즈 모집·운영, 중장기계획용역, 집합교육 및 찾아가는 교육, 부서별 추진과제보고회

여성친화도시 주요 사업		
대구시	중구 (2010)	여성친화도시조성위원회, 교육 및 워크숍 개최, 간담회 및 보고회 개최, 5개분야 40 개사업 부서별 추진
	달서구 (2010)	달서여성행복카페·서포터즈운영, 월광수변공원 여성친화1호 시범공원, 안심택시승강장, 평등가족실천공모전, 찾아가는 여성정책아카데미
부산시	사상구 (2011)	-
인천시	동구 (2011)	여성친화도시 중장기 발전계획 수립, T/F팀 구성, 조례제정(7월), 협의회 구성, 대상별 교육, 과제발굴 워크숍, 토론회 개최, 홍보 리플렛 제작, 포럼 개최
	부평구 (2011)	조례제정, 협의회 운영, 과제발굴 워크숍, 주민토론회, 전직원 상대 성인지 교육 1인 4시간 이수, 여성친화도시 활성화 공모사업(3팽 6대전략), 여성친화조성을 위한 공공시설의 건축매뉴얼 보급, 온란인 참여방 및 오프라인 주민서포터즈 운영, 가족친화인증제 추진
광주시	동구 (2011)	조례제정, 동구여성친화도시 중장기 발전계획 연구용역, 여성친화도시조성협의체 구성 운영, 공무원 성인지 교육·여성친화정책 형성 교육, 여성·가족친화 계림동『행복한 창조마을』시범 조성, 일반 마을기업 육성 자립공동체 발굴 지원, 안전하고 편리한 보행 환경 조성 사업
	서구 (2011)	조례제정, 시민욕구조사, 공무원 교육, 찾아가는 여성친화도시교육, 조성협의체 구성·운영, 세부사업계획수립
	남구 (2011)	조례제정, 여성친화도시 평가 및 발전방향 용역, 여성친화도시 협의회 운영, 공무원 교육 확대실시, 주민만족도 설문조사, 평가보고회
	북구 (2011)	조례제정, 여성친화도시협의회 운영, 대상별 교육 및 워크숍, 시민자율카페 운영, 여친도시 웹사이트구축, 평가보고회, 여성친화적 공중화장실, 주차장 조성 등
	광진구 (2011)	조례제정, 여성친화도시 홍보강화, 부서 간 협력체제 강화, 여성친화 서포터즈 활동 프로그램 다양화, 농촌지역 노인여성 편익시설 증진사업, 하남 3지구 여성친화적 주거단지, 여성특화거리 시범 조성사업 추진, 여성친화적 사업을 위한 구 자체 예산확보 노력
경상북도	영주시 (2011)	조례제정, 조성위원회, 시민참여단 구성·운영, 교육 및 워크숍 개최, 여성친화도시 아이디어 공모, 안전한 영주 안심(安心)프로젝트 추진: 시민참여형 안전시스템 구축 운영
경상남도	양산시 (2011)	조례제정, 시장 직속 여성친화도시조성 협의회 구성, 실무부서 보고대회 개최, 대상별 교육실시, 물금여성특별설계 구역 조성, 바이오·디자인 허브 등 신성장동력 분야 여성 취업 확대, 양산 Herstory: 지역여성문화유산의 재조명
	김해시 (2011)	협의체 및 위원회, 시민참여단 구성·운영, 포럼 개최, T/F팀 구성, 과제발굴 워크숍, 보고회, 여성친화도시중장기계획 연구용역, 김해여성센터 신축 등
	창원시 (2011)	조례제정, 실무추진단 T/F팀 구성, 민관협의체 구성, 서포터즈 운영, 공모사업, 장애여성의 건강 증진을 위한 시스템 구축, 평등부부문화 도시 추진, 보행친화적 보도정비 추진
제주특별자치도		조례제정, 여성친화도시조성협의체·위원회 운영, 제주여성거버넌스 포럼 운영, 서포터즈 구성, 서귀포시 혁신도시내 여성친화형 도시공간 조성시범사업, 산남지역 공공산후조리원 설치 등

[부록 2] 여성친화도시 우수사례

연도	지역	단체	사업명	사업내용
2016 (5개)	대구 달서구	사회복지법인 가정복지회	기업과 구민이 함께 만드는 여성친화 달서 만들기 프로젝트	• 여성친화적 기업문화조성에 관심이 많은 기업대상 네크워크 구축으로 일가정 양립을 위한 기업문화 조성 • 노무상담 등을 통해 애로사항 해소 • 여성근로자 노무문제 접수 후 노무사 상담 진행 • 일·가정 양립환경 조성을 위한 지역 맞춤 프로그램 운영
	경기 시흥시	나눔자리 문화공동체	바라지 여성친화마을	• 지역별 특성에 맞는 소통이 가능하도록 시흥시 권역별 1개소에 바라지 여성친화마을 운영 • 시민들의 주거 공간이 가까운 곳에 기존 공간을 활용한 여성친화 프로그램 운영
	경기 의정부	의정부시 새마을부녀회	온마음 모아 희망의 스위치를 on, 'ON 브릿지' 조성사업 [돌봄의 연계를 통한 여성친화 마을만들기]	• 마을과 마을, 주거단위와 주거단위 간 공공기관 유휴공간을 지역주민 돌봄공간으로 활용 • '민' 주도 + '관' 지원의 추진단 구성 • 마을운영위원회의 모니터링을 통한 돌봄 및 필요 자원 등 확인 • 브릿지 공간 마련 및 돌봄 프로그램 개발과 연계
	충남 아산시	아산녹색 어머니연합회	성매매 우려지역 여성의 인권과 평화를 상징하는 여성친화도시 마을만들기 사업	• 희망나눔 벼룩시장 운영 • 성매매 업소종사자 상담 및 지원 • 여성친화도시 바로알기 및 양성평등 인식개선 사업추진
	전북 남원시	사단법인 한생명	살래골 여성친화마을 조성 사업	• 귀농귀촌여성 대상으로 경제활동지원 통한 마을 정착 도모 • 생활의류업 사이클링을 위한 바느질 전문교육 • 귀농귀촌여성이 중심이 되어 어르신과 자녀 돌봄을 통해 마을 문화와 세대 공감을 통한 지역정착 활성화

연도	지역	단체	사업명	사업내용
2017 (4개)	대구 달서구	달서구 여성단체 협의회	기업과 구민이 함께 만드는 여성친화 달서 만들기 프로젝트	• 소통, 나눔, 교육, 공연, 전시 가능한 여성커뮤니티 가게 설립 • 재능을 가진 여성들의 지역사회 참여를 위한 아트길 운영
	경기 의정부	의정부시 새마을부녀회	여성일자리 마을 만들기 사업 "바늘과실 사랑채"운영	• 여성친화마을 거점공간에서 소일거리를 통한 여성협동조합을 설립 • 지역주민 요구조사를 거쳐, 일자리창출 교육과 돌봄프로그램 운영을 통하여 여성의 사회참여를 위한 기반 조성
	경기 성남시	사회적협동조합 문화숨	이웃이 스미는 마을	• 여성친화마을 인적자원 육성을 위한 커뮤니티강사 육성 워크숍 실시 • 주민 요구조사를 통한 여성친화마을 토대 구축 • 성남 민·관 네트워크 활성화
	전북 김제시	김제시 여성단체 협의회	웃음꽃 피는 여성가족 친화마을 만들기	• 여성·아동이 안전하게 함께 즐길 수 있는 문화커뮤니티 공간 조성 • 지역주민 참여를 활성화하여 주민들의 역량 강화 및 공동체 활성화 • 여성들의 역량강화를 통해 지역사회 참여 기회 확대 : 마더 안전토크방 운영

연도	지역	단체	사업명	사업내용
2018 (2개)	경기 부천시	부천여성 청소년재단	(소)소한 안전을 (확)실하게 지키는 (행)복한 부천 '쌈닭' 네트워크	• 쌈닭 네트워크 구성(기획단 구성, 마을 쌈닭 조직) • 부천여성안전실태조사 • 여성안전·안심 코디네이터 양성, 동네 '마을 쌈닭' 네트워크 구성 • 언니네 공부방 운영(코디네이터 중심으로 '공부하는 쌈닭' 동네 학습 모임) • 지역사회 활동 1. 지키는 이웃되기(동네 Voice 캠페인, 여성안심축제, '청소년과 함께, 쎈언니들과 함께, 할매들과 함께 자율적 네트워크 형성), 2. 안심존 만들기(동네 사랑방 구성) • 실태조사 및 사업결과 보고회
	충남 아산시	안전지도자 협회	성매매집결지 여성 친화형 도시재생 사업 시범모델 구축을 위한 여성친화마을 만들기 사업 추진	• 유형, 무형 자원 발굴 조사, 주민요구 설문조사 등을 통해 성매매집결지 장미마을 일대에 여성친화형 도시재생 사업 추진 • 성매매집결지 일대에 문화공연, 벼룩시장 등 운영

MEMO

도시정책사례연구
재생과 안전 그리고 갈등을 말하다

Urban Policy Case Study

Chapter 4

지역갈등과 상생발전

|제10장| 지방정부간 갈등에 관한 논의
|제11장| 지방정부의 갈등현황 및 사례분석

도시정책사례연구
재생과 안전 그리고 갈등을 말하다

제10장
지방정부간 갈등에 관한 논의

업데이트 자료 확인

제1절 공공갈등의 의미와 원인

    오늘날 지역사회는 정치·경제·복지 등 다양한 문제를 안고 있으며, 미래에 대한 불확실성으로 인해 이해관계자들 간의 갈등이 빈번히 발생하고 있다. 민주화와 지방화의 진전으로 시민들의 교육수준은 향상되어 지역사회의 문제에 대해 참여 의식이 높아졌다. 하지만 지방자치제도의 실시와 자치단체장의 직선제로 인해 단체장 선거에 치중된 행정과 주민 인기에 영합하기 위한 근시안적 정책을 선호하면서 지역사회 갈등 또한 적지 않게 발생하고 있다(전영상 외, 2014). 특히 국책사업 등 공공정책 사업을 두고 지방정부와 지역 간의 갈등은 고조되고 있으며 국책사업뿐만 아니라 각종 지역연계 사업을 추진하면서 공공갈등이 전국에 걸쳐 발생하고 있고 그 자체가 다양화·복잡화되고 있다.[1] 결국 공공갈등의 심각성에 대한 문제는 어제 오늘의 일이 아니고 '90년대 이후 공공갈등에 대한 문제가 본격적으로 제기된 이후 지속적으로 악화되어 왔다. 여기서는 먼저 갈등의 개념과 원인을 중심으로 살펴보고자 한다.

---

[1] 단국대학교 분쟁해결센터가 1990부터 2013까지 수집한 공공분쟁 자료 633건을 분석한 결과 수도권이 35.1%로 가장 높고 그 다음으로 경남 5.3%, 강원도 4.9% 순으로 나타났다.

1. 공공갈등의 개념과 유형

한국사회는 다른 타 국가에 비해 인종 및 종교 간 갈등이 적은 반면에 사회갈등 수준은 매우 높은 것으로 나타나고 있다. 2010년 기준 한국의 사회갈등 수준[2]은 OECD 27개국 중 2번째로 높고 종교분쟁을 겪고 있는 터키를 제외하고는 가장 심각한 수준이며, 이로 인한 경제적 손실이 연간 82조에서 246조에 이르는 것으로 조사되었다(삼성경제연구소, 2013).[3] 인간은 상호의존성 등을 관리하기 위해 다양한 형태의 상호작용, 다시 말해 협력(cooperation), 협치(collaboration), 조정(coordination)을 시도한다. 이러한 상호작용도 공동의 목적을 달성하는데 기여하지만, 때로는 의견충돌과 갈등을 야기하는 요인으로 작용할 수 있다(하혜수 외, 2014).

일반적으로 갈등(conflict)은 둘 이상의 이해당사자 간에 권한, 지위 및 자원 등을 두고 다투는 것으로 정의된다(Himes, 1980; Blalock, 1989). 갈등의 사전적 의미는 '개인이나 집단 사이에 목표나 이해관계가 달라 상호 적대시하거나 충돌 또는 그런 상황'을 말한다(Klausner & Groves, 1994). 국내·외의 선행연구를 통해 갈등의 개념을 정리한 연구를 요약하면 갈등의 개념은 크게 네 가지로 정리된다. 첫째, 갈등은 개인 간, 집단 간 또는 국가 간 등 다양한 관계 속에서 다양한 형태로 존재하고 있다. 둘째, 갈등당사자들이 Zero-sum 상황에서 서로 대립한다. 셋째, 갈등당사자 간 이익 등이 충돌한다. 넷째, 갈등당사자 간의 동태적 상호의존적 과정이며, 마지막으로 갈등당사자들 간의 다른 목표들을 좌절하도록 유발하는 과정으로 파악되고 있다(임동진, 2011).

사회학에서는 갈등을 동일한 목표를 추구하는 상대방을 의도적으로 파괴시키는 행태의 상

---

[2] 사회갈등지수는 정부의 행정이나 제도가 갈등을 효과적으로 관리하고 있는가를 수치화 한 것으로 정부의 유효성, 규제의 질, 부패 억제 등에 관한 데이터를 기초로 분석한다. 이밖에 정치(공공서비스의 정치적 비독립성, 정보 접근 제한, 언론 자유 제한 등), 경제(소득 불평등, 소득분포 등), 사회문화(인구의 이질성, 사회구조의 스트레스 등)의 '사회갈등요인지수'를 산출하는데 이 지수가 높을수록 갈등이 유발될 가능성이 높다(안용주, 2015)

[3] 공공갈등을 효과적으로 해소하기 위해 전국경제인연합회는 2013년 8월 21일 '2차 국민대통합 심포지엄'을 개최하였다. 여기서 갈등을 해소하는 비용을 줄이고 갈등 당사자의 만족감을 높이기 위한 방안으로 대안적 분쟁해결제도(ADR)의 활성화를 제안했으며, 이후 분쟁위원회와 국가인권위원회 및 국민대통합위원회를 설치하여 국가의 갈등 수준을 낮추기 위한 방안을 제기했다. 이와 동시에 환경법, 폐촉법(폐기물처리시설 설치촉진 및 주변지역지원 등에 관한 법률), 전기 관련 보상법(예: 송전설비주변법, 발전소주변지역법 등) 등의 법 규정에 대한 재·개정을 통해 비선호시설 등의 설치에 대한 갈등의 소지를 예방하고 문제점을 해소하고자 노력해 왔다(이선우 외, 2015).

호작용인 동시에 목표달성이 대립 또는 적대적 관계에 있는 타인의 희생 없이 성취될 수 없는 경우에 발생하는 상호작용의 형태로 보고 있다. 행정학적 입장에서는 '둘 이상의 행동 주체 사이에서 상호 이해나 목표가 상충하거나 희소가치의 획득을 둘러싸고 서로 다투는 현상'으로 정의하고 있다. 심리학자인 레빈(K. Lewin)은 갈등을 '양립할 수 없는 두 가지 이상의 동기와 목표, 욕구에 의해 개인의 내적인 갈등이 초래된다'고 주장하면서 이를 접근-접근 갈등(approach-approach conflict), 회피-회피 갈등(avoidance-avoidance conflict), 접근-회피 갈등(approach-avoidance conflict)으로 분류하였다. 또한 Huczynski & Buchanan(2007)은 갈등은 '한 편의 당사자가 다른 당사자에게 부정적인 영향을 미치거나 주고자 하는 것을 인식하고, 한쪽의 당사자가 이를 신경 쓰기 시작하는 과정'으로 파악하였다. 한쪽은 더 많은 양을 얻고 다른 한쪽은 적은 양을 얻게 되는 상황이 갈등상황이다(Brickman, 1974; 주재복, 2016).

「공공기관의 갈등 예방과 해결에 관한 규정」(대통령령 제24429호, 시행 2013.3.23.)에서는 갈등을 '공공정책(법령의 제정·개정·각종 사업계획의 수립·추진을 포함)을 수립하거나 추진하는 과정에서 발생하는 이해관계의 충돌'로 명시하고 있다. 또한 갈등(conflict)은 개인의 심리적 대립상태와 개인, 집단 간의 사회적인 갈등을 포함하나 분쟁(dispute)은 사회적 갈등만을 포함하는 동시에 외부로 표출된 의견불일치 상태만을 의미한다.

이러한 내용을 토대로 갈등의 개념을 종합하면, 갈등은 행위 주체 사이에서 일어나는 현상으로 개인, 집단, 그리고 조직이 될 수 있으며 개인 대 개인, 개인 대 집단, 집단 대 조직 간에 발생할 수 있는 현상이라 할 수 있다. 또한 행동 주체 간의 대립적 내지 적대적인 교호작용으로 반목·대립·충돌·적대감 등의 관계인 동시에 긴장과 스트레스가 존재하고 초조와 불안감을 내포하고 있다. 특히 경쟁은 상대방에게 직접적인 피해를 입히기 위한 행동은 아니지만 이것이 격화되면 갈등이 될 수 있다(최병학, 2014). 결국 갈등은 둘 이상의 개인이나 집단 사이에서 이해관계가 배치되는 상황이 발생할 때 서로 간의 상호작용 과정에서 발생하는 것으로 요약할 수 있다.

이밖에도 갈등은 이해당사자 간의 심리적 의견불일치 상태를 포함한 일체의 의견불일치와 대립적인 상태를 포함하기 때문에 분쟁을 포함한 광의의 개념으로 볼 수 있고 의견불일치의 강도에 따라 세 단계로 구분하기도 한다. 먼저 상이한 의견을 인지하여 자신의 의견을 자율적으로 조정하는 사회적 문제화 단계(issue), 다음으로 양립 불가능한 대립적인 견해가 존재

하나 상호 조정과 타협이 이루어질 수 있는 분쟁 단계(dispute), 마지막으로 상호간의 대립 격화로 당사자 간의 조정이나 타협이 불가능한 난국 단계(impasse)로 구분된다(우주호, 2011).

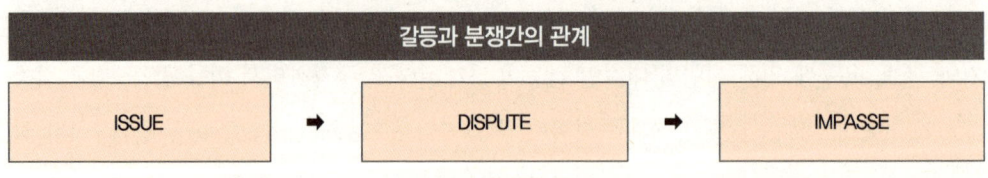

한편, 갈등은 협력형(cooperation), 경쟁형(competition), 절충형(mixed)으로 구분하여 접근이 가능하다(Lan, 1997; 박관규 외, 2014; 주재복, 2016 등). 여기서 협력형 갈등은 이해당사자에게 부여되는 보상이나 손실의 규모가 유사하여 비경쟁적인 경우를 말한다. 이와 반대로 경쟁형은 이해당사자 중 한쪽이 상대방에게 손실을 끼쳐 얻게 되는 경우이며, 절충형은 이해당사자들이 제3자의 비용으로 확보한 자원을 두고 경쟁하면서 공동의 이해관계를 모색해 상호 이익을 얻는 상황을 의미하는 것으로 정부의 정책과정에서 발생하는 대부분의 갈등이 절충형에 해당한다. 절충형 갈등 상황은 비용과 편익의 명확화, 협상과 교섭, 조정 및 중재, 또는 대체안 제공 등의 방법으로 해소할 수 있다(Lan, 1997).

또한 정책은 하나의 정책이 사회적 가치를 배분하는 의사결정과 행동의 망이며, 사회적 가치를 배분하는 과정에서 일부 집단이 다른 집단보다 더 혜택을 받는 자원배분의 지침이라 할 수 있다. 이러한 관점에서 볼 때 정책과정에서의 갈등은 필연적인 것으로 간주할 수 있다(강창민, 2015). 정책의제 설정 및 결정과정에서 발생하는 갈등은 정책이나 사업추진 계획의 절차적 정당성과 투명성에 따라 갈등 발생에 영향을 미친다. 이 단계에서 이해관계자는 자신의 의견을 최대한 반영하려는 욕구가 크기 때문에 이해관계자 간의 의견을 충분히 수렴할 수 있는 기제를 마련한다면 갈등을 사전에 차단할 수도 있다. 다음으로 정책집행 과정에서 발생하는 갈등은 두 가지로 유형화할 수 있는데, 먼저 계획단계에서 비공개로 하였거나 이해관계자들의 참여와 정보가 차단된 채 정책이 집행되었거나 또 다른 경우인 정책결정 과정에서 참여와 합의를 거쳤음에도 불구하고 그 결과가 제대로 반영되지 않을 경우 갈등이 발생한다.

정책과정에 따른 갈등유형

구분	갈등유형
정책의제 설정 및 결정과정	• 정책이나 사업이 절차적 정당성과 투명성을 고려하지 않은 채 추진될 경우 발생
정책집행과정	• 계획단계에서 비공개적으로 추진하였거나 이해관계자들의 참여와 정보가 차단된 채 정책이 집행된 경우 • 정책결정과정에서 참여와 합의를 거쳤음에도 불구하고 그 결과가 정책에 제대로 반영되지 않은 경우
정책평가과정	• 갈등해결 결과인 합의안이 제대로 수행되었는지, 갈등당사자의 불만이나 갈등이 표출될 통로가 존재하는지 여부 확인

자료 : 윤종설. (2007). 「정책과정에서의 갈등관리체제 구축방안-Governance 관점의 정책사례 분석을 중심으로」, 한국행정연구원.

이 과정에서 갈등을 최소화하기 위해서는 정책결정 후에 집행과정을 공개하여 투명성을 높이고 이해관계자들의 불안감을 해소하여 갈등을 체계적으로 관리할 수 있도록 할 필요가 있다. 끝으로 정책평가 과정은 정책의 효과를 검토하고 정부의 책임성을 확보하기 위한 과정으로 이 단계에서는 다양한 이해관계자들이 참여하고 환류과정을 통해 정책의 오류를 수정해야 한다. 따라서 이 과정에서는 이전의 갈등해결 결과인 합의안 등이 제대로 수행되었는지, 갈등 당사자의 불만사항이나 갈등이 표출될 통로가 존재하는지 등을 점검하여 갈등을 해소할 수 있다(최지연, 2008).

이밖에 공공의 갈등은 갈등 당사자에 따라 크게 정부 간의 갈등과 정부와 주민 간의 갈등으로 구분할 수 있다(나태준, 2004). 정부 간 갈등은 다시 수직적 갈등과 수평적 갈등으로 구분되며, 수직적 갈등은 중앙정부와 지방정부, 광역자치단체와 기초자치단체 간의 갈등을 말하고, 수평적 갈등은 중앙부처, 광역자치단체, 기초자치단체 등 동급의 중앙부처와 지방자치

갈등당사자에 따른 갈등 유형

	수직적 갈등	수평적 갈등
정부간 갈등	• 중앙정부 - 광역기초단체 • 중앙정부 - 기초자치단체 • 광역자치단체 - 기초자치단체	• 중앙부처 - 중앙부처 • 광역자치단체 - 광역자치단체 • 기초자치단체 - 기초자치단체
	정부-주민간 갈등	정부-시민단체간 갈등
정부-시민간 갈등	• 중앙정부 - 주민 • 광역자치단체 - 주민 • 기초자치단체 - 주민	• 중앙정부 - 시민단체 • 광역자치단체 - 시민단체 • 기초자치단체 - 시민단체

단체 상호간의 갈등을 말한다. 다음으로 정부 대 주민 간의 갈등은 공공정책의 수립 및 추진 주체인 정부와 영향을 받는 주민 또는 시민단체 간의 갈등을 말한다(강창민, 2015).

갈등의 유형 분류표

구분	정의	해결방안
사실(신뢰) 갈등	사건·정보(자료)·언행에 대한 사실해석의 차이에서 발생	객관적 자료나 제3자 개입을 통한 사실증명(팩트 체크), 공동조사 등
이익(배분) 갈등	한정된 자원이나 지위를 분배하는 과정에서 발생	공정한 배분시스템, 합리적 의사결정 제도 도입운영 등
관계(소통) 갈등	불신·오해·편견 등 상호관계 이상으로 발생	정보(자료) 제공, 의사소통 통로 확보 및 확대, 관계전환 조정
가치(신념) 갈등	가치관·신념·세대·이념·종교·문화의 차이에서 발생	의견수렴, 이해당사자 간 대화를 위한 공론장 형성, 공동 연구·학습 등 상호 교류 증진
정체성(존재) 갈등	개인(집단)의 정체성을 의도적 훼손하거나 강요로 발생	
구조적 갈등	사회·정치·경제 구조와 왜곡된 제도·관행·관습 등으로 발생	법제도 개선, 정부 혁신, 새로운 문화 창출 위한 교육·훈련

자료: 충청남도, (2019). 「2019 충청남도 공공갈등 관리매뉴얼」, p.23 참조.

결국 공공갈등은 정책을 추진하는 과정에서 서로 대립적인 2개 이상의 대안이 서로 충돌하여 양보나 타협의 여지가 없으며, 어느 대안을 선택하든 다른 대안의 희생이 불가피하여 결정에 대한 비판·비난 정도가 줄어들지 않으며, 시간이 제한되어 있을 때 발생한다. 특히 공공갈등에 직면한 공직자 등 결정권자는 각각의 대안을 지지하는 세력사이에서 모든 세력을 동시에 만족 시킬 수 없으며, 그 중 한 세력을 지지하기도 곤란하지만, 시간이 제한되어 있어 결정을 보류·회피 할 수 없는 혼란에 빠지게 된다. 결과적으로 갈등 상황에 놓이게 되면 정책 추진을 지연시켜 공공기관이나 공직자의 실적형성을 저해하기 때문에 이를 벗어나기 위해 공개거부(은폐), 소통회피(차단), 공정성 포기(편향), 여론동원(조작), 책임 떠넘기기(회피) 등을 유발할 수 있다. 예를 들어 공공기관이나 공직자가 회피 유형을 보이며 초기 대응에 실패할 경우 이해관계자들의 경쟁심리를 자극하고 불안감을 증폭시켜 합리적·이성적 논리 대결에서 감정적·적대적 공격과 응징으로 변질될 수 있다. 따라서 공공갈등에 성공적으로 대응하기 위해서는 갈등의 유형에 따라 철저한 분석과 세밀한 검토가 필요하다.

Study Plus+ 갈등 유형별 이해관계자 손익 비교표

갈등유형	갈등관리를 위한 이해관계자 이익관계 ⇦ 낮은 수준				높은 수준 ⇨
이익갈등	포기		제로-섬(Zero-sum)		윈-윈(win-win)
행위갈등	경쟁	회피	타협	양보	협력
상황갈등	회피		조정(통제)		해결지향
결과·관심갈등	철회(강요)		완화		타협

2. 갈등의 원인과 특성

갈등은 한 편의 당사자가 다른 당사자에게 부정적인 영향을 미치거나 주고자 하는 것을 인식하고, 한쪽의 당사자가 이를 신경 쓰기 시작하는 과정으로 볼 수 있다(Huczynski & Buchanan, 2007). 갈등의 시작은 인식의 생산물(product of perception)로 형성되지만 갈등이 실제로 나타나는 것은 한쪽 당사자의 행동이 다른 당사자에게 인식될 때 나타난다. 나아가 상당수의 갈등은 잠재되어 있으며, 한쪽의 당사자가 인지를 못함으로 인해 갈등이 억압될 수도 있다. 따라서 갈등의 해결과정은 갈등당사자들이 갈등에 대한 인지와 행동이 밖으로 잘 드러날 때 성공할 가능성이 높다(Willmott, 1993; 임동진, 2012).

하지만 갈등은 인식(perception)과 행동(action)으로만 존재하는 것이 아니라 이념(ideology)적인 측면도 포함하고 있다. 갈등에 대한 세 가지 이념적인 관점으로는 단일적 관점(unitary perspective), 다원주의적 관점(pluralist perspective), 급진적 관점(radical perspective)이 있다(Fox, 1966; 1985). 먼저 단일적 관점은 갈등을 관리자 입장에서 공동의 이익을 위해 조화를 중시하는 관점으로 갈등 자체를 비합리적인 것으로 본다. 다음은 다원주의적 관점으로 현대사회는 서로 상충되는 가치, 이익, 목표들이 존재한다고 보고, 갈등은 합리적이고 불가피하기 때문에 서로 합의된 갈등해결과정에 대한 장치가 필요하다고 본다.

마지막은 급진적 관점4)으로 갈등을 단순히 불가피하다고만 보지 않고 변화의 사물이고 개혁자(drivers)로 본다(임동진, 2012).

여기서 갈등의 원인과 관련하여 살펴보면, 갈등의 원인은 인간의 욕구, 관심, 쟁점과 이에 대한 견해 차이 및 선택의 결과로 볼 수 있다. Moore(1996)는 갈등의 잠재적 원인, 협력의 기회, 분쟁의 방향에 영향을 미치는 요인을 설명하는 개념적 지도를 제시하였다.5) 안쪽의 원은 진정한 갈등과 협력의 기회를 야기하는 잠재적 요인으로 쟁점, 욕구, 관심의 차이로 인한 선택과 결과를 의미하며 진정한 갈등은 이해당사자 간의 실질적이고 가시적인 동시에 객관적인 차이의 결과라는 것이다. 다시 말해서 이러한 갈등은 이해당사자들의 쟁점, 욕구, 이익의 차이와 문제에 대한 이해를 위한 선택과 결과에 기인한다고 보았다(김주원 외, 2015). 외부의

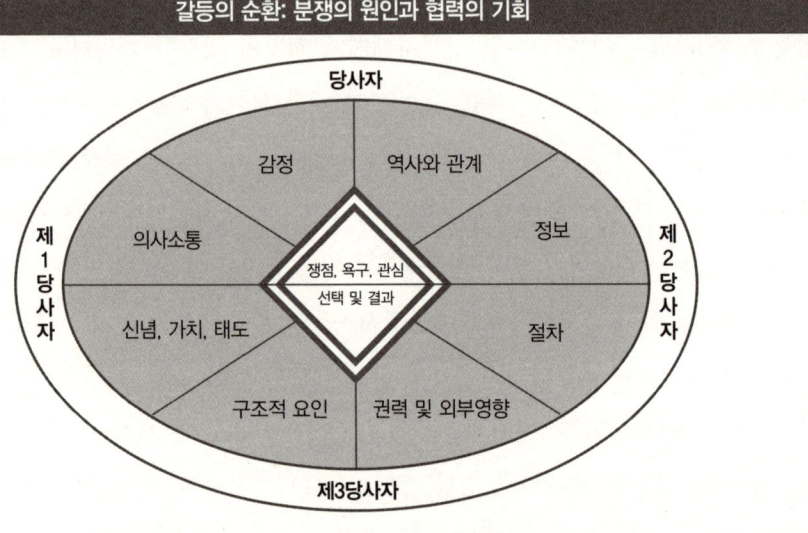

자료: Moore, C. (1996). The Mediation Process: Practical Strategies for Resolving Conflict. 2nd ed. San Francisco: Jossey-Bass Publishers, p.110.

---

4) Fox의 급진적인 관점은 갈등해결에 있어서 참여적 민주주의에 연결되는 개념이다(Johnson, 2006; Pateman, 1970; Wilmott, 1993). 따라서 갈등해결전략은 여러 가지 상황, 당사자 간 관계, 인식, 믿음, 갈등의 표면화 정도, 공격성의 정도를 모두 고려할 필요가 있다(임동진, 2012).

5) Moore, C. (1996). The Mediation Process: Practical Strategies for Resolving Conflict. 2nd ed. San Francisco: Jossey-Bass Publishers.

8가지 요인은 갈등의 핵심 원인을 둘러싼 '파이 조각들(pieces of pie)'을 구성하는 요인이다. 불필요한 갈등은 분쟁자 스스로가 갈등의 존재 자체를 주관적으로 보고, 생각하고, 믿고, 느끼기 때문에 발생하는 갈등이다. 이 경우에 진정한 혹은 객관적인 갈등의 원인은 존재하지 않는다. 이러한 종류의 갈등은 현재의 상황, 오해, 잘못된 의사소통과 정보, 부정확한 자료, 고정관념과 같은 감정들에 의해 야기된다.

일반적으로 공공갈등은 정부 간 갈등과 정부-주민 간 갈등으로 구분되고 다수의 정부기관과 주민 및 시민단체 등이 혼재되어 복잡한 양상으로 나타나는 경우가 많다. 또한 공공갈등은 경제적 비용[6]이 매우 큰 동시에 정부에 대한 신뢰의 하락 및 지역공동체의 해체 등 사회적 비용을 증가시킨다. 한 예로 마산 수정만 매립과 관련한 갈등은 1990년부터 20년 가까이 이어져 왔으며, 주민들의 반발로 사업 준비기간이 길어지자 사업목적을 변경하고 관련 업체가 사업을 포기하면서 사업계획이 취소되었다. 이러한 갈등사례는 갈등 원인에 대한 잘못된 접근과 대응으로 문제해결의 효과보다는 부정적인 영향들이 크게 작용하여 나타난 결과라 할 수 있다(이선우 외, 2015).

나아가 사회갈등[7] 특히 공공갈등은 공익에 대한 갈등으로 각종의 정부 정책과 관련하여 발생하며 공공정책과 같이 공중에서 광범위하게 영향을 미친다(지속가능발전위원회, 2005; 하혜영, 2007). 공공갈등은 개인은 물론 국가와 국민의 삶에 지속적으로 관계하고 눈에 띄게 혹은 잠재적인 요소로서 개개인의 삶을 지속시키는 역동성을 가지고 있다. 이러한 역동성이 때로는 파괴적인 역기능을 동시에 가지고 있기 때문에 방향에 대한 올바른 인식과 대처를 통해 원래의 순기능적 의도가 충분히 그 효과를 발휘할 수 있도록 신뢰와 타협을 통해 갈등을 해소하기 위한 협력관계를 모색하는 것이 무엇보다 중요하다고 볼 수 있다.

한편, 지역사회에서 발생하는 갈등은 해당 지역의 이익을 우선시하는 성향이 강하게 표출

---

[6] 일명 도롱뇽 소송(2003)으로 불린 경부고속전철 건설을 둘러싸고 환경단체와 갈등을 빚은 천성산 터널공사는 6개월의 공사지연으로 약145억 원의 손실을 초래했다. 이밖에 제주도 해군기지 건설(2007)은 14개월의 공사지연에 따라 정부가 시공사에 273억 원을 배상해야 하는 결과를 초래했다(연합뉴스. 2015.07.31. 보도자료).

[7] 사회갈등은 사회의 집합적 단위인 집단, 공동체, 계층 간의 충돌이나 분쟁 등을 의미하며, 특정한 지위·권력·자원 등을 서로 차지하기 위해 노력하는 과정에서 발생하는 상호작용의 한 형태라고 할 수 있다. 사회갈등이 존재하는 경우 두 집단 간의 목표가 양립할 수 없을 뿐만 아니라 목표달성을 위한 수단 또한 양립 불가능하게 된다(김태홍 외, 2005).

되면서 전개된다. 이러한 경향은 주로 비선호시설 입지와 선호시설 유치를 두고 벌이는 갈등 영역으로 두 가지 형태로 구분된다. 하나는 비선호시설을 둘러싼 갈등으로 님비(NIMBY: Not In My Back Yard) 현상이라 말하고, 이와 반대로 선호시설의 유치 과정에서 발생하는 갈등으로 이를 핌피(PIMFY: Please In My Front yard) 현상이라고 한다. 님비현상은 지역이기주의로 공공정신의 약화 현상이며, 핌피현상은 수익성 있는 사업을 내 지역에 유치하겠다는 지역이기주의의 일종이다. 원자력 발전소, 쓰레기 소각장 등 혐오시설을 내 이웃에 둘 수 없다는 님비와는 반대현상이지만 지역이기주의라는 점에서는 동일하고 지역주민의 이기주의를 상징하는 대명사로 꼽힌다.

> **Study Plus+ 님투(NIMTOO)와 핌투(PIMTOO)**
>
> 공직자가 자신의 임기 중 혐오시설은 설치하지 않고 선호시설은 유치하려는 현상을 님투(Not In My Term Of Office), 핌투(PIMTOO: Please In My Term Of Office)라고 한다. 님투는 공직자가 자신이 재임하는 기간에 혐오시설을 막고 임기를 끝내려는 업무형태를, 이와 반대로 핌투는 공직자가 임기 중에 반드시 무엇을 하겠다는 식으로 무리하게 사업을 추진하는 업무형태를 의미한다(파이낸셜 뉴스, 2016.06.24. 보도자료 인용).

2000년대 이후 핌피(PIMFY)와 관련된 갈등이 더욱 증가하고 있으며, 다양한 핌피자원이 등장하면서 갈등의 강도가 커지고 있으나 제도적 대응은 미비한 것으로 나타나고 있다(강성철, 2005; 임정빈, 2014). 나아가 최근 동남권 신공항 건설 선정결과에 나타난 문제를 두고 학계와 언론에서는 이를 님투(NIMTOO)와 핌투(PIMTOO) 현상으로 보고 있기 때문에 지역갈등을 조정할 수 있는 제도적 장치를 마련하는 것이 시급하다고 볼 수 있다.

3. 갈등의 변화과정과 인과구조

갈등의 양상은 시간의 변화에 따라 다양한 전개과정을 거치고 갈등 수준도 변화할 수 있으며, 다양한 용어를 통해 구분하여 설명하고 있다. 일반적으로 갈등의 전개과정은 잠재적 갈등, 명시적 갈등, 갈등해결의 탐색단계, 후 갈등단계로 구분하고 있다. 여기서 잠재적 갈등은 갈등현상이 발생할 수 있는 다양한 상태를 말하며, 명시적 갈등은 잠재적 갈등이 표출되면서 갈등원인 및 당사자가 구체화되는 것을 말한다. 갈등해결의 탐색단계는 갈등해결을 위해 다양한 전략과 정책이 동원되고 후 갈등단계인 갈등여파는 갈등이 완전히 해결되거나 잠재적으로 해결된 상태를 의미한다(유해운 외, 1997).

사실상 공공부문에 있어서 갈등은 사례별 상황과 전개과정에 따라 다양한 형태의 조합으로 유형화될 수 있는 가변적 성격을 지니는 것이 특징적이다. 갈등의 누적순환과정모형(cumulative-cycle model)에서는 어떤 계기가 되는 조건으로 말미암아 갈등이 진행되는 경우 시간이 경과함에 따라 그 갈등이 변한다고 주장하고 있다. 다시 말해서 갈등관리방식에 따라 갈등의 수준이 완화되거나 지속적이면서 점점 누적되어 다음 사건과 연결되고 높은 수준의 갈등상황으로 발전되어 순환의 형태를 취하게 된다고 말한다(강성철 외, 2006; 최병학, 2014).

다른 한편으로는 갈등국면을 갈등발생, 증폭, 완화, 종결단계로 구분하지만 반드시 이러한 순서가 아닌 발생, 완화, 증폭 등으로 전개될 수도 있다. 갈등의 발생 원인이 되는 이해관계의 발생으로 갈등상황이 발생되는 단계로서 갈등의 이슈화, 상대방에 대한 경시 및 무시 등으로 표출된다. 갈등의 증폭은 상황의 심화단계로 불신감, 적대적 태도, 위협적 행동 등에 의해 촉발된다. 갈등완화는 갈등해결을 위한 대안이 도출되어 호전되는 상태로 이해당사자의 자발적 양보, 갈등해결 신호 등에 기인하는데 중재, 협의회 구성 등 다양한 전략과 노력이 표출된다. 마지막으로 갈등종결은 문제가 해소되어 협력체제로 연결됨으로써 갈등이 소멸되는 단계를 말한다(이민창 외, 2005).

일반적으로 갈등이 발생했을 때 무엇이 잘되고 있는지, 아니면 무엇이 잘못 되어가고 있는지에 대한 갈등의 변화과정(dynamics)을 정확히 이해하고 있어야 한다. 갈등을 해결하는데 있어서 가장 심각한 문제는 갈등당사자들이 대화를 중지하는 것이다. 갈등해결의 과정은 갈등당사자 간의 신뢰를 바탕으로 갈등이 고조되는 것을 막고 우호적인 행동을 유도하는 것이다. 이를 위해서는 갈등의 확산과정과 그에 따른 갈등쟁점의 변화과정, 갈등당사자의 심리적 변화과정에 대한 충분한 논의가 필요하다.

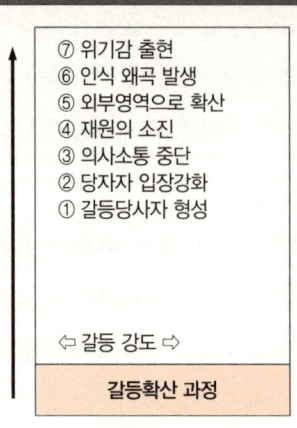

먼저 갈등의 확산 과정은 크게 일곱 단계로 구분할 수 있는데, 첫째로 불만이 표출되면 갈등이 발생할 가능성이 생기고 갈등당사자들이 형성된다. 둘째로 이러한 불만이 빨리 해결되지 않으면 갈등당사자들의 입장이 강경해진다. 셋째로 갈등당사자들 내부에서 정보가 경쟁적으로 증가하면서 갈등당사자 간에는 의사소통이 중단된다. 넷째로 입장을 강화하고 갈등당사자 내부를 결속하기 위해 많은 재원을 동원한다. 다섯째로 내부의 갈등이 외부영역으로 확산된다. 여섯째로 각 당사자들은 우위를 확보하기 위해 상대방의 입장을 왜곡하거나 일방적으로 고정화시킨다. 마지막으로 갈등의 강도는 점차 분노(anger)로 발전하게 되고 갈등이 확산되면서 본래의 갈등문제는 점점 더 어렵게 되고 문제의 해결을 위해 여러 가지 대안들이 등장한다(Carpenter & Kennedy, 1988; 임동진, 2012).

이러한 갈등확산 과정에 따라 갈등의 쟁점들이 변화하는데 구체적인 갈등쟁점의 변화과정은 다음과 같다. 첫째로 사람들이 구체적으로 갈등문제를 인식하게 된다. 둘째로 갈등에서 개개인의 입장이 선택된다. 셋째로 갈등문제와 입장이 첨예하게 대립된다. 넷째로 갈등의 쟁점이 양극화된다. 다섯째로 문제가 구체적인 것에서 일반화되고, 단편적인 문제가 복잡한 문제로 변화한다. 여섯째로 위협이 중요한 문제로 부상한다. 일곱째로 비현실적인 목표들을 주장하게 된다. 여덟째로 새로운 대안들이 답보상태가 된다. 마지막으로 제재 또는 징계가 새로운 이슈로 부각된다. 갈등의 쟁점이 변화하면서 갈등당사자들의 심리도 변화하는데 갈등당사자의 심리적 변화과정을 구체적으로 살펴보면, 먼저 불안이 증가하고 감정이 표현되며 감정이 강화된다. 다음으로 입장이 강화되고 풍문과 과장이 심화되면서 영향력을 행사하게 되며 현상에 대한 객관적인 인식보다 주관적인 인식이 증가한다. 그 이후 공격적인 적개심을 갖게 되고 급박함이 상승하면서 갈등이 개인의 통제를 벗어나 가속화된 후 보복을 가하고 싶은 동기가 발생한다.

이밖에도 갈등이 지속되는 과정에서 이해당사자 간의 관계가 악화되는 동시에 입장도 변화하고 사실에 대한 인지는 왜곡된다. 아울러 갈등의 주제는 복잡해지고 갈등 당사자 간의 관계가 악화되어 갈등해결을 더욱 어렵게 한다. 이와 관련하여 폴 그라슬(Von Glasl)은 갈등 확산의 과정을 9단계로 구분하여 설명하였다(성태규, 2015).

첫 번째는 악화(Verhärtung)의 단계로 여기서는 의견충돌이 많아지면서 경직된 형태로 발전한다. 제3자의 경우 양측으로부터 편견을 가진 이해당사자로 비판을 받고 갈등 당사자의 경직된 사고로 편향된 시각이 지배적이지만, 공동의 대화를 통해 갈등이 해소될 수 있다는 믿음을 갖고 있는 단계이다. 특히 경쟁적인 사고보다는 협력을 위한 마음이 준비되어 있으나 갈등당사자의 이기주의가 배태되어 있다. 두 번째는 양극화와 대화(Polarisation und Debatte)의 단계로 대화와 반목이 동시에 진행되고 사고, 감정, 바람의 극단화가 이루어지면서 흑백

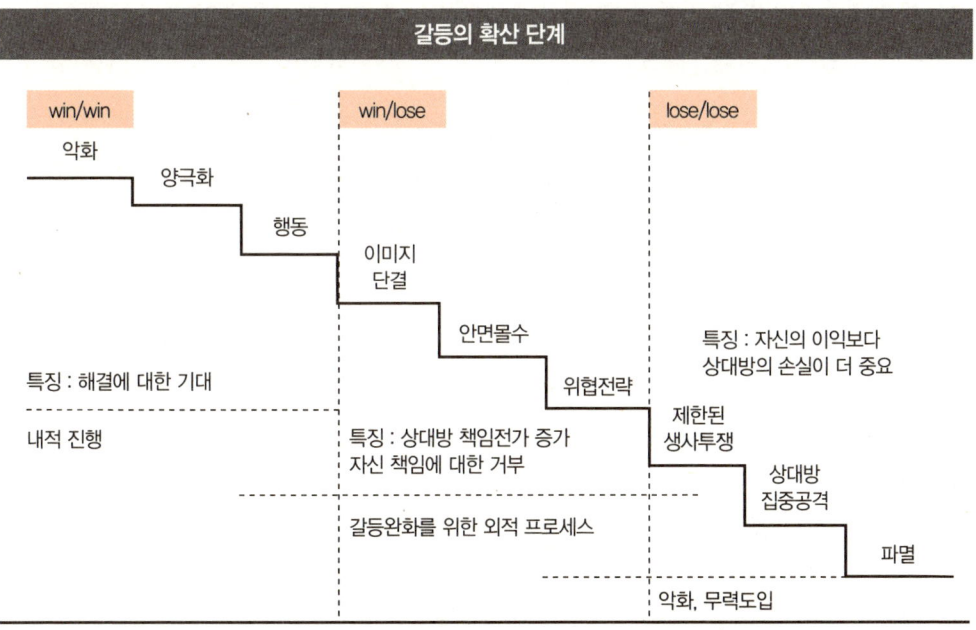

갈등의 확산 단계

논리가 모든 것을 지배한다. 또한 다양한 언어적 폭력이 도입되면서 제3자를 자기편으로 편입하려하고 다양한 관점에 따라 조직화 되고 해체되고 다시 재조직화 된다. 또한 보다 설득력을 얻기 위한 언쟁이 지속되면서 협력과 경쟁이 지속되며, 길고 지루한 토론에 지친 한 편은 상대방과의 토론과는 무관하게 자신의 입장만 주장하게 된다.

세 번째는 말 대신 행동(Taten statt Worte)의 단계로 대화가 더 이상 필요 없고 갈등당사자는 언쟁과 행동대결을 동시에 보이지만 행동이 더 많이 나타난다. 이러한 행동으로 인해 불안정에 대한 우려가 나타나며 각각의 당사자는 상대방에 대해 내부 결속력을 강화한다. 갈등당사자 각각의 주장은 더욱 획일화되고 상대방 주장에 대한 수용력은 더욱 제한되며, 협력보다는 경쟁심리가 더욱 커지고 사실 자체보다는 상대방에 대한 반대심리가 문제가 된다. 네 번째는 이미지와 단결에 대한 걱정(Sorge um Image und Koalition)의 단계로 여기서는 승리 혹은 패배만이 있는 단계이다. 갈등 당사자들의 입장은 광신도와 같이 더욱 완고해지고 모든 대화에서 당사자들 간 고정된 입장이 분명해져 타협이 불가능해진다. 갈등 당사자는 상대방을 더 이상 협상 가능한 상대로 인정하지 않고 상대방에게 약점을 잡히는 것은 "체면손실"로 받아들여지게 되고, 이것은 중대한 타격으로 간주된다.

다섯 번째는 안면몰수(Gesichtsverlust)로 상대방의 인격까지 문제로 삼는 단계이다. 상대방의 약점은 상대방의 모든 것을 평가하는 잣대가 되고, 이 약점을 통해 지금까지의 갈등과정 모두를 설명한다. 자신의 편을 긍정적으로 보는 반면에 상대방은 당연히 없어져야 할 대상으로 간주한다. 특히 정당화할 수 없는 수단을 동반한 쌍방의 대결은 더욱 강화되고 쌍방은 상대방을 더욱 한 방향으로만 나아가게 강요하게 된다. 여섯 번째는 위협전략(Drohstrategien)의 단계로 이 단계에서는 역(逆)위협에 직면하게 된다. 폭력적 사고와 행동이 폭발적으로 증가하고 더 큰 폭력을 막고자 상대방을 위협하게 된다. 일곱 번째는 제한된 생사투쟁(Begrenzte Vernichtungsschlaege)의 단계로 갈등 당사자는 상대방과의 대결에 생사를 건다. 이 단계에서는 자신의 존재 안정만이 문제가 되고 쌍방 간 공동의 갈등해소는 불가능하다. 공격은 주로 상대방의 보복 잠재력에 집중되고 상대방의 모든 영역과 모든 측면으로 확장된다.

여덟 번째는 상대방에 대한 집중공격(Zersplitterung)의 단계로 공격은 상대방의 핵심에 집중된다. 상대편의 모든 것을 제거하려고 시도하여 상대방이 분열될 수도 있으며, 상대방의 전면 공격으로 이 과정이 변하기도 한다. 마지막은 파멸(Gemeinsam in den Abgrund)의 단계로 관련 단체와 중립을 구분할 수 없을 정도로 상대방이 완전히 붕괴된다. 이 단계에서는 상대방의 완전한 몰락만을 위해 투쟁하게 되는 것이 특징적이라 할 수 있다.

앞에서 제시하였듯이 갈등 확산단계는 크게 윈-윈(win-win), 윈-로스(win-lose), 로스-로스(lose-lose) 측면으로 구분된다. 윈-윈(win-win) 측면에서는 갈등당사자 모두 승리가 될 수 있고, 윈-로스(win-lose) 국면은 한 상대자가 승리하면 다른 당사자가 패배하며, 로스-로스(lose-lose) 국면은 당사자 모두가 성공에 대한 희망을 잃어버리고 단지 제한적인 손실만을 기대하는 상황을 보여준다. 특히 4~5단계에서는 갈등이 더 이상 당사자 내부에서 해결될 수 없고 어떤 하나의 그룹이 형성되면 그룹 내에 조정자가 나타난다. 아울러 민주성은 배제되고 단지 대외협상가가 전면에 나서는 단계이다. 다음으로 6단계에서는 외부로부터의 조정은 더 이상 효력이 없으며, 이 단계부터는 더 높은 상위 수준의 강압 혹은 조직의 해체를 통해서만 갈등이 해소된다.

한편으로 사회체제의 갈등은 일정한 인과구조로 형성되어 있으며, 사회체제 내에서 구성원들의 이해관계나 권력관계가 표출되어 자원배분의 왜곡이나 불평등이 나타남에 따라 갈등이 야기되고 이러한 갈등은 또 다시 사회체제를 재조직화 하는 동인으로서의 기능을 하게 된다. 이처럼 갈등의 인과구조에 따라 대립 또는 갈등의 부정적인 현상과 경쟁 및 협력의 긍정적인 현상이 양립하는 이원적 복합구조를 가지고 발생하게 된다(최병학, 2014).

여기서 경쟁적 과정에서의 의사소통은 커뮤니케이션의 오도·회피 등의 행위가 표출되지만 협력적 과정에서의 의사소통은 오히려 정확하고 담백한 정보교류의 기능을 수행하게 된다. 상대방에 대한 태도의 경우 경쟁적 과정에서는 적대적이고 상호불신으로 나타나는 반면에 협력적 과정에서는 우호적이고 신뢰의 태도를 보이게 된다. 이러한 사회적 갈등의 인과구조로 발생되는 상호의존성 차원의 경쟁적 과정과 협력적 과정은 커뮤니케이션, 지각, 타인에 대한 태도, 과정 지향성 측면에서 대조적인 특징을 보인다(Morton Detsch, 1973, 사득환, 2002, 최병학, 2014).

이밖에도 교환 또는 협상과정에서 주요 참여 주체들은 이해당사자 간의 자원이나 권력의 교환 혹은 갈등의 단초가 된 문제의 해결을 위한 협상활동을 전개한다. 행위의 장에서는 물론 교환·협상의 단계에서도 주요 행위자들의 활동이 전개되며, 이 과정에서 주요 참여주체들의 형태는 경쟁적이거나 또는 협력적인 태도를 취하게 된다.

경쟁적 과정과 협력적 과정의 특징		
구분	경쟁적 과정	협력적 과정
커뮤니케이션	• 커뮤니케이션 오도, 회피, 정보 염탐	• 정확, 솔직한 정보교류
지각	• 차이와 위협에 민감 • 반대 감정 자극 • 타인의 관점 회피	• 유사성과 공통적 이해에 민감 • 타인의 관점 수용
타인에 대한 태도	• 의심과 적대감 • 타인 이용 의향 • 상호 불신	• 우호적인 태도 • 협조적인 반응 • 상호 신뢰
과업지향성	• 분업 방해 • 자원 공유 방해 • 활동 조정 방해 • 갈등의 일방적 자극 • 일방적 권력 증대 • 강압, 위협, 기만 등 사용	• 분업, 생산성 향상 • 자원 공유와 조정 • 갈등의 건설적 해결 • 쌍방의 이해 조정 • 갈등관계의 범위 축소 • 쌍방의 권력과 자원 향상

자료: 최병학. (2014). 지방정부 갈등관리의 현황분석 및 정책과제: 충청남도의 공공갈등관리를 중심으로, 「한국갈등관리연구」, 1(2): 289 재인용.

제2절 지방정부간 갈등의 요인과 영역

1. 지방정부간 갈등의 요인

지방정부간의 갈등은 복수의 지방정부간에 이해관계가 서로 얽혀 전체의 이익이나 다수의 공동이익보다는 각자의 권한과 이익에 집착하는 과정에서 나타나는 표면화·현재화된 상호 대립적이고 적대적인 행동을 말한다. 또한 지방정부가 갈등의 주체가 되어 지위, 권력, 희소자원 등 자신들에게 도움이 되는 가치는 차지하고 피해가 될 수 있는 가치는 떠넘기기 위해 벌이는 대립적·적대적 행동이 표면화된 상태로 정의하기도 한다(이영동, 2007). 이밖에도 자원과 권력의 획득이나 배분과정에서 지방정부간 이해가 충돌함으로써 발생하는 분쟁 현상을 말한다(김현조, 2009).

특히 지역갈등은 지방정부간 갈등을 포함하면서 지역주민들이나 지역기업, 시민단체 등 제반 기관을 포함하는 지역 간의 갈등을 의미한다. 다시 말해서 지방정부간 갈등보다 포괄적인 개념이 지역갈등이며, 지방정부간 갈등과 함께 지역의 주민, 사회단체, 기업 등 다양한 주체들이 통합적으로 고려된 갈등을 말하고 여러 가지 특징을 내포하고 있다(허철행 외, 2012)[8]. 예를 들어 동남권 신공항 유치와 관련한 갈등은 처음에는 지방정부간 갈등에서 출발했으나 점차적으로 시민들과 사회단체가 가세하면서 지역갈등으로 전환된 대표적인 사례라 할 수 있다.

지방정부간의 갈등이 발생하는 원인에 대해서는 다양한 요인들이 제시되고 있다. 그 이유는 지방정부간의 갈등 사례가 다양한 분야에서 다수의 이해관계자들의 이익과 가치가 충돌하고 법적·제도적인 상황과 지역의 경제적 특성, 입지선정 등 환경적 요소들이 영향을 미치면서 발생하는 복합성을 함축하고 있기 때문이다(김태운, 2014; 신기원, 2014) 지방정부간 갈등의 주요 요인은 다양하나 일반적으로 정치·행정적 요인[9], 경제적 요인, 사회·심리적 요인, 법·제도적 요인, 형태적 요인, 입지선정 요인 등으로 분류하여 접근하는 것이 일반적이다. 첫째, 정치·행정적 요인은 중앙과 지방자치단체 간의 관계, 단체장 선거 등과 관련이 있다. 특히 자치단체장의 영향력은 갈등 해결에 가장 중요한 변수로 작용하는데 여기에는 자치단체장의 협상의지 수준을 나타내는 리더십, 협상 및 자원 동원 능력, 전문성, 성격, 상대방의

---

[8] 지방정부간 갈등의 특징으로는 다양성, 필연성, 갈등해결의 난해성, 집단성, 광역행정의 필요성, 상호의존성 등이 있다. 여기서 다양성은 지방자치가 확대 강화되는 과정에서 지역경제발전과 주민복지 향상을 위해 다양한 사업계획을 개발 시행함으로써 지방정부간 갈등 양상도 복잡하고 다양하게 전개된다. 필연성은 공동 사무가 증가하면서 상호간의 협력이 필요해짐으로써 협력 과제를 두고 갈등이 어쩔 수 없이 발생하게 된다. 또한 지방정부간 갈등은 다양성과 이질성, 그리고 해결주체도 다원적이기 때문에 해결방안이 난해하다. 이밖에도 지역의 이익을 대변하는 시민단체·환경단체, 이익집단, 지역 언론, 정치인 등의 개입으로 인한 집단갈등의 성격을 내포하고 있고 상호협력과 상호의존성으로 인해 갈등이 증가하고 있다(최창호, 2001; 허철행 외, 2012).

[9] 국책사업과 관련한 갈등문제를 제기할 때 정치·행정적 요인에서 정치적 요인을 세분화하여 정치적 요인과 중앙정부 요인으로 구분하여 접근할 수도 있다. 정치 요인은 선거, 정치적 지지율 등 정치적 고려 때문에 국책사업의 추진과정이 왜곡되어 비정상화됨으로써 갈등의 원인으로 작용하는 것을 말한다. 중앙정부 요인은 국책사업의 결정권을 가지고 있는 중앙정부의 태도가 모호하거나 결정을 지연시키거나 지방정부간 갈등을 의도적으로 방관함으로써 갈등이 조장되는 것을 말한다(허철행, 2012).

중재자에 대한 신뢰, 문제해결방식 등과 연관된다(강성철 외, 2006).[10] 이처럼 지방자치시대에 있어 자치단체장은 주요 정책에 관한 다양한 이해관계를 조정하고 상위정부나 인근 자치단체와의 협상 및 타협과 공동노력이 필요한 정책 사업을 조정하고 지방의회를 설득하는 작업이 필요하며, 주민참여는 민·관의 협력적 파트너십을 의미한다(허철행 외. 2012). 이밖에도 시설 입지선정 과정에서의 투명성과 공개성, 공정성, 주민 참여정도 등도 이와 관련되어 있다. Gervers(1987)는 정책결정자들이 이러한 요인을 간과함으로서 입지갈등이 더욱 악화된다고 주장하였다.

둘째, 경제적 요인은 자산 가치, 지가 등 경제적 이익관계의 충돌이나 경쟁에 의해 발생하는 경우로서 경제적 재화에 대한 배타적·독점적 권리와 관계되는 재산권 구조와 보상의 적절성 여부와 관련이 있다. 여기서 보상은 상대방이 획득하고자 하는 재화나 서비스 등의 다양한 가치의 제공을 약속하거나 실제 제공하는 것으로 보상의 정도에 따라 갈등상황이 달라질 수 있기 때문에 효과적인 보상책은 갈등 예방과 관리전략의 필수 요소라 할 수 있다. 특히 지방자치제 실시 이후 지방의 열악한 경제적 상황은 지역경제 활성화를 정책의 우선순위로 만들면서 갈등을 부추겨 왔다. 예를 들어 선호시설의 입지에 따른 지가 상승, 소비활동 증가, 소득·고용의 증대 등의 효과로 말미암아 공동의 이익보다 자기 지역의 특수이익을 우선시하는 지역이기주의로 인해 심각한 갈등을 야기하기도 한다. Dear(1992)는 비선호시설의 입지갈등 유발요인 중의 하나로 재산가치의 하락이 중요한 원인이라고 보았다(김새로미, 2017).[11]

셋째, 사회·심리적 요인은 문화적 요인이라고도 하며, 여기에는 공통의 이해수준 및 개인 선호의 유사성 정도와 관련된 지역공동체의 속성과 문제구조의 인식 등이 있다. 이는 공동체 의식과 시민정신을 포함한 사회 수준의 심리로서 사회적 행동규범과 권리의식 및 책임의식에 의해 갈등이 발생한다. 문제구조의 인식은 개인이 부딪히는 환경에 어떤 의미를 부여

---

10) 여기서 기초자치단체장의 성격은 문제를 협상으로 풀려는 의지, 협상의지 수준을 확보하기 위한 개인적 특성을 말한다. 민선자치시대 출범 이후 자치단체장은 지방정치의 참여자 중 우월한 자원을 보유하고 행사하는 위치에 있고 많은 자원을 동원할 수 있고 자원의 구성 및 운영에 있어 자율권을 행사하는 권한이 있다는 점에서 자치단체장의 리더십 유형은 갈등의 발생과 해결에 많은 영향을 미치게 된다.

11) Dear. M. (1992). Understanding and Overcoming the NIMBY Syndrome, Journal of American Planning Association, 58(3): 288-301.

하는 과정으로 갈등 상황에서 문제구조를 어떻게 인식하느냐에 따라 그에 대한 반응은 크게 달라질 수 있다. 이는 중심성(centrality) 개념으로 설명이 가능한데, 예를들어 갈등당사자가 어떤 문제가 더 중심성이 있다고 인식할수록 기존의 입장을 바꾸려 하지 않아 갈등 해결을 더욱 어렵게 한다.

넷째, 법·제도적 요인은 자치단체의 자율성, 권한·기능의 배분상태, 관할권 및 재산권 등과 관계가 있다. 갈등문제를 촉발하거나 해결할 수 있는 제도적 장치의 부재 또는 미비 그리고 협력기구의 부재[12]와 무능력으로 갈등이 발생하는 경우도 포함된다(강문희, 2006; 김도희, 2006; 김태운, 2014 등). 특히 이해당사자간의 갈등과 분쟁을 조정할 기술적인 자문, 권고, 중재, 지원조치 등을 담당하는 조직이나 기구 등의 부족으로 갈등이 표출되는 경우가 허다하다.

다섯째, 행태적 요인은 정치·행정적 요인과 복합적인 내용을 포함하고 있으나 일반적으로 문제에 대한 인식, 자치단체장과 공무원의 특성 등과 관련된 것이다. 또한 갈등당사자인 지방정부의 관여와 의지 그리고 협상능력과 관련된 내용, 정책목표의 차이나 지역이기주의, 문제에 대한 인식의 차이 또는 가치관 등을 포함한다(강문희, 2006).

마지막으로 입지선정 요인은 환경과 관련한 기본시설을 확충하거나 공단유치 등과 같은 적정지역의 확보와 공동 화장장과 같은 혐오시설을 확충하는 데 있어서 재원 부족뿐만 아니라 지역주민들의 반발에 따른 지역선정의 어려움이 수반된다. 입지선정에 관한 갈등 요인으로는 혐오시설 유치로 인한 지역이기주의의 확산과 인근 지방정부에서의 환경 관련 시설이나 행정규제행위로 인해 경제적, 심리적 피해 정도에 따라 기피 혹은 반대하거나 환경시설 유치로 인한 주변지역의 토지이용 제한 등에 의해 피해를 입는 경우이다. 이밖에 입지선정에 있어 자치단체에서 만족시킬 수 있는 의사결정권의 배제에서도 그 원인을 찾을 수 있다(황명선, 2003).

이러한 다양한 갈등 요인에서 알 수 있듯이 지방정부간의 갈등은 그 원인이 다양하고 이질적인 동시에 해결주체도 다원적이기 때문에 해결책을 찾기가 쉽지 않다. 예를들어 대부분의 갈등이 시설입지와 그에 따른 비용과 편익의 구조적 불공평성에 기인하는 경우가 많아 대립

---

12) 우리나라에서 지방정부간 갈등을 조정할 수 있는 제도적 장치로 행정협의회, 각종 분쟁조정위원회 등이 설치되어 있으나 대부분 갈등을 사전에 예방할 수 있는 장치로 그 기능을 하기 보다는 갈등 발생 이후 이를 조정하는데 초점을 두고 있기 때문에 갈등을 적극적으로 해결하는데 한계가 있다.

상황에 놓여 있는 자치단체 모두를 충족시킬 수 있는 해결방안을 도출하는데는 한계가 있다. 또한 갈등의 대상이 전문적인 지식과 관련되는 사례가 많고 해결방안 자체도 전문성과 이해 관계의 상충에 따른 신뢰가 전제되어야 하지만 그렇지 못한 경우도 다수 발생한다. 특히 권한 갈등의 한 형태인 시설 입지와 달리 수리권 문제와 행정구역 경계에서 발생하는 갈등이 여기에 속한다고 볼 수 있다.

2. 지방정부간 갈등의 유형과 영역

갈등은 대상 내용, 업무의 추진단계, 갈등의 원인, 공간적 범위 등 다양한 기준에 따라 분류가 가능하다. 특히 지역갈등은 대상 내용을 기준으로 혐오시설을 포함한 광역적 시설과 관련된 갈등, 지구지정을 포함한 토지이용규제 등 지역개발사업과 관련된 갈등, 영향의 범위가 광범위한 하천 관련 갈등 등으로 분류할 수 있다. 또한 업무추진 단계에 따라 계획수립단계에서의 갈등, 건설단계에서의 갈등, 운영 및 관리단계에서의 갈등 등으로도 분류되지만 여기서는 갈등의 주체와 성격에 따라 간략하게 제시하였다.

도시화와 산업화로 인한 생활권 확대와 경제발전의 가속화에 따라 지방정부의 행정사무는 특정 자치단체의 관할구역 내에서 효율적으로 처리할 수 없고 지방정부간에 상호협력하지 않으면 정책이나 사업을 원활하게 추진할 수 없다. 아울러 지방정부는 종합행정서비스를 제공하기 때문에 지방정부간 갈등을 야기하는 자원은 다양한 영역에서 존재하고 있다. 갈등의 영역에 있어서는 비선호시설(NIMBY)[13] 입지와 선호시설(PIMFY) 입지를 둘러싼 갈등사례로 구분하여 접근하는 것이 일반적인 경향이다. 비선호시설에는 쓰레기 매립장, 핵폐기물 처리시설 등 폐기물처리시설과 화장장시설, 골프장 등이 포함되며, 선호시설에는 통합 청사 및 도청, 경륜장, 박람회, 대학 유치, 국책사업 등이 해당된다. 일반적으로 비선호시설과 선호시설은 분명하게 구분되지만 동일 시설이 자치단체 상황과 여건에 따라 양자의 성격을 동시

---

[13] 님비와 완전히 일치하는 개념은 아니지만 이와 유사한 용어로는 LULUs(Locally Unwanted Land Uses), NIABY(Not In Anyone's BackYard), BANANA(Build Absolutely Nothing Anywhere Near Anyone), NIMTOO(Not In My Term Of Office), NOPE(Not On Planet Earth) 등이 있다(정지범 외, 2011: 19; 김새로미, 2017: 8)

지역갈등의 유형 분류		
구분	지역갈등 유형	
갈등 주체	정부 간 갈등	• 중앙정부–지방자치단체 간 갈등 • 지방자치단체 상호간 갈등
	정부–주민 간 갈등	• 중앙정부–지역주민 간 갈등 • 지방정부–지역주민 간 갈등
갈등 성격	이익 갈등	• 기피갈등 • 유치갈등 • 타 지역 피해유발 갈등 • 공익적 가치 갈등
	권한 갈등	• 비용 갈등 • 관리 갈등 • 협의 갈등

자료: 김주원·조근식. (2015). 강원도의 갈등사례 유형별 분석과 갈등관리역량 강화방안, 「한국갈등관리연구」, 2(1): 55 참조.

에 가지게 되는 경우도 있다.

특히 님비(NIMBY) 현상은 시설에 대한 사람들의 태도와 시설에 적용되는 기술에 대한 태도에 따라 여러 가지 유형으로 구분된다(심준섭, 2008). Wolsink(1994)는 특정 시설의 반대에 대한 양상 또는 형태를 기준으로 네 가지 유형을 제시하였다. 먼저 유형 A(Type A)는 시설의 필요성에는 공감하며 시설에 대한 긍정적인 태도를 가지고 있으나 자신의 거주 지역에 시설을 반대하는 유형이다. 이와는 달리 유형 B(Type B)는 해당 시설의 건립뿐만 아니라 기술 그 자체를 부정하는 극단적인 거부 형태로 방사능 폐기물 처리장 등이 여기에 해당된다. 유형 C(Type C)는 시설 그 자체에 대해서는 긍정적인 태도를 보이지만 토론 및 공청회 등의 논의

님비(NIMBY) 현상의 유형	
구분	주요 특성
Type A	• 시설에 대해서는 긍정적인 태고를 지니고 있으나 인근 지역 어느 곳에도 입지하는 것을 반대
Type B	• 시설 자체의 기술에 반대하기 때문에 시설의 지역 입지를 반대
Type C	• 시설에 대해서는 긍정적인 태도를 가지고 있으나 시설 입지에 대한 토론의 결과 부정적인 태도로 전환
Type D	• 기술은 반대하지 않으나 일부 시설들이 그 자체로 문제가 있기 때문에 반대

자료: Wolsink. (1994). Entanglements of Interests and Motives: Assumptions behind the NIMBY-Theory on Facility Siting, Urban Studies, 6: 851–866.

과정에서 갈등이 확산되면서 부정적인 태도로 바뀌는 경우이다. 유형 D(Type D)는 기술 자체는 반대하지 않으나 일부 시설들이 그 자체의 문제로 반대하는 것을 말한다.

이러한 시설 입지 이외에 수자원 관련 상수원보호구역과 물이용 부담권 등의 수리권 갈등 사례와 행정구역 갈등 사례 등도 많이 있다.[14] 대표적인 지방정부간의 갈등사례로 빈번히 제기된 위천공단 지정문제와 관련하여 대구와 부산·경남 간의 낙동강을 둘러싼 갈등이라 할 수 있다.[15] 수리권 갈등문제는 하천지역 거주주민과 하천수의 이용주민이 상이하여 발생하는 경우가 많고 권한 상의 갈등으로 시설입지와의 관련성은 낮으나 취수장 설치 등 시설의 설립 시에 갈등이 유발되기도 한다. 이러한 내용을 종합하면, 지방정부간의 갈등 영역은 크게 시설 입지와 권한 분쟁으로 분류할 수 있다. 시설입지와 관련해서는 선호시설과 비선호시설, 그리고 권한은 수리권과 행정구역 등으로 분류가 가능하다. 그러나 공항건설과 같이 지

지방정부간 주요 갈등 영역 및 사례		
시설	선호	부산대학교 이전, 경북도청 이전, 울산시 법조타운 유치, 경부고속철도 역사 명칭, 부산·경남 경마장, 전북 공립학교 유치, 영남권 신공항 유치(부산, 밀양)
	비선호	천안시 쓰레기 소각장, 영광군 쓰레기 소각장, 광명시 환경기초시설, 추모 공원 (서울시 원자동, 홍성군, 부산시)
권한	수리권	위천공단 조성, 용담댐 수리권 갈등, 한강수계물이용 부담금, 영월군 평창 강 장곡취수장 설치, 섬진강댐(옥정호) 상수원 보호구역, 지리산댐 건설(경남, 전북, 전남), 금강호 농업·공업 취수원(충남, 전북)
	행정구역	아산방조제 행정구역 경계, 새만금 행정구역 경계, 당진–평택 간 매립지 행정구역경계 갈등

자료: 김태운. (2014). 지방정부간 갈등의 유형별 특성과 최소화 전략에 관한 연구: 대구·경북 사례를 중심으로, 「지방정부연구」, 18(2): 5를 참고로 재구성함

---

14) 수자원 갈등 사례를 보면 1991년 대구에서 발생한 '낙동강 페놀오염 사건'이 발생하면서 부산시와 경남도는 진주의 남강댐 물을 부산으로 공급하는 문제를 두고 수년간 갈등이 진행되었다. 또한, 2014년 6월 홍준표 경남지사가 경남·부산지역 식수공급과 홍수 조절 등 다목적댐으로 건설해 달라고 정부에 건의하면서 경남도도 지리산댐 건설을 두고 전북·전남 기초자치단체와 충돌하였다.

15) 대구와 달성군이 낙동강 중류 근처 위천공단 자리에 산업단지를 조성하려 해 대구와 부산·울산·경남이 과거에 겪었던 갈등이 재연될 조짐을 보였다. 대구시와 달성군이 산업단지를 조성하려는 곳은 1995년 식수원 오염문제로 대구·경북과 부산·경남이 심각한 갈등을 겪은 위천국가산업단지(위천공단) 지역의 일부다. 당시 부산·경남의 시민·환경단체들은 대구 상경투쟁을 벌이고 경남도의원들의 강력한 반대 등으로 위천공단조성은 무산되었다(한겨레신문, 2016.05.12. 보도자료 인용).

방정부의 입장에 따라 선호와 비선호의 양면성을 가지는 시설도 있으며, 수리권 갈등이 취수장, 산업단지 등의 시설 설치로 유발되는 경우도 있기 때문에 절대적인 기준이라고 볼 수는 없다.

Study Plus+ 님비(NIMBY)와 핌피(PIMFY)

님비현상[NIMBY, Not In My Backyard]은 내 뒷마당에서는 안 된다는 이기주의적 의미로 통용되는 것으로 산업폐기물·AIDS환자·범죄자·마약중독자·쓰레기 등의 수용·처리시설의 필요성에는 원칙적으로 찬성하지만 자기 주거지역에 이러한 시설들이 들어서는 데는 강력히 반대하는 현상이다.

이와 비슷한 현상으로 BANANA(Build Absolutely Nothing Anywhere Near Anybody) 신드롬(Syndrome)이 있다. 이밖에 LULU 현상도 있다. 'Locally Unwanted Land Uses'의 약칭으로 주민이 원치 않는 용도의 토지 사용을 반대하는 것인데, 건물이든 시설물이든 주민이 반대하는 것은 하지 말라는 압력이다.

이와 반대로 핌피현상[PIMFY]이 있다. Please in my front yard의 약어로 핌피현상이란 수익성 있는 사업을 내 지방에 유치하겠다는 지역이기주의 일종이다. 원자력 발전소, 쓰레기 소각장 등 혐오시설을 내 이웃에 둘 수 없다는 님비와는 반대현상이지만 지역이기주의라는 점에서 똑같다. 우리나라에서도 지방자치시대가 열리면서 핌피현상이 고개를 들고 있다. 세수원 확보나 지역 발전에 영향을 미치는 행정구역 조정, 청사 유치, 정수장 관리 등을 위한 적극적 활동을 의미한다. 호남고속철도 노선을 놓고 대전시와 충남도가 대립한 것이나 삼성의 승용차 공장의 유치를 기대했던 대구시민들이 부산 신호공단으로 결정되자 삼성제품 불매운동에 들어갔던 것도 대표적인 핌피현상이다. IMF체제 후에도 외국인 투자 유치를 놓고 각 지방자치단체가 지나치게 경쟁하고 있는 것도 핌피현상으로 볼 수 있다. 이밖에도 혁신도시건설, 동남권 신공항, 항공우주산업단지 유치 등과 관련한 지방자치단체 간의 갈등도 이러한 현상으로 볼 수 있다.

제11장 지방정부의 갈등현황 및 사례분석

업데이트 자료 확인

제1절 우리나라의 갈등현황과 주요 사례

1. 갈등현황과 실태분석

단국대학교 분쟁해결연구센터 공공갈등 데이터베이스(DCDR)에 구축된 자료에 따르면, 1990년부터 2014년까지 공공갈등 발생 건수는 매년 증가하고 있으며, 한국의 공공갈등은 매

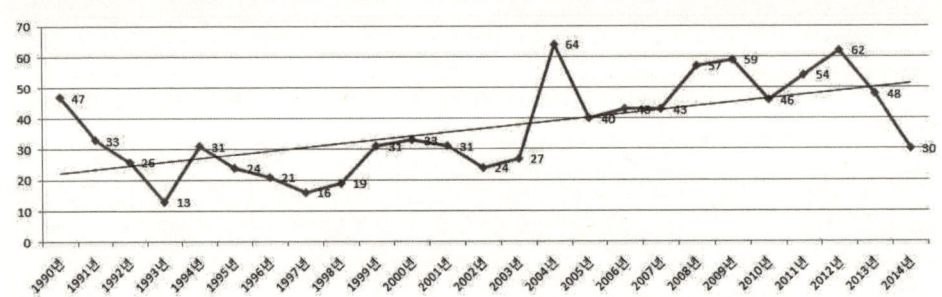

우리나라의 연도별 공공갈등 발생 건수(1990-2014)

자료: 단국대학교 분쟁해결센터(http://www.ducdr.org).

년 평균 2건씩 증가하고 있는 것으로 나타났다(가상준 외, 2014).[1]

또한 지역별 공공갈등[2] 발생 현황을 살펴보면, 가장 높은 비율로 발생한 공공갈등은 특정한 지역에 해당되는 공공정책 및 사업으로 인해 발생한 갈등이 아니라, 의약분업이나 노동법 개정 등과 같이 전국적인 범위에 영향을 주는 정책 및 사업으로 인해 발생한 갈등으로서 약 250건의 빈도를 보이고 있다. 이러한 결과를 세부적으로 보면 서울시의 경우 약 150건으로 가장 높은 빈도를 나타내고 있으며, 경기도가 약 120건으로서 다음 순위로 높게 나타났다. 그 이외 지역은 모두 50건 미만의 공공갈등 건수를 보여주고 있는데, 이중에서 경상남도가 약 50건에 가까운 발생 빈도를 보였고, 강원도가 그 다음 순위이며 인천시, 충청남도, 경상북도가 유사한 비율로 약 25건의 발생 건수를 나타내고 있다. 수도권의 경우 서울시, 경기도, 인천시를 모두 포함하면 전체 공공갈등 발생 비율의 약 30%를 차지하고 있어 공공갈등은 수도권 지역에서 많이 발생하는 것으로 나타났다.

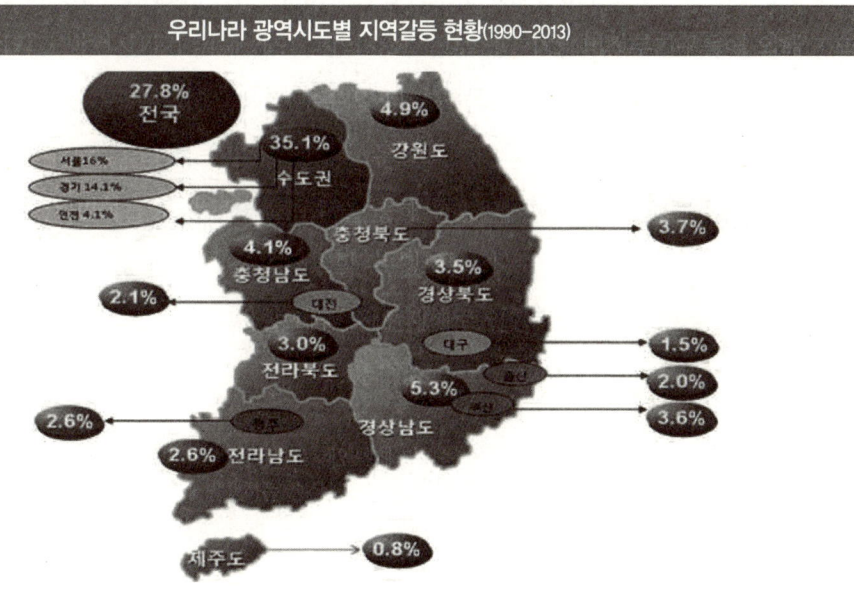

1) 박근혜 정부 임기 2년차인 2014년도에 공공갈등 발생 빈도가 매우 낮게 나타났는데, 일부 학자들은 이러한 결과를 두고 2014년 4월에 발생한 세월호 사건으로 전 사회적 차원의 슬픔과 애도 분위기가 사회적 갈등 유발을 억제했기 때문에 나타난 현상으로 보았다(임재형, 2016: 120).
2) 일부 연구에서는 공공갈등이라는 용어 대신 공공분쟁으로 사용하고 있지만 여기서는 지역정부간 갈등에 초점을 맞추고 있기 때문에 공공갈등으로 통일 하였음을 미리 밝힌다.

다음으로 전국의 지역별 갈등현황을 보면, 전국적인 성향을 가진 갈등의 경우 27.8%로 가장 많은 부분을 차지하였다. 먼저 수도권지역의 경우 서울 16%, 경기 14.1%, 인천 4.1%의 비율로 조사되어 전체 갈등의 35.1%의 비율을 보였으며, 강원도의 경우 4.9%로 다른 지역에 비해 높지는 않지만 증가율로는 가장 높은 비율을 보이고 있는데, 이는 최근 개발로 인한 환경갈등이 주요 원인인 것으로 판단된다. 다음으로 충청권은 충청남도 4.1%, 충청북도 3.7%의 비율을 보였으며, 대전은 2.1%로 나타났다. 전라권은 전라북도 3.0%, 전라남도는 2.6%, 광주는 2.6%로 나타났다. 경상권은 경상북도가 3.5%, 경상남도가 5.3%의 비율을 보였으며, 이 외에 대구 1.5%, 울산 2.0%, 부산 3.6%로 조사되었고 제주도는 0.8%로 다소 낮은 수준을 보였다(김강민, 2014).

공공갈등 내지 갈등 유형별[3]로 보면 가장 높은 비율을 차지하고 있는 것은 노동갈등으로 노동갈등은 어떠한 형태로든 갈등과정에 정부가 개입한 갈등이지만 다수가 사적갈등이라는 측면에서 볼 때 다른 유형의 공공갈등과는 차별성이 있다고 할 수 있다. 다음으로 높은 비율을 자치하고 있는 것은 지역갈등으로 지방자치제도 실시 이후 급속하게 증가하였으며, 지방자치단체들이 지역발전과 지역경쟁력 강화를 중요시하면서 더욱 다양한 이슈로 증가하고 있다.

유형별 공공갈등(1990-2013)

구분	빈도(건)	비율(%)
환경	122	14.5
이념	51	6.0
노동	218	25.8
지역	177	21.0
계층	181	21.4
교육	95	11.3
계	844	100.0

---

[3] 단국대학교 분쟁해결연구센터 '공공분쟁 사례 데이터베이스(DCDR 공공분쟁 DB)'는 공공갈등 유형을 '환경', '이념', '노동', '지역', '계층', '교육' 등 6개로 구분하여 축적하고 있다. 1990년부터 2014년까지 'DCDR 공공분쟁 DB'의 조건에 충족하는 공공갈등 사례는 992건이다(http://www.ducdr.org).

지역갈등의 형태로는 지역사업 중복갈등, 선호시설 갈등, 명칭사용 갈등, 비선호시설 입지갈등, 경계선 획정갈등 등이 있다. 먼저 지역사업 중복갈등은 지자체들이 추진하는 사업이 인접 지자체와 중복되면서 발생하는 분쟁으로서 무분별한 사업추진과 지자체간 정보교류 부족이 가장 큰 원인이며, 이로 인하여 사업의 독창성이 떨어지고 지역경쟁력에 부정적인 영향을 주고 있다. 선호시설 갈등은 과거 주목을 받지 못했던 시설이 지역의 세수를 증대시킬 수 있는 관광시설로 인식되면서 지자체들이 서로 관할권을 주장하면서 발생하는 분쟁으로서 이러한 선호시설에 대한 명칭을 사용하는데 있어서도 갈등이 발생하고 있다. 비선호시설의 입지갈등은 그 시설이 들어오는 지방자치단체의 주민들이 반대하면서 발생하지만, 더욱 심각한 것은 인접한 자치단체 주민들이 부정적인 영향을 받는다고 반발하면서 자치단체간의 갈등으로 비화되고 있다. 경계선 획정갈등은 새만금 매립지나 평택-당진항 사례와 같이 새롭게 조성된 토지나 시설의 관할권을 조정하면서 발생하는 갈등으로 자치단체들 간에 극한 대립을 보이는 경향도 있다. 이러한 공공갈등은 지역의 도심화가 넓어지고 인구의 증가와 삶의 질을 위한 환경의 중요성이 포괄적으로 적용되면서 증가하는 양상을 보인다.

다음으로 환경 관련 갈등과 교육 관련 갈등의 경우 다른 유형에 비해 낮은 비율로 나타나고 있지만, 2000년 이후 다른 유형의 공공갈등과 비교하여 증가하고 있는 것이 특징적이다. 특히 환경 갈등의 경우 과거처럼 밀어붙이기식 개발이 아닌 환경보전이라는 중요성이 증대되고 환경문제에 대한 다양한 정보가 소통되면서 환경에 대한 관심이 증대되고 건강위해의 우려가 높아지면서 증가하고 있는 추세이다. 마지막으로 이념갈등의 경우 경제성장과 삶의 질 향상이라는 변화 속에서 과거에 비해 발생비율이 낮아지고 있으나 가장 해결하기 어려운 갈등유형이라 할 수 있다.

이밖에도 1990년부터 2013년까지 844건의 공공갈등 중에서 갈등의 당사자 및 주체별로

갈등 주체별 공공갈등(1990-2013)

구분	빈도(건)	비율(%)
민-민	234	27.7
민-관	555	65.8
관-관	55	6.5
계	844	100.0

살펴보면, 정부와 주민 간의 갈등이 555건으로 가장 많은 비중을 차지하였으며, 그 다음으로 주민과 주민간의 갈등으로 나타났다.

2. 우리나라의 주요 갈등사례

2013년 4월 국무조정실이 대통령에게 보고한 핵심적인 갈등관리 과제를 살펴보면, 전국 대부분의 지역에서 심각한 것으로 나타났다. 여기서 동아일보가 국무조정실이 관리하고 있는 '갈등과제 50개'의 세부 내용을 분석한 결과[4]를 보면 전국 15개 시·도에 최소 51곳의 기초자치단체가 각종 갈등 사안에 휘말려 있으며, 전국의 4분의 1정도가 갈등 상황에 놓여 있는 것으로 나타났다(동아일보, 2013.05.23).[5]

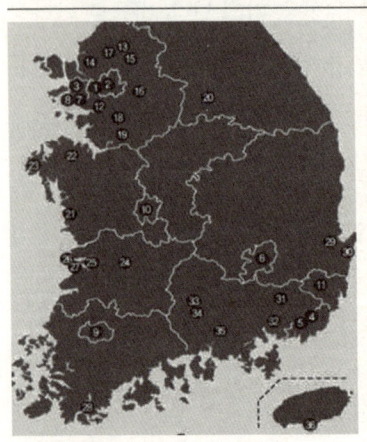

전국 주요 갈등 지역

서울	① 방화로 개설을 위한 군부대 이전(국방부-서울-강서구) ② 용산국제업무지구 개발사업 추진(국토교통부-코레일-해당 주민) ③ 수도권 매립지 사용 연장(환경부-서울-인천-경기)
부산	④ 부산-경남권 물 공급 관련 갈등(국토부-부산-경남) ⑤ 신공항 건설 관련 지역 간 유치 경쟁(국토부-부산-경남)
대구	⑥ 군 공항 이전 관련 용지 재원 마련(국방부-대구)
인천	⑦ 인천해역방어사령부 이전 용지 선정 및 비용 부담 문제(국방부-인천-주민) ⑧ 투자개방형 영리 의료법인(송도) 도입(산업통상자원부-인천-주민)
광주	⑨ 군 공항 이전 관련 용지 재원 마련(국방부-광주)
대전	⑩ 과학비즈니스벨트 용지 매입비 부담(미래창조과학부-대전)
울산	⑪ 반구대 암각화 보존(문화재청-울산)

---

4) 본 자료는 2013년 5월과 6월에 보도된 동아일보 자료를 토대로 요약·정리(동아일보와 성균관대학교 갈등해결연구센터가 공동으로 분석한 자료)하였으며, 여기에 이론적 근거를 통해 연구자의 견해를 제시하였다.

5) 국무조정실이 2013년 산정한 박근혜 정부의 갈등관리과제는 69개(당시 갈등과제 50개, 잠재 갈등과제 19개)로 이명박 정부의 갈등관리과제(매년 100여개)보다 다소 감소한 것으로 나타났다. 당시 국무조정실의 분석 자료를 보면, 갈등관리과제 중 환경이나 이념 등 가치를 둘러싼 갈등은 15건에 불과한 것으로 집계되었으며, 지역이나 계층 이익과 관련된 갈등이 54건으로 78.2%를 차지하였다.

구분(지역)	대표적 갈등 사례
경기	⑫ 안양교도소 재건축 반대(법무부-안양) ⑬ 5포병여단 표적지 이전 및 정기 수질검사 요구(국방부-포천-주민) ⑭ 무건리 훈련장 확장에 따른 생활대책용지 등 요구(국방부-파주-주민) ⑮ 564/561 탄약지원부대 통합에 따른 부호구역 지속(국방부-포천-주민) ⑯ 20사단 양평훈련장 이전 요구(국방부-양평-주민) ⑰ 6포병여단 소음 진동 관련 보상 이전 요구(국방부-동두천-주민) ⑱ 군 공항 이전 관련 용지 재원 마련(국방부-수원) ⑲ 미군기지 이전(평택) 관련 기존 지역(동두천) 개발지연 보상요구(국방부-평택-동두천)
강원	⑳ 원주 교도소 이전추진(법무부-원주)
충남	㉑ 공군 사격장 오염 소음 관련 보상 이전 요구(국방부-보령-주민) ㉒ 당진 동부화력발전소 건설 반대(산업부-당진-주민) ㉓ 태안 유류오염 사고 피해보상 요구(해양수산부-태안-주민)
전북	㉔ 전주 교도소 이전 추진(법무부-전주) ㉕ 비안도 도선 운항 관련 가력도 선착장 사용(농림부-군산-부안-주민) ㉖ 새만금 송전선로 경과지 변경 및 지중화 요구(산업부-군산-주민) ㉗ 새만금 매립지 행정구역 획정(안전행정부-군산·김제·부안-주민)
전남	㉘ 강진만 어업권 피해조사 용역비 부담(국민권익위-강진-주민)
경북	㉙ 포스코 신제강공장 관련 활주로 연장 취소 요구(국방부-포항-주민) ㉚ 월성 원전 1호기 계속 운전 추진 반대(산업부-경주-주민)
경남	㉛ 밀양 송전선로 건설(국토부-밀양-주민) ㉜ 창원 교도소 이전 추진(법무부-창원) ㉝ 문정댐 건설 관련 지역 간 갈등(국토부-함양-산청-주민) ㉞ 함양 용유담 명승지 지정(문화재청-함양-시민단체-주민) ㉟ 진주 의료원 폐업(보건복지부-경남-진주-시민단체)
제주	㊱ 제주 해군기지 건설(국방부-제주-시민단체)

자료: 동아일보(2013.05.23.) 기사자료 참고로 재구성

위에서 제시한 지역별 주요 갈등 사례를 요약하면, 먼저 갈등의 주체와 성격, 시설입지와 권한 갈등 등 다양한 유형으로 나타나고 있다. 예를 들어 과학비즈니스벨트의 용지 매입비 분담은 갈등의 주체 차원에서 중앙정부와 지방정부 간의 갈등에 속하며, 수도권 매립지 사용의 연장과 같이 지방정부간의 갈등도 있다. 또한 갈등을 해결하지 못한 채 수년간 진행되어 온 사례로는 제주해군기지건설, 동남권 신공항 건설, 울산 반구대 암각화 보존 문제 등이 있다. 갈등과제 50개 중 정부부처별로 그 비중을 보면, 국방부 및 국토교통부와 관련된 갈등이 각각 12개, 11개로 전체의 절반 정도를 차지하고 있다. 여기서 국방부가 관련된 갈등은 주로

군부대 비행장 사격장 활주로, 제주해군기지 건설[6] 등 혐오시설의 이전이나 보상과 관련된 지역과의 갈등이다. 국토교통부는 4대강 사업, 용산국제업무지구 개발, 동남권 신공항 건설, 문정댐 건설 같은 지역개발과 관련된 지역과의 갈등이 많은 것으로 나타났다. 법무부가 관리하는 갈등과제로는 강원 원주, 경남 창원, 전북 전주, 경기 안양 교도소의 이전을 둘러싼 해당 지방자치단체와의 갈등이 전부인 것으로 나타났다.

이밖에 시설입지 측면에서 선호시설 관련 갈등(예: 동남권 신공항 건설, 새만금 매립지 행정구획 획정 등)보다 비선호시설 관련 갈등(예: 안양교도소 이전[7], 군부대 및 군 공항 이전, 문정댐 등 댐 건설[8] 및 당진 동부화력발전소 건설)이 많은 것으로 나타났다. 결국 갈등지도에서 알 수 있듯이 전국 광역시·도의 대부분이 갈등지역으로 나타났으며, 갈등의 주체도 지방자치단체 간의 갈등, 광역자치단체 간의 갈등, 정부와 자치단체, 자치단체 내의 주민 간의 갈등 등 그 유형도 다양하다.

또한 2013년을 기준으로 최근 10년간 한국 사회를 뒤흔든 대형 공공갈등 10개[9]를 선정해

---

6) 제주해군기지 건설은 '93년 김영삼 정부 당시 합동참모회의에서 결정되었고 김대중·노무현 정부에서 후보지 결정에 따른 논란이 있은 이후 최종 입지를 지정했으며, 이명박 정부에서 건설사업을 집행하였다. 해군기지 입지도 화순, 위미, 강정(2007년 6월)으로 변경되어 왔고 당초의 해군기지에서 민·군 복합항으로 그 성격까지 변화되었다. 제주해군기지 갈등은 역대 4대 정부에서 20년에 걸쳐 추진되면서 지속기간이 상당히 오래된 대표적인 갈등사례라 할 수 있다. 강정마을이 확정된 후 2007년 8월 주민투표결과 94% 반대, 2009년 6월 제주도지사 주민소환투표 청구 등으로 찬반 주민 갈등, 추진 측과 반대 측의 갈등이 심화되었다(강창민, 2015: 11; 임재형, 2017: 33).

7) 2013년 기준으로 법무부와 안양시가 15년간 벌이고 있는 안양교도소 이전 문제는 대표적인 비선호시설 입지 관련 갈등이다. '63년 건립된 안양교도소는 '99년 구조안전진단 실시 결과 전체 89개동 중 44개동이 안전에 문제가 있는 것으로 나오면서 이전이냐 신축이냐의 논란이 시작되었다. 주민들의 이전 주장에도 안양시의회와 법무부는 2006년 재건축을 추진하기로 하고 2010년 7월 재건축 설계까지 확정했다. 그러나 2011년 교도소 외곽 이전을 공약으로 내걸고 출마한 최대호 안양시장이 선출된 후 이전 논의에 불이 붙었다. 법무부의 재건축 협의에 안양시가 응하지 않자 국무총리실 행정협의조정위원회는 지난해 1월 재건축이 타당하다는 결론을 내렸지만 안양시는 응하지 않았다. 최 시장이 재건축 조정 협의를 이행하지 않자 법무부는 행정소송을 냈고 수원지법은 2013년 1월 법무부의 손을 들어줬으나 당시 안양시는 항소 준비를 하며 맞섰다(동아일보, 2013.50.24. 보도자료 재인용).

8) 댐 건설과 관련하여 2013년 6월 13일 국토교통부는 댐 건설 시 해당 지방자치단체, 시민사회단체, 전문가가 참여하는 사전검토협의회를 개최하고 협의 전 과정을 인터넷에 공개하는 '댐 사업 절차 개선 방안'을 발표하여 해당 지역주민과 환경단체의 반발을 사전에 방지하고자 하였다(동아일보, 2013.06.16. 인용).

9) 여기에는 ①부안 방사성폐기물처분장 사태, ②주한 미군기지 평택 이전, ③사패산 터널, ④천성산 터널, ⑤행정수도 이전, ⑥4대강 사업, ⑦제주해군기지 건설, ⑧동남권 신공항 건설, ⑨공군기지 이전, ⑩밀양 송전탑 건설 등이 있다(동아일보, 2013.06.17. 보도자료 재인용).

분석한 결과를 보면, 먼저 대형 국책사업을 추진하는데 있어서 갈등은 불가피하다고 할 수 있으나 갈등이 증폭되면 이를 해결하는데 상당한 시간이 소요되었다. 10대 공공갈등의 평균 지속기간은 4년 2개월에 이른 것으로 나타났으며, 10개 공공갈등 중 4개 갈등 사안의 경우에 공권력이 투입되는 등 갈등해결방식에 있어서도 정부의 공권력 투입에 따른 물리적 충돌과 법정 소송으로 마무리되었다. 이해당사자 간의 합의를 통해 마무리된 사례는 사패산 터널 사업뿐인 것으로 나타났다. 이러한 결과를 토대로 10개 갈등의 사례분석에서 나타난 공공갈등의 5가지 공통점을 살펴보면[10], 먼저 정책결정과 공표 과정에서 국민들의 의사를 수렴하는 절차가 부족했다. 예를 들어 4대강 사업, 행정수도 이전, 동남권 신공항 건설과 관련된 정책은 막대한 예산이 투입되는 사업임에도 불구하고 사업타당성 조사 등의 면밀한 검토 없이 표를 의식해 공약하고 집권 후 밀어붙이면서 갈등을 더욱 키웠다고 볼 수 있다.

우리나라의 경우 권위주의적 조직문화 및 수직적 의사결정 구조가 팽배한 반면에 상호 협의하고 소통하는데 익숙하지 못하고 대화의 기술이 부족하다보니 갈등을 해결하는데 있어서 일방적으로 처리하는 것이 능률적이라고 인식되어 왔다. 이러한 방식으론 갈등문제를 해결하는데 한계가 있기 때문에 국민들이 수용할 수 있도록 보다 합리적이고 민주적인 방식으로 설득할 때 이를 수용한다는 점을 인지할 필요가 있다. 예를 들어 숙의민주주의 방식에서 중립적인 중재기구의 존재도 중요한 의미를 가지지만 갈등해결의 최선책은 상호협의체를 구성하여 지역 주민들의 의견을 수렴하여 추진하는 것이 가장 바람직한 방법이라고 판단된다(신기원, 2014; 박영강 외, 2016).

다음으로 10대 갈등 중 동남권 신공항 건설을 제외한 나머지 9건은 갈등 주체가 민·관인 것으로 나타났다. 이처럼 갈등의 주체가 중앙 및 지방정부, 지방정부간 갈등 및 지역주민 간 갈등에 비해 민·관 갈등이 많은 것은 대형 비선호시설의 설치와 관련된 것이기 때문에 해당 주민들의 반발 강도가 크다. 또한 9건의 공공갈등 중 정부와 해당 지역주민, 사업에 반대하는 시민단체가 결합된 갈등이 6개인 것으로 나타났다. 이밖에 10대 갈등 중 9건이 해당 주민들의 재산권이나 환경권 및 정책 사안과 결합된 것으로 나타났다. 여기서 부안 방사선폐기

---

10) 이러한 5가지 공통점을 간략하게 제시하면, ①정부의 일방적 추진→ ②해당 지역주민의 반발과 시민단체 결합 → ③정치적 쟁점화로 인한 갈등 증폭→ ④외부 단체 개입으로 인한 갈등의 장기화→ ⑤물리적 충돌 후 백지화 및 소송 끝 강제조정으로 요약된다(동아일보, 2013.06.17. 재인용).

물처분장 사태와 밀양 송전탑 건설은 국가 에너지 정책과 연결되고 사패산 터널과 천성산 터널, 4대강 사업 등은 개발과 환경보전이냐를 둘러싼 전형적인 환경갈등으로 빈번하게 발생하는 사안이라 할 수 있다. 끝으로 천성산 터널, 4대강 사업, 제주해군기지 등은 법원 판결이라는 강제 조정으로 마무리된 대표적인 사례라 할 수 있다.

제2절 지방정부의 갈등현황 및 주요 사례

1. 경기도 갈등현황 및 주요 사례

경기도는 현재 도가 추진하는 갈등 또는 분쟁을 해결하기 위해 다양한 조례가 있으나 「경기도 갈등예방 및 해결에 관한 조례」만이 실질적인 공공갈등을 대상으로 하고 있다. 이 조례는 도의 공공정책으로 도민 간 또는 도민과 그 밖에 기관·단체 간의 갈등으로 인하여 지역발전에 심대한 영향을 끼칠 우려가 있는 사항에 대하여 적용하고 있다. 또한 분쟁조정위원회 구성 및 운영 조례는 시·군 상호간 분쟁사항, 시장·군수 상호간 분쟁사항을 다루는 것을 목적으로 하고 있으나 이는 경기도 갈등예방 및 해결에 관한 조례의 범위 내에 포함되어 있다.[11]

경기도는 2013년 11월 11일 「경기도 갈등예방 및 해결에 관한 조례」를 제정한 이후부터 주요 공공갈등 현황을 관리해 오고 있는데, 2013년 이후 공공갈등 현황은 총 19건인 것으로 나타났다. 또한 경기도 내 공공갈등 현황을 연도별로 살펴보면, 총 19건 중 2004년 이전에 발생한 갈등사례는 3건이며, 조례제정 이전인 2013년까지의 건수는 총 10건이다. 특히 조례제정 이후에 발생한 공공갈등 건수는 총 9건으로 1건을 해결하는데 거쳐 2013년 조례제정

---

11) 이러한 조례 외에 상가건물 임대차분쟁조정위원회, 유통업 상생협력 및 유통분쟁, 주택임대차분쟁조정위원회, 집합건물 분쟁조정위원회, 환경분쟁조정위원회 등과 관련된 조례가 있으나 이는 공공갈등을 대상으로 하는 것이 아니라 민간영역에서 개인 간에 발생하는 분쟁을 조정하기 위한 제도라 할 수 있다.

경기도 조례제정 현황		
구분	조례명	제정 일자
경기도	경기도 갈등예방 및 해결에 관한 조례	2013.11.11.
수원시	수원시 공공갈등 예방 및 해결에 관한 조례	2015.07.31.
용인시	용인시 갈등 예방과 해결에 관한 조례	2017.05.04.
여주시	여주시 공공갈등 예방 및 조정에 관한 조례	2017.03.29.
시흥시	시흥시 갈등 예방과 해결에 관한 조례	2008.11.10.
김포시	김포시 갈등 예방과 해결에 관한 조례	2015.05.13.
오산시	오산시 공공갈등 예방 및 조정에 관한 조례	2013.11.29.
양평군	양평군 공공갈등 예방과 해결에 관한 조례	2013.12.27.
포천시	포천시 갈등예방과 해결에 관한 조례	2015.02.16.
하남시	하남시 갈등예방과 해결에 관한 조례	2011.08.10.
군포시	군포시 갈등 예방과 해결에 관한 조례	2012.01.09.
안성시	안성시 공공갈등 예방 및 해결에 관한 조례	2017.03.24.
과천시	과천시 공공갈등 예방과 해결에 관한 조례	2012.08.14.
구리시	구리시 공공갈등 예방 및 조정에 관한 조례	2015.09.30
성남시	성남시 공공갈등 예방 및 조정에 관한 조례	2018.04.30
안양시	안양시 공공갈등 예방 및 조정에 관한 조례	2017.11.16
광명시	광명시 공공갈등 예방 및 조정에 관한 조례	2018.12.21
이천시	이천시 공공갈등 예방 및 조정에 관한 조례	2019.03.08

자료: 국가법령정보센터(www.law.go.kr)

이후에도 공공갈등의 건수가 감소하지 않고 있기 때문에 갈등관리체계에 대한 점검과 개선이 필요하다고 본다.

경기도의 연도별 공공갈등 발생현황														
구분	계	04이전	05	06	07	08	09	10	11	12	13	14	15	16	17
계	19	3	–	–	–	–	–	1	3	3	–	2	1	3	3
광역지자체간	1	1	–	–	–	–	–	–	–	–	–	–	–	–	–
기초지자체간	8	2	–	–	–	–	–	–	2	1	–	2	–	1	(1)
광역-기초 간	3	–	–	–	–	–	–	1	–	–	–	–	1	1	–
중앙-지자체간	7	–	–	–	–	–	–	–	1	2	–	–	–	1	3

주: ( )안은 기초자치단체간 갈등 1건을 해결한 건수임

이밖에 2017년 말 기준 경기도 내 공공갈등 현황을 유형별로 살펴보면, 경기도와 타 광역지자체와의 갈등 건수는 1건, 기초지자체 간 갈등은 8건, 광역-기초지자체간 갈등이 3건, 중앙정부와 지자체간 갈등 건수가 7건으로 나타났다. 결과적으로 볼 때 경기도 내 공공갈등의 대부분이 기초지자체 간 갈등과 중앙 및 지자체간의 갈등이 형성되어 있음을 알 수 있다(차재훈 외, 2018). 이울러 공공갈등의 경우 물 관리나 지역개발 등에 비해 비선호시설과 일반행정 부문의 갈등이 상대적으로 많은 것으로 나타났다.

경기도의 유형별 공공갈등 현황

구분	계	일반행정	교통운송	비선호시설	물 관리	지역개발	기타
계	19	5	4	6	1	1	2
광역지자체간	1	1	-	-	-	-	-
기초지자체간	8	3	-	3	1	-	1
광역-기초 간	3	-	2	1	-	-	-
중앙-지자체간	7	1	2	2	-	1	1

주) 일반행정- 행정구역, 조직 기능배분, 과세 재정 등, 교통·운송- 도로, 지하철, 교량 등 교통시설, 비선호시설- 혐오 위험시설 등, 물 관리- 상·하수도, 하천, 댐, 상수원보호 등, 지역개발- 도시계획, 공단, 택지, 공원, 관광단지, 골프장 등

경기도 갈등 현황과 사례

구분	갈등현황과 사례지역	갈등주체·유형
1	남양주 ↔ 구리시 간의 행정구역 조정 (경기 구리시 ↔ 남양주시, 1994년)	기초-기초 (일반 행정)
2	굴포천 행정구역 조정에 따른 갈등 (경기 부천 ↔ 인천 부평, 계양구, 1999. 2)	기초-기초 (일반 행정)
3	평택항 신규매립지 경계분쟁 (경기 평택시 ↔ 충남 당진·아산시, 2000년)	광역-광역 (일반 행정)
4	서울시 기피시설(장사·화장시설) 운영에 따른 갈등 (서울시 ↔ 경기 고양시, 2010)	광역-기초 (비선호시설)
5	송탄·유천 상수원보호구역 해제 요구에 따른 갈등 (경기 안성·용인시 ↔ 평택시 2011)	기초-기초 (물 관리)
6	동두천-양주시 하수처리장 관련 갈등 (경기 동두천시 ↔ 양주시, 2011)	기초-기초 (기타)
7	접경지역 시·군 수정법 제외 요구갈등 (연천군 ↔ 국토부, 2011)	중앙-기초 (기타)
8	학군조정에 관한 갈등 (경기 용인시 ↔ 수원시, 2012년)	기초-기초 (일반 행정)
9	광명~서울 고속도로 지상화 건설에따른 갈등 (국토부 ↔ 경기 광명시, 2012)	중앙-기초 (교통·운송)
10	동두천시 미군기지 잔류에 따른 보상요구 (국방부 ↔ 경기 동두천시, 2012. 8)	중앙-기초 (일반 행정)
11	동두천시 신시가지 악취관련 갈등 (경기 동두천시 ↔ 양주시, 2014)	기초-기초 (비선호시설)
12	(가칭)함백산메모리얼파크 건립 갈등 (화성·부천·안산·시흥·광명 ↔ 수원, 2014. 12)	기초-기초 (비선호시설)
13	삼성-동탄 광역급행철도 건설사업도-시 간 사업비 분담 갈등 (경기도 ↔ 성남시, 2015.2)	광역-기초 (교통·운송)
14	은평구 폐기물처리시설 설치 반대에 따른 갈등 (서울 은평구 ↔ 경기 고양시, 2016. 5)	기초-기초 (비선호시설)
15	광역버스 준공영제 시행 관련 갈등 (경기도 ↔ 성남·시흥시 등, 2016. 6)	광역-기초 (교통·운송)
16	(가칭)경기남부법무타운 조성 관련 갈등 (기재부, 법무부 ↔ 의왕시,안양시, 2016. 12)	중앙-기초 (지역개발)
17	수원화성군공항 이전 관련 갈등 (국방부, 경기 수원시 ↔ 화성시, 2017)	중앙-기초 (비선호시설)
18	수질오염총량제에 따른 공동 하수처리장 물량 확보에 관한 갈등 (경기 의왕시 ↔ 안양·군포시 ↔ 환경부 및 한강유역환경청, 2017. 9)	중앙-기초 (비선호시설)
19	동부대로 연속화 사업에 따른 갈등 (국토부 ↔ 경기 오산시, 2017. 10)	중앙-기초 (교통·운송)

자료: 차재훈 외, (2018), 「경기도 공공갈등 사례분석 및 분쟁조정기구 설치방안 연구」, 경기대학교 한반도전략문제연구소, pp. 38-42 참고로 재구성함

2. 경상남도 갈등현황 및 주요 사례

갈등관리 연구기관으로 지정된 단국대학교 분쟁해결연구센터의 공공분쟁 통계지표에 따르면, 경남의 경우 1990년부터 2014년까지 약 50건에 가까운 갈등이 발생한 것으로 나타났다. 또한 공공분쟁DB 자료에는 1990년대를 제외하고 2000년부터 2015년까지 경남지역에서 발생한 38건의 주요 갈등사례가 제시되어 있으며, 2009년부터 2015년까지 갈등 사례는 다음과 같다. 여기서는 지리산 댐 추진과정과 진주의료원폐업 관련 갈등사례를 간략하게 살펴보고 동남권 신공항 입지, 밀양송전탑 건설, 진주-사천 행정구역 통합과 관련된 갈등을 구체적으로 살펴보았다.

경남지역 연도별 갈등 현황(2009년-2015년)	
구분(연도)	대표적 갈등 사례
2009년	① 국립 산청 호국원 건립 분쟁 ② 창원시 대림 비앤코 노조 분쟁 ③ 지리산 케이블카 설치 반대 분쟁 ④ 지리산댐 건설 분쟁 ⑤ 남강댐물 부산 지역 공급 분쟁 ⑥ 마산시 진전 레미콘 공장 건설 허가 반대 분쟁 ⑦ 함양군 의료폐기물 소각장 건설 반대 분쟁 ⑧ 밀양시 송전탑 건설 분쟁
2010년	⑨ 경남 SSM 입점 반대 분쟁
2011년	⑩ 부산 경남 동남권 신공항 유치 갈등
2012년	⑪ 남해군 화력발전소 건립 저지 갈등 ⑫ 통영·고성 행정구역통합 반대 ⑬ 함양군 용유담 명승지 지정 반대 ⑭ 창원시 북면 철강산업단지 조성 반대 ⑮ 한국항공우주산업(KAI) 민영화 반대
2013년	⑯ 통합 창원시 옛 마산권 분리 촉구 갈등 ⑰ 함안군 칠서 산업단지 내 폐기물매립장 건설 관련 갈등 ⑱ 진주시 진주의료원 폐업 갈등
2014년	⑲ 경상남도 무상급식 중단 반대 갈등 ⑳ 거창군 법조타운 건립 반대 분쟁

이러한 갈등사례를 몇 가지 살펴보면, 경남도는 경상남도가 낙동강 물 대신 댐을 만들어

식수원을 대체하기로 한 것과 관련해 지리산 댐(문정댐)[12]을 다목적댐으로 건설해 달라고 국토교통부에 건의하면서 경남도와 환경단체 간에 갈등이 재점화 되었다. 2016년 10월 10일 경남도는 국토교통부의 댐건설장기계획에 반영할 '댐 희망지 신청제 설명회'에서 문정댐을 다목적댐 건설로 요청하는 등 경남도의 식수 공급계획에 반영해 줄 것을 건의하였다. 문정댐 건설로 46만t을 부산·울산에 공급할 계획이라고 밝히면서 경남도와 시민단체 및 지역주민 간에 갈등이 증폭했다. 남강댐 물의 부산 공급 문제의 갈등을 촉발시킨 계기는 2009년 국토해양부가 진주 남강댐 물을 부산에 공급하겠다고 발표하면서 시작되었다. 2009년 당시 김태호 경남도지사가 경남·부산권 광역상수도사업에서 남강댐 물 공급이 어려워지자 대안의

지리산댐(문정댐) 추진 논란 과정	
1984. 12.	지리산댐 실시계획
1996.	부산시, 낙동강 상수원 이전 위한 대체상수원 개발 추진 ▶ 지리산댐 건설추진
1999. 12.	건교부, 부산경남지역 수자원개발계획 수립조사 ▶ 지리산댐 기본계획 수립
2001. 12.	댐 건설 장기계획 수립 ▶ 범국민 반대운동으로 12개 댐 후보지에서 지리산댐 제외
2003. 07.	함양군, 건교부와 수자원공사에 지리산댐 조기 건설 건의
2007. 07.	지리산댐, 댐 건설 장기계획 신규 후보지 3개소 중 하나로 명시
2008. 12.	국토해양부, 남강댐 재개발 통한 부산 식수대책 발표
2009. 01.	김태호 경남지사, 남강물 대안으로 지리산댐 건설 주장
2011. 05.	지리산댐, 다목적용에서 홍수조절용으로 전환 계획
2011. 07.	부산시, 남강물 부산 공급 전면화 ▶ 이명박 대통령, 부산 방문 시 '임기 내 물 문제 해결'
2012. 01.	수자원공사, 용유댐 명승 지정 반대 의견서 제출
2013. 01.	국토해양부, 댐 건설 장기 계획 ▶ 문정홍수조절댐이라는 명칭으로 추진
2013. 06.	국토해양부, 용유댐 수몰 방지책 등 개선안 발표
2014. 06	홍준표 경남지사 "지리산댐 건설, 함양 주민투표로 풀어야"
2016. 09.	경남도, 지리산댐 건설 통한 식수정책 발표
2016. 09.	국토교통부 "식수 아닌 홍수조절용으로만 검토" 못 박아

12) 30년 넘게 이어진 지리산 댐 논란 속에서 그 용도는 발전·홍수·식수 등 다양했으며, 명칭 또한 현재 지리산댐, 문정댐으로 동시에 불리고 있다. 댐 이름에 '지리산'이 있는 게 부담스러울 수밖에 없는 정부와 자치단체에서는 지명(함양군 휴천면 문정리)을 딴 '문정댐'을 공식 명칭화했다(경남도민일보, 2016.10.04. 재인용).

하나로 지리산댐 건설을 주장하였다. 그 이후 2011년 5월 국토해양부는 지리산 댐을 '다목적댐'에서 '홍수조절용'으로 전환해 추진하겠다는 계획을 내놨다. 하지만 2012년 기획재정부가 KDI(한국개발연구원)에 의뢰한 예비타당성조사에서 지리산 댐은 경제성이 없는 것으로 결론이 났다.[13]

또한 진주의료원폐업정책(Jinju Medical Center Closure Policy)은 2013년 2월 26일 경상남도가 사업수지의 악화 등을 이유로 진주의료원을 폐업하기로 전격 발표한 것을 계기로 이에 대해 보건의료노조 등이 반발하면서 첨예하게 대립된 갈등 사례이다. 경상남도는 도가 출연한 진주의료원이 매년 40~60억 원의 손실로 300억 원에 가까운 부채를 안고 있어 진주의료원을 폐업하기로 결정하였고, '경남도의료원 설립 및 운영 조례' 개정을 거쳐 의료업 폐업신고를 한 후 해산·청산 절차를 추진하였다. 경상남도의 의료원 폐원 발표 후 전국보건의료산업노동조합 등이 폐원에 대해 반대하면서 공공갈등이 본격화 되었다. 이해당사자의 대립 균형을 보면 진주의료원의 폐업 찬반으로 주요 쟁점은 공공의료(진보)와 경제성(보수)이라는 구도를 가지고 대립했으며, 이를 중심으로 정치화 갈등으로 전환되면서 이해당사자가 확대되었다. 특히 이념 관련 쟁점이 정치화 갈등으로 전환되는 핵심적 영향요인인 공공의료가 주

진주의료원폐업 추진경과	
일정	주요 내용
2013.02.26	경상남도, 진주의료원 폐업방침안 발표
2013.02.27	보건의료노조, 도청 항의방문 등 투쟁 돌입
2013.05.29	경상남도, 진주의료원폐업 공식 발표
2013.06.11	경상남도의회, 본회의에서 진주의료원 폐업조례안 기습 통과
2013.07.01	홍준표지사, 진주의료원 폐업조례 공포
2013.07.01	보건의료노조, 폐업조례 공포결정 철회를 위한 성명서 제시
2014.06.04	홍준표지사, 6.4지방선거 재선
2014.08.28	경상남도, 진주의료원 공공청사 활용을 위한 용도변경 고시

---

13) 한국개발연구원은 경남·부산권 광역상수도사업 타당성 조사에서 1일 133만t의 용수량을 확보하고자 경제성을 분석했다. 남강댐 여유수량 65만t, 강변여과수 26만t, 지리산댐 42만t의 경우 총사업비를 1조 6597억 원으로 분석하고 비용편익 0.688로 경제성 '없음'으로 결론지었다.

요 쟁점으로 부각되었으며, 치료를 받을 행복추구권 등 인권문제로 연결되면서 정치화 갈등으로 확대되었다. 이밖에도 공공부문의 민영화 반대, 의료영리화 반대, 의료공공성 확대 등도 추가 쟁점으로 나타났다(강창민, 2015; 양승일, 2018).

> **Study Plus+ 서부경남 5개 지역단체 공공병원 설립 호소**
>
> 서부경남 공공병원설립 도민운동 본부는 경남 진주·사천·남해·하동·산청지역 시민사회단체, 정당과 함께 2019년 6월 26일 경남도청 서부청사에서 '서부경남 공공병원 설립'을 요구했다. 문재인 대통령과 김경수 경남지사는 선거 때 '서부경남 공공병원 설립'을 공약으로 내걸었지만 아직 보건복지부와 경남도는 '용역 단계'에 있다며, 구체적인 계획을 밝히지 않고 있다(중략). 도민운동본부는 "심각한 의료 불평등을 겪고 있는 서부경남 도민을 위해 제대로 된 공공의료체계를 구축하는데 이번 기회를 놓쳐선 안 된다."며 "경남도가 '공공의료 파괴'의 상징에서 '공공의료 강화'의 상징으로 거듭날 수 있게 해달라."고 호소했다. (OhmyNews, 2019.06.26 보도자료 인용).

1) 동남권 신공항 입지갈등과 시사점

국책사업과 관련하여 경남지역의 대표적인 갈등 사례 중의 하나가 동남권 신공항 유치와 관련된 문제라 할 수 있다. 동남권 신공항은 2005년 10월 영남권 5개 시·도지사가 '동남권 신공항 건설을 위한 공동건의문'을 채택하여 건설교통부와 국회 등에 보내면서 본격적으로 논의되었다. 이후 2006년 12월 노무현 대통령이 대선을 앞두고 부산 기업인들의 건의를 토대로 동남권 신공항 건설을 검토하도록 지시했고 다음해 이명박, 정동영 후보가 대선 공약으로 제시하면서 기정사실화되었다. 하지만 참여정부 기간에 필요성이 인정되어 중앙정부의 공식적인 정책의제로 채택되었으나 이명박 정부의 입지선정위원회 평가에서 부산 가덕도와 밀양 하남 후보지는 모두 경제성이 부족하고 환경훼손이 심하다는 이유로 2011년 3월 부적합 판정을 받아 백지화 되었다.

동남권 신공항 후보지 비교			
구분		밀양	가덕도
총사업비		10조 2,610억 원	9조 8,070억 원
수요 (2025년 기준)	여객수요 (명/년)	(국내) 5,038,000 (국제) 10,034,000 (계) 15,072,000	(국내) 5,838,000 (국제) 9,875,000 (계) 15,713,000
	화물수요 (톤/년)	(국내) 179,245 (국제) 379,986 (계) 559,231	(국내) 179,245 (국제) 379,986 (계) 559,231
편익	여객편익	2조 8,890억 원	2조 7,440억 원
	화물편익	4,750억 원	4,750억 원
접근성		(부산) 50.3km (대구) 61.8km (울산) 80.5km (경남) 63.1km (경북) 122.4km	(부산) 31.2km (대구) 119.2km (울산) 85.9km (경남) 87.1km (경북) 169.4km
장점		- 영남권 내 접근성 우수 - 가덕도 후보지보다 유지비용 저렴 - 가덕도의 경우 바다 매립비용 및 매년 유실되는 토사를 보충하는데 추가 비용 필요 - 영남권 산업 단지들과의 접근성 우수 - 내륙 공항	- 밀양 후보지보다 건설비 저렴 - 소음 및 장애물 문제 해소를 통해 24시간 가동 가능 - 내륙 건설에 동반될 수 있는 안정성의 문제 해결(장애물 등) - 항만, 운송, 전시 컨벤션 등 기존 산업과 연계성 향상

특히 이명박 정부에서 진행된 입지선정 절차는 그 신뢰성에 강한 의문이 제기되었고 공항 건설 목표에 대한 합의가 이루어지지 않은 상태에서 평가가 진행되었다는 점에서 논란이 되었다(김현조 외, 2013).[14] 동남권 신공항 백지화 발표 이후에 여당 당 대표 등 중앙 정계의 인사들은 신공항 재추진 의사를 공공연히 피력하였고 영남권 5개 시·도는 공동으로 수도권 과밀화에 반대한다는 논리를 내세우며 신공항의 필요성을 주장하였다. 사업의 재개를 위해서 영남권의 5개 시·도는 각각의 주장을 유보하고 신공항의 필요성에 합의한 것 같은 태도

---

14) 당시 자료를 보면 부산시 측에서는 김해공항의 수요초과에 따라 동 공항이 지니는 문제점을 해결할 수 있는 후보지를 찾고자 했으며, 가장 역점을 둔 것은 김해공항의 취약점을 극복할 수 있는 24시간 안전한 공항의 건설이었다. 그리고 부산시와 가장 대립적인 입장을 보였던 대구·경북의 경우 동 지역의 장기적인 발전과 기존의 대구국제공항이 지니는 문제점을 해결하기 위한 돌파구로 근거리에 위치한 밀양에 신공항을 건설하고자 했다(문유석 외, 2017).

를 보였다. 그러나 이후 부산 지역은 민간자본의 유치를 통해 신공항을 독자적으로 추진하는 움직임을 보였고, 대구 지역은 '동남권'이라는 명칭을 '남부권'으로 변경하여 다른 지역들까지 포괄하려는 전략적인 움직임을 보이기도 했다(이진수 외, 2015).

그 이후 동남권 신공항 재추진 가능성은 2012년 말 대통령 선거를 앞두고 다시 고조되었으며, 정치인들은 대선 기간 동안 지역을 방문하면서 동남권 신공항 건설을 재추진 한다는 의사를 표명하였다.[15] 당시 여야 대통령 후보들은 동남권 신공항의 재추진을 공약으로 제시했고 실제 박근혜 대통령은 2012년 대선에서 지역공약 8대 핵심 정책의 하나로 동남권 신공항 건설을 약속했다. 이러한 과정에서 2013년 6월 국토교통부는 5개 시·도와 합의하여 8월부터 재추진하기로 합의하였고, 재추진은 수요조사를 포함하여 사업을 사실상 원점으로 되돌렸다. 또한 2014년에 접어들어 지방선거를 앞두고 후보들이 다시 공약으로 내세웠고 선거 이후 8월에 국토교통부는 2023년 김해공항이 포화에 이를 것이라는 예측 결과를 발표하고 타당성 조사를 시작하기로 하였다. 이에 따라 특정 지역의 우세를 언급하는 지역 간 경쟁이 다시 시작되어 갈등이 재점화 되었다.[16]

박근혜 정부 출범 이후 영남권 5개 시·도지사는 2013년 6월 항공수요조사 등을 위한 공동합의서를 체결하였으며, 국토부에서는 전문기관의 용역을 통해 2014년 8월 신공항의 수요 및 건설의 필요성을 재확인하였다. 박근혜 정부는 이명박 정부에서 추진해온 절차를 거슬러 입지선정에 앞서 항공수요조사를 재실시하였고 수요조사에 앞서 정부에서는 사전에 조사결과에 대한 승복을 위하여 5개 시·도의 합의를 요구했다. 2013년 6월 18일자로 영남권 항공수요조사 시행을 위한 5개 지자체 간 공동합의서가 체결되었다. 이어서 2014년 10월과 2015년 1월 두 차례[17]에 걸쳐 영남 5개 시·도지사는 정부가 실시하는 신공항 입지 타당성

---

15) 당시 박근혜 후보는 부산 유세에서 "가덕도가 최고 입지라면 당연히 가덕도로 할 것이다"라고 수차례에 걸쳐 가덕도를 언급했다. 당시 문재인 후보도 "단순히 김해공항의 확장 이전 차원을 넘어 부산 등 동남권 지역의 공동관문이 있어야 한다."고 주장했다(동아일보, 2016.06.22. 재인용).

16) 박근혜 정부 출범 이후 동남권 신공항의 필요성에 대한 정부 예측 결과가 달라졌다. 이명박 정부는 김해공항의 국제선 운용 여력이 2027년까지 충분하다고 했으나 2023년까지 김해공항 활주로가 포화상태가 될 것으로 예측 결과가 뒤바뀌었다. 당시 정치 논리가 경제 논리를 압도했다는 비판이 제기되면서 정부는 2015년 19억 2000만 원을 들여 외국 업체(ADPi)에 신공항 사전타당성 연구용역을 의뢰하였다(부산일보, 2015.01.19. 재인용).

17) 입지평가용역결과의 승복에 대한 제1차 합의과정을 보면 2014년 내에 입지타당성 용역 조사를 추진하기 위해서

조사 결과를 수용한다는 합의문을 수용하였다.

　2015년 5개 시·도가 신공항 유치 경쟁을 자제하고 그 결과를 승복하기로 합의했으나 4·13총선 과정에서 신공항 유치와 관련하여 갈등이 다시 시작되었다.[18] 이후 2016년 6월 21일 김해공항 확장으로 결론이 나면서 13년간 이어진 동남권 신공항 숙원사업은 결국 백지화되었고 지역 간의 갈등과 분열만 남긴 채 일단락되었다. 특히 막대한 예산이 투입되는 국책사업에 표를 의식한 정치권이 과도하게 개입되면서 갈등이 증폭되었고 국익과 사회적 단합에 혼선만 초래하게 되었다(동아일보, 2016.06.24. 인용).

　한편, 2017년 대선과정에서 문재인 후보는 동남권 신공항의 입지가 김해공항으로 결정된 부분에 대해 정권이 교체되면 이것이 적절한지를 검토하겠다는 의사를 밝혔다. 홍준표 후보도 3,800m 활주로 건설과 24시간 운항을 위해 소음피해의 영역을 확대할 것을 주장했다. 6.13 지방선거 이후 부울경 도지사는 안전하고 소음의 영향이 없는 동남권 관문공항을 공동으로 추진하는데 합의하고 검증단을 구성하여 국토교통부의 김해신공항 계획을 검증하기로 했다(박영강, 2019). 2018년 10월 부울경 공동으로 검증단을 구성하여 사업의 타당성 등을 평가하여 2019년 4월에 김해 신공항은 건설이 불가능하다는 결과를 발표하였으나 국토교통부는 김해 신공항 확장사업을 강행하겠다는 의사를 밝히면서 갈등이 고조되고 있다. 그 이후 2019년 6월 부울경 광역자치단체장은 김해신공항이 적정한지 총리실에서 논의하기로 하고 그 결과에 따른다는 합의문을 발표하면서 대구·경부지역은 재검토에 대한 반대의견을 밝혀 또 다시 갈등의 중심에 서 있다.

　는 5개 시·도가 극적으로 합의하거나, 합의와 상관없이 국토교통부가 용역 추진 방법과 내용을 결정해 강행해야 한다는 여론이 비등하게 되자 2014년 10월 2일 영남 5개 시·도지사는 향후 정부의 입지평가용역결과에 승복하기로 합의를 하였다. 제2차 합의는 국토교통부의 중재로 2015년 1월 19일 5개 시·도는 "입지선정은 정부안대로 외국기관에 일임해 객관적이고 공개적으로 추진하도록 한다."는 합의를 하게 되었다(부산일보, 2015.01.19. 재인용).

18) 4·13 총선과정에서 새누리당 조원진 의원은 "박근혜 대통령이 대구에 선물 보따리를 준비하고 있다"며 갈등에 불을 붙였다. 이에 새누리당 부산시장은 가덕도 신공항 건설을 총선 공약에 포함시켜 대결구도가 형성되었다. 서병수 부산시장은 2014년 지방선거 당시 가덕도에서 기자회견을 열어 "시장에 당선되면 가덕도 신공항 유치에 시장직을 걸겠다"며 지역 간 갈등에 합류하였다(동아일보, 2016.06.22. 재인용).

연도	월일	동남권 신공항 유치 관련 추진 일정 및 결과 추진일정 및 주요내용
2005	10월	• 영남권 5개 시·도, 동남권 신공항 건설 공동건의문을 올림
2006	12월	• 노무현 대통령, 북항 재개발 계획보고회에서 신공항 건설 검토 지시
2007	3월	• 제2관문 공항(남부권 신공항) 건설여건 조사' 용역 시행
2007	10월	• 이명박 대통령 후보, 동남권 신공항 건설을 선거 공약으로 제시
2008	3월	• 국토연구원, 2차 용역 착수
2008	11월	• 영남권 5개 시·도, 신공항 후보지 제출
2009	4월	• 신공항 최적 후보지 선정 계획안 발표
2009	9월	• 2차 용역 결과 발표 12월로 연기
2009	12월	• 신공항 후보지 부산가덕도와 경남 밀양으로 압축 • 2차 용역 결과 발표 6·2 지방선거 이후로 연기
2010	4월	• 밀양과 부산 가덕도가 입지로 경제성이 없다는 점이 알려짐
2010	5월	• 국토해양부, 입지평가위원회 구성
2010	7월	• 입지선정위원회 구성
2010	9월	• 2차 용역 결과 발표를 후년 3월로 연기
2011	3월	• 후보지 2곳 부적합 판정 받아 신공항 백지화 발표
2011	4월	• 이명박 대통령 대국민 사과
2012	2월	• 한나라당(새누리당) 및 민주당, 4·11 지방선거에서 공약으로 검토
2012	10월	• 각 대통령 후보, 대통령 선거에서 신공항을 공약으로 발표
2013	2월	• 김해공항 활주로 증설 추진
2013	6월	• 국토교통부 장관, 수요조사 후 입지 타당성 조사 계획 발표
2014	6월	• 지방선거 후보자들, 신공항 유치 공약
2014	8월	• 국토교통부, 신공항 재추진 논의
2014	10월	• 영남권 5개 시·도지사, 정부의 신공항 입지 타당성 조사 결과 수용 합의
2015	1월	• 영남권 시도지사협의회, 신공항 유치 관련 경쟁 안하기로 합의
2015	6월	• 국토교통부, 파리공항공단엔지니어링(ADPi)에 신공항 사전 타당성 연구용역 의뢰
2016	6월	• 국토교통부 김해공항 확장 결론 발표
2017	4월	• 김해신공항 예비타당성 조사 통과
2018	6월	• 부울경 공동의 TF팀 구성·운영(2018.6.29.~8.21)
2018 2019	10월 4월	• 동남권 신공항 검증단 구성 및 검증보고서 작성 • 김해신공항 소음·안전·환경훼손, 확장성 및 경제성 떨어짐으로 결론
2019	6월	• 부울경 단체장과 국토교통부 합의 통해 총리실에서 최종 판정

자료: 이진수 외 3인. (2015). 갈등의 공간적 구성: 동남권 신공항을 둘러싼 스케일 정치, 「한국지리학회지」, 21(2): 480; 박영강, 2019: 821-826 참고로 재구성.

동남권 신공항 추진정책과 관련하여 갈등 양상과 시사점을 제시하면, 먼저 신공항 입지정책은 5개 시·도가 참여하여 이해당사자간의 의견이 대립했다는 점에서 지방정부 간의 갈등 양상으로 인식되고 있다. 또한 갈등은 당사자들이 특정한 상황이나 상태를 갈등으로 인식하는지 여부에 따라 주관적 갈등과 객관적 갈등으로 분류되기도 하는데, 앞의 갈등의 유형에서 제시하였듯이 객관적 갈등은 경쟁의 상태를 중심으로 협력형, 경쟁형, 절충형으로 구분된다. 여기서 절충형은 갈등당사자들이 제3자의 비용으로 확보한 자원을 두고 경쟁하면서 공동의 이해관계를 찾아 협력하여 이익을 얻을 수 있는 상황을 의미한다. 이러한 측면에서 볼 때 동남권 신공항 문제는 정부주도와 정부예산으로 추진되었고 5개 시·도가 상호협력하고 경쟁한다는 점을 고려해 볼 때 절충형에 해당된다고 볼 수 있다(박관규 외, 2014; 문유석 외, 2017).[19]

한편, 두 차례에 걸쳐 진행된 5개 시·도의 입지평가용역결과 승복에 대한 합의과정을 보면 해당 주무부처인 국토교통부가 어느 정도 조정력을 발휘했으나 민선단체장 선출이후 지방자치단체장의 영향력과 5개 시·도의 인구규모나 정치적 영향력이 상대적으로 강하여 중앙정부의 조정력은 상당히 제한적이었다. 따라서 이러한 문제를 해결하기 위해서는 중앙정부의 중재력을 확보하는 차원에서 우선적으로 지역갈등 전담기구를 설립하고 법제도적 정비 및 지역갈등관리체계를 구축해야 할 것이다. 특히 신공항 건설 백지화 사태를 포함한 국책사업 유치와 관련된 갈등을 지역이기주의로만 단정할 수 없다. 백지화된 동남권 신공항 문제가 또 다시 정치권의 공약에서 갈등이 야기된 사안인 만큼 정치적 영향력을 전면 배제하기는 어렵겠지만 이를 차단할 수 있는 방안을 마련하는 것도 필요하다.

실제 동남권 신공항 논란과정을 보면, 정당 내부에서도 지역별로 다른 의견을 제시하였으며, 국가 주요 정책의 하나로 토론하거나 합의점을 찾는 과정도 없었다. 따라서 국책사업의 타당성 검증이나 입지선정 등에 있어 경제성과 효율성, 시민편의성 등의 기준이 고려되어 결정하는 사업의 경우에 정치적 영향력을 배제할 수 있는 법령을 개선하고 정치적 영향을 받지 않는 독립기구로 전문가위원회 등을 구성할 필요가 있다. 특히 지방분권 시대에 국가의 균형적 발전 측면에서 정책을 합리적으로 추진하기 위해서는 지역 내 주민들의 의견을 충분히 수

---

[19] 기존의 연구에서 보면, 노무현 정부 이후 추진된 동남권 신공항 입지정책은 이명박 정부와 박근혜 정부에서도 실패한 사례로 인식되고 있다. 그 이유로 추진주체의 불명확성과 협력의 부재, 정책목표의 불명확성, 민주적 조정장치의 부재, 입지평가과정의 투명성 결여 등의 문제가 지적되었다(문유석 외, 2017).

2) 밀양 송전탑 건설 갈등과 시사점

밀양 송전탑 관련 갈등은 신고리 원자력발전소와 북경남 변전소를 연결하는 송전탑 건설 구간 중 밀양시 5개면에서 한국전력과 반대 지역주민 및 시민단체 사이에 발생한 갈등 사례이며, 국민권익위원회와 경실련 갈등해소센터가 조정에 참여한 사례이기도 하다(임재형, 2017). 다시 말해서 밀양시 일원에 건설 예정이었던 사업으로 한국전력이 765kV 신고리-북경남 송전선로 건설사업으로 고압 송전탑의 설치공사를 둘러싸고 일부 해당 지역주민과 한국전력 간에 발생한 갈등사태를 말한다. 이는 신고리-북경남 송전선(총연장 90.5km로 예정)의 제2구간으로 송전선 완공 이후 울산 신고리 원자력발전소 3호기에서 생산한 전력을 창녕군 북경남 변전소로 수송하는 역할을 하고 있다(이광석, 2014; 장현주, 2018).

밀양 송전탑 건설사업의 주요 내용					
경과지역	송전탑 수와 송전선로 길이			제2구간 (신고리-북경남)에서 밀양지역
		제 1구간 (신고리-부산)	제 2구간 (신고리-북경남)	
부산 기장군 울산 울주군 경남 양산시 경남 밀양시 경남 창녕군	송전선로	20.756 km	69.959 km	상동면 단장면 산외면 부북면 청도면
	송전탑	39기	123기	
	밀양 송전탑 수 / 전체 송전탑 수		69기/123기	

밀양 송전탑 갈등은 우리나라 공공갈등 분야에서 상징적인 사건의 하나로 정부와 한국전력, 밀양시 간에 송전선로 건설 협약이 맺어진 2002년 9월부터 시작되었다. 공사주체인 한국전력은 영남 지역의 전력공급을 위해서는 밀양지역 송전탑 공사가 꼭 필요하다고 판단하여 송전선로 공사를 해야 한다는 입장이었다. 하지만 지역 주민들은 환경파괴와 건강상의 이유 등으로 이를 반대했다. 특히 송전탑이 건설되면 고압선이 집과 학교주변 논밭 바로 위로 지나가기 때문에 위험성이 크고, 지역의 자연환경이 훼손될 것을 우려하였고, 고압 송전선로의 전자파로 주민들의 건강을 위협할 수 있다는 이유로 반대했다. 밀양 지역을 관통하는 송

밀양 송전탑 건설사업 추진경과

구분	년도	추진 일정별 주요 내용
정책 결정	2001. 05.	송전선로 경유지 및 변전소 부지 선정을 위한 용역 착수
	2002. 08.	경과대역 조사 및 후보대역 선정
	2002. 09.	경과 후보지 선정
	2002. 10.	예정 경과지 지방자치단체와 협의
	2003. 11.	최적 경과지 선정 및 상세 측량 착수
	2005. 07.	환경영향평가 초안 제출(낙동강유역 환경청)
갈등 1기	2005. 08.	주민설명회 개최 및 의견수렴
	2006. 03.	최종경과지 확정
	2007. 03.	실시계획사업 승인 신청
	2007. 07.	환경영향평가 협의 완료
	2007. 11.	정부(산업자원부) 실시계획사업 승인(최종 경과지 승인)
	2008. 07.	밀양주민들 송전선로 백지화 요구 첫 궐기대회(주민 반대투쟁 본격화)
권익위조정기	2009. 12.	권익위 위원장이 밀양 방문: 권익위에 의한 조정 시도, 국민권익위원회 주관 밀양지역 송전탑 갈등조정위원회 구성
갈등 2기	2010. 11.	경실련 주관 밀양 송전탑 보상제도 개선추진위원회 구성
	2011. 5~7	밀양주민-한국전력 대화위원회 운영, 18차례 대화
	2012. 3. 07.	국정감사 예정 및 밀양 송전탑 구간 공사 중지
갈등 3기	2012. 6. 11.	밀양 송전탑 구간 공사 재개
	2012. 07.	밀양 상동면에 헬기로 3t 굴삭기 및 자재 투입
	2012. 09.	밀양 송전선로 한국전력 대책위 구성
	2012. 9. 24.	국회 현안 보고 이후 밀양 송전탑 구간 공사 중지
	2013. 5. 15.	한국전력, 송전탑 공사 재개 방침 공식화
	2013. 5. 18.	한국전력, 송전탑 공사재개 관련 대국민 호소문 배포
	2013. 5. 20.	한국전력, 밀양시 4개면 6개 지역 공사 재개 시도(2개 지역 주민과 대치)
협의체 조정기	2013. 5. 29.	한전-밀양주민 공사 일시 중단 및 전문가협의체를 통한 대안 연구 합의
	2013. 7. 8	최종보고서가 제출되었으나, 한전의 입장과 동일해 주민 반발
갈등 4기	2013. 9. 11.	정홍원 국무총리 밀양 방문해 공사 강행 시사, 밀양 송전탑 갈등 해소 특별지원협의회, 가구당 400만원 개별보상·태양광 밸리 사업 추진 등을 핵심으로 한 주민 보상안 확정
	2013. 10. 1.	한국전력, 송전선로 공사 재개 방침 및 공사재개에 따른 호소문 발표
	2013. 12. 31.	송변전설비 주변지역 보상 및 지원에 관한 법률 국회 통과
정책 종결	2014. 6. 10.	No.127 및 No.128 등의 송전탑 터에 행정대집행 계고
	2014. 6. 11.	위 장소에 행정 대집행으로 한국전력이 송전탑 터 확보
	2014. 12. 28	경남 창녕군 성산면 방리 소재 북경남변전소에서 765kV 신고리 북경남 송전선로에 대한 시험 송전 시작

출처: 한국전력(2012) 및 wikipedia(http://ko.wikipedia.org) 자료 취합하여 재정리.

전선로의 건설 문제를 두고 밀양시 여수마을 주민들을 중심으로 주민의 건강과 재산에 직접적 영향을 미치는 중대한 결정과정에서 자신들이 배제되었다는 점에서 갈등이 촉발되었다. 그 이후 주민들이 한국전력 앞에서 집회를 했던 2005년 11월 23일을 시작으로 약 10여 년 동안 갈등이 지속되었고 갈등해결 전략으로 제3자의 갈등조정 시도나 전문가 협의체에 의한 중재 시도 등 다양한 갈등관리 노력들이 전개(입지선정위원회, 갈등조정회의, 갈등영향분석 등)되었으나 구체적인 합의를 도출하지는 못했다(김지수 외, 2014).

특히 2005년 8월 환경영향평가초안과 관련하여 주민설명회를 가진 이후 갈등이 고조되었고 2010년 6월 갈등조정위원회의 조정 노력으로 완화되었으나 2011년 보상에 관한 최종 합의에 실패한 후 2012년 1월 마을 주민의 분신사태가 발생하면서 갈등이 다시 고조되었다. 이 사건을 계기로 전국적인 이슈가 되면서 시민단체 등이 개입함으로써 갈등의 성격이 이익갈등에서 가치갈등으로 전환되었다. 밀양 송전탑 갈등사례는 조정이나 합의문 작성과 같은 주요 사건의 발생을 기준으로 볼 때 한국전력의 공사 재개와 더불어 주민들의 반발이 반복되었으며, 조정이나 대화가 계속되는 동안에도 갈등이 오히려 증폭되거나 잠시 정체되었다가 재발되는 패턴을 보였다. 또한 갈등 장기화로 인한 지역주민의 피로 누적과 한전과 정부의 보상금 지원 확대 정책에 따라 송전탑에 대한 찬성 주민이 집단화되면서 보상을 반대한 주민들과의 갈등으로 인한 공동체 파괴 현상도 나타났다(김지수 외, 2014). 또한 밀양 송전탑 갈등 사례의 중요 시사점은 갈등해결과정에서 주민참여와 의사소통이 상당히 중요하다는 점을 인식시키고 있다(임재형, 2017).

한편, 2000년 전력수급 계획이 수립되고, 송전선 경로가 선정된 후 2002년 9월부터 2003년 10월까지 선로경과 지역 주민들을 대상으로 의견수렴을 진행하였다. 하지만 당시 주민의견 수렴은 형식적인 수준에 그쳤으며, 사실상 주민들은 모든 결정이 이루어진 뒤 단순히 통보를 받는 상황이었다. 특히 지역주민의 반대가 있었음에도 불구하고 전원개발사업 실시계획 승인신청이 이루어지는 등 송전선로 건설 등과 같은 국책사업을 수립하고 계획하는 과정에서 해당 지역 주민들의 참여와 역할은 매우 미미했다는 점에서 시사하는 바가 크다.[20]

---

20) 2009년 1월 30일 개정된 「전원개발촉진법」은 '사업시행 계획의 열람, 설명회' 등을 통한 지역주민 및 관계 전문가 등의 의견을 듣도록 의무화하였으나 밀양 송전탑 건설 논의 초기에는 개정 전 법이 적용되어 관할지역의 자치단체장 또는 도지사의 의견만을 듣고 주민 의견수렴 절차 없이 계획수립이 가능했다(제19대 331회 제1차 지식경

결과적으로 송전선로 및 송전탑 건설을 둘러싼 밀양 송전탑 사태는 전자파로 인한 질병 유발 등의 건강권 침해, 송전탑 및 송전선로 주변의 토지가격 및 주택가격의 하락, 주민 기대에 못 미친 보상, 국책사업이라는 취지하의 일방적인 공사방식[21], 정보의 비대칭성을 이용한 사업운용 등의 문제를 해결하지 못했기 때문에 장기화되었다고 볼 수 있다(신기원, 2014). 결국 송전탑 건설이 지역주민의 건강과 재산에 직접적 영향을 미치고 갈등의 예상되는 상황에서 주민의 참여를 통한 합리적 의사결정과정으로 진행되지 못했기 때문에 사태를 더욱 악화시켰다고 판단된다.

밀양 송전탑 갈등은 갈등의 장기화로 인해 막대한 사회적, 경제적 비용을 초래한 주요 공공갈등 중 대표적인 사례라 할 수 있다. 송전탑 건설 추진과정에서 국민권익위원회, 정치권, 정부, 해당 지역주민, 시민단체 등 다양한 이해관계자들이 갈등을 해결하기 위해 개입하였으나 합리적 선택을 위한 집단적 의사결정 과정을 제시하지는 못했다. 갈등의 가장 큰 유발요인은 소통의 부재, 경제적 요인 및 관련법의 한계 등이 있는데, 밀양 송전탑 건설사업 과정에서 이러한 문제가 드러난 만큼 이에 대한 구체적인 해결 방안을 마련해야 한다. 결국 다양한 행위주체들의 참여는 바람직한 갈등관리의 조건이기 때문에 향후 협력적 거버넌스의 구축과 법의 적정성을 검토할 수 있도록 제도적 장치가 마련되어야 한다. 끝으로 협력적 거버넌스가 모든 갈등을 해결해 주는 것은 아니지만 기존의 중앙집권적 방식에서 벗어나 참여와 협력, 신뢰를 근간으로 갈등문제를 해결하는 것이 규범적으로나 현실적으로 바람직하다고 판단된다.

제위원회 회의록). 또한 당시 논쟁에 있어 지역주민들은 전원(電源)개발촉진법에 문제가 있다고 지적하였으나 한국전력은 전원개발촉진법에 근거하여 추진했다는 주장이 대립되면서 갈등이 더욱 증폭되었다.

21) 전원개발촉진법에 따르면 산업통상자원부 장관의 승인을 받으면 '국토의 이용 및 계획에 관한 법률'을 비롯한 20여개의 법률에 따른 인허가를 받은 것으로 의제되며 주민들이 불응할 경우에 토지를 수용할 수도 있다고 명시되어 있다. 한국전력은 이 조항을 근거로 주민들에게 해당 정보를 알리고 설득하기보다 형식적으로 주민설명회를 거쳐 사업을 강행한 것으로 나타났다(신기원, 2014).

| Study Plus | **정보의 비대칭성** |

정보의 편재라고도 하며, 소비자는 공급자보다 정보 면에서 늘 불리하며 공급자는 소비자의 무지를 이용하여 이윤을 창출하려고 한다. 수요자와 공급자 또는 주인과 대리인 간에 정보의 비대칭이 있는 경우, 거래를 하는 쪽은 정보를 가지고 있는데 반해 다른 한 쪽이 정보를 가지지 못하게 되면 정보의 편재로 인한 불확실한 상황에 놓이고 그렇게 되면 역선택(부적격자를 대리인으로 잘못 선임)과 도덕적 해이(moral hazard, 대리인이 자신의 이익을 추구하거나 게으름을 피우는 현상) 등 대리손실이 발생하게 되어 시장이 공정하고 효율적으로 작동할 수 없다(김중규, 2017, 신행정학개론, p. 67 인용).

3) 행정구역 통합 관련 갈등: 진주-사천시 통합 실패사례

진주시와 사천시는 역사적 맥락을 같이하면서도 1995년 '진주권 광역쓰레기 매립장[22]' 공동 사용 문제를 시작으로 명칭 문제로 갈등을 유발한 사천공항[23] 및 남해고속도로 사천나들목 명칭[24], 항공부품소재 국가산업단지 명칭[25] 문제와 입지갈등의 한 유형인 혁신도시 위치

---

22) 진주권 광역쓰레기매립장 공동사용 문제는 1995년 7월부터 2002년 3월까지 7년간 갈등이 지속되었으며, 갈등의 장기화로 인해 지방정부간 및 주민 간 대립과 정신적, 물질적 피해를 준 갈등 사례라 할 수 있다. 1993년 10월 13일 국비를 제외한 사업비 전액을 진주시가 부담하고 사천군과 진양군은 주변지역의 민원과 부지 확보를 책임지고 시설 완공 후 공동 사용한다는 요지의 3자간 행정협정이 체결되었다. 당시 진주시는 행정협정 체결과 관련해서는 문제가 없으나 내용상 불평등하다는 견해가 지배적이었고 사천군은 정 반대의 입장이었기 때문에 갈등이 시작되었다. 이후 1995년 도농통합에 따른 행정구역이 변경되고 주변 여건이 달라짐에 따라 통합 이전에 체결한 행정협정 효력과 관련하여 지방정부간, 지역주민 간 해석의 차이로 인해 본격적으로 갈등이 시작되었다.

23) 2014년 2월 10일 사천시의회는 최근 열린 임시회에서 전원 찬성으로 '사천공항 명칭 환원 촉구 건의안'을 채택했다. 시의회는 이를 청와대와 국회, 국토교통부, 한국공항공사, 대한항공, 아시아나항공 등 관련기관과 단체에 전달했다(국제신문, 2014.01.12. 보도자료).

24) 사천 나들목 명칭 문제는 진주시가 2009년 9월 한국도로공사 진주·마산사업단에 사천 나들목을 사천·남진주 나들목으로 명명해 달라고 요청한 공문을 발송한 것이 갈등의 원인으로 작용했다. 이와 관련해 한국도로공사는 남해고속도로 확장공사를 하면서 사천 IC 톨게이트 시설만 행정구역상 사천지역이고 나머지 시설 50% 정도가 진주지역으로 당연히 남진주가 명칭에 포함되어야 한다는 진주시의 주장은 받아들이지 않았다. 결국 한국도로공사는 기존 명칭인 사천나들목을 그대로 사용하는 것으로 결론을 냈다(경남도민일보, 2013.03.22. 보도자료).

25) 당시 진주시의 주장은 가칭 '사천·진주 항공부품소재 국가산업단지'의 지역명 순서를 '진주·사천'으로 바꿔야 한다고 주장하였다. 그 근거로 경남도가 정한 자치단체별 직제 상 진주가 사천보다 앞서기 때문에 산단 명칭에서도 진주가 앞에 놓여야 한다는 것이었다. 반면 사천시는 직제라고 하는 것이 당초 단순한 조직관리 차원에서 자치단체 규모별로 순서를 매긴 것에 불과해 이 문제에 대입할 논리가 아니라는 입장을 취했다. 결국 국가산업

선정 문제, 진주-사천 행정구역 통합, 우주기업시험센터 유치, 뿌리산업단지 조성 등 최근까지 수차례에 걸쳐 갈등을 빚어 오고 있다. 여기서는 진주-사천의 주요 갈등사례인 행정구역 통합 문제와 관련하여 갈등의 원인 등을 살펴보고 상생발전 전략을 제시하고자 한다.

1990년대 초 우리나라 농촌지역의 쇠퇴를 막고 지역 간 균형발전의 실현을 위해 도·농 통합형 행정구역 개편을 대대적으로 추진하였다. 구체적으로 지방자치법 개정을 통해 시에 도 읍·면을 둘 수 있도록 하여 시 중심부에는 동을, 주변농촌지역에는 읍·면을 둘 수 있도록 하였다. 또한 통합 대상지역을 선정하여 정부 주도로 통합을 추진하였으며, 지방자치단체 참여를 위해 「도농복합 형태의 시 설치에 따른 행정특례법」을 제정하여 도농통합 시·군에 대한 행정특례 부여 및 지원을 강화하였다(김영철 외, 2013). 도농통합을 추진한 경상남도의 경우 당시 창원시와 창원군을 비롯한 9개 시·군지역이 통합 대상[26]으로 지목되었고, 이후

경남의 도농통합 현황

통합대상 시·군	인구 (명)	면적 (km²)	재정자립도 (%)	통합시	인구 (명)	면적 (km²)	재정자립도 (%)
창원시+창원군 (3개면)	420,286+39,527	124.55+167.07	88.4+18.9	창원시	459,818	291.62	82.7
울산시+울산군	767,093+177,816	181.63+870.18	92.3+61.0	울산시	944,909	1051.82	84.9
마산시+창원군 (5개면)	378,072+57,306	73.43+255.53	75.8+33.7	마산시	435,378	328.96	71.1
진주시+진양군	260,159+74,046	69.56+643.12	59.6+9.8	진주시	334,205	712.68	38.9
충무시+통영군	98,291+44,641	21.35+212.54	51.8+17.6	통영시	142,932	233.89	32.6
삼천포시+사천군	65,658+57,047	58.85+337.13	35.9+22.7	사천시	122,705	395.98	28.6
김해시+김해군	162,098+85,952	64.03+399.56	61.1+28.1	김해시	248,050	463.59	44.8
밀양시+밀양군	50,744+81,814	28.85+767.51	42.8+24.9	밀양시	132,588	796.36	22.1
장승포시+거제군	55,294+94,843	30.26+368.44	65.8+31.3	거제시	150,137	398.70	49.3
평균					330,080	519.30	50.5

자료: 내무부, 『행정구역개편백서』, 1995; 경상남도, 『경남통계연보』, 1994 참조하여 작성함.

단지 명칭은 두 시의 지명이 아닌 '경남 항공부품소재 국가산업단지'로 변경되었다.
26) 통합권유 대상 지역으로는 ①창원시·창원군 3개면(동·북·대산면), ②마산·창원 5개면(내서·구산·진동·진북·진전면), ③진주시·진양군, ④충무시·통영군, ⑤삼천포시·사천군, ⑥김해시·김해군, ⑦밀양시·밀양군, ⑧장승포시·거제군 등이다.

1995년부터 1996년 사이에 (구)창원, (구)마산, 진주, 통영, 사천, 김해, 밀양, 거제 등이 도농 통합시가 되었다. 그 결과 경남은 통합 전 10개 시와 19개 군으로 구성되었으나 통합으로 인해 행정구역이 일반시 1개, 통합시 9개 및 10개 군으로 구성되었다(2018년 8월 기준 8개 시, 10개 군, 5개 행정구, 308개 읍·면·동).

이후 이명박 정부는 지방행정체제 개편을 100대 국정과제의 하나로 선정하고, 국회 내「지방행정체제개편특별위원회」를 구성하여 활동을 시작하였다. 그 결과 2009년 자치단체자율통합지원계획이 발표되었고 국회 지방행정체제 개편특별위원회는 2010년 지방행정체제 개편에 관한 특별법안을 의결하였다. 이명박 정부의 행정구역개편 관련 논의의 핵심은 기초지방자치단체인 시·군·구의 통합과 광역도의 폐지로 이에 대한 반발이 거세짐에 따라 광역도의 폐지는 사실상 보류되었으며, 시·군·구 통합만 본격적으로 추진되었다.

당시 행정안전부는 해당지역을 대상으로 주민의견조사를 실시하고 2009년 11월 10일 찬성률이 과반수 이상인 6개 지역[27]을 발표한 후 11월 12일에는 선거구와 일치하지 않는 2개 지역(안양-군포-의왕, 진주-산청)을 제외하고, 4개 지역을 통합대상으로 선정하였다. 2009년 12월에는 4개 지역 중 창원-마산-진해 지역의 지방의회에서 통합안을 통과시켰고, 경상남도의회에서 통합시 발족에 찬성함으로서 창원시가 우선적으로 통합이 진행되어 2010년 7월 「경상남도 창원시 설치 및 지원특례에 관한 법률」에 의거하여 통합 창원시가 탄생하게 되었다.

한편, 진주·사천 행정구역 통합과 관련한 논의는 2006년 5·31 진주시 열린우리당 후보의 공약을 서두로 동년 7월 진주-사천 상공회의소 및 지역학계를 중심으로 진주·사천 통합방안과 공동발전 방안에 관한 심포지엄이 개최되면서 시작되었다. 그러나 지금까지 진주-사천 통합 추진과정에서 볼 때 진주는 찬성, 사천은 반대 입장을 강력히 피력하면서 두 지역 간의 갈등이 증폭되었다고 볼 수 있다. 2010년 이후 언론에 보도된 자료를 분석해보면, 2011년 3월 사천시정책자문단은 총회를 열고 사천-진주 통합에 관한 연구 과제를 발표했다. 당

---

27) 6개 지역으로는 수원-화성-오산, 성남-하남-광주, 안양-의왕-군포, 청주-청원, 진주-산청, 마산-창원-진해이다. 통합 찬성률에서는 수원 62.3%, 화성 56.3%, 오산 63.4%, 성남 54.0%, 하남 69.9%, 광주 82.4%, 안양 75.1%, 의왕 55.8%, 군포 63.6%, 청주 89.7%, 청원 50.2%, 진주 66.2%, 산청 83.1%, 마산 87.7%, 창원 57.3%, 진해 58.7%로 조사되었다.

시 정○○ 자문단장은 지역통합의 성공과 실패사례, 향후 사천-진주 통합의 문제점 파악과 향후 방향에 관한 연구계획을 제시하였다(한남일보, 2011.03.20. 보도자료 인용). 이후 2012년 1월 말 사천시의회는 제160회 1차 본회의에서 사천-진주 통합반대 결의안(반대 10명, 찬성 2명)을 통과시키고 진주시의 일방적인 통합추진에 대해 사과할 것을 촉구하는 결의안도 채택했다(뉴시스, 2012.01.27. 보도자료).

2012년 1월 12일 진주의 진주·사천 통합건의 주민연서 추진위원회와 사천의 사천진주 행정구역 통합을 위한 추진위원회는 진주와 사천의 통합을 찬성하는 양 단체가 진주사천 통합건의 주민서명 공동추진위원회 만들어 활동해 나가기로 합의했다. 진주·사천 통합건의 주민연서 추진위원회는 2011년 12월 20일 통합을 찬성하는 진주시민 9,070명의 서명을 받아 진주시에 제출하였다. 진주시가 통합건의서 제출을 위한 서명활동을 추진함에 따라 사천·진주통합반대추진위원회는 2011년 12월 통합반대위원회를 출범시켜 2012년 1월 두 번에 걸쳐 사천·진주 행정통합 반대 가두캠페인을 전개한 후 통합반대 서명부를 2012년 2월 22일 지방행정체제개편위원회에 전달했다.[28]

2012년 4.11 총선을 앞두고 진주·사천 통합 논의는 두 지역 예비후보들에게 최대 이슈로 부각되었다. 진주갑과 진주을 선거구에 출마하는 대부분의 예비후보들이 진주와 사천의 통합에 원론적으로 찬성한다는 입장을 보였고, 사천지역은 1명의 후보를 제외한 4명의 후보가 통합에 반대한다는 입장을 보여 진주·사천 통합 관련 논의가 상당히 어려워 질 것으로 예상되었다. 그 이후 2012년 4월 10일 사천지역 시민단체는 기자회견을 통해 진주 갑·을 지역구에 출마한 후보들에게 사천과 진주의 행정구역 통합 관련 공약을 철회할 것을 요구했다(경남도민일보, 2012.04.11. 보도자료).

한편, 2012년 4월 24일 대통령 소속 지방행정체제 개편추진위원회는 진주·사천 관계자를 대상으로 의견수렴을 위한 간담회를 개최한 결과 진주시 측은 통합 찬성, 사천시는 통합

---

[28] 사천·진주 통합 반대 이유로 ①진주와 통합반대여론 우세, ②통합으로 인한 예산감소로 지역발전 낙후, ③행정구역통합에서 학군은 통합되지 않아 교육여건 미개선, ④흡수통합 우려, ⑤도시기반 및 산업시설 비교우위 등을 들고 있다. 2011년 말 기준 경남에서 통합건의서를 낸 자치단체는 진주시(통합대상 사천시), 김해시(통합대상 강서구), 통영시(통합대상 거제시, 고성군), 함안군(통합대상 창원시)이다. 경남도는 통합대상 시·군에 의견서를 내도록 했는데, 2011년 1월 12일까지 고성군과 부산 강서구만 제출했다.

반대 의견을 내면서 파행을 겪었다. 이후 지방행정체제 개편추진위원회는 2012년 6월 13일 16개 지역, 36개 시군구를 통합하는 내용의 행정체제개편 기획계획을 확정 발표했다. 경남에서는 고성과 통영을 통합하는 안이 기본계획에 포함되었고 나머지 지역은 통합 대상에서 제외되어 진주·사천의 통합은 결국 무산되었다.

진주·사천 행정구역 통합 관련 갈등사례에서 알 수 있듯이 선출직 공무원 및 정치권에서 핵심 공약으로 내 걸면서 오히려 두 지역 간 갈등이 고조되었다. 동남권 신공항 유치에 따른 지역갈등도 정치권의 지나친 개입이 원인이 된 만큼 정치적 영향력과 개입을 차단할 수 있는 방안을 마련할 필요가 있다. 예를 들어 통합 추진 시 지역갈등 및 두 지역의 시민단체 간 갈등과 잡음이 끊이지 않고 있는 현실을 감안하여 이런 사안의 추진과정을 공개화 및 공식화하는 관계법의 수립이 우선적으로 마련되어야 할 것으로 본다.

또한 지방정부간의 통합은 주민 갈등과 행정적 비효율성을 초래할 우려도 있기 때문에 이를 미연에 방지하기 위해서는 충분한 사전 검토와 합의 그리고 약속 이행의 중요성이 제기되며, 주민투표 과정을 거쳐야 한다. 지방정부간의 통합 논의에 있어 중요한 점은 너무 빠른 진행을 기대해서는 안 된다. 미국의 지방정부간 통합 성공사례의 공통점은 주민참여를 통해 통합이 성사되었으며, 주요 핵심은 지역주민들의 반응과 주민투표를 통해 이루어졌다는 점을 상기할 필요가 있다.[29] 나아가 행정구역의 지나친 광역화를 지양하고 물리적 통합보다는 두 자치단체간의 협의체 구성을 통한 시너지 창출 노력도 요구된다. 향후 지방행정체제 개편추진위원회를 주축으로 행정구역 통합 문제는 지속적으로 추진될 가능성이 있기 때문에 진주·사천 통합 논의는 일차적으로 지역주민의 참여를 통한 사전협의가 우선임을 인식할 필요가 있다. 절차적 합리성을 근거로 사전협의를 통해 통합의 분위기가 확산되어야 하기 때문에 프랑스의 국가공공토론위원회(CNDP)를 벤치마킹하여 객관성, 중립성, 투명성을 보장할 수 있는 근거를 마련해야 할 것으로 본다.

---

29) 미국 지방정부 간 성공적적인 통합사례인 잭슨빌 시와 듀발 카운티의 통합과정에 실질적으로 개입한 Martin(1968)은 통합 논의과정에서 ①분명하게 문제를 강조하여 시민들에게 제시, ②통합을 빠르게 진행해서는 안 됨, ③통합에 대한 적극적인 홍보, ④갈등당사자들의 이해관계를 절충하여 수용, ⑤주정부의 역할이 결정적, ⑥연방정부도 중요한 역할을 담당해야 한다고 주장하였다(Martin, R. A. 1968. Consolidation: Jacksonville-Duval County, the Dynamics of Urban Political Reform, Jacksonville, FL.).

제3절 갈등관리제도와 국내외 현황

1. 갈등관리제도의 접근방법

갈등의 관리와 관련된 이론으로는 크게 협상이론, 중립적 제3자에 의한 조정이론, 사업의 정당성에 관한 정치적 합리성 이론, 갈등발생 원인의 이해를 돕는 정책불응이론 등이 있다(Ross, 1993). 협상(negotiation)은 둘 이상의 당사자가 서로 이익이 되는 이해당사자간의 대화와 담론을 통해 합의에 도달하기 위해 상호작용을 통해 갈등과 이견을 축소 또는 해소하는 과정이다(하혜수 외, 2014).[30] 조정은 해결이 어려운 갈등을 중재하고 완화하기 위해 협상과정에 권한을 가진 중립적 제3자가 개입하여 갈등당사자 간의 갈등을 해결하는 것이다. 예를 들어 환경문제에 대한 갈등이 발생했을 때 조정자는 합리적이고 효율적인 조정을 위해 갈등의 원인과 영향의 범위를 공개하여 투명한 상황을 조성한다. 다음으로 정치적 합리성 이론은 정책결정과정에 다양한 이해관계자가 참여하여 의사소통, 합의 및 조정 등 민주적·절차적 투명성을 높여 당사자 간의 갈등을 최소화하는 방법이다. 끝으로 정책불응이론은 정책결정주체가 대상 집단의 정책불응[31]을 이해하기 위해 불응의 형태를 전환시켜야 한다는 것을 전제로 한다.

---

[30] 협상이론에서는 기본적으로 갈등당사자 또는 협상자들이 자신의 이득이 상대방의 전략과 결정에 따라 좌우되기 때문에 상대방의 의견 등 예상되는 대응을 고려하면서 전략적으로 행동할 것이라고 가정한다(Schoonmaker, 1995; 이달곤, 2005). 협상에는 입장협상(positional negotiation)과 원칙협상(principled negotiation)이 있으며, 입장협상은 일관된 원칙이 없이 각 당사자의 입장만 되풀이하는 협상이다. 원칙협상은 일관되고 객관적인 원칙에 따라 진행하는 협상으로 입장을 지지 또는 공격하여 입장의 수정을 도모하고 이를 통해 협상자간 풍부한 정보교환을 유도하고 입장의 이면에 깔려 있는 이해관계에 초점을 둠으로써 상충되는 욕구의 조정 및 이를 통한 창조적 대안의 발견을 촉진하도록 만드는 것이 특징이다(하혜수 외, 2014: 297).

[31] 정책불응은 정책 철회나 수정을 위한 반대여론 형성, 집단적 시위 등의 물리적 행동을 통해 저항의사를 표출하는 것으로 재산권, 생존권, 환경권 등이 있다(유종상, 2009).

한편, 갈등을 해결하기 위한 접근방법은 아주 다양하지만[32] 거버넌스 측면[33]에서 크게 갈등관리 해결을 위한 접근방법으로는 참여적 의사결정 방법과 대안적 갈등해결제도(Alternative Dispute Resolution, ADR)가 자주 거론된다. 먼저 참여적 의사결정 방법에는 합의회의, 시민배심원제도, 시나리오워크숍 등이 있고 대안적 갈등조정 방법에는 협상, 조정, 중재가 있다. 참여적 의사결정 방법의 하나인 합의회의는 숙의적 시민참여제도의 하나로 선별된 시민들이 문제를 토의, 협의, 질의하여 최종 의견을 개진하는 시민포럼의 일종이다. 시민배심원제도는 배심원으로 선정된 시민이 일정기간 문제의 해결책을 토론하고 숙의하는 과정을 거쳐 최종 결과는 공개하는 방법이다. 시나리오워크숍은 주로 지역수준에서 입안된 계획과 관련하여 관련 이해당사자 모두가 대등한 관계에서 참여하여 의견을 수렴해가는 작업모임을 말한다(김선경 외, 2014).

최근 학계에서 주목을 받고 있는 대안적 갈등해결제도(ADR)[34]는 전통적인 사법적 대체 방식으로 소송 외적인 방법과 절차를 총칭한다. ADR은 갈등참여자가 과정(process)과 결과(outcome)를 통제하느냐, 아니면 제3자가 통제하느냐에 따라 하나의 연속선상의 한쪽의 극단에는 협상(negotiation)을 다른 한쪽 극단에는 재판(trial)을 두고 있다. 그리고 협상과 재판을 양극단에 두고 그 중간에 조정(mediation), 조정-중재(mediation-arbitration), 중재(arbitration)를 두고 있다(Davis, 2001).

---

[32] 공공갈등의 접근방법에는 ①협상, ②중재, ③회피, ④비공식적 토론, ⑤입법결정, ⑥사법결정(재판), ⑦재정, ⑧행정결정, ⑨비폭력적 직접 행동 등이 있다. 우리나라는 갈등해결 방법으로 사법결정 방식이 활용되었으나 주요 선진국의 경우에는 사법적 결정보다 조정 또는 중재 등의 대체적 분쟁조정 방식을 선호하고 있다(임동진, 2012; 정창화, 2016).

[33] 최근 행위자 간의 협력을 통해 갈등을 해결하려는 경향이 강화되면서 거버넌스에 관한 논의에서 협력적 거버넌스가 주요 이슈로 등장하고 있다. 협력적 거버넌스는 정부 정책과 관련하여 공식적, 합의 지향적, 계획적인 집합적 의사결정 과정에 정부 기관들이 직접 민간의 이해관계자를 참여시키는 구조이다. 이해당사자의 직접적인 참여와 협의를 전제로 한다는 측면에서 대안적 갈등해결제도와 유사하다고 볼 수 있다(Ansell & Gash, 2007; 김태운, 2014: 7).

[34] 대안적 갈등해결제도(ADR)가 주목을 받는 이유로는 ①높은 갈등 해결율, ②적은 비용, ③적은 시간, ④전체적인 해결의 결과에 대한 만족도 향상, ⑤갈등당사자 간 참여와 의사소통 강화, ⑥기타 영역에서의 당사자 간의 신뢰 및 협력적인 분위기의 확산 등이 있다(Carnevale, 1993). 다시 말해서 ADR의 장점은 비교적 적은 시간과 경제적 거래비용(lower transaction), 문제해결에 대한 학습능력 증가, 갈등당사자 간의 관계성숙과 유지의 향상에 도움이 된다는 점이다(Goldberg, 1989; 임동진, 2012 인용).

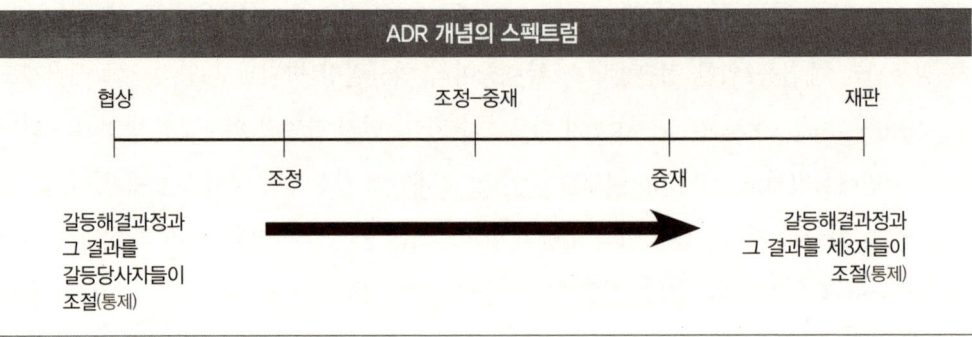

　대안적 갈등해결제도(ADR)는 활용기법에 따라 협상, 조정, 중재로 구분하고 있는데, 먼저 협상(negotiation)은 갈등당사자들의 자발적인 합의와 대화로 갈등을 해결한다는 점에서 조정과 유사하나 그 과정에 제3자인 조정자가 참여하지 않는다는 점에서 차이가 있다. 또한 그 결과에 대한 법적인 효력이 없고 결정의 모든 책임에 대해 갈등당사자의 자유의사에 맡기는 특징을 가지고 있다. 한마디로 제3자의 개입 없이 이해당사자간의 대화와 협의를 통해 갈등을 해결하는 방식이다(김준한, 1996; 임동진, 2012).

　조정(mediation)은 제3자가 갈등해결을 도와주는 방식으로 이해당사자들이 상호 수용할만한 해결책에 도달하도록 자발적으로 개입하게 된다. 갈등을 해결하는데 있어서 제3자인 조정자가 참여를 하지만 중재의 중재자와 달리 조정자의 경우 갈등당사자들의 갈등해결에 조언자 또는 자문의 역할을 수행하고 최종적인 결론은 갈등당사자들의 합의로 결정이 나도록 한다. 대부분 조정의 경우 법적인 효력이 인정되지 않는 경우가 많으며, 제3자가 갈등해결에 있어 그 권한이 거의 없다는 점에서 중재와 가장 큰 차이가 있다(Morre, 2003; 임동진, 2012; 김태운, 2014). 특히 환경과 관련하여 발생한 갈등의 경우 가해자가 환경오염의 책임을 부인하는 경우에 전문적인 조사능력이 부재한 피해자의 경우 인과관계를 입증하기가 불가능하기 때문에 갈등이 장기화될 수 있는 부분을 조정자의 도움으로 사실관계를 제대로 확인할 수 있다. 따라서 조정을 통해 증폭된 불신을 제거하고 신뢰를 회복하거나 갈등해결의 계기를 마련할 수 있다(김시평, 1999; 유수진, 2011; 김도희, 2013).

　마지막으로 중재(arbitration)는 갈등당사자들이 문제해결을 위해 제3자인 중재인에게 의뢰하고 중재인의 결정을 수용하기로 합의하는 방식으로 중재인의 결정이 구속력을 갖는다는 점에서 조정과 차이가 있다. 다시 말해서 갈등을 해결하는데 있어서 갈등 당사자들의 직접적인 해결이 아닌 중립적인 제3자가 갈등당사자들의 동의를 얻어 협상에 개입하여 갈등 당사자들이 쉽게 해결점에 도달할 수 있도록 도와주는 갈등해결방법이라고 할 수 있다. 중재는 갈등을 해결하는데 있어서 당사자들의 자발적인 참여보다 제3자인 중재자에게 전권을 위임하고 그 결과에 승복하는 형태로 소송과 유사하지만 그 효력에 반드시 법적인 효력이 있는 경우와 없는 경우가 있기 때문에 소송과는 다르다고 할 수 있다(이달곤, 2005; 김태운, 2014).

최근 지방정부간의 갈등은 사회 네트워크화 심화, 지방정부의 자율성 증가, 주민의 정체성 강화 등에 따라 시간이 거듭될수록 발생빈도가 증가하고 있다. 지방정부간 갈등은 발생빈도에 비례하여 갈등해결 수단이 구체적으로 마련되지 못해 누적되고 있기 때문에 이해당사자간의 합의, 참여적 의사결정, 대안적 갈등해결제도(ADR), 재판, 권력 동원 등 다양한 수단이 거론되고 있다. 이처럼 갈등해결을 위한 다양한 제도가 있으나 거래비용, 이해당사자의 만족도, 생산적 작업관계, 재발가능성 등의 기준을 고려할 때 협상적 접근방법이 가장 효율적이라는 주장이 제기되기도 한다(Ury, et al, 1989).

앞에서 제시했듯이 협상은 이해당사자간의 대화와 담론을 통해 합의에 도달한다는 점에서 상호간 만족도를 높일 수 있고 수용성을 제고할 수 있다. 협상의 종류에는 입장협상과 원칙협상이 있는데, 입장협상은 이해당사자가 자신의 입장에만 집착하여 자신의 처지를 상대방에게 이해시키고 상대가 자신의 주장을 따를 때 최선의 협상결과가 가능함을 주장함으로써 자신의 주장이 갈등해결방법의 최선이라고 보는 견해이다. 여기에는 또다시 연성협상과 경성협상으로 구분되며, 연성협상은 자신의 확고한 주장이 없이 상대방이 협상을 주도적으로 이끌게 하는 반면에 경성협상은 완강한 상대를 상정할 때 고려할 수 있는 협상의 유형이다(임동진, 2015). 여기서 원칙협상은 입장협상의 대안적 성격을 가진 것으로 일방적 입장에 집착하는 경성협상을 지양하고 주관적이고 인간적인 입장에서 탈피하여 객관적이고 이슈 중심적인 이해관계에 초점을 맞추고 협상을 진행할 수 있어 건설적인 협상 결과를 도출할 수 있는 장점이 내포되어 있다. 따라서 이해관계에 초점을 두고 객관적인 기준을 적용하여 합의를 유도하는 동시에 상호간의 욕구를 충족시키기 위한 창조적 대안개발에 초점을 두고 있는 원칙협상을 전개할 때 상생의 갈등해결을 기대할 수 있다(Fisher & Ury, 1991).

비교요인	입장협상		원칙협상
	연성협상	경성협상	
상대방	• 친구	• 적	• 문제 해결자
협상목표	• 합의	• 승리	• 현명한 결과
양보	• 양보의 제시	• 양보의 요구	• 문제와 사람의 분리
문제와 사람	• 사람과 문제 모두 유순	• 문제와 사람 모두 완고	• 사람에게는 유순하나 문제에는 완고함
상대방 신뢰	• 상대방을 신뢰함	• 상대방을 불신함	• 신뢰와 별개로 협상 진행
입장	• 입장을 쉽게 바꿈	• 초기 입장을 고수	• 입장 아닌 이해관계에 초점
유보지	• 유보지 공개	• 유보지 상대방에 속임	• 유보지를 되도록 갖지 않음
시각	• 한쪽 손실을 받아들임	• 한쪽의 이익만 요구	• 상호이익이 되는 대안 개발
대안	• 수용가능한 해결책 탐색	• 상대방이 수용할 수 있는 해결책 탐색	• 다양한 대안들을 개발
강조점	• 합의를 강조	• 입장을 강조	• 객관적인 기준을 강조
의지의 경쟁	• 의지의 경쟁을 피하기 위해 노력	• 의지의 경쟁에서 승리하기 위해 노력	• 객관적 기준에 근거한 결과에 도달하기 위해 노력
압력	• 압력에 굴복	• 압력을 행사	• 원칙에는 굴복하지만 압력에는 굴복하지 않음

입장협상과 원칙협상의 비교

자료: Fisher & Ury(1991); 임동진(2015): 82 재인용.

2. 국내 갈등관리제도의 현황 및 해결사례

　국책사업 등 정책을 추진하는 과정에서 갈등 주체 간에 갈등이 발생할 수 있으나 이를 제대로 해결하거나 사전에 예방하지 않으면 상당히 큰 행정적·재정적 손실이 발생할 수 있다. 최근 들어 갈등이 발생하기 전에 이를 예방하고 갈등이 발생했을 경우 이해관계자들이 상호 협의를 도출하는 갈등관리방식에 관심이 높아지고 있다. 이러한 측면에서 국내외 갈등관리제도의 구축 현황을 파악해 볼 필요가 있다. 우리나라는 2007년 2월 12일 중앙행정기관 등이 공공정책과 관련된 갈등을 체계적으로 관리할 수 있도록 갈등관리에 관한 표준절차인「공공기관의 갈등 예방과 해결에 관한 규정」을 대통령령으로 제정했다.[35] 이 법령의 적용대상은 원칙적으로 중앙기관에 한정했으며, 지방정부와 공공기관은 이 영과 동일한 취지의 갈등관리제도를 운영할 수 있다고 규정하고 있다. 이밖에 2016년 10월 기준으로 72개의 광역시·도 및 자치단체가 갈등관리를 위한 조례를 제정한 것으로 나타났다.[36]

공공기관의 갈등 예방과 해결에 관한 규정에는 갈등예방과 관련하여 갈등영향분석이 있고 갈등관리심의위원회 설치, 갈등조정협의회 구성 등의 내용을 포함하고 있다. 갈등관리규정은 총 5장으로 구성되어 있으며, 제1장 총칙에는 규정의 목적, 정의, 적용대상, 중앙행정기관의 책무를 담고 있다. 제2장 갈등 예방 및 해결의 원칙은 자율해결과 신뢰확보, 이익의 비교 형량, 정보공개 및 공유, 지속가능한 발전의 고려 등의 내용을 담고 있다. 제3장 갈등의 예방에는 갈등영향분석, 갈등관리심의위원회의 설치, 위원회의 구성 및 운영, 위원회의 기능, 심의결과의 반영, 참여적 의사결정방법의 활용 등의 내용으로 구성되어 있다. 제4장 갈등조정협의회는 주로 갈등조정협의회의 구성, 협의회 의장의 역할, 협의회의 기본규칙, 협의결과문의 내용 및 이행, 협의회 절차의 공개, 비밀유지 등으로 구성되어 있다. 제5장에서는 갈등관리연구기관의 지정 및 운영, 갈등관리실태의 점검 및 보고, 지속가능발전위원회와의 협의, 갈등 전문인력의 양성, 수당지급 등으로 구성되어 있다. 이와 같은 내용은 중앙행정기관의 갈등관리에 대한 제도들을 연계하는 동시에 통합적 갈등관리시스템의 운영 및 갈등의 예방과 해결 등을 지향하고 있다.

---

[35] '공공기관의 갈등 예방과 해결에 관한 규정'은 2007년 2월 12일 대통령령으로 처음 제정된 이후 2016년 1월 22일까지 5회 개정되었다(법제처 국가법령정보센터, 2018).

[36] 이러한 내용을 세부적으로 보면, 광역시·도의 경우 인천, 대전, 대구, 부산, 광주, 경기, 충남, 충북, 전북, 강원, 세종특별자치도 등 11곳이 갈등 관련 조례를 제정한 것으로 나타났다. 기초자치단체의 경우 서울 7곳(강동구, 강서구, 구로구, 금천구, 송파구, 영등포구, 은평구), 인천 1곳(부평구), 대구 2곳(중구, 동구), 광주 1곳(북구), 대전 3곳(동구, 서구, 중구), 울산 1곳(중구), 경기도 10곳(과천, 구리, 군포, 수원, 시흥, 오산, 포천, 하남, 김포, 양평) 강원 3곳(동해, 춘천, 태백), 충북 3곳(보은, 증평, 진천), 충남 16곳(계룡, 공주, 금산, 논산, 당진, 보령, 서산, 아산, 천안, 부여, 서천, 연기, 예산, 청양, 태안, 홍성), 전북 4곳(전주, 익산, 군산, 완주), 전남 4곳(나주, 목포, 순천, 영암), 경북 3곳(문경, 안동, 포항), 경남의 경우에 4곳(창원, 통영, 거창, 의령) 등으로 나타났다(자치법규정보시스템: www.elis.go.kr).

갈등관리 규정상의 대응과 관리		
구분		주요 내용
대응 수단	갈등관리 종합시책	중앙행정기관은 소관 갈등의 선제적 예방 및 갈등 해소를 위한 체계적인 계획 수립을 통해, 갈등의 사회경제적 비용을 최소화하고, 정부에 대한 국민신뢰 및 정책집행의 실효성을 제고
	갈등관리연구기관의 지정·운영	갈등의 예방·해결을 위한 정책·법령·제도·문화 등의 조사·연구, 매뉴얼 작성·보급, 교육훈련 프로그램의 개발·보급, 갈등영향분석에 관한 조사·연구, 참여적 의사결정방법의 활용방법에 대한 조사·연구
	갈등전문 인력의 양성	갈등관리에 관한 전문인력을 양성하기 위한 교육훈련, 자격제도의 도입 등 필요한 시책을 수립
관리 수단	갈등관리심의위원회	중앙행정기관은 갈등관리와 관련된 사항을 심의하기 위하여 위원회를 설치
	갈등영향분석	공공정책을 결정하기 전에 사회에 미치는 갈등요인을 예측·분석하고 문제로 예상되는 갈등에 대한 대책을 강구
	갈등조정협의회	공공정책 등으로 발생한 갈등을 조정하기 위하여 사안별로 사회적 합의 촉진을 위한 갈등조정회의를 설치
	참여적 의사결정기법	갈등의 예방·해결을 위한 이해관계자·일반시민·해당 전문가 등이 참여하는 의사결정방법(ADR)을 활용

자료: 이주형 외. (2014). 공공갈등관리 사례분석과 외국의 공공갈등관리제도 조사, 단국대학교 분쟁해결연구센터, p.13 인용.

하지만 대통령령인 '공공기관의 갈등 예방과 해결에 관한 규정'은 지속해서 발생하는 갈등을 선제적이면서 실효성 있게 대응하는데는 한계가 있다. 결국 이 규정에서 갈등영향분석의 도입 등 갈등예방에 대한 체계적인 접근을 시도하였으나 현실에서는 갈등이 발생한 이후 갈등해결 과정에 주로 적용되면서 애초의 취지를 살리지 못하고 있는 실정이다. 또한 법령의 내용이 권고 수준에 머물러 있고 예산을 확보하거나 조직을 구성하는데 제약이 따른다(이주형 외, 2014).[37] 특히 국무조정실에서 실시한 2014년도 부처 갈등관리 실태 점검결과 보고에 따르면, 평소 갈등이 빈번하게 발생하는 기관(국방부, 국토교통부, 산업통상자원부 등)에서 갈등관리시스템을 구축하기 위해 노력하는 것으로 나타났다. 하지만 여전히 일부 기관을 제외하고는 갈등관리시스템을 구축하여 활발하게 운영하고 있지 않은 것으로 나타나 이에 대한 대

---

37) 국무조정실의 갈등관리 예산의 경우에 2014년도 3억 1,200만원이고 2015년도는 1,600만원이 감액된 2억 9,600만원에 불과한 것으로 나타났다. 또한 중앙행정부처의 경우 갈등관리를 전담하는 조직이나 인력이 없이 기존 업무에 부가해 운영하는 경우가 많았고 통상 한두명이 갈등업무를 담당하고 있고 기획재정담당관, 기획총괄담당관 등이 맡고 있는 것으로 조사되었다.

책마련도 필요하다(국무조정실, 2015). 이밖에 17대 국회부터 19대까지 공공기관 및 공공정책 갈등관리에 관한 법률안이 지속적으로 발의되었으나 임기만료와 폐기되었고 20대 국회에서도 8개 법률안이 심사 중인 것으로 나타났다.

갈등관리 관련 국회 입법안 현황

구분	제안 일자	의안명	대표발의	결과
제17대	2005.05.27	공공기관의 갈등관리에 관한 법률안	정부	임기만료 폐기
	2007	공공기관의 갈등 예방과 해결에 관한 규정	대통령령으로 제정	
제18대	2009.06.18	사회통합을 위한 정책갈등관리 법률안	임두성 의원	임기만료 폐기
	2010.07.01	공공정책 갈등 예방 및 해결을 위한 기 본 법률안	권택기 의원	임기만료 폐기
	2012.08.29	국가공론위원회 법률안	김동완 의원	임기만료 폐기
제19대	2013.02.04	국책사업국민토론위원회 설립 및 운영에 관한 법률안	부좌현 의원	임기만료 폐기
	2013.12.18	공공정책 갈등관리에 관한 법률안	김태호 의원	임기만료 폐기
	2014.02.26	사면·복권 및 갈등해결협의체 구성 등을 통한 제주 민군복합항 관련 갈등해결 촉구 결의안	김우남 의원	임기만료 폐기
제20대	2016.11.12	공공기관의 갈등예방 및 해결에 관한 법률안	박주민 의원	심사진행 중
	2017.02.03	국책사업갈등조정토론위원회의 설립 및 운영에 관한 법률안	박정 의원	심사진행 중
	2017.02.27	공공기관 갈등예방 및 해결에 관한 법률안	신창현 의원	심사진행 중
	2017.11.15	국가공론위원회의 설립 및 운영에 관한 법률안	전해철 의원	심사진행 중
	2017.12.14	공공갈등 예방 및 해결을 위한 법률안	김관영 의원	심사진행 중
	2018.02.22	공공정책의 갈등관리에 관한 법률안	김종회 의원	심사진행 중
	2018.08.10	갈등관리기본법안	김해영 의원	심사진행 중
	2018.12.31	갈등기본법안	김영우 의원	심사진행 중

따라서 중앙정부는 공공갈등을 사전에 예방하고 이를 효과적으로 해결하기 위해 갈등관리기본기본과 같은 법률을 조속히 제정할 필요가 있다. 특히 현행 대통령령의 적용대상은 중앙행정기관에 한정했으나 근래에 들어 갈등관리 및 예방 관련 조례를 제정하는 지방정부가 증가하고 있고 공공기관 역시 갈등관리 제도를 도입하고 있는 실정을 감안하여 법률로써 갈등관리를 제도화하는 노력이 수반되어야 할 것이다. 갈등관리기본법의 제정을 통해 갈등이 발생하거나 발생할 가능성이 있을 경우 명확한 근거 규정으로 작동해 선제적이며 적극적으로

갈등을 해결할 수 있을 것으로 판단된다. 또한 법 제정 시 공공갈등뿐만 아니라 다양한 사회갈등을 체계적으로 관리할 수 있는 기본적인 틀이 구축되어야 한다. 이밖에 관련법에 갈등영향분석 관련 내용을 포함시키고 갈등관리심의위원회·갈등조정협의회·갈등관리연구기관 등의 재정비를 통해 보다 체계적인 갈등관리시스템을 구축해야 할 것이다.

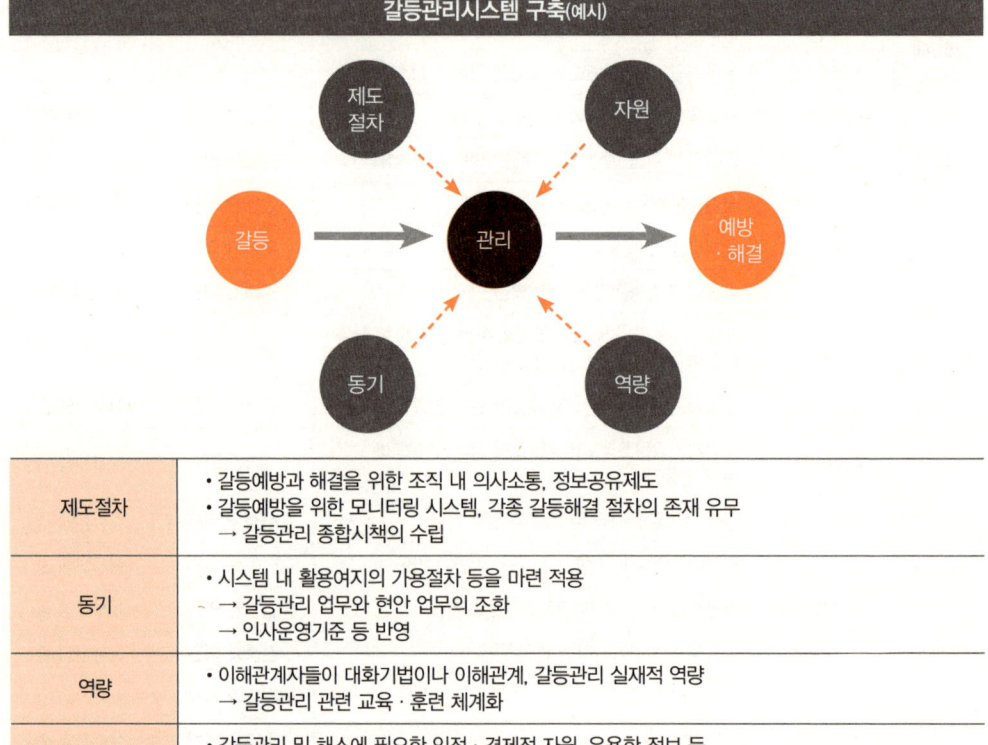

한편으로 지방정부 간의 갈등은 비용과 편익의 불공평성에 따른 보상 및 재정지원계획의 확립을 통한 형평성 확보와 갈등조정 관련 제도적 협력 장치라는 공통적 갈등해결 방안이 도출되어야 한다(강성철 외, 2004). 특히 지방정부간의 갈등은 경제적 요인이 주요 원인이기 때문에 우선적으로 보상체계를 마련하는 것이 중요하다고 할 수 있다. 이밖에 제도적 협력 장치의 정립 차원에서 대안적 갈등해결 수단인 협상, 협력적 거버넌스로 접근하여 이해당

사자들이 협의와 설득을 할 수 있도록 제도적 구조를 만들고 갈등당사자들을 적극 참여시키는 것이 갈등해소의 최적 수단인 만큼 이에 대한 구체적인 개선방안을 마련해야 한다(김태운, 2014).

지방정부의 갈등해결 사례 및 수단

사례대상	해당 지방정부	갈등의 해결수단
공항건설	전북도, 김제시	전북도의 적극적 대화 모색 및 태도변화, 건교부의 적극적 중재자 역할
한강수계 물이용부담금	서울, 인천, 경기 강원, 충북	분배협상에서 통합협상으로 전환, 공동목표, 객관적 원칙에 입각한 협상, 선 원칙 합의 후 이해관계 조정
경마장 유치	부산시, 경남도	제도적 장치와 협의기구 강화(행정협의회의 기능 강화, 인허가 지원단 구성)
부산대학교 이전	부산시, 양산시	시민단체 및 지역주민의 관심과 참여, 중앙부처의 적극적 중재, 단체장과 관료의 적극적인 협상과 문제해결 노력
용담댐 수리권 분쟁	충청권(충청남북도, 대전시), 전라북도	적정 운영 규칙의 마련과 변화, 이에 근거한 이해당사자들의 설득 노력, 국무총리실 수질개선기획단과 감사원의 제3자 조정
가야산 골프장	성주군, 고령군	자연공원법 개정(골프장 건설 불가)에 따른 사법부의 판결(보존)
천안시 쓰레기 소각장	천안시, 아산시	주민에 대한 경제적 보상, 설득전략, 중앙행정기관의 중재제도 활용
경부고속철도 역사 명칭	천안시, 아산시	사법부 결정
울산시 법조타운 유치	울산시 남구, 중구	중재자 개입(법원청사건축위원회)
광명시·구로구간 환경기초시설	서울, 경기, 구로구, 광명시	협력적 거버넌스
서울 원자동 추모공원	서울시, 서초구	사법부 결정
홍성군 추모공원	홍성군, 충남 자치단체	정보개방, 높은 수준의 참여기제 제도화를 통한 소통, 이해당사자간의 활발한 경제적·행정적 자원교환
부산 추모공원	부산시, 양산시	정보개방, 높은 수준의 참여기제 제도화를 통한 소통, 이해당사자간의 활발한 경제적·행정적 자원교환

특히 갈등의 해결방식은 단일 차원이 아니라 경제적 보상, 협상, 중앙정부의 중재, 지역주민의 참여와 관심 등 2-3개의 방식이 복합적으로 작용하면서 이루어지고 있다. 예를 들어 서울 원자동 추모공원 사례처럼 사법부의 결정에 의해 해결되는 경우도 있으나 갈등의 재 촉발 없이 갈등 당사자들의 합의를 통해 갈등이 원만하게 해결되는 경우도 있다. 따라서 이러

한 합의가 원만하게 이루어지기 위해서는 소통·대화·설득 등을 통해 신뢰를 구축하고 경제적 보상 등이 적정 수준에서 이루어지는 것이 필요하다. 또한 협상의 당사자인 자치단체장과 해당 지역 공무원들의 적극적인 대화 자세 및 의사소통의 전문성 등도 요구된다.

국민대통합위원회는 중앙 및 지방 정부 정책과 국책 사업 추진과정에서 발생한 공공갈등 및 사회 공동체의 갈등을 해소한 사례(민·관, 민·민, 관·관 갈등의 효과적 예방·조정 사례)를 발굴하여 갈등 해결 과정의 노력과 성공 요인을 공직사회 및 사회일반에 홍보함으로써 협력적인 갈등해결 문화를 확산시키고 있다. 예를 들어 2016년 6월 갈등의 난이도, 문제해결 과정의 우수성, 합의결과의 창의성, 이행도, 지속가능성, 해당 사례가 유사갈등에 미칠 수 있는 파급효과 등을 기준으로 총 16건을 선정(최우수 1, 우수 4, 장려 11, 동점 기관 포함)하여 성공 요인 등을 적극적으로 홍보하고 있다.

국민대통합위원회 갈등해결 우수 사례		
해당기관	사례명	비고
부천시	부천시 노점갈등 해결	최우수
국민권익위원회	경주시 광명 윗마을 성토부 교량화 집단민원 해결	우수
부산광역시	생태하천 복원, 시민과 행정이 함께 만들어간다	
중소기업청	코스트코 의정부점 입점에 따른 갈등 해결	
한전 경기건설지사	북안산 전력공급설비 입지갈등 해소	
고양시	투명하고 행복한 아파트 만들기 위한 공동주택 멘토 건축사 운영	장려
국립정신건강센터	국립서울병원 갈등조정 합의결과 이행	
논산시	충청유고문화원 유치경쟁에 따른 민민갈등 해결	
보건복지부	병원 선택진료제 건강보험료 비급여 개선	
서울 YMCA 이웃분쟁조정센터	층간소음 예방을 위한 YMCA 주민자율조정위원회 운영	
전남대학교	청소용역근로자 180명 직접고용 전환	
진천군	한 지붕 두 가족, 진천–음성 공공요금 단일화	
한국남동발전㈜	분당 열병합발전소 갈등 해소	
환경부	수도권 매립지 매립기한 연장 합의	
울산광역시 북구	세대공감 창의놀이터 운영	
한전 중부건설처	주민참여 입지 선정을 통한 갈등 해결	

3. 해외 주요국의 갈등조정제도와 시사점

해외 주요국의 갈등관리 관련 기구를 살펴보면, 미국은 갈등관리 관련 법률로서 행정분쟁해결법(the Administrative Dispute Resolution Act of 1996)이 있으며, 정부가 갈등해결을 위해 갈등당사자 간의 상호 협의, 제3자 조정 및 중재 방식 등 이른바 대안적 갈등해결제도(ADR)[38]를 사용하도록 규정하고 있다. 또한 협상에 의한 규칙제정법(the Negotiated Rule-making Act of 1996)은 정부가 규제 관련 규칙을 만들기 이전에 관련 이해당사자들을 참여시켜 상호 합의를 도출하기 위한 목적으로 제정되었다(하혜영, 2015). 또한 범정부 차원에서 갈등관리를 체계적으로 실시할 수 있도록 다양한 갈등관리기구를 설치하고 있는데, 여기에는 정부기관 간 ADR실무그룹, 법무부의 분쟁해결실, 그리고 각종 갈등예방 및 해결센터 등이 있다. 이밖에 숙의적 공공협의의 대표적 사례로 21세기 타운홀미팅(21st Century Town Hall Meeting)이 있는데, 21세기 타운홀미팅은 사전준비단계, 토론진행단계, 사후정리단계로 구분된다(김학린, 2015).

프랑스는 공공갈등 예방 및 해결을 위한 다양한 기구가 있는데, 협상에 의한 규칙제정과 공공갈등 예방을 담당하는 중앙기구로 공공토론위원회(Commission Nationale du Debut Public, CNDP), 경제사회위원회, 국가계획위원회 등이 있다. 공공토론위원회(CNDP)는 환경 및 국토개발사업과 관련하여 시민참여와 공공토론의 활성화를 통해 주민선택권 보장을 목적으로 설립된 기구로 공공사업의 기획과정에서 시민과 이해관계자를 참여시키기 위해 공공토론방식을 활용하고 있는 것이 특징적이다(윤종설, 2014). 국가공공토론위원회(CNDP)는 1995년 환경보호 강화를 위한 법인 '바르니에 법(Loi Barnier)'에 따라 1997년 환경개발부 산하에 설립된 이후 2002년 '풀뿌리 민주주의 관련법'에 의해 독립행정기관으로 발전되었다.

이 제도를 도입한 이후 국책사업에 대한 광범위한 사회적 합의를 바탕으로 갈등문제해결

---

[38] 대안적 분쟁해결방식(ADR)의 논의는 1976년 미국의 파운드회의(Pound Conference)에서 시작되었다고 할 수 있다. 당시 파운드 회의에서 Berger 대법원장(Chief Justice)은 미국 사법시스템의 고비용, 저효율의 문제를 해결하기 위한 방안으로 대안적 갈등해결방식(ADR)을 주장하였다. 이러한 파운드 회의 이후 미국 내에서 대안적 갈등해결방식(ADR)에 대한 논의와 연구가 급격히 증가하였는데, 이를 ADR 운동(ADR movement)이라고도 한다(유병현, 2009; 임동진, 2012).

에 대해 보다 효과적으로 사업을 추진할 수 있게 되었다. CNDP는 공공토론을 통해 국책사업의 추진원칙과 방향에 대해 토론하고 사업 확정 이전단계부터 이해당사자와 국민의 실질적 참여를 보장하고 있다. 국가공공토론위원회의 위원은 대통령령으로 임명되는 위원장 1명과 부위원장 2명을 포함해 총 25명으로 구성되어 있다. 사안별로는 공공토론을 실제로 진행하는 공공토론특별위원회(Commission Paticuliele du Debut Public, CPDP)를 설치하고 있는데, 국가공공토론위원회는 공공토론 대상선정과 실시여부를 결정하고 공공토론특별위원회를 구성하여 공공토론 개최를 위임하는 등의 총괄적 역할을 수행하며, 운영절차는 다음과 같다.

국가공공토론위원회의 운영절차

CNDP 개최가 전제된 높은 기준의 초과사업	CNDP 개최가 전제된 낮은 기준과 높은 기준 사이 사업	CNDP 개최가 전제된 낮은 기준의 사업
▼		
사업자가 의무적으로 소집	사업자와 10명의 국회의원 혹은 지방의회, 도의회, 시의회, 자치단체간 협력기구, 정부인가를 받은 단체가 사업공고 이후 2개월 후 선택적 소집가능	환경 혹은 국토개발 관련 일반적 주민선택권에 대한 공공토론 개최를 위해 환경·지속가능개발부 장관과 유관 부처 장관이 공동 소집
사업목적과 주요 특징 및 사업의 사회경제학적 중요성, 추정사업비, 중대한 사회 영향요인을 파악하는 사업자료 작성		
사업자가 의무적으로 자료 전달	소집 시 CNDP 요청에 따라 사업자가 자료를 전달함	
2개월 후 CNDP 결정 및 근거 제시 1. CNDP가 공공토론을 개최할 경우 공공토론 개최 및 진행을 맡을 CNDP 구성 2. 사업자가 공공토론을 개최할 경우 CNDP가 개최 방식을 규정하고 공공토론이 잘 진행되는지 검토 3. 사업자에게 CNDP가 제안하는 방식에 따른 조정권고 4. 공공토론 개최 안 함		CNDP가 공공토론을 개최하고 CNDP 구성
CNDP가 공공토론 개최결정을 내린 후 CNDP 위원장 및 위원을 4주 후 임명		
공공토론을 시행할 만한 내용이 충분히 마련되면 소집 신청을 수리한 CNDP의 지침에 따라 6개월 후 공공토론을 거친 자료를 준비		
공공토론 시작일 및 공공토론 일정 발표		
공공토론 진행(최대 4개월)		
정당한 사유가 있다는 CNDP의 결정에 따라 공공토론 2개월 연장		
공공토론 진행된 지 2개월 후 CPDP 위원장이 작성한 토론보고서와 CNDP위원장이 작성한 토론 종합평가 발표		
CNDP의 토론종합평가 발표 3개월 후 사업자가 방침과 사업속행조건에 대한 사업시행 결정을 내림. 이를 문서로 공고, CNDP 측에 전달, 필요시 사업계획 수정안에 포함		

토론 절차 이후 조치
- 차기 공공토론 개최일 또는 종합평가 발표일자 제세, 종합평가 발표 시에 CNDP 위원장의 임기(5년) 동안 공공의견수렴 명시
- 임기 동안 의견수렴이 적극적이지 못하거나 사정변경이 생기면 조정이 실시될 수 있음

자료: 프랑스 국가공공토론위원회 2008/2009 보고서 참조

국가공공토론위원회의 갈등해결 사례를 제시하면, 2002년 12월 매년 6000만 명이 찾는 유럽 최대 공항인 샤를 드골 공항에 공항고속철도 건설 계획을 둘러싸고 지역주민 및 환경단체의 반발로 갈등이 발생하였다. CNDP는 고속철도 건설 계획이 발표된 1개월 후인 2003년 1월에 갈등해결을 위한 개입을 결정하고 8월부터 4개월 간 23번의 공공토론회를 진행했다. 공공토론회 과정에서 지역주민과 환경단체, 전문가와 사업자 등 모두가 참여한 토론회에서 부작용 해소를 위한 다양한 대안이 제시되었다. 이러한 논의 결과 사업을 백지화하기보다 논란이 된 일부 구간은 기존 철로를 개선하여 사용하는 식의 대안을 찾아 2005년부터 고속철도 사업을 추진하게 되었다. 사업에 투입된 예산도 당초 6억 6000만 유로(약 8,600 억)에서 3분의 1 수준인 2억 유로(약 2,600 억)로 줄일 수 있었다. 샤를 드골 고속철도 사업뿐만 아니라 2005년 차세대 원자로 건설과 방사능폐기물 관리법 제정, 바스티아 항만 개발사업 등 대형 국책사업은 모두 공공토론회를 거쳤다.

국가공공토론위원회는 사업 초기부터 공공토론회를 열어 지역주민과 각종 단체의 의견을 수집하기 때문에 토론회에 참여하는 해당 주민들의 만족도가 높다. CNDP는 개입을 결정하는 순간부터 공공사업 관련 보고서를 공개하고 토론회에 참여하는 주민과 시민단체에 충분한 정보를 제공하고 토론회 이후에도 정부 부처나 사업자의 후속조치에 대한 보고서를 작성해 공개하고 있다. 아울러 중립성 시비를 차단하기 위해 토론회 전과정에 CNDP의 의견은 철저히 배제하는 등 객관성, 중립성, 투명성을 철저히 보장하기 때문에 갈등관리기구로서 신뢰성을 확보하고 있다는 점에서 지방정부간 갈등이 심각한 우리에게 시사하는 바가 크다고 할 수 있다.

이밖에 프랑스 정부는 중앙정부와 지방자치단체 사이에 존재하고 있는 다양한 법규정 때문에 발생하는 분쟁이나 갈등을 해결하기 위해서 가장 최근에 중앙정부와 지방자치단체 간 갈등중재자 제도를 설치하였다(2014년 3월 7일 정부령으로 설치). 갈등중재자는 수상이 임명하

였고, 지방자치단체를 대변해서 중앙정부의 여러 부처들과 법규정의 오해 및 그 적용과정에서 문제 발생 등으로 인해서 법적 문제와 관련된 갈등을 중재하고 해결하는 임무를 맡고 있다(안영훈, 2016).

다음으로 독일의 경우 비사법적 분쟁해결제도의 핵심제도로 인정조정인제도가 있는데, 이 제도는 독일조정촉진법 제정으로 가능하게 되었고 법적 근거는 2008년 유럽연합의 조정지침(Directive 2008/52)에 기초하고 있다. 이 지침에 따르면, 조정은 촉진적이고 이익에 기반한 과정으로 정의되고 여기서 조정인은 분쟁과정에서 당사자들이 직접 주제 및 의제를 정하고 협상 및 협조 과정을 이끌며 최종적으로 이익에 기반한 동의를 이끌어 내는 중립적인 촉진자로 보고 있다(김용수 외, 2015). 독일의 대안적 갈등해결제도(ADR)는 일반적으로 중재와 조정 방식으로 이분화되어 있는데, 중재의 경우 중재소(Schiedsamt)와 중재심판(Schiedsgericht)의 중재로 세분화 되어 있다. 조정에는 일반 또는 인정조정인(Zertilizierter-Mediator)의 조정과 법원조정으로 구분되는데, 법원조정의 경우에 결정의 성격은 화해로 결정되며 조정인에 의

세계 주요국의 갈등조정제도		
구분	제도	주요 내용
미국	행정분쟁해결법	대체적 분쟁해결(ADR)제도
	협상에 의한 규칙제정법	정부기관이 이해당사자로 참여
	공공기관 간 ADR실무그룹	ADR 활용한 행정명령
프랑스	국가계획위원회	협상에 의한 규칙 제정, 국가장기정책 수립
	국가공공토론위원회(CNDP)	정책 초안 마련 후 주민 참여
	민의조사	공공사업에 대한 의견 수렴
	계획계약	대형 개발사업 중앙-지방 사업비분담 협약
	공화국조정처	조정 통한 공공분쟁 해결
독일	독일조정촉진법	비사법적 분쟁해결제도(인정조정인제도)
	행정절차제도	계획 확정 절차 규정, 정보 공개
	갈등중재인 제도	제3자 개입에 의한 분쟁 해결
	교통포럼	자치단체 차원 분쟁 해결
네덜란드	간척지모델	당사자 간 협상 통한 해결
	국민참여절차(PKB) 제도	국가 주요 사업에 시민참여 필수적 포함

자료: 동아일보(2016.06.24.)

한 조정은 당사자의 합의 형식으로 결정된다(김수석, 2015).

　이밖에 네덜란드도 국가 도로사업, 토지이용, 주택건설과 같은 사업을 결정할 때 반드시 국가개발보고서(PKB, Planogische Kernbeslissing)를 작성하여 의회에 제출해야 하며 국민 참여를 의무화하고 있다. KPD(Key Planning Decision)는 이러한 모든 절차를 표현하는 용어로 사실상 전 과정이 복잡한 내각 내, 내각과 의회, 그리고 내각과 주민간의 의사결정 그 자체라 할 수 있다. 따라서 KPD는 주민들의 의견을 가장 많이 또는 다양하게 수용할 수 있는 방법이고 각 사업 단계에서 주민들의 실질적인 참여를 유도하며, 계획안이 변경되면 주민의 의견 제시를 원활하게 해 주는 장점이 있다(김선희, 2005; 윤종설, 2014).

　또한 KPD는 정부와 주민 모두 진지하게 수행함과 동시에 대단위 국책사업의 구상단계부터 상호 신뢰와 존중으로 정부-주민 간의 원활한 정보공유와 공개를 통해 숙의민주주의 실현에 기여하고 있다. PKB의 가장 큰 성과는 암스테르담 남부지역의 '흐룬하트(Groene Hart)' 지역 노선을 지하터널 노선으로 변경한 사업이다. 당시 지역주민들은 자신의 토지를 고속철도 건설을 위해 팔아야 했기 때문에 당초 계획에 반대했으며, 환경단체는 고속철도가 흐룬하트를 통과할 경우 생태와 경관 훼손을 이유로 반발하면서 정부는 반대 의견을 수용하여 10㎞에 이르는 흐룬하트 구간을 지하터널로 변경하였다.

도시정책사례연구
재생과 안전 그리고 갈등을 말하다

Urban Policy Case Study

참고 문헌

[국내 문헌]

가상준·안순철·김강민·임재형. (2014). 정부별 한국 공공분쟁의 현황과 추세,「한국행정연구」, 23(3): 1-25.

강성철. (2005). 지방정부간 비선호시설 입지갈등의 요인분석, 한국지방정부학회 동계학술대회 발표논문집, 361-392.

강성철 외. (2006).「지방정부간 갈등과 협력: 연구사례집」, 한국행정DB센터.

강은숙·이달곤. (2005). 정책사례연구에 대한 방법론적 논의,「행정논총」, 43(4): 95-121

강정식. (2018). 도시재생 정책변화에 따른 지방정부 기반시설 생산방식의 지역적 차별성: 서울시와 지방도시의 비교를 중심으로, 서울대학교 박사학위논문.

강창민. (2015). 공공갈등관리의 국내외 동향과 제주지역 시사점,「JDI 정책이슈브리프」, Vol. 237: 1-19.

고경훈. (2004). 조직간 관계에서 환경 협력 정책형성에 관한 연구: 구로-광명 환경빅딜을 중심으로,「한국정책학회보」, 13(1): 244-268.

구형수·김태환·이승욱. (2017). 지방 인구절벽 시대의 '축소도시' 문제, 도시 다이어트로 극복하자,「국토정책 Beief」, No. 616: 1-8.

국가건축정책위원회. (2016).「Smart City 경쟁력 강화를 위한 정책방안 연구」.

국토교통부. (2017).「도시재생 뉴딜사업 신청 가이드라인」.

국토교통부. (2018).「스마트시티형 도시재생 사업계획서 작성 가이드라인」.

국회예산정책처. (2018).「도시재생 뉴딜 분석」.

길준규. (2011). 도시재생법(안) 계획법적 검토,「토지공법연구」, 53: 1-24.

김기봉·김근채·조한진. (2018). 4차 산업혁명시대의 스마트시티 현황과 전망,「한국융합학회논문지」, 9(9): 191-197.

김기원. (2016).「사회복지조사론」, 서울: 교육과학사.

김건위. (2013).「지방자치단체의 유비쿼터스형 주민안전망 구축방안」, 한국지방행정연구원.

김광웅 외. (2006).「정책사례연구: 부품·소재 개발사업의 사업평가 사례, 이석원 편」, 서울: 대영문화사.

김광중. (2010). 한국 도시쇠퇴의 원인과 특성,「한국도시지리학회지」, 13(2): 43~58

김도희. (2013). 공공정책갈등의 제3자 중재개입의 역할과 한계: 울주군청사 이전갈등사례를 중심으로,「지방정부연구」, 17(1): 31-54.

김　렬. (2013). 『연구조사방법론』. 서울: 박영사.

김명수. (2017). 안전도시 구현을 위한 다섯 가지 정책방안, 「국토정책 Brief」, No. 630: 1–6.

김명수 외. (2016). 「안전도시 구현을 위한 통합형 도시방재정책 연구」, 국토연구원.

김상봉 · 강주현. (2008). 정책과정의 시차문제에 관한 연구: 서울시 대중교통정책 개편사례, 「지방정부연구」, 12(1): 7–29.

김수석. (2015). 「독일의 갈등관리제도: 해외출장 결과보고서」, 한국농촌경제연구원.

김순용 · 전해정. (2016). GIS와 요인분석을 활용한 도시재생 소요지역 및 지표 선정을위한 연구: 인천광역시를 중심으로, 「한국지리학회지」, 5(1): 71–83.

김새로미. (2017). 노인복지시설 입지갈등에 대한 연구: 판결례 분석 및 갈등 해소 방안 제안을 중심으로, 「분쟁해결연구」, 15(1): 5–32.

김선경 · 이민창. (2014). 갈등관리 관점에서 본 굿 거버넌스: 광주 푸른길 사례를 중심으로, 「지방정부연구」, 18(1): 701–725.

김선희. (2005). 환경갈등관리 특성 및 합의형성 수준 분석: 서울외곽순환도로사업을 중심으로, 「한국환경정책학회」, 14(1): 99–124.

김영기 · 한동효. (2010). 『지방정부의 정책평가: 제도와 사례』, 진주: 커뮤니케이션 브레인.

김용수 · 정창화. (2015). 독일 갈등관리시스템의 제도화: 공공갈등 조정관(Mediator)의 제도적 착근 탐색, 「한독사회과학논총」, 25(1): 131–160.

김예슬 · 김형보. (2015). 도시재생과 활성화를 위한 구도심 쇠퇴분석연구, 「GRI 연구논총」, 17(3): 341–361.

김주원 · 조근식. (2015). 강원도의 갈등사례 유형별 분석과 갈등관리역량 강화방안, 「한국갈등관리연구」, 2(1): 51–75.

김주진 · 김옥연 · 김용근 · 류동주. (2015). 「도시경제기반형 재생활성화를 위한 공공부문의 역할에 관한 연구」, 토지주택연구원.

김태운. (2014). 지방정부간 갈등의 유형별 특성과 최소화 전략에 관한 연구: 대구 · 경북 사례를 중심으로, 「지방정부연구」, 18(2): 1–27.

김학린. (2015). 공공갈등 예방과 숙의적 공공협의: 프랑스 국가공공토론위원회, 스웨덴 알메달렌 정치주간, 미국 21세기 타운홀미팅, 2014 국민대토론회의 비교를 중심으로, 「분쟁해결연구」, 13(1): 5–32.

김항집. (2011). 역사 · 문화자원과 연계한 지방중소도시의 도시재생 방안, 「한국지역개발학회지」, 23(4): 123~148.

_____. (2015). 근린지역 도시재생 정책요인의 한·미간 비교·고찰, 「한국지역개발학회지」, 27(5): 103-122.

김홍주. (2012). 문화예술을 매개로 한 창작촌의 창조네트워크와 도시재생, 한국정책학회 춘계학술대회 발표논문: 219-240.

김현조·허철행·이수구·박영강. (2013). 동남권 신공항의 정책목표와 새로운 접근방법: 역내 주민과 지방의원에 대한 설문조사결과를 중심으로, 「지방정부연구」, 16(4): 7-32.

김혜란·조남건·정일호·안홍기·고용석·배윤경·김상록. (2015). 「저성장기의 도로교통 투자 전략 연구」, 국토연구원.

김혜정·신희영. (2016). 「부산지역 여성친화도시 이행실태 및 발전방향」, 부산여성가족개발원.

김혜천. (2013). 한국적 도시재생의 개념과 유형, 정책방향에 관한 연구, 「도시행정학보」, 26(3): 1-22.

김회성·김진. (2017). 네트워크 거버넌스 역량과 여성친화도시 구축 성과: 부산광역시 자치구 사례를 중심으로. 「현대사회와 행정」, 27(2): 141-174.

나태준. (2004). 「갈등해결의 제도적 접근: 현행 갈등관련 제도 분석 및 대안」, 한국행정연구원.

남궁근. (2014). 『행정조사방법론』, 서울: 법문사.

문유석·박영강. (2017). 김해신공항 정책과정의 문제점과 입지 재검토의 필요성, 「공공정책연구」, 34(1): 111-136.

민성희·이순자·김동근·차은혜. (2018). 「저성장시대에 대응한 도시·지역계획 수립의 합리화 방안 연구」, 국토연구원.

박관규·주재복. (2014). 정부갈등의 유형과 해결방법의 특성에 관한 연구, 「분쟁해결연구」, 12: 33-64.

박성남·김민경. (2016). 「도시재생사업 기반 구축단계의 경험과 과제」, 건축도시공간연구소.

박종화·윤대식·이종열. (2018). 『도시행정론』, 서울: 대영문화사.

박지은·김시정. (2018). 「스마트 도시재생: 도시재생과 디지털기술혁신」, 서울디지털재단.

박인권. (2012). 지역재생을 위한 지역공동체 주도 지역발전전략의 규범적 모형: SAGE 전략, 「한국지역개발학회지」, 24(4): 1-26.

박영강·이수구. (2019). 김해신공항 입지정책의 정당성 분석, 한국지방정부학회 2019년도 춘계학술대회 발표논문집: 395-415.

박영강. (2019). 영남권 2개 신공항의 상생방안 모색, 한국지방정부학회 2019년도 하계학술대회 발표논문집: 817-836.

백남철. (2017). 스마트시티 인프라 건설 전략—투자확대를 위한 성과지표를 중심으로, 「월간교통」.

백선혜·나도삼. (2008). 「예술을 통한 지역만들기 방안 연구」, 서울시정개발연구원.

백승기 (2010). 『정책학원론』. 서울: 대영문화사.

백지현·김관보. (2014). 사회 연결망 분석을 적용한 안전도시 사업의 구조분석: 송파구 세이프티 닥터제 사례연구, 「정부와 정책」, 6(2): 5-49.

변창흠. (2008). 도시재생방식으로서 뉴타운사업의 정책결정 과정과 정책효과에 대한 비판적 고찰, 「공간과 사회」, 29: 176-208.

손동필·류수연·김민지. (2016). 「도농복합형 범죄예방 환경설계의 적용」. 건축도시공간연구소.

서민호·배유진·권규상·김유란·박성경·백지현·이건원·이상훈. (2018). 「도시재생 뉴딜의 전략적 추진방안」. 국토연구원.

서수정 외 3인. (2015). 「근린재생 선도사업 추진 현황과 정책과제」, 건축도시공간연구소.

서울대학교 건설환경종합연구소. (2018). S.M.A.R.T하게 Smart City를 디자인 하라, 「VOICE」, Vol. 14: 1-8.

신상영. (2012). 「주민참여형 안전한 마을만들기 구현방안」. 서울연구원.

신승춘·권자경. (2013). 지방자치단체의 여성친화도시 조성 활성화에 관한 연구, 「지방정부연구」, 16(3): 307-333.

심준섭. (2008). 님비(NIMBY) 갈등의 심층적 이해, 「한국공공관리학보」, 22(4): 73-97.

안영훈. (2016). 프랑스 지방자치단체의 갈등 해결에 앞장 서는 갈등중재자(Médiateurs), 「The Chungnam Review」, 여름호: 117-127.

안혁근·정지범·김은성. (2009). 「'안전한 나라 만들기' 위한 안전도시 모델개발 연구」. 한국행정연구원.

오병록·이지훈·고연경. (2018). 「전라북도형 스마트 도시재생 뉴딜 적용 방안: 동부권 군지역을 중심으로」. 전북연구원.

옥진아·정효진. (2019). 「도민과 함께 지역문제를 해결하는 경기도 리빙랩」. 경기연구원.

양병화·강경원 공저. (2000). 『조사방법론』. 서울: 성안당.

양승일. (2018). MTC 모형을 활용한 정책결정과정 분석: 진주의료원폐업정책을 중심으로, 「한국정책학회보」, 27(1): 1-32.

얼 바비(Earl Babbie) 저, 고성호 외 공역. (2014). 『사회조사방법론』. 서울: 박영사.

유종상. (2009). 「정책집행과 갈등관리: 주한미군 재배치를 중심으로」. 한국학술정보

유재윤·박정은·정소양·김태영. (2013). 도시재생의 필요성과 정책과제, 「국토정책 Brief」, No. 416: 1-6.

유재윤·차미숙·안홍기·김은란·박정은·서민호·정소양 외. (2013). 「경제기반 강화를 위한 도시재생 방안」. 국토연구원.

유희정·김양희·이미원·최 진·문희영. (2010). 「여성친화도시 조성 매뉴얼 연구」, 여성가족부.

윤종설. (2007). 「정책과정에서의 갈등관리체제 구축방안-Governance 관점의 정책사례 분석을 중심으로」, 한국행정연구원.

_____. (2014). 사회적 합의형성 기반구축에 관한 소고: 민주적 갈등관리를 중심으로, 「The Chungnam review」, 67: 104-113.

이달곤. (2005). 『협상론-협상의 과정, 구조, 그리고 전략』, 서울: 법문사.

이만형. (2007). 안전한 도시, 「도시정보」, 3003: 1-8.

이범현·문 채·최강림. (2009). 지방중소도시 중심시가지 유형설정에 관한 연구, 「국토계획」, 44(6), 대한국토·도시계획학회지.

이삼수·김정곤·김주진·임주호·전혜진·장진하. (2017). 「도시재생 2.0시대의 정책 대응방안 연구」, 한국토지주택연구원.

이상대·정유선. (2015). 「사회통합형 지역발전정책의 가능성과 정책 적용」, 경기연구원.

이소영·오은주·이희연. (2012). 「지역쇠퇴분석 및 재생방안」, 한국지방행정연구원.

이선우. (2000). 행정학 분야의 비계량적 연구에 대한 소고, 「정부학연구」, 6(1): 80-116.

이선우·김광구·심준섭·류도암·조경훈·김지수·박형준. (2015). 갈등 체크리스트 작성을 위한 탐색적 연구: 공공갈등의 예방과 진단을 중심으로, 「한국지방자치학회보」, 27(2): 319-343.

이종양·백민석. (2018). 여성친화도시 조성을 위한 지방자치단체의 정책성과에 관한 연구: 충북 제천시를 중심으로, 「한국부동산경영학회」, 18: 181-204.

이종수·윤영진 외 공저. (2012). 『새 행정학』, 서울: 대영문화사.

이재우. (2012). 「도시경제 기반 재생 사업의 정의와 사업방식, In 새로운 도시재생의 구상 한국형 도시재생을 위한 법적 연구」, 도시재생사업단.

이재용. (2018). 스마트시티의 국내정책변화와 시사점, 「융합연구리뷰」, vol.4 no.5, 한국과학기술연구원 융합연구정책센터.

이주호. (2013). 여성친화적 안전도시 조성을 위한 생활안전 정책과제, 한국행정학회 춘계학술발표자료.

이주형. (2009). 『21세기 도시재생의 패러다임』, 서울: 보성각.

이주형·가상준·임재형·김강민·김재신. (2014). 공공갈등관리 사례분석과 외국의 공공갈등관리제도 조사, 단국대학교 분쟁해결연구센터.

이진수·이혁재·조규혜·지상현. (2015). 갈등의 공간적 구성: 동남권 신공항을 둘러싼 스케일 정치, 「한국지리학회지」, 21(2): 474-488.

임동진. (2010). 「중앙정부의 공공갈등관리 실태분석 및 효과적인 갈등관리 방안 연구」, 한국행정연구원.

_____. (2012). 「대안적 갈등해결방식(ADR)제도의 운영실태 및 개선방안 연구」, 한국행정연구원.

_____. (2015). 공공갈등 해결을 위한 공공협상의 원칙과 전략, 「The Chungnam Review」, 봄호: 79-89.

임동진·윤수재. (2016). 갈등원인이 갈등수준에 미치는 영향력 분석: 쟁점요인과 매개요인의 효과를 중심으로, 「행정논총」, 54(2): 117-148.

임재형. (2016). 한국사회 환경갈등의 발생원인과 특징에 관한 연구, 「분쟁해결연구」, 14(2): 109-136.

_____. (2017). 비선호시설 공공갈등에 있어 이해관계자의 형태 및 역할, 단국대학교 분쟁해결센터 2017년 동계 학술대회 발표논문.

장현주. (2018). 공공갈등 해결기제로서 조정에 관한 연구: 중앙-지방 간 정책갈등과 입지갈등 사례 비교를 통한 교훈, 「지방행정연구」, 22(2): 433-453.

장희순·송상열.(2006). 비성장형도시의 쇠퇴원인 분석과 활성화 방안, 「국토연구」, 50: 39~58.

조용호·류연택. (2017). 수원시 도시쇠퇴의 공간적 패턴 및 도시재생, 「한국도시지리학회지」, 20(2): 71-83.

조영진 외, (2016). 범죄예방 환경개선사업의 효과와 개선방안, auri brief, No.125: 4

조영진. (2018). 빅데이터와 4차산업혁명 그리고 스마트시티, 「Magazine of KIBIM」: 30-39.

조영태. (2017). 스마트 도시개발, 「울산의 새로운 변화를 위한 모색: 도시재생과 스마트시티 세미나 발표자료」.

주재복. (2016). 무상보육정책을 둘러싼 중앙-지방 간 갈등분석, 한국지방자치학회 2016 제2차 지방분권 포럼 발표자료: 1-22.

정재희. (2013). 도시재생 활성화 및 지원에 관한 특별법 제정의 의의와 경남의 지역과제, 「경남정책 Brief」, 17: 1-8.

정지범·김은성. (2010). 「안전도시사업 성공모델 개발 및 평가기준 연구」, 한국행정연구원.

정지범. (2013). 지역안전거버넌스의 구축의 한계와 과제: 정책사례분석을 중심으로, 「지방행정연구」, 27(1): 25-44.

_____. (2014). 「안심마을 사업과 지역안전거버넌스」, 한국행정연구원 ISSUE PAPER 4: 1-4.

정지범·은재호·최유진. (2011). 「주요 공공시설 입지갈등 해소방안에 관한 연구」, 국무조정실·한국행정연구원.

정정길. (2002). 행정과 정책연구를 위한 시차적 접근방법: 제도의 정합성 문제를 중심으로, 「한국행정학보」, 36(1): 1-19.

정정길 · 최종원 · 이시원 · 정준금. (2015). 『정책학원론』. 서울: 대명문화사.

정창화. (2016). 갈등관리와 인정조정관 제도, 「The Chungnam Review」, 봄호: 92-99.

주희선 · 조정훈. (2018). 「효율적 도시재생 뉴딜사업을 위한 경남도의 역할과 추진방향」, 경남발전연구원.

차재훈 · 김진우 · 류홍채 · 황병수. (2018). 「경기도 공공갈등 사례분석 및 분쟁조정기구 설치방안 연구」, 경기대학교 한반도전략문제연구소.

천현숙. (2012). 여성친화도시의 도시계획 및 설계요소, 「대전발전포럼」, 41: 62-71.

최병학. (2014). 지방정부 갈등관리의 현황분석 및 정책과제: 충청남도의 공공갈등관리를 중심으로, 「한국갈등관리연구」, 1(2): 285-312.

최유진 · 문희영 · 장미현. (2013). 「여성친화도시 공간조성사업 발전방안 연구」, 한국여성정책연구원.

최유진. (2014). 여성친화도시 조성과 거버넌스에의 함의, 한국행정학회 동계학술발표자료.

하혜수 · 이달곤 · 정홍상. (2014). 지방정부간 원원협상을 위한 모형의 개발과 적용에 관한 연구, 「한국행정학보」, 48(4): 295-318.

한국여성정책연구원. (2013). 「오스트리아, 독일 여성친화도시 사업 현황조사」.

한국정보통신기술원. (2018). 「4차 산업혁명 핵심 융합사례: 스마트시티 개념과 표준화 현황」.

한국정보통신기술협회. (2018). 「4차 산업혁명 핵심 융합사례: 스마트시티 개념과 표준화 현황」.

한국정보화진흥원. (2016). 「스마트시티 발전전망과 한국의 경쟁력」, IT&Future Strategy.

한국지역학회 편. (2018). 『지역 · 도시정책의 이해』. 서울: 홍문사.

한국지방행정연구원. (2013). 「지방자치단체의 생활안전(4대악) 역할 및 대응시스템 구축방안」.

한국행정연구원. (2010). 「안전도시사업 운영설명서」, 행정안전부.

한동효. (2008). 지방정부간 행정자치구역의 통합에 관한 연구: 진주 · 사천시 통합론의 사례를 중심으로, 「한국지방자치학보」, 20(2): 129-156.

_____. (2014). 『경찰조사방법론』, 서울: 지식인.

_____. (2019). 여성친화적 안전도시 조성이 안전증진정책 수립에 미치는 영향연구: 경상남도 지방자치단체 공무원을 중심으로, 「지방정부연구」, 23(1): 277-302.

한세억. (2013). 안전도시의 재난관리체계와 프로그램 비교연구. 한국지방정부학회, 2013년 하계학술대회 발표자료.

_____. (2015). 생활안전도시정책의 Co-creation접근과 한계, 2015 한국정책학회 · 한국지방정부학회 공동 추계학술대회 발표자료.

홍선영. (2015). 「여성친화도시의 이해」, 부산여성가족개발원

허철행·이희태·문유석·허용훈. (2012). 지역갈등의 원인과 해소방안: 동남권 신공항 사례를 중심으로, 「지방정부연구」, 16(1): 431-454.

4차산업혁명위원회, 도시혁신 및 미래성장동력 창출을 위한 스마트시티 추진전략, 2018.1.29.

[국외 문헌]

Ansell, C. and Gash, A. (2007). Collaborative Governance in Theory and Practice, *Journal of Public Administration Research and Theory*, 18: 543-571.

Barca, F., McCann, P., and Rodriguez-Pose, T. (2012). The Case for Regional Development Intervention: Place-base Approaches, *Journal of Regional Science*, 52(1): 134-152.

Berg L, et al. (1982). Urban Europe: A Study of Growth and Decline, Oxford: Pergamon Press.

Berg, Den, Van Marguerite, (2012). City Children and Genderfield Neighbourhood: The New Generation as Urban Regeneration Strategy, *International Journal of Urban and Regional Research*, Aug, 23: 1458-2427.

Brickman, P. (1974). Social Conflict: Reading in Rule Structures and Conflict Relationship, Health, Lexington.

Campbell, Donald. (1975). Degrees of Freedom and the Case Study, *Comparative Political Studies*, 8: 178-193.

Carpenter, S. L. & Kennedy, W. J. D. (1998). Managing Public Disputes: A Practical Guide for Government, Business, and Citizens' Groups. San Francisco, CA: Jossey-Bass.

Carter, H, (1995). The Study of Urban Geography, Edward Arnold, London.

Cobb, Roger W. and Charles D. Elder. (1972). Participation in American Politics: The Dynamic of Agenda Building, Boston: Allyn and Bacon, Inc.

Crowe, T. (2000). Crime Prevention Through Environmental Design, Boston: Butterworth- Heinman.

Dear, M. (1992). Understanding and Overcoming the NIMBY Syndrome, *Journal of American Planning Association*, 58(3): 288-301.

DeLeon, Peter. (1978). A Theory of Policy Termination, J. U. May and Aaron B. Wildavsky(eds.). The Policy Cycle, Beverly Hills: Sage, Publication.

Dunn, W. N. (2008). Public Policy Analysis: An Introduction, Upper Saddle River, N.J.: Person Prentice Hall.

Eckstein, H. (1975). Case Study and Theory in Political Science, in Fred I. Greenstein & Nelson W. Polsby(eds.), The Handbook of Political Science, Vol. 7. *Strategies of Inquiry*.(Reading MassL Addison-Wesley): 79-137.

Evans, G. (2005). Measure for Measure: Evaluating the Evidence of Culture's Contribution to Regeneration, *Urban Studies*, 42(5/6): 1-25.

Fisher, R. (1979). Some Notes on Criteria for Judging the Negotiation Process, Presented at the Negotiation Seminar of the Harvard Negotiation Project, Harvard Law School.

Gervers, J. H. (1987). The NIMBY Syndrome: Is it Inevitable?, *Environment*, 29: 18-29.

Goldberg, S. B. (1989). Grievance Mediation: A Successful Alternative to Labor Arbitration. *Negotiation Journal*, 5: 9-15.

Golembiewski, Robert T., & White, Michael. (1980). Cases in Public Management(3rd). Rand McNally College Publishing Company.

Goode, W. J. & P. K. Hatt. (1981). Methods in Social Research, Singapore: McGraw Hill International Editions.

Griffison, R. (1995). Cultural Strategies and New Modes of Urban Intervention, *Cities*, 12(4): 253-265.

Hall, T. (1998). Urban Geography, Routledge, London.

Heiman, Gary W. (2003). Basic Statistics: for the Behavioral Science, Houghton Mifflin Company

Hersen, M. and Barlow, D. H. (1976). Single-case Experimental: Strategies for Studying Behavior Change. New York: Pergamon Press.

Hogwood & Peter. 1983. Policy Dynamics, New York: St. Martin's Press.

Hudson, Christine and Maline Ronnblom. (2007). Regional Development Policies and the Constructions of Gender Equality: The Swedish Case, *European Journal of Political Research*, 46: 47-68.

Jones, C. O. (1984). An Introduction to the Study of Public Policy, 3rd ed. Monterey, Calif: Books/Cole Publishing Company.

Kingdon, John W. (1984). Agendas, Alternatives, and Public Policy. Boston and Toronto: *Litle, Boston and Toronto*: Little, Boston and Company.

Lan, Z. (1997). A Conflict Resolution Approach to Public Administration, *Public Administration Review*, 57(1): 27-35.

Lijphart, Arend. (1971). Comparative Politics and the Comparative Methods, *The American Political Science Review*, 65(3): 691-693.

Lowi, Theodore J. (1970). Decision Making vs Policy Making: Toward an Antidote for Technocracy, *Public Administration Review*, 30(30): 314-325.

Marshall, Catherine & Rossman, Cretchen B. (1989). Designing Qualitative Research, Newbury Park, CA: SAGE Publications.

Martin, R. A. 1968. Consolidation: Jacksonville-Duval County, the Dynamics of Urban Political Reform, Jacksonville, FL.

Moore, C. (1996). The Mediation Process: Practical Strategies for Resolving Conflict. 2nd ed. San Francisco: Jossey-Bass Publishers.

Nachmias & Nachmias. (1981). *Research Methods in the Social Sciences(2nd ed.)*. New York: St. Martin's Press.

Noon, D., James Smith-Canham and Martin E. (2000). Economic Regeneration and Funding in Peter Roberts and Hugh Sykes (eds), Urban Regeneration: A Handbook, SAGE, London.

Pacione, M. (2001). Urban Geography: A Global Perspective, Routledge, London.

Patton, M. Q. (1990). Qualitative evaluation methods. Beverly Hills, Calif.: Sage Publication, Inc.

Ragin, Charles C. (1992). Introduction: Case of What is s Case? in Ragin, Charles C. & Becker, Howard S.(etd.), What is a Case?: Exploring the Foundations of Social Inquiry: 1-17. NY: Cambridge University Press.

Ripley, Randall B. and Franklin, Grace A. (1982). Bureaucracy and Policy Implementation, Homewood, Ill.: The Dorsey Press.

Roberts, P & Sykes, S. (2000). Urban Regeneration: A Handbook, SAGE Publications.

Roberts, P & Sykes, H., and Granger, R. (2017). Urban Regeneration: 2nd Edition, London: Sage Publications.

Rubin, A., & Babbie, E. (2001). Research Methods for Social Work(4th ed.). CA: Wordsworth Publishing Company.

Savage, M. and Warde, A. (2003). Urban Sociology, Capitalism and Modernity, MacMillan, London

Swanborn, P. (2010). Case Study Research: What, Why, and How. Thousand Oaks, CA: Sage.

True, Jacqui and Mintrom, M. (2001). Transnational Network and Policy Diffusion: The Case of Gender Mainstreaming, *International Studies Quarterly*, 45: 27-57.

Ury, W., & Brett, J., & Goldberg, S. (1988). Getting Disputes Resolved: Designing Systems to Cut the Costs of Conflict, San Francisco, CA: Jossey-Bass.

Vedung, Evert (1998). Policy Instruments: Typologies and Theories. In Marie-Louise Bemelmans-Videc, Ray C. Rist, and Evert Vedung. Carrots, *Sticks & Sermons: Policy Instruments & Their Evaluation*. New Brunswick, New Jersey: Transaction Publishers.

Willmott, H. (1993). Strength is Ignorance; Slavery is Freedom: Managing Culture in Modern Organizations, *Journal of Management Studies*, 30(4): 515-552.

Wilson, J. Q., & Kelling, G. I. (1982). Broken Windows, *The Atlantic Monthly*.

Woodward, Alison. (2003). European Gender Mainstreaming: Promises and Pitfalls of Transformative Policy, *Review of Policy Research*, 20(1): 65-88.

Wolsink. (1994). Entanglements of Interests and Motives: Assumptions behind the NIMBY-Theory on Facility Siting, *Urban Studies*, 6: 851-866.

Yin, Robert K. (1989). Case Study Research: Design and Methods(Revised), Sage Publications.

_____. (1993). Applications of Case Study Research, Sage Publications.

Zimbardo, P. G. (1969). The Human Choice: Individuation, Reason and Order versus Deindividuation, Impulse and Chaos, In Nebraska Symposium on Motivation, edited by Amold, W. J., and Levine D, Lincoln: University of Nebraska Press

도시정책사례연구
재생과 안전 그리고 갈등을 말하다

찾아보기

[ㄱ]

가설	35
가설 창출적 사례연구	26
가치갈등	323
갈등관리시스템	336
갈등관리제도	335
갈등관리체계	309
갈등영향분석	323, 335
갈등조정위원회	323
갈등조정협의회	335
갈등종결	287
갈등중재자 제도	343
갈등해소센터	321
갈등확산	289
개별 기술적 사례연구	25
개체주의적 오류	35
객관적 단위	15
거버넌스	97
거시적 차원	59
건강도시	261
경계선 획정갈등	303
경성협상	333
경쟁형(competition)	280
경제기반형	108
경제적 보상	339
경제적 쇠퇴	58
경제적 요인	294
고령사회	50
공간적 도시정책	43
공공갈등	277, 302, 321
공공·민간 협력형	76
공공의 거실	258
공공주도형	76
공공토론위원회(CNDP)	341
공공토론특별위원회	342
공공 픽토그램	255
공모방식	97
공인식(designation ceremony)	189
공인준비보고서	187
과밀부담금	95
관문심사	102
관습적 단위	16
관찰자 편향(bias)	22
교육용 사례연구(pedagogical case)	24
구성단위	16
구성적 타당성	30
구조고도화 전략	51
국가개발보고서(PKB)	345
국가공공토론위원회(CNDP)	329, 341
국가균형발전특별위원회	86
국가스마트도시위원회	156
국민권익위원회	321
국민대통합위원회	340
국민참여절차(PKB)	344
국제비정부기구	185
국제안전도시	183
국제안전도시 공인센터	185
국제안전도시 지원센터	185
국책사업	277, 315
국토계획	47
국토교통형	110
규모의 경제	40
규제정책	46
근린재생형	77, 108
급진적 관점(radical perspective)	283
기술적 연구	24
기술적 조사	34
깨진 유리창 이론	228

[ㄴ]

낙후지역	47
난국 단계(impasse)	280
내부 고발자	39
내부통제시스템	199

내적 타당성	31	도시안전행동위원회	253
노동갈등	302	도시재개발	67
노란별길	260	도시재개발법	83
논리적 진술의 집합	30	도시재개발사업	69
누적순환과정모형	287	도시재건	67
뉴어바니즘	41	도시재생	48, 67, 70
뉴타운 사업	85	도시재생기획단	91
님비현상	286	도시재생 뉴딜	107
님투(NIMTOO)	286	도시재생 뉴딜 로드맵	110, 130
		도시재생 뉴딜사업	112, 129
[ㄷ]		도시재생대학	111
다같이 돌자 동네 한바퀴	262	도시재생사업계획	61
다수사례	19	도시재생사업단	56
다원주의적 관점(pluralist perspective)	283	도시재생 선도지역	89, 97, 98
단계별 지원	97	도시재생 일반지역	100
단일사례	22	도시재생전담조직	80
단일사례 설계	28	도시재생정책	48
단일 사례연구	24	도시재생 주민협의회	166
단일사례 임베디드 설계	29	도시재생지원센터	80, 92
단일사례 전체적 설계	28	도시재생특별법	60, 87
단일실험	29	도시재생특별회계	89, 94
단일적 관점(unitary perspective)	283	도시재생활성화지역	61, 90
대리학습	20	도시정부	43, 68
대안적 갈등해결제도(ADR)	331, 341	도시정책	42
데이터 허브모델	165	도시촉진모형	76
도·농복합시	60	도시화율	60
도덕적 해이	325	도시활력증진지역	96, 214
도시개발수단	74	도시활력증진지역 개발사업	209
도시경쟁력	73	도시회생	67
도시경제기반형	77, 108	도심(Downtown)	56
도시경찰시스템	257	도심(urban center)	57
도시계획법	82	도심쇠퇴	58
도시 만들기(Place Making)	163	도심재개발사업	83
도시 만들기 지원센터	209	독립변수	31
도시부흥	68	동남권 신공항	315, 320
도시성	41	둥지 내몰림 현상	113
도시쇠퇴	56, 74	디지털 기술	163

디지털 도시 161
딥 스로트(Deep Throat) 39

[ㄹ]

로봇도시 161
로스-로스(lose-lose) 291
리드코핑(Linköping) 185
리빙랩(Living Lab) 145, 149, 167

[ㅁ]

마더 센터(Mother Centers) 258
마리아 힐프(Mariahilf) 254
마스터플래너(MP) 157
마을기업 93
말 대신 행동(Taten statt Worte) 290
명시적 갈등 287
명제(proposition) 34
무이론적 사례연구 25
무장애 도시(barrier-free society) 253
무효과 패턴 37
문화 기반형 76
문화도시형 76
문화산업모형 76
문화생산 76
문화소비 76
문화적 도시재생 76
문화정주형 76
문화통합 76
물리적 쇠퇴 58
미시적 차원 59
민간주도형 76
민관협력 73
민관협력형 182
밀양 송전탑 321

[ㅂ]

바르니에 법 341

반복실험 29
발견단위 15
발표평가 116
방략(方略) 22
방재마을 216
배곧신도시 267
범죄안전도시 모델 183
범죄예방 환경개선사업 218
범죄예방환경설계(CPTED) 222, 260, 267
법·제도적 요인 295
변수 지향적 연구 23
복수사례 설계 28
복수 사례연구 24
복수사례 임베디드 설계 30
복수사례 전체적 설계 29
복제의 논리(replication logic) 29, 32
분석단위 28, 35
분석적 일반화(analytical generalization) 32
분쟁 단계(dispute) 280
분쟁조정위원회 308
분쟁해결연구센터 300
비교분석방법 27
비선호시설(NIMBY) 296
비선호시설의 입지갈등 303
비순환 과정 44

[ㅅ]

사례연구 15, 16
사례 지향적 연구 23
사례 프로그램 18
사물인터넷(IoT) 139, 154
사업추진협의회 81
사전 적격성 검증 115
사회간접자본(SOC) 50
사회갈등 285
사회·심리적 요인 294
사회유기체관 41

사회통합형	48	손상사망지표	200
산업구조	72	손상예방사업	200
살고 싶은 도시 만들기	208	손상예방프로그램	192
살고 싶은 도시 만들기 사업	86	쇠퇴요인	59
삼각검증(triangulation)	31	쇠퇴현상	59
상향식(bottom-up) 거버넌스	111	수도권정비계획	47
상향식 개발	72	수리권	298
상향식 접근방법	176	수직적 갈등	281
새뜰마을 사업	96	수평적 갈등	281
생사투쟁	290	숙의민주주의	345
생태학적 오류	35	숙의적 공공협의	341
생태환경 복원	74	순환 과정	44
생활안전지도	235	스마트 거버넌스	144, 166
생활패턴 분화	75	스마트그리드	152
서면평가	115	스마트기술	147
서베이(survey)	17, 20	스마트네이션(Smart Nation)	152
선호시설(PIMFY)	296	스마트 도시재생	163
선호시설 갈등	303	스마트 런던 플랜	151
설계모형	28	스마트 성장	50
설명모형	32	스마트솔루션	166
설명적 연구	24	스마트시티	51, 142
성공모델지원사업	210	스마트시티 규제샌드박스	155
성별영향평가	248	스마트시티법	147
성인지예산	248	스마트시티 시범사업	156
성인지예산제도	254	스마트시티 통합 플랫폼 구축사업	154
성장사회	173	스마트시티 특별위원회	146, 154
성 주류화(gender mainstreaming)	263	스마트시티 프로젝트	149
성 주류화 사례	256	스마트시티형 도시재생	165, 167
세이프티 닥터제	193	스마트 커뮤니티	152
세종 5-1 생활권	157	스마트 피플	144
소녀들을 위한 공간	256	시계열분석	33, 37
소수사례	19	시나리오워크숍	331
소통회피(차단)	282	시민배심원제도	331
손상(injury)	175	시민참여형 스마트시티	161
손상감시시스템	197	시범도시사업	210
손상감시프로그램	192	시범마을사업	210
손상부상지표	200	신뢰도(reliability)	30, 32

[ㅇ]

아동안전지도	261
악화(Verhärtung)의 단계	289
안면몰수(Gesichtsverlust)	290
안심마을 시범사업	205
안전공동체(safe community)	179, 228
안전단계(safety)	175
안전도시	175
안전도시 거버넌스	178, 245
안전도시 모델	182
안전도시 시범사업	202, 204
안전도시위원회	192
안전마을 만들기사업	207
안전보안관	237
안전위험지도	235
안전인프라	181
안전증진사업	175
안전증진센터	185
안전프로그램	180
양극화와 대화(Polarisation und Debatte)	289
양성평등기본법	249
양적 방법	20
어반 거버넌스	75
에코델타시티	160
에코 스마트시티	141
여성 디자인 서비스	258
여성이 안전한 사회 만들기	244
여성-일-도시 프로젝트	254
여성정책	243, 250
여성정책기본계획	243
여성친화도시	242
여성친화도시 사업	250
여성친화적 안전도시	245
역도시화(逆都市化)	58
역사적 방법	17
역(逆)위협	290
연구계획안(protocol)	32
연구명제 가설설정	38
연구문제(study questions)	33
연구용 사례	24
연성협상	333
예비조사(pilot research)	21
예비타당성조사	314
예술마을형	76
옹호연합모형	45
외적 타당성	32
우리동네살리기	108
우리동네살리기 사업	118
운영시스템	180
워터게이트(Watergate)	38
원칙협상	333
위기단계(crisis)	175
위해요인	182
위험관리 책임조직	178
위험단계(risk)	174
윈-로스(win-lose)	291
윈-윈(win-win)	291
유럽집행위원회(EC)	150
유비쿼터스(Ubiquitous)	139
유비쿼터스 도시법	138
유엔인구기금(UNFPA)	243, 252
유엔정주회의	242
유엔환경개발회의	242
이너시티(inner city)	59
이념갈등	303
이론 논박적 사례연구	26
이론 확증적 사례연구	26
이슈화	44
이익갈등	323
인과관계	23, 32
인구변화패턴	66
인구절벽 현상	44
인정제도	105
인정조정인(Zertilizierter-Mediator)	344

인정조정인제도	344	정책결정	44
일반근린형	108	정책결정 과정	280
일탈 사례연구	27	정책과정	18, 280
임베디드 설계	28	정책기획 사업	250
임시조치법	83	정책불응이론	330
입장협상	333	정책사례	18, 34
입지갈등	294	정책사례연구(policy case study)	17, 18
입지선정 요인	295	정책선도가	45
입지선정위원회	315	정책수단	43, 50
		정책순환	44
[ㅈ]		정책영향	44
자동심장충격기(AED)	230	정책의제(policy agenda)	229
자유창의형	211	정책의제 설정	280
잠재적 갈등	287	정책의 창	45
장소성	42	정책중재자	45
재공인(re-designation)	190, 199	정책집행	44
재난경감전략 사무국	174	정책평가	44
재난단계(disaster)	175	정책형성	44
재정비촉진사업	84	정체성 복원	74
재정의(redefinition)	27	정치적 합리성 이론	330
재판(trial)	331	정치·행정적 요인	293
저성장시대	43	제3종 오류	39
적갈등	302	제4차 산업혁명시대	51
전국계획	55	젠트리피케이션	110
전략계획수립권자	91	조정(coordination)	278
전문가위원회	320	조정(mediation)	331
전원개발사업	323	조정이론	330
전체적 설계	28	조정-중재(mediation-arbitration)	331
전체적 접근방법	35	종속변수	31
절차적 합리성	329	주거지지원형	108
절충형(mixed)	280, 320	주거환경정비법	84
접근-접근 갈등	279	주민주도형	182
접근-회피 갈등	279	주민참여	180
정류장 사이에 내려주기	253	주민통합모형	76
정보경제전략	151	주민협의체	81
정보의 비대칭성	324	주변부	57
정비사업	72	주변부 쇠퇴	58

주택건설촉진법	83	**[ㅊ]**	
주택재개발사업	83	참여관찰	36
중심성(centrality)	295	참여적 의사결정 방법	331
중심시가지	57	책임 떠넘기기(회피)	282
중심시가지 쇠퇴	56	청년 스타트업	167
중심시가지형	108	체감형 정책	107
중심업무지구	56	체면손실	290
중재(arbitration)	331	총괄관리자 제도	105
중재소(Schiedsamt)	344	축소도시	66, 106
중재심판(Schiedsgericht)	344	축소주의	35
증강도시	161	취약집단	182
지방도시재생위원회	80, 92		
지방분권	50	**[ㅌ]**	
지방행정체제개편위원회	328	타당성	30
지역갈등	296, 302	탐색적 연구	24
지역갈등관리체계	320	탐색적 조사	34
지역격차	46	테마형 특화단지	165
지역계획	55	테크샌드박스(SCTS)	160
지역균형발전	47	토지구획정리사업	82
지역발전위원회	49	통계분석방법	27
지역발전전략	48	통합적 갈등관리시스템	335
지역발전정책	48, 214		
지역사업 중복갈등	303	**[ㅍ]**	
지역쇠퇴	55	파멸(Gemeinsam in den Abgrund)의 단계	291
지역안전 거버넌스	201	파이 조각들(pieces of pie)	285
지역안전지수	229, 233	패러다임	50, 89
지역재생정책	48	패턴결합(pattern matching)	33, 37
지역정책	46	평등법(Equality Act)	257
직접관찰	36	평등영향평가	257
진주·사천 행정구역 통합	327	포스트모더니즘	70
진주의료원폐업정책	314	플랫폼 생태계	161
질적 방법	20	핌투(PIMTOO)	286
질적 성장	50	핌피현상	286
질적 연구	20		
집적효과	40	**[ㅎ]**	
군집효과	40	하위단위 접근방법	35
		하향식 개발	72

하향식 접근방법	177	Allison모형	34
한국형 CPTED	219	Bottom-up	80
합리적 선택	324	BRT 정류장	158
합법화	44	CNDP	342
합의회의	331	CPDP	342
해석적 사례연구	25	CPTED	227
행정구역	298	High-Tech Policing 시스템	258
행정구역개편	327	KPD(Key Planning Decision)	345
행정단위	243	SOC 정책	49
행정분쟁해결법	341	Top-down	80
행정중심복합도시	248	U-City	137
행정지원협의회	80	U-Eco City	138
행태과학	21	U-Safe City	202
행태적 요인	295	WHO 안전도시 공인센터	187
혁신도시계획	248	Zero-sum 상황	278
혁신성장 선도사업	154		
현시적 사례(revelatory case)	24		
현장노트(field note)	36	4대강 사업	307
현장실사	115	4차 산업혁명	43
협력(cooperation)	278	4차 산업혁명위원회	146
협력적 거버넌스	324, 331, 338	5G	139
협력형(cooperation)	280	21세기 타운홀미팅	341
협상(negotiation)	331		
협상과정	291		
협상이론	330		
협치(collaboration)	278		
형상(configuration)	24		
혼합쇠퇴	58		
환경영향평가	323		
환원주의적 오류	35		
황폐이론	228		
회피-회피 갈등	279		
효과 패턴	37		

저자 소개

한동효

- 한국행정학회 교육위원 역임
- 한국지방정부학회 연구위원
- 진주포럼 연구이사 역임
- 진주시업무평가위원 역임
- 경상남도의정비심의위원회 위원 역임
- KBS 진주방송국 논설위원 역임
- 경남신문 논설위원 역임

- 경상남도 지역균형발전위원회 위원 역임
- 경상남도 경남도사편찬위원회 위원 역임
- 경찰청 경미범죄심사위원(현)
- 진주시 출자·출연기관 운영심의위원(현)
- 법무부 교정자문위원회 위원(현)
- 진주시 정책자문단교수(현)
- 한국국제대학교 경찰행정학과 교수(현)

저서 및 주요논문

- 현대행정관리론(공저), 2004
- 정부인사혁신론(공저), 2007
- 지방정부의 정책평가(공저), 2010
- 지방자치의 현재와 미래(공저), 2011
- 경찰행정조사방법론, 2014
- 새경찰학개론(공저), 2013, 2014, 2017, 2018
- 범죄심리분석론. 2019 외 다수
- 지방정부간 행정자치구역의 통합에 관한 연구(2008)
- 고령화 사회의 노인범죄의 추이와 영향요인 연구(2008)
- 지방정부 정책과정의 단계별 성과의 영향분석(2008)
- 재정분권화가 재정력격차에 미치는 영향에 관한 연구(2009)
- 지방자치단체의 정책실패 요인에 관한 연구(2010)
- 지방분권화에 따른 지역 간 격차의 비교분석(2010)

- 역대정부의 자치경찰제 도입 실패요인에 관한 연구(2012)
- 한국과 몽골의 부패원인과 특성에 관한 연구(2012)
- 도시재생을 통한 창조도시 형성과정의 특성분석(2013)
- 소규모 동 통폐합의 추진실태와 정책성과에 관한 연구(2014)
- 안전도시 구축과 지방자치단체의 책무(2015)
- 여성친화적 안전도시 조성을 위한 자치입법의 과제(2017)
- 도농통합시의 범죄예방환경설계(CPTED)에 관한 자치입법의 특성분석(2019)
- 여성친화적 안전도시 조성이 안전증진정책 수립에 미치는 영향연구(2019)
- Zahariadis의 다중흐름모형(MSM)을 적용한 전자감독제도의 정책변동 연구(2019) 외 다수